工业和信息化部“十四五”规划教材

U0156976

等离子体和等离子体动力学导论

——及等离子体在空间推进、磁聚变和空间物理中的应用

汤海滨
〔美〕托马斯·M. 约克(Thomas M. York) 编著

科学出版社
北京

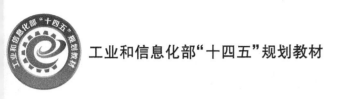

内 容 简 介

本书是一本有关电离气体/等离子体和等离子体动理学方面的导论性的教材，基于物理概念、直接数学推导和数值仿真提供指导论述，在涉及等离子体研究和应用方面，使读者就相关的物理基础、技术应用和问题解释获得全面的了解。本书主要包括三个部分：第一部分为物理基础，主要讲述气体动理学知识、分子的能量分布、气体电离及电磁学的基本知识；第二部分为等离子体概念和行为，主要讲述等离子体参数和相互作用、粒子轨道理论、等离子体宏观方程、等离子体的磁流体动力学行为、等离子体的动理学行为和等离子体的数值仿真方法；第三部分为等离子体物理应用，主要讲述等离子体加速和能量转换、等离子体空间推进装置、磁压缩和加热、等离子体的波加热、磁约束聚变等离子体和空间环境等离子体。

本书适用于等离子体物理和等离子体技术应用相关学科和专业的高年级本科生和研究生，也可为相关工程技术人员提供参考。

图书在版编目(CIP)数据

等离子体和等离子体动力学导论：及等离子体在空间推进、磁聚变和空间物理中的应用 / 汤海滨，(美) 托马斯 · M. 约克(Thomas M. York)编著. — 北京：科学出版社，2023.5

工业和信息化部“十四五”规划教材

ISBN 978-7-03-075396-0

Ⅰ. ①等... Ⅱ. ①汤... ②托... Ⅲ. ①等离子体—高等学校—教材 Ⅳ. ①O53

中国国家版本馆 CIP 数据核字(2023)第 065636 号

责任编辑：徐杨峰 / 责任校对：谭宏宇
责任印制：黄晓鸣 / 封面设计：殷 靓

科 学 出 版 社 出版
北京东黄城根北街 16 号
邮政编码：100717
http：//www.sciencep.com
南京展望文化发展有限公司排版
广东虎彩云印刷有限公司印刷
科学出版社发行 各地新华书店经销

*

2023 年 5 月第 一 版 开本：787×1092 1/16
2025 年 3 月第四次印刷 印张：23 3/4
字数：520 000

定价：110.00 元

(如有印装质量问题，我社负责调换)

前　言

呈现电中性的等离子体——电离气体在能源、通信、太空探索和国防等领域具有重要的应用,已经成为一个重要的研究方向。人们对等离子体兴趣的爆发源自20世纪50年代对天体物理学[1]和热核过程的研究。等离子体学科的基础本质是物理科学,所研制和发展的各种等离子体装置需要对工程应用予以充分解释。20世纪50年代出版的《气体放电物理》中已经进行了相关阐述[2]。

本书是ELSEVIER于2015年出版的*INTRODUCTION TO PLASMAS AND PLASMA DYNAMICS: with Reviews of Applications in Space Propulsion, Magnetic Fusion and Space Physics*的中文修订版本,已通过多年的教学和研究证明其价值。在本书这个版本中,新增加了"等离子体的动理学行为分析导论"和"等离子体的数值仿真及应用概述"章节,将等离子体动理学理论、等离子体仿真和等离子体装置应用有效结合;同时,针对每一章节所描述的核心知识点,重新编写了习题,并给出了参考答案,这将更有助于对知识点和知识体系的理解和掌握。

Thomas M York是使用激波风洞研究高温和高能气体"再入"理论和实验的第一人(20世纪60年代),研究本身不完全局限于追求纯学术和纯理论,但其促进了真正应用中需要的物理装置的研制;同时,先进空间推进、磁聚变、激光聚变和空间物理等领域所涉及的相关问题也推动了其对等离子体的研究。汤海滨于1998年开始在我国研究等离子体推进,该研究中同样需要了解真实装置中等离子体相互作用的物理机制,并激励其开展进一步工作。正如所有的流体研究一样,等离子体特性和行为非常复杂,不能仅仅通过简单的观察模型来了解真实规律,必须依靠正确的实验数据,以及精确合理的理论与计算模型相结合来得以证实。经验告诉我们,在特定的研究中,基于实验或理论而无对照结果的准则、概念及应用都是无效的。因此,本书提供了一个所需要的知识框架,它可以指导学生和研究人员分析和探索在电场和磁场作用下的等离子体中存在的错综复杂的行为及行为细节。

作者并未将书写成一本有关等离子体物理的教材或气体放电应用方面的参考书,因

1　Alfven H. Cosmical Electrodynamics. (International Monographs on Physics). Oxford: Clarendon Press, 1950.

2　Flugge S. Handbuch der Physik, Gas Discharges. I(21); II(22). Berlin: Springer, 1956.

为在这些方面已有大量优秀的著作出版，作者期望本书作为一本有关电离气体和等离子体方面的导论性教材。作者基于物理概念、直接数学推导和数值仿真来提供一个指导论述，在涉及等离子体研究和应用方面，使读者就相关的物理基础、技术应用和问题解释获得一个全面的了解。物理理解极为重要，工作总是着眼于令人感兴趣的题目的深入学习和研究。对于学生而言，其面临大量的物理学新领域，针对工程应用所涉及的问题，他们需要有一个扎实的基础。本书面向有流体、工程热力学或物理等方面理论学习的高年级本科生或具有相关知识背景的研究者，本书内容有助于拓宽读者的知识面，进而进入原子物理、电磁学及量子力学领域。具有这种背景是非常必要的，等离子体理论的应用不能停留在现有方程简单替换的框架内。

本书中，运动理论的涵盖范围扩展到内部粒子能量的传递和输运；电磁学不仅强调 Maxwell 方程，更强调了这些方程对于等离子体物理实验和装置的应用及影响；流体力学方程扩展至包括电磁能量和电磁动量，目的是明晰包括等离子体物理和复杂输运过程相互作用导致的复杂流动机制。在等离子体装置中，由于粒子的碰撞和无碰撞行为的出现，复杂流动变得更难以处理，数值仿真可以更加高效地捕获等离子体的行为细节，并指导装置的成功应用。作者相信，如果有研究人员准备充分开展应用等离子体的相关研究，书中应该给出特定等离子体装置和现象的详细分析。书中的应用和实例取自等离子体加速器/等离子体推力器、压缩/加热装置（包括磁聚变）及空间物理的磁层/电离层描述。未来诸多问题的解决，包括能源、电子、通信和运输等领域，都将涉及对等离子体和等离子体动力学问题的理解。我们希望，本书将有助于应对这些挑战的人。

在本书的编写过程中，北京航空航天大学的傅一峰、操乐晖、陈志远、潘若剑、张凯宇、吴鹏、罗梓浩等博士研究生和硕士研究生提供了大量资料，参与了整理和校对等工作，作者在此向他们表示诚挚的谢意。感谢科学出版社在本书出版过程中给予的支持和帮助。

等离子体涉及的知识领域宽广。受作者学识所限，书中疏漏和不足之处在所难免，恳请读者批评指正。

汤海滨

2023 年 2 月

符 号 表

A	原子种类;常数
A_L	回旋轨道面积
$\boldsymbol{A}$	磁矢势
B	原子种类;常数
$\boldsymbol{B}$	磁感应强度
c	粒子(分子)速度
$\bar{c}$	平均粒子(分子)速度
$\bar{c}_r$	平均相对速度
c_{mp}	最可几速度
c_s	气体声速
c_p	比定压热容
c_V	比定容热容
C	电容;常数
C_T	推力系数
d	分子(粒子)直径
D	扩散系数
$\boldsymbol{D}$	电位移矢量
D_{amb}	双极扩散系数
D_E	解离能量
e	电子;基元电荷量;单位质量能量
$\boldsymbol{e}$	单位矢量
e_m	总内能
e_{tr}	单位质量平动动能
E	单位粒子(分子)动能;系统能量
$\boldsymbol{E}$	电场
E_{tr}	单位粒子平动动能
f	中性原子比率;分布函数

F	亥姆霍兹(Helmholtz)自由能;反转比
$\boldsymbol{F}$	矢量力
F_{CF}	等效惯性离心力
g	简并度;重力加速度
$\bar{g}$	gaunt 因子
G	数密度通量
h	普朗克(Planck)常量;比焓
h_s	鞘层厚度
H	焓;高度;高温下混合物物质的量
H_0	低温下混合物物质的量
$\boldsymbol{H}$	磁场强度
I	电流;转动惯量;单位质量等离子体携带能量;磁场力与惯性力的比值;太阳辐射强度;束流密度
I_{sp}	比冲
I_{se}	鞘层电流
$\hat{I}_e$	电子饱和电流
$\hat{I}_i$	离子饱和电流
$\bar{\bar{\boldsymbol{I}}}$	单位张量
J	电流密度;纵向不变量;贝塞尔函数
J_{cond}	传导电流密度
k	波数
$\boldsymbol{k}$	波矢
k^*	反应速率
k_B	玻尔兹曼常量
K	导热系数;平衡数;逆轫致辐射吸收系数;磁螺旋度
K_E	电子动能
Kn	克努森数
l	(吸收)长度;角量子数;螺旋场极化数
$\boldsymbol{l}$	电流元长度矢量
L	总长度;特征长度;电感
m	粒子(分子)质量
m_p	质子质量
m_e	电子质量
M	摩尔质量
M_t	宏观总质量
Ma	马赫数
M_H	哈特曼(Hartmann)数
M_S	太阳质量

n	折射率;主量子数;单位体积内粒子(分子)数
$\boldsymbol{n}$	法线矢量
n_a	示踪粒子数密度
N	总粒子(分子)数;网格数
N_A	阿伏伽德罗常数
p	压强
p_r	普朗特(Prandtl)数
P	功率;概率;结合能
P_α	聚变功率
P_E	电子势能
P_{diss}	耗散功率
$\boldsymbol{P}$	动量
$\overset{=}{\boldsymbol{P}}$	压力张量
q	热流通量;电荷量;安全因子
q_{sh}	鞘层边界电子热通量
Q	配分函数;总电荷量
Q_s	粒子传导能量流
r	半径;距离;放大系数
$\boldsymbol{r}$	单位向量;方向向量;位置矢量
r_L	粒子回旋半径
R	气体常数;电阻
$\bar{R}$	通用气体常数
R_0	低温气体常数
R_f	冻结流气体常数
R_S	太阳半径
$\boldsymbol{R}_c$	曲率半径向量
Re	雷诺数
R_m	磁雷诺数
R_{m}	磁镜比
R_n	随机数
R_E	地球半径
s	路程
$\boldsymbol{s}$	路径矢量
S	截面积;熵;阻抗;磁力数
$\boldsymbol{S}$	坡印廷矢量;能流矢量
t	时间
T	宏观温度;推力
T_L	粒子回旋周期

$\bar{\bar{\boldsymbol{T}}}$	麦克斯韦应力张量
v	速度大小;某一方向速度
$\boldsymbol{v}$	速度矢量
v_E	电漂移速度
v_{curve}	曲率漂移速度
v_{ex}	排气速度
v_d	漂移速度
v_{diff}	磁场扩散速度
v_{ph}	相速度
v_g	群速度
V	容积;电压
V_D	放电电压
V_A	Alfven 速度
V_s	电流片速度
V_a	阳极压降
U	守恒物理量;特征速度
W	辐射功;动能;排列个数
W_w	波能量
X	收益系数
Z	压缩系数;电荷数
α	电离度;解离度;初始相位;夹角
α_T	汤森(Townsend)电离系数
α_r	复合反应系数
α_w	吸收系数
β	热能密度与磁能密度的比值;流体压强与磁压强的比值
γ	比热比;真空介电常数放大系数;伽马射线
Γ	通量
Γ_{amb}	双极扩散通量
δ	克罗内克(Kronecker)符号;激波厚度;狄拉克(Dirac)函数
ε	能级大小;介质介电常数;单一能量;电离能;偏心率
ε_0	真空介电常数
ε_P	离子产生成本
ε_P^*	基准离子产生成本
ε_B	束流离子产生成本
$\boldsymbol{\varepsilon}$	波传播方向向量
η_0	低温下单位质量的物质的量
η_m	磁黏滞系数;单位质量混合气体的物质的量
η_P	推进剂利用率

θ	角度;特征温度
$\bar{\theta}$	箍缩参数
θ_{D_E}	解离特征温度
λ	平均自由程;(激光)波长;特征值;反转长度参数
λ_D	德拜长度
λ_p	等离子体频率下的辐射波长
μ	黏性系数;亥姆霍兹化学势;磁导率;磁矩
μ_M	磁场能量密度
μ_E	电场能量密度
μ_{EM}	电磁场能量密度
μ_0	真空磁导率
ν	碰撞频率;谐振频率
ξ	比例因子
$\boldsymbol{\xi}$	位移矢量
π	圆周率
ρ	密度;电阻率
ρ_e	电荷密度
ρ_{D_E}	解离特征密度
σ	碰撞截面;电导率
$\bar{\bar{\boldsymbol{\sigma}}}$	电导率张量
σ_0	真空电导率
σ_P	皮德森(Pederson)电导率
σ_H	霍尔(Hall)电导率
σ_s	表面电荷密度
σ_ν	光吸收系数
σ_{ph}	光致电离截面
τ	动量通量;应力分量;光学厚度;碰撞时间;特征时间
$\bar{\bar{\boldsymbol{\tau}}}$	黏性应力张量
τ_E	约束时间
τ_{eq}	平衡时间
τ_{visc}	黏性加热时间
τ_{stag}	停滞时间
τ_{Bohm}	Bohm 扩散时间
φ	电势;夹角
φ_p	等离子体电位
φ_F	等离子体悬浮电位
ϕ	定向速度分布函数;夹角
ϕ_e	阳极功函数

Φ_L	粒子回旋磁通
φ_{sh}	鞘层势垒
Φ	输运属性;磁通量
χ	标量速度分布函数;边界损失因子;散射角
χ_s	质量源项
ψ	方位角;磁面
ω	立体角;角频率;波频率;角度
$\omega_p(p = i, e)$	粒子回旋频率
ω_{pe}	等离子体频率
ω_{uh}	上杂化频率
ω_s	离子波频率
ω_n	寻常模频率
ω_{LH}	低杂波频率
Ω	涡量;霍尔参数
Λ	碰撞算子

下标或上标

0	参考值
A	原子种类
AA, A_2	同种类分子
AB	不同种类分子
ave	平均
cond	传导
conv	对流
e	电子
el	电子分量
ex	出口
i	整数值;离子
int	内部
j	整数值
m	单原子种类
mech	区域
n	中性原子
pinch	箍缩
rot	转动分量
ref	参考点
r, θ, z	柱坐标物理量分量
s	不同离子种类

t	切向分量
tr	平动分量
vib	振动分量
x, y, z	直角坐标物理量分量
α	粒子组分;氦核
$/\!/$	平行于场方向
$\perp$	垂直于场方向

目　录

第二部分　等离子体概念和行为

第三部分　等离子体物理应用

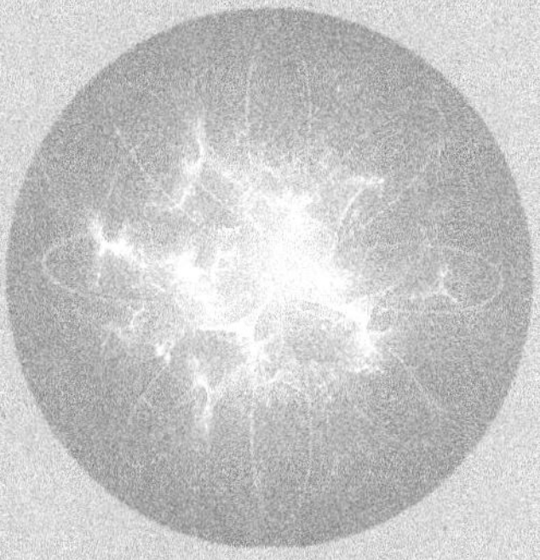

第一部分　物理基础

第1章 等离子体和等离子体装置

1.1 引　　言

人类所处的世界与质量、体积和能量所定义的物理特征是一致的。我们的自然环境非常良好——氮气和氧气组成了气体环境,气压为 10^5 N/m^2,温度为 -30~40℃,粒子数密度为 10^{25}/m^3。由于地球的自转、地球围绕太阳运动且轨道作年度周期修正,我们得以连续不断地从太阳接收强度约 300 W/m^2 的辐射能量。

在历史进程中,人类已观测到局部环境中能量的异常自然表现,它证实了在人类控制之外的力和能量的存在。太阳本身无疑是一个温度极高、瞬态强有力的爆发体。太阳大气风暴显示了巨大的风能,闪电雷击产生激波,导致局部高温,并引起点火燃烧。对于太阳极地纬度数据显示的极强动态光激发结果,也需要进一步理解和解释。所有这些自然现象证实并表明,大气的高能激发基于地球物理的电场和磁场机制。实际上,在整个物理世界中,除了近地环境外,我们存在的环境介质是由高能粒子组成的电荷,它们在不断运动,有时是指向的,有时是随机的。简而言之,物理宇宙主要由等离子体组成。

本书介绍这种带电运动粒子的特性和行为,以及一些已经开发出来的利用等离子体能量和力传递特性的装置。等离子体是一种介质,其包括不同种类的带电粒子,等离子体动力学是对这种介质中力的产生和能量传递的描述和分析。气态等离子体的重要特征是其能够与电场和磁场相互作用的物理本质,特别是电流在等离子体中的传导。在概念上,等离子体与固态导电体相似,流动的电子和电磁波在静态的离子间流过,对电场和磁场作出反应。由于电场和磁场与附近大量带电粒子的相互作用,带电等离子体粒子形成有组织(集体)的行为。由于能量平衡及等离子体组成粒子种类质量的差异,从而产生局部电场,这就是粒子运动与电磁场复杂相互作用的起源。通过掌握等离子体的这些行为细节,人们可以利用等离子体来实现具有独特性能的装置。

基于原子结构、电荷和电流、电场和磁场及电磁辐射的发展和认识,人类已经开始定义并施控粒子行为,开发新装置,并服务于我们的需要。特别是在最近的 50 年,利用等离子体知识发明和研制出的许多新型装置已问世,其增强了光和发电、通信、物理和生物科学诊断及空间探测等领域的应用能力。本书旨在向相关领域的学生和研究人员介绍利用带电粒子所研制的装置中内在粒子的相互作用过程,并为理解带电粒子在新装置中的进一步应用提供框架。

1.2 自然界中的等离子体

1.2.1 概述

根据等离子体区域不同的粒子数密度和粒子温度范围,自然界中观测到的等离子体描述如图 1.1 所示。

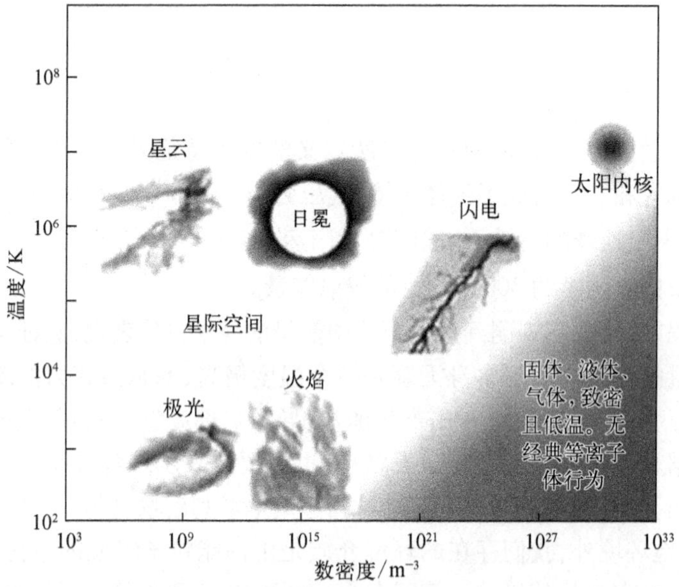

图 1.1 空间和自然环境中的等离子体[1]

1.2.2 太阳等离子体

可以确定,太阳系内的气体密度和温度覆盖范围可以从太阳核心的 10^{33} m^{-3} 和 10^7 K 到地球极光区域的 10^9 m^{-3} 和 10^5 K[2]。两种极端的性质都代表了等离子体具有重要的物理特性,如果等离子体在实验室中生产,则可以用于实际装置和设备。可以看到,在大气压力状态下产生的闪电,其典型温度为 10 000 K,甚至更高。

太阳等离子体及其释放的能量对环境非常重要,作为参考,它非常有助于我们认识地球等离子体特定的属性和参数量级。行星际间的等离子体源自太阳,太阳的质量为 2×10^{30}kg,直径为 1.4×10^6 km,由 75%的氢和 25%的氦组成。氢热核聚变为氦,使太阳核心温度达到 1.6×10^7 K,日冕温度为 5×10^6 K。太阳等离子体向各个方向逃逸,并扩展到太阳系的所有区域。在离太阳的地球半径处,质子和电子的粒子数密度约为 10 cm^{-3},质子温度为 4×10^4 K,电子温度为 1.5×10^5 K,最重要的是,太阳风的流动速度为 400 m/s。流动的太阳风等离子体与地球磁场相互作用产生了非对称磁层(磁气圈)流场[3],如图 1.2 所示。

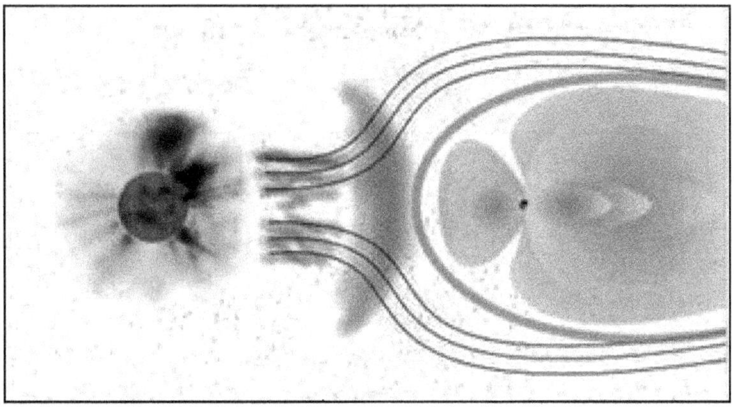

图 1.2　太阳等离子体和地球磁层结构示意图[4]

1.3　实验室/装置应用中的等离子体

1.3.1　概述

由于等离子体在新的革命性装置中的应用具有巨大的潜力，而这些装置在众多技术领域得到了应用[5]，人们已经对较大范围内的密度和温度、稳态和瞬态过程、小尺度和大尺度、不同的功率等级和等离子体源，以及几何尺寸条件下的电离气体等离子体行为进行了探究，创建了各类实验室装置用于基础科学研究[6]并作为实验平台进行产品开发[7]。正如任何新技术一样，对工作原理的认识是最基础的，对工作原理可扩展性的解释是拓宽工作范围的关键。当今已经发展出的一些通用等离子体装置如图 1.3 所示。等离子体长度尺度一般用等离子体电荷分离（图 1.3 左上）、粒子平均自由程 λ（i 表示离子、e 表示电子）和地球物理学尺寸（图 1.3 右下）来表征。

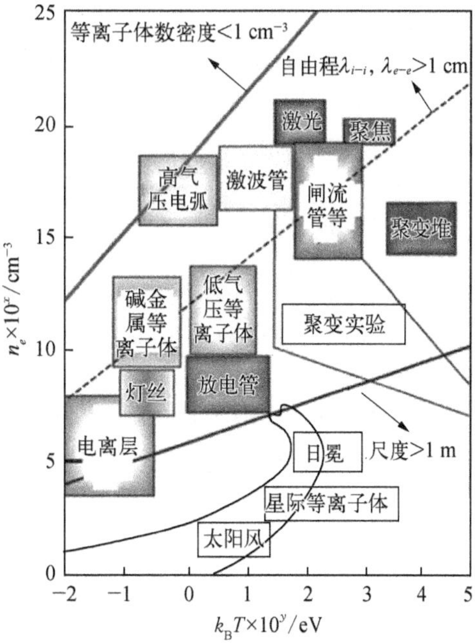

图 1.3　不同类型等离子体装置中的等离子体数密度和温度[8]

1.3.2　等离子体装置分类

可采用多种方法对产生和利用等离子体的特定装置进行分类。从历史发展来看，发光的装置是最基本的，荧光放电管已经有超过 100 年的应用历史，用于通信设备稳压和信号调理的气体放电真空管[9]促进了社会进步。但是，最有效的装置分类标准是根据等离子体的数密度和温度范围进行分类，见表 1.1。

表 1.1　等离子体装置分类

较低温度、较高压强	较低压强、较高温度		高密度、高温度
	放电管	空间等离子体推力器	
火焰等离子体	荧光灯	离子推力器	磁聚变功率实验装置(磁约束聚变)
气动等离子体(包括再入等离子体)	等离子体屏幕显示	Hall 推力器	激光靶爆聚实验装置(惯性约束聚变)
激波管等离子体	激光源等离子体	磁等离子体动力推力器	
激光-靶等离子体	高功率开关器件		
电弧等离子体			

参 考 文 献

[1] Contemporary Physics Education Project. Characteristics of typical plasmas. (2010－06－15)[2014－06－15]. https://newsite.cpepphysics.org/elementor-1179/.

[2] Kivelson M, Russell C. Introduction to space physics. Cambridge: Cambridge University Press, 1993.

[3] Bothmer V. Solar corona, solar wind, structure, and solar particle events. Noordwijk: Proceedings of ESA Workshop on Space Weather—1998, ESTEC, 1999.

[4] European Space Agency. Solar wind buffets earth's magnetic field. (2006－02－23)[2014－06－15]. https://www.esa.int/ESA-Multimedia/Images/2003/05/Solar_wind_buffets_Earth_s_magnetic_field.

[5] Charles C. Plasmas for spacecraft propulsion. Journal of Physics D Applied Physics, 2009, 42: 163001－163018.

[6] McCracken G M, Stott P E. Fusion: The Energy of the Universe. London: Elsevier, 2005.

[7] Cappitelli M, Gorse C. Plasma Technology: Fundamentals and Applications. New York: Plenum Press, 1992.

[8] Sheffield J. Plasma Scattering of Electromagnetic Radiation. New York: Academic Press, 1975.

[9] Cobine J D. Gaseous Conductors: Theory and Engineering Applications. New York: Dover Publications, 1957.

习　　题

1.1　如习题 1.1 图所示,根据密度-温度状态对各种等离子体进行了分类,请选取三种等离子体并简述其基本性质、产生方式和应用场景或研究价值。

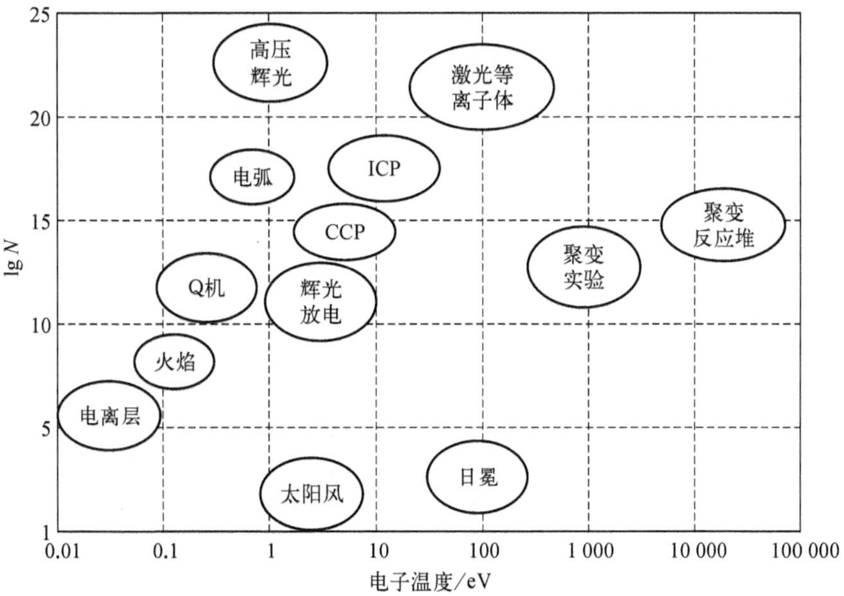

ICP 表示电感耦合等离子体;CCP 表示电容耦合等离子体

习题 1.1 图

第 2 章 气体动理学理论

2.1 引　　言

通常,在流体流动的力学和能量学研究方面,认为流体是一种连续介质,可以用密度、温度、压强、黏性等参数来描述。例如,能量定义为比定容热容和温度的乘积 $c_V T_0$, 因为基本问题是大量能量进出并与流体系统的交换,必须同时考虑流体的微观特性和宏观特性,这样才能理解能量"是"什么,它以什么样的形式存在,以及在能量注入或离开流体时,它是如何变化的。能量交换本身是第一位的,其次要考虑能量交换的影响。

动理学理论的建立是试图根据分子行为来解释并关联气体的物理特性(理想气体定律用于非理想气体、黏性、热传导和扩散)。

2.2 动理学理论基本假设

动理学理论的基本假设包括如下三点[1]。

(1) 分子假设: 物质由所知的微小不连续单元——分子组成,分子是物质保持其化学性质的最小基本物质量,给定物质的所有分子都一样,由于分子排列和运动状态的不同,物质有三种物态。

(2) 气体分子间相互碰撞及与容器壁面的作用遵循经典力学的定律(动量守恒和能量守恒),为弹性碰撞。

(3) 气体的性质由统计方法描述,大量分子的行为由统计平均确定。动理学方法意味着初始条件(如位置和速度)和作用力决定行为。而统计方法则意味着行为与初始条件无关,须寻求适当的平均,即所有分子的瞬时平均值。

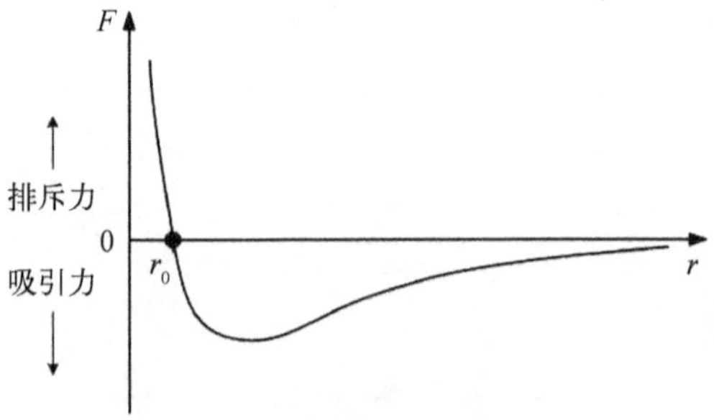

图 2.1　分子间相互作用力与分子间距离的函数关系

次要假设: 分子总是处于永不停止的平移运动之中,分子只具有动能(目前忽略内部模式),与间距相比,分子很小,只通过碰撞相互作用(理想气体定律),可以由分子的"撞球模型"来描述,分子间的相互作用力如图 2.1 所示。

2.3　压强、温度和内能

考虑一个固定控制体内的一组气体分子行为，如图 2.2 所示。

体积的尺寸为

$$V = xyz$$

体积 V 中的分子总数为

$$N = n\left(\frac{\text{分子数}}{\text{体积}}\right) V$$

分子的速度 c 为

$$c^2 = u^2 + v^2 + w^2$$

式中，u、v、w 分别为 x、y、z 方向的速度。

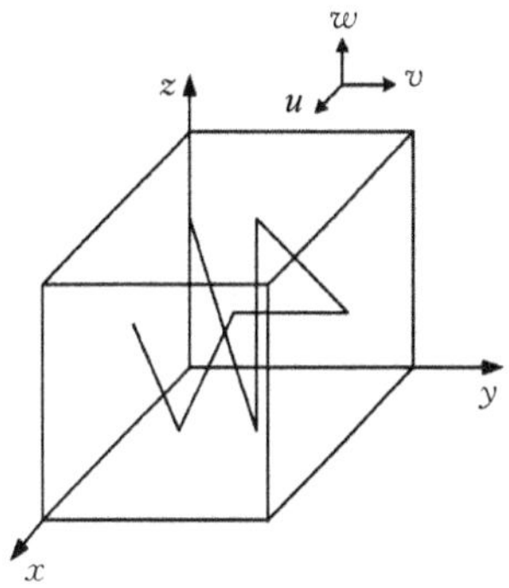

图 2.2　分子运动的控制体

分子的动能：

$$\frac{1}{2}mc^2$$

式中，m 表示单个分子的质量。

假设控制体内气体处于平衡状态（无定向运动），分子做无规则运动。有 $\bar{u} = \bar{v} = \bar{w}$，或者说速度的平均值相等，因为平衡状态下 $\bar{u}^2 \approx \overline{u^2}$，便得 $\bar{c}^2 = \bar{u}^2 + \bar{v}^2 + \bar{w}^2 = 3\bar{u}^2$。实际上，1/3 的分子在 x 方向上运动，1/3 分子在 y 方向及 1/3 分子在 z 方向上运动。考虑沿 x 轴方向（→）的粒子运动，如图 2.3 所示，$y-z$ 平面上 $x = 0$，第二个平面 $x = x$（x 是分子碰撞之间的平均距离）。

单个分子与 $y-z$ 平面碰撞的平均次数为

$$\frac{\text{碰撞次数}}{\text{时间}} = \frac{\text{速度}}{\text{距离 / 碰撞次数}} = \frac{u}{2x}$$

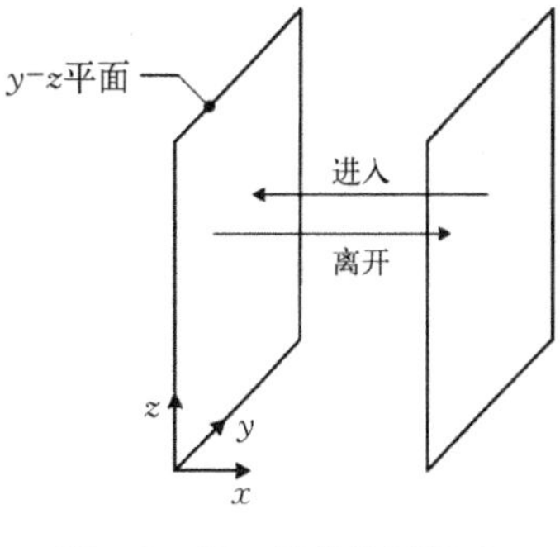

图 2.3　沿 x 轴的粒子运动

分子与 $y-z$ 平面碰撞时的动量变化（进入为 mu←，离开为 mu→）为

$$\frac{\text{动量变化}}{\text{碰撞次数}} = 2mu$$

现在，每个分子在 $y-z$ 平面上的作用力就等于每个分子动量的变化率，表示为

$$\left(\frac{\text{碰撞}}{\text{时间}}\right)\left(\frac{\text{动量变化}}{\text{碰撞次数}}\right) = \frac{u}{2x} \cdot 2mu = \frac{mu^2}{x}$$

控制体中所有分子作用于平面上的力为 $\frac{Nmu^2}{x}$（x 方向）。因此，所有分子对 $y-z$ 平

面的压强为力/面积：

$$p_{yz}=\frac{Nmu^2}{x}\cdot\frac{1}{yz}=\frac{Nm\bar{u}^2}{V}=\frac{1}{3}\cdot\frac{Nm\bar{c}^2}{V},\quad p_{yz}=\frac{1}{3}nm\bar{c}^2$$

式中，n 为数密度 $\left(\frac{\text{分子数}}{\text{体积}}\right)$，与方向无关。

上述数学表述从动理学理论定义了宏观特性——压强。因此，在分子运动理论宏观特性的粒子描述中，压强是粒子碰撞产生的动量交换的结果。

现考虑实验结果，根据宏观热力学方程 $pv=RT$，或

$$p\frac{V}{M_t}=RT$$

式中，$M_t=m\left(\frac{\text{质量}}{\text{粒子}}\right)N$（总粒子数）；$M_t$ 为宏观总质量；R 为气体常数，T 为宏观温度。

并且

$$p\frac{V}{mN}=p\frac{1}{mn}=RT\quad \text{或}\quad p=mnRT$$

上式即压强的微观定义。定义压强 p，进一步考虑其他特性。

考虑到每个粒子的动能 $E\left(\frac{\text{能量}}{\text{粒子}}\right)$（只考虑随机运动的动能），有

$$E=\frac{1}{2}m\bar{c}^2,\quad \frac{1}{2}m\bar{c}^2=\frac{3p}{2n}$$

并且 $\frac{p}{n}=mRT$，注意：

$$En=\frac{3p}{2}\Rightarrow E\cdot n=p\left(\frac{3}{2}\right)$$

$$E=\frac{1}{2}m\bar{c}^2=\frac{3}{2}mRT$$

但是，

$$mR=m\cdot\frac{\bar{R}}{M}=\frac{\bar{R}}{N_A}=k_B$$

式中，m 为单个粒子质量；$\bar{R}$ 为通用气体常数；M 为质量与物质的量的比值；N_A 为阿伏伽德罗常数；k_B 为 Boltzmann 常量。

于是

$$E=\frac{1}{2}m\bar{c}^2=\frac{3}{2}k_BT$$

这就根据微观特性定义了温度。

可知，温度是一个衡量分子随机运动的平动能量的物性指标。又因为 $E = \frac{3}{2}\frac{p}{n}$，则 $p = nk_BT$，是状态方程的动理学形式。

现在考虑动理学特性的数量级。压强和温度是与分子运动相关的，先分析分子运动的速度。考虑室温条件下的空气，代入数值得

$$\bar{c} \approx (\bar{c}^2)^{\frac{1}{2}} \approx \left(\frac{3k_BT}{m}\right)^{\frac{1}{2}} = \left\{\frac{3\left(1.38\times10^{-23}\ \dfrac{\mathrm{J}}{\mathrm{K}}\right)(300\,\mathrm{K})}{28\ \mathrm{g/mol}\times10^{-3}\times\dfrac{1}{6\times10^{23}}\mathrm{mol}^{-1}}\right\}^{\frac{1}{2}} \approx 500\ \mathrm{m/s}$$

式中，空气的分子量 ≈ 28 g/mol；$\bar{c}$ 为平均速度。注意，该速度与介质（空气）中的声速（压力扰动）相近。

现在考虑能量关系。每个粒子平均平动能量为

$$E_{\mathrm{tr}} = \frac{3}{2}k_BT = \frac{3}{2}mRT$$

对所有粒子而言：

$$e_{\mathrm{tr}}\left(\frac{能量}{质量}\right) = \frac{能量}{粒子数}\cdot\frac{粒子数}{质量} = \frac{3}{2}mRT\cdot\frac{1}{m} = \frac{3}{2}RT$$

可以通过比定容热容来计算能量。比定容热容可定义为

$$c_V \equiv \left(\frac{\partial e_{\mathrm{tr}}}{\partial T}\right)_V = \frac{3}{2}R$$

因为

$$c_p - c_V = R$$

式中，c_p 为比定压热容：

$$c_p \equiv \frac{5}{2}R(\mathrm{tr})$$

这一结果对于中等温度下的单原子气体吻合良好。

如上所述，分子随机动能与压强相关，考虑压强有

$$p = \frac{1}{3}nm\bar{c}^2 = \frac{2}{3}nE_{\mathrm{tr}} = \frac{2}{3}n\left(\frac{粒子}{体积}\right)E_{\mathrm{tr}}\left(\frac{能量}{粒子}\right)$$

式中，p 的单位为 $\left(\frac{能量}{体积}\right)$。因此，正如将单位体积内的质量定义为质量密度一样，可以认为压强是一个能量密度，为随机热能密度。

上述内容已经考虑了单一气体分子的情况，进一步可以考虑混合气体。本书所涉及

的内容是关于等离子体,在处理等离子体时,可将其看作由电子和离子组成的混合气体,并需要注意这些粒子的质量存在巨大差别。

可以通过考虑能量来评估不同气体在均匀温度 T 下混合到给定体积中的影响。作为一个外延的特性参数,单位体积内的能量为

$$\frac{\text{能量}}{\text{体积}} = n\left(\frac{\text{分子数}}{\text{体积}}\right) \cdot E_{\text{tr}}\left(\frac{\text{能量}}{\text{分子数}}\right)$$

将种类为 i 的气体相加,有

$$\left(\frac{E}{V}\right)_{\text{tot}} = \sum nE_{\text{tr},\,i} = n_1E_1 + n_2E_2 + \cdots$$

E/V 与 p 有关,所以有 $p_{\text{mix}} = p_1 + p_2 + \cdots = \sum p$, 这就是 Dalton 分压定律。体积 V 中,具有压强 p_i 的气体对混合气体的总压强做贡献,当多种气体混合时,总压强可以写为 $p = \sum p_i$(分压强)。

进而,由 $p = nk_BT$, 可知

$$nk_BT(\text{混合气体}) = n_1k_BT_1 + n_2k_BT_2 + \cdots$$

并且,如果 $T = T_1 = T_2 = \cdots$, 即温度平衡时,则有 $n = \sum n_i$。

当温度平衡时,气体分子有相同的能量 $E_{\text{tr1}} = E_{\text{tr2}}$, 则有 $k_BT_1 = k_BT_2$ 和 $m_1\bar{u}_1^2 = m_2\bar{u}_2^2$。通常情况下,该式一定成立,所以如果有两个粒子满足 $m_1 \ll m_2$, 例如,等离子体中电子的质量远远小于离子质量,有 $\bar{u}_1^2 \gg \bar{u}_2^2$。一个质子的质量 $m_p = 1.38\times10^{-24}$ g,而一个电子的质量 $m_e = 0.91 \times 10^{-27}$ g, 导致等离子体中电子和离子的速度相差非常大。

前述已经将连续介质的基本属性表述为分子特性参数 m、n、$\bar{c}^2$ 的函数,现在需要详细考虑的是影响和决定粒子速度的因素和机制。影响粒子速度的主要因素是碰撞,下面进一步描述与碰撞有关的气体的现象学(phenomenology)、术语(terminology)和行为。

2.4　动理学理论和输运过程

2.4.1　粒子碰撞

在上述推演中,考虑了粒子同边界的碰撞,并定义了压强。很显然,在大量粒子的随机运动中,大多数碰撞发生在粒子之间。

将分子看作直径为 d 的光滑、刚性的弹性球体。如图 2.4 所示,两个直径为 d 的分子发生碰撞,碰撞中心间的距离为 d。

图 2.4 中,半径为 d 的球所示的范围称为影响球,其他分子的中心不能进入影响球。假设一个简单的模型,体积内除了一个速度为 c 的运动分子外,其他分子均处于静止状态。假定静止的分子保持固定状态,则运动粒子的速度 c 就保持不变。如图 2.5 所示,在单位时间内(平均状态),一左一右有两个圆,分别代表运动粒子(左)和静止粒子(右)的

影响球。左侧大圆是长度 $l=c\cdot 1$(单位时间)的圆柱体底部,也就是长度=速度·时间,所以有一个底面积为 πd^2、长度为 $c\cdot 1$ 的圆柱体。

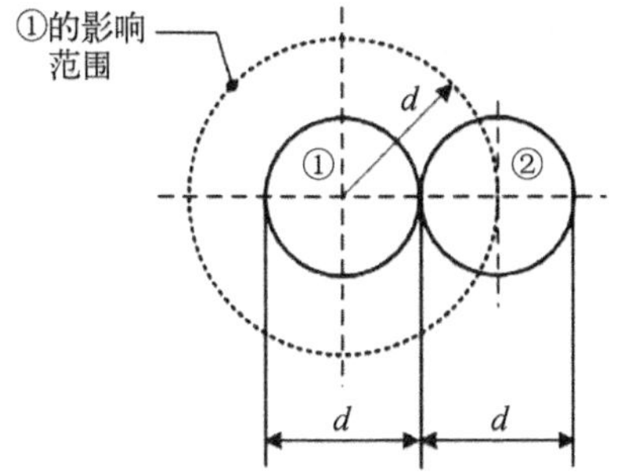

图 2.4　发生碰撞的直径为 d 的两个分子

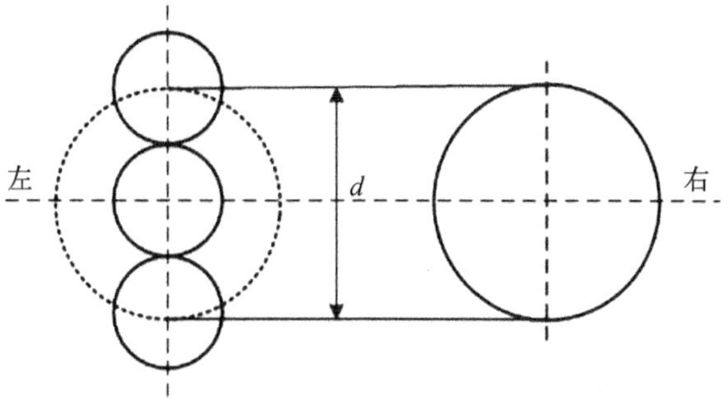

图 2.5　碰撞模型

定义横截面积为 πd^2, 则任何中心在该圆柱体积内的分子均与前述的运动分子发生碰撞,该体积内的分子数量 n 可以写为

$$n\left(\frac{\text{分子数}}{\text{体积}}\right)\cdot\pi d^2 c=\frac{\text{碰撞}}{\text{时间}}$$

实际上,真实分子的圆柱体可能有扭曲和弯折,这里忽略了这些影响。

如果考虑所有的分子都在运动,并且 $\bar{c}_r$ 代表平均相对速度,则有 $\dfrac{\text{碰撞}}{\text{时间}}=n\pi d^2\bar{c}_r$。再考虑这样一个事实,也是动理学理论中很重要的一点:一个粒子以速度 c 运动,而其他粒子是静止的;或一个粒子以速度 c 运动而其他粒子也以速度 c 运动,那么,上述两种情况有什么不同呢?可以写作

$$\nu=n\pi d^2\bar{c}\equiv n\sigma\bar{c}$$

式中,σ 为反应截面面积,$\sigma=\pi d^2$;$\bar{c}$ 为平均速度;ν 为碰撞频率。

因此,可以定义:$\left(\dfrac{\text{距离}}{\text{碰撞}}\right)\equiv\lambda=\dfrac{\bar{c}}{\nu}$,其中 λ 为平均自由程,表示分子间碰撞的平均距离,所以有

$$\lambda=\frac{\bar{c}}{\nu}=\frac{\bar{c}}{n\pi d^2\bar{c}}=\frac{1}{n\pi d^2}=\frac{k_B T}{p(\pi d^2)}$$

这意味着,如果气体膨胀,即 p 减小、T 增大,那么对于 λ 值,压强和温度是相互竞争的影响。获得了对混合气体和碰撞的基本认识,可利用这些概念来考虑由随机热运动引起的分子气体输运特性。

2.4.2　输运现象(黏性、传导、扩散)

通过实际观察可知:

具有压差 ($\Delta p\sim\Delta\bar{c}$) 的流体存在摩擦(黏性)——动量损失;

具有温差 ($q\sim\Delta T$) 的流体传导热量——能量损失;

具有密度差（$n \sim \Delta\rho$）的流体存在扩散——质量损失。

在上述的每种情况下，宏观特性参数的变化（Δp，ΔT，$\Delta\rho$）会导致分子在不同区域的输运，分子会携带信息从一个区域输运到另一个区域，这是一个非平衡过程。在上述三种情况下，都存在一个流体物理属性的梯度，并与分子的输运相关，输运与梯度成正比，而方向相反。

这三种不同输运行为的宏观标准表达式如下。

对于黏性流体，有 Newton 黏性定律：

$$\tau\left(\frac{\text{动量变化}}{\text{面积}\cdot\text{时间变化}}\right) = -\mu\frac{\mathrm{d}u}{\mathrm{d}y}$$

式中，μ 为黏性系数。

对于热传导（导热），有 Fourier 导热定律：

$$q\left(\frac{\text{能量变化}}{\text{面积}\cdot\text{时间变化}}\right) = -K\frac{\mathrm{d}T}{\mathrm{d}y}$$

式中，K 为热导率。

对于（自）扩散，有 Fick 扩散定律：

$$G\left(\frac{\text{数密度变化}}{\text{面积}\cdot\text{时间变化}}\right) = -D\frac{\mathrm{d}n}{\mathrm{d}z}$$

式中，D 为（自）扩散系数。

利用平均自由程理论来分析输运过程：令 $\Phi(z)$ 表示沿 z 轴方向变化的一种分子输运属性，考虑属性 Φ 穿过一个假想的 $z = z_0$ 平面的净输运。如图 2.6 所示，x 向右，y 向前，z 向上，梯度沿 z 方向，考虑输运属性 Φ 在两个截面积为 S 的平面（$z_0 + \Delta z$）和（$z_0 - \Delta z$）之间的输运。

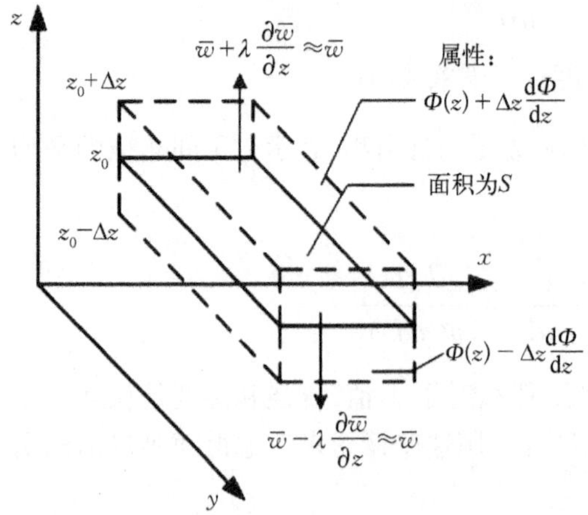

图 2.6　流体在两个区域之间的输运

从上面或下面到达表面积的粒子，其所载运的输运特性来自粒子在此区域内的最后碰撞，即 $\Delta z = \lambda$（平均自由程）。单位时间内越过截面积 S 的粒子数量为

$$\frac{\text{粒子数}}{\text{时间}} = n\left(\frac{\text{粒子数}}{\text{体积}}\right)\cdot S\cdot\bar{w}$$

式中，$\bar{w}$ 为垂直于 S 的平均速度。

因此，对于任何输运特性 Φ，越过截面积 S 的 Φ 的量值为 $\dfrac{\Phi}{\text{单位时间}} = \dfrac{\Phi}{\text{粒子数}}\cdot nS\bar{w}$。

如图 2.7 所示，就 z 轴、x 轴，给出了平均速度为 $-\bar{w}$ 的粒子自上而下载运的输运特性，向下的通量为 $nS(-\bar{w})\left(\Phi+\lambda\dfrac{\mathrm{d}\Phi}{\mathrm{d}z}\right)$，在这里的参考坐标系下为负值；速度自下而上时，为 $+\bar{w}$，向上的通量为 $nS(+\bar{w})\left(\Phi-\lambda\dfrac{\mathrm{d}\Phi}{\mathrm{d}z}\right)$，为正值。

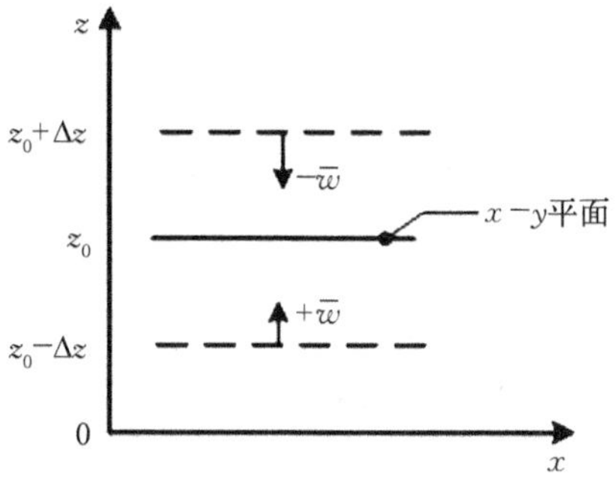

图 2.7 输运特性的通量

因此，单位时间通过截面积 S 的净输运 Φ 可以表达为

$$\Gamma\left(\frac{\Phi}{\text{时间}}\right)_{\text{net}}=-nS\bar{w}\left(\Phi+\lambda\frac{\mathrm{d}\Phi}{\mathrm{d}z}\right)+nS\bar{w}\left(\Phi-\lambda\frac{\mathrm{d}\Phi}{\mathrm{d}z}\right)$$
$$=-2nS\bar{w}\lambda\frac{\mathrm{d}\Phi}{\mathrm{d}z}$$

单位时间和面积内 Φ 的通量为 $\dfrac{\Gamma}{S}\left(\dfrac{\Phi}{\text{时间}\cdot\text{面积}}\right)=-2n\bar{w}\lambda\dfrac{\mathrm{d}\Phi}{\mathrm{d}z}$（如果 Φ 随着 z 增大而增加，净通量为负值）。平均自由程 $\lambda=\dfrac{1}{n\pi d^2}$，代入上式可得 $\dfrac{\Gamma}{S}\left(\dfrac{\Phi}{\text{时间}\cdot\text{面积}}\right)=-\dfrac{2\bar{w}}{\pi d^2}\dfrac{\mathrm{d}\Phi}{\mathrm{d}z}$。

但是，在这种特定情况下怎样确定 $\bar{w}$？它是否与 $\bar{c}$ 有关？我们必须要知道如何计算 $\bar{w}$ 的值，这是动理学理论的核心所在，其准确值的计算非常复杂，需要先定义和应用粒子的速度分布函数，下面进行具体分析。

这里先简单规定 $\bar{w}=\bar{c}/4$（稍后将证明这一点），这是动理学理论中的重要结论之一。这个公式并非凭直觉得到（如果凭直觉可能是 $\bar{c}^2=3\bar{w}^2$），必须通过正确的数学推导和计算获得。首先假设 $\bar{w}=\bar{c}/4$，于是，单位时间、单位面积内 Φ 的净输运为

$$\frac{\Gamma}{S}\left(\frac{\Phi}{\text{时间}\cdot\text{面积}}\right)=-\frac{1}{2}n\bar{c}\lambda\frac{\mathrm{d}\Phi}{\mathrm{d}z}$$

对于代表不同的输运特性的 Φ，现在来分析根据动理学理论给出的推断。

1. 黏性（动量输运）

$$\Phi=mu$$

式中，u 为流体沿 x 轴方向的流速，输运的量为

$$\frac{\text{动量}}{\text{时间}\cdot\text{面积}}=-\frac{1}{2}n\bar{c}\lambda\frac{\mathrm{d}(mu)}{\mathrm{d}z}=-\frac{1}{2}mn\bar{c}\lambda\frac{\mathrm{d}u}{\mathrm{d}z}$$

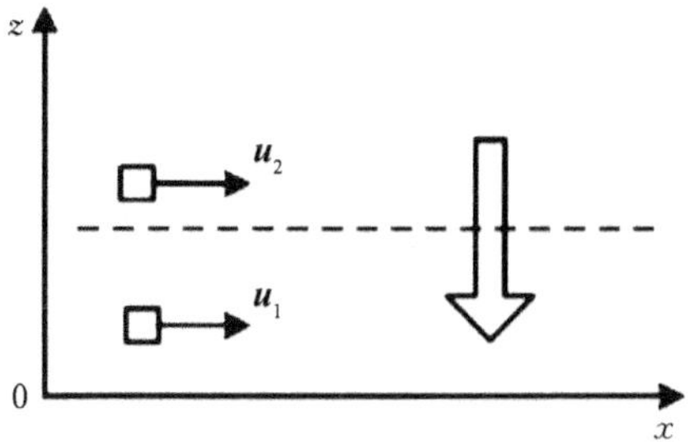

图 2.8 动量传递

如图 2.8 所示，大 z 处较高的速度和小 z 处较低的速度意味着 z 从高到低有一个净动量传递，即动量从高速区域向低速区域传递。

如前所述，宏观上已经得到一个现象定律：$\dfrac{\text{动量}}{\text{时间}\cdot\text{面积}}\equiv\tau=-\mu\dfrac{\mathrm{d}u}{\mathrm{d}z}$，所以上面两个关系式相

等，且 $\mu = \frac{1}{2}mn\bar{c}\lambda$，但 $\bar{c} \approx (\bar{c}^2)^{\frac{1}{2}} = \left(\frac{3k_BT}{m}\right)^{\frac{1}{2}}$，可得

$$\mu = \frac{1}{2}mn\lambda\left(\frac{3k_BT}{m}\right)^{\frac{1}{2}} = n\lambda\left(\frac{3mk_BT}{4}\right)^{\frac{1}{2}}$$

且因为 $\lambda = \frac{1}{n\pi d^2}$，得到 $\mu = \frac{1}{\pi d^2}\left(\frac{3mk_BT}{4}\right)^{\frac{1}{2}}$。

这意味黏性系数 μ 与 $T^{1/2}$ 成正比，而与压强 p 和密度 ρ 无关。另外，碰撞截面 σ 越小，黏性系数 μ 越大。

2. 热传导(能量输运)

$$\Phi = \frac{1}{2}mc^2 = \frac{3}{2}k_BT = \frac{3}{2}mRT = mc_VT$$

式中，$c_V = \frac{3}{2}\frac{k_B}{m} = \frac{3}{2}R$，为比定容热容。

则热能输运为

$$\frac{能量}{时间 \cdot 面积} = -\frac{1}{2}n\bar{c}\lambda\frac{\mathrm{d}(mc_VT)}{\mathrm{d}z} = -\frac{1}{2}n\bar{c}\lambda mc_V\frac{\mathrm{d}T}{\mathrm{d}z}$$

但宏观上：

$$\frac{能量}{时间 \cdot 面积} = -K\frac{\mathrm{d}T}{\mathrm{d}z}$$

$$K = \frac{1}{2}nm\bar{c}\lambda c_V = \mu c_V$$

因此，导热系数是黏性系数和随机平动能量比热的乘积，它正比于 $T^{1/2}$，与压强 p 无关。

3. 扩散(质量输运)

扩散的形式要求仔细定义。为清楚起见，可以通过某些着色的示踪粒子来分析。示踪粒子(n_a)通过类似的相同种类粒子的输运称为自扩散。被输运的是示踪粒子出现的概率，即 n_a 对粒子总数 n 的比率 n_a/n。于是，对于输运，可得

$\left(\frac{粒子数}{时间 \cdot 面积}\right) = -\frac{1}{2}n\bar{c}\lambda\frac{\mathrm{d}\left(\frac{n_a}{n}\right)}{\mathrm{d}z} = -\frac{1}{2}\bar{c}\lambda\frac{\mathrm{d}n_a}{\mathrm{d}z}$，单位是粒子数/(s · m²)，其与数密度宏观通量 G 的定义相同，可得

$$\left(\frac{粒子数}{时间 \cdot 面积}\right) \equiv G = -D\frac{\mathrm{d}n}{\mathrm{d}z}$$

自扩散系数 D 为

$$D=\frac{1}{2}\bar{c}\lambda=\frac{1}{2}\bar{c}\frac{1}{n\pi d^2}=\frac{1}{2}\frac{1}{n\pi d^2}\left(\frac{3k_BT}{m}\right)^{\frac{1}{2}}$$

因为 $D=\frac{1}{2}\frac{(3mk_BT)^{\frac{1}{2}}}{nm\pi d^2}$，所以自扩散系数 D 与 $T^{1/2}$ 和 $\frac{1}{\rho}$ 成正比。

通过以上分析，已经知道三个输运系数（黏性系数、导热系数和扩散系数）是如何与分子运动特性相互关联的，同时也可以发现，它们本身也是相互关联的。这些系数都是可测量的宏观量，根据其动理学关系，可以通过它们确定分子特性。考虑不同输运系数和其物理意义之间的关系，便有

$$\begin{cases}\mu=\frac{1}{2}nm\bar{c}\lambda, \quad \mu=\rho D\\ K=\frac{1}{2}nm\bar{c}\lambda c_V\Rightarrow K=c_V\rho D\\ D=\frac{1}{2}\bar{c}\lambda, \quad \frac{\mu}{\rho}=D\end{cases}$$

因此，所有的输运在概念上都类似于扩散。

$\frac{\mu}{\rho}$ 称为黏性扩散率，根据“撞球”运动理论，实际上它就等于自扩散系数 D。对于导热系数 K，由于 $\frac{K}{\rho c_V}=D$，称为热扩散率，$\frac{K}{\rho c_V}$ 同样与扩散系数的运动关系式相等。再有，将普朗特数 Pr 定义为 $\frac{\mu c_p}{K}$，并且等于 $\frac{\rho c_V}{K}\frac{\gamma\mu}{\rho}=\frac{\mu/\rho}{K/(\rho c_V)}\gamma$（$\gamma=c_p/c_V$，为比热比），因此

$$Pr=\frac{\mu c_p}{K}=\frac{\mu/\rho}{K/(\rho c_V)}\gamma=\frac{\text{黏性扩散率}}{\text{热扩散率}}\gamma$$

由于主要考虑的是物理关系，下面简要讨论扩散行为的数学偏微分方程表示。为了强调过程，图 2.9 示出了一个高度为 Δz、顶部和底部通量面积为 ΔS 的控制体的侧视图，立方体的体积为 $S\Delta z$。现在，宏观上可以写出 $G=-D\frac{\mathrm{d}n}{\mathrm{d}z}$。通过控制体的粒子净流量（单位时间的粒子数）为

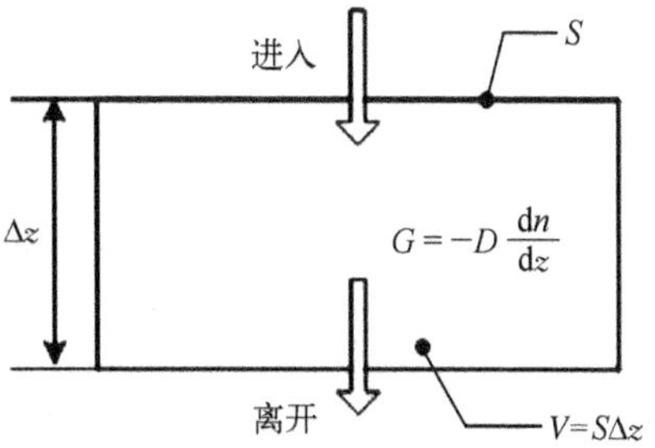

图 2.9 控制体侧视图

$$\frac{\Delta n}{\Delta t}\cdot\text{体积}=[\text{流出}-\text{流入}]\cdot\text{面积}=\left\{\left[-D\frac{\mathrm{d}n}{\mathrm{d}z}+\frac{\partial}{\partial z}\left(-D\frac{\mathrm{d}n}{\mathrm{d}z}\right)\Delta z\right]-\left[-D\frac{\mathrm{d}n}{\mathrm{d}z}\right]\right\}S$$

整理上式大括号内各项,得到: $\frac{\Delta n}{\Delta t}S\Delta z=+\left[-D\Delta z\frac{\mathrm{d}^2n}{\mathrm{d}z^2}\right]S$。因此,对于一个小单元,有 $\frac{\partial n}{\partial t}=-D\frac{\mathrm{d}^2n}{\mathrm{d}z^2}$,这就是扩散的偏微分方程。

2.5 平衡状态动理学理论的数学表达式

一种气体的统计信息体现在其分布函数中。接下来,首先讨论分布函数的一般特性,之后进行气体分布函数的推导。

2.5.1 分布函数和平均值

我们所考虑的变量是数值连续的且数值范围大,可以从假设变量是离散值开始讨论。

1. 计算具有离散(整数)值时的属性 i 的平均值

首先,令 i=属性(数量)值,n_i=具有属性值为 i 的粒子数(i 称为分配数),于是可得总粒子数 $N=\sum_i n_i$。属性 i 的总数为 $\sum_i n_i i$,标示为 $n(i)$ 的关系如图 2.10 所示。

属性 i 的平均值 $=\frac{\text{属性的总数量}}{\text{粒子总数}}$,或在数学上有 $\bar{i}=\frac{\sum_i n_i i}{N}=\sum_i\frac{n_i}{N}i=\sum_i P_i$,式中,$P_i=\frac{n_i}{N}$,为粒子具有属性 i 的随机概率。

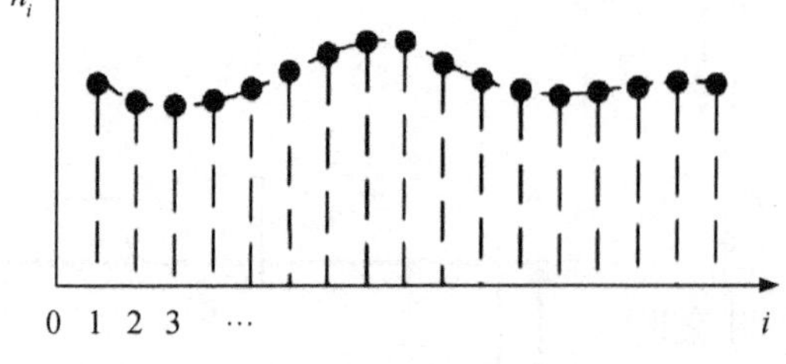

图 2.10 属性具有离散(整数)值时的分布

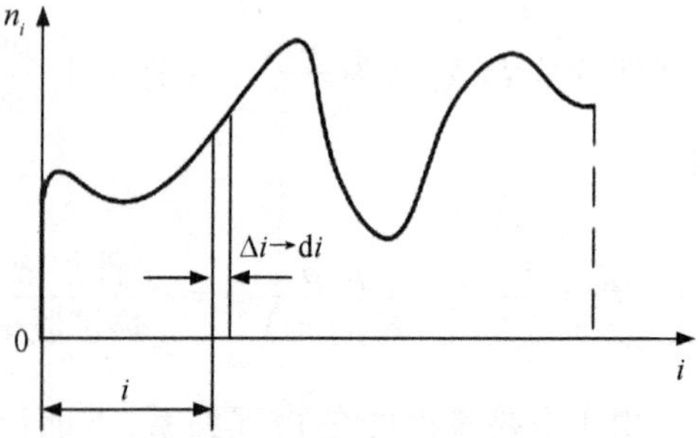

图 2.11 属性具有连续值时的分布

2. 计算具有连续值时的属性 i 的平均值(相对于离散整数值)

如图 2.11 所示,水平轴由 0 到任意 i 值,垂直轴为 n_i,水平轴上从 i 到 $i+\Delta i$ 中的一小段作为 Δi。现在,$\lim\limits_{\Delta i\to 0}n_i=0$,故

$$\lim_{\Delta i\to 0}\frac{n_i}{N}=0,\quad \frac{n_i}{N}(\text{在 d}i\text{ 内})\neq 0$$

可以发现,一个粒子属性的值在 i 与(i+di)之间的概率定义为

$$f(i)\mathrm{d}i=\frac{n_i[\text{其值在 } i \text{ 与}(i+\mathrm{d}i)\text{ 之间}]}{N}\mathrm{d}i=\frac{\mathrm{d}n_i}{N}$$

式中，$f(i)$ 称作正态分布函数。

因此，总的粒子数为 $N=\int_0^\infty \mathrm{d}n_i$，故

$$\frac{N}{N}=\frac{1}{N}\int_0^\infty \mathrm{d}n_i=\int_0^\infty \frac{\mathrm{d}n_i}{N}=\int_0^\infty f(i)\mathrm{d}i=1$$

因此，对于任一变量 Q'，它是 i 的函数，其平均值为 $\bar{Q}'=\int_0^\infty Q'(i)f(i)\mathrm{d}i$。例如，图 2.12 给出了常见的正态分布函数，它在平均值 $\bar{i}$ 处左右对称。可以预料到的是，分子速度分布函数将不是正态分布或对称的。

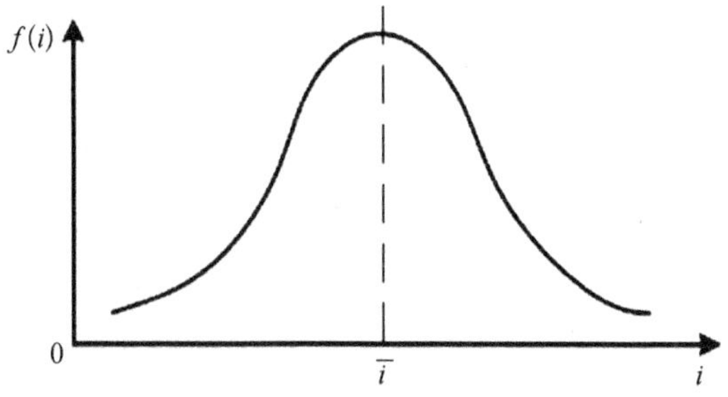

图 2.12　正态分布函数

2.5.2　速度和速度(矢量)分布函数

1. 分子运动状态的平衡分布

考虑一个体积为 V、总分子数为 N、总系统能量为 E 的控制体。除分子能值不同外，其他均相同，令 N_1 为具有能量 ε_1 的分子数，N_2 为具有能量 ε_2 的分子数，N_i 为具有能量 ε_i 的分子数，则有

$$E=N_1\varepsilon_1+N_2\varepsilon_2+\cdots=\sum_i N_i\varepsilon_i$$

$$N=N_1+N_2+\cdots=\sum_i N_i$$

现在要问：控制体内分子的能量平衡分布是怎样的？答案如下：能量平衡分布取决于每个分子对能量的约束。

平衡 $\underset{\text{相当于}}{\Longleftrightarrow}$ 最大可能！因此，现在必须分析概率。

2. 概率分析

系统以特定(能量)状态存在的概率与实现(获得)状态的可区分方式的数量成正比[2]。根据概率理论，N 个分子有 $N!$ 种不同的排列方式。

例 2.1　考虑 4 个分子 A、B、C、D，每个分子能够具有 ε_1、ε_2、ε_3 和 ε_4 4 种不同能量中的一种，且每个分子具有的能量都不相同，则 $N!=24$，即这些分子有 24 种不同的可能排列。设定分子 D 具有能量 ε_4，ε_4 总是与分子 D 相联系；但 ε_1 可以赋予分子 A、分子 B 或分子 C，ε_2 可以赋予分子 C、分子 A 或分子 B，ε_3 可以赋予分子 B、分子 A 或分子 C。

分子 D(能量 ε_4) 的可能的排列(其他粒子能量为 $\varepsilon_1-\varepsilon_3$)：

$$\varepsilon_1 \quad \varepsilon_2 \quad \varepsilon_3 \quad \varepsilon_4 \xrightarrow{\text{产生}} \begin{matrix} A & B & C & D \\ A & C & B & D \\ B & A & C & D \\ B & C & A & D \\ C & A & B & D \\ C & B & A & D \end{matrix} \quad \begin{matrix} 6\text{种}D(\varepsilon_4)\text{排列} \\ 6\text{种}D(\varepsilon_3)\text{排列} \\ 6\text{种}D(\varepsilon_2)\text{排列} \\ 6\text{种}D(\varepsilon_1)\text{排列} \end{matrix}$$

如果将所有的结果相加,便有 24 种可能的排列。但在这种情况下,规定具有特定能量分子的数目 $N_{\varepsilon_1} = N_1 = 1$、$N_2 = 1$、$N_3 = 1$、$N_4 = 1$。

例 2.2 考虑 4 个分子 A、B、C、D,每个分子可能拥有两种能量状态 ε_1、ε_2 的一种,规定每个分子依次具有 ε_2,所有其他分子具有 ε_1,列表如下。

一个分子具有能量 ε_2 的可能排列(其他分子为 ε_1):

ε_1	ε_2
A B C	D
A B D	C
A D C	B
D B C	A

存在 $N! = 1 \times 2 \times 3 \times 4 = 24$ 种可能排列,因为存在限制,能量相同的分子间没有区别,实际上只有 4 种不同的排列:$\begin{cases} N_1 = 3 \\ N_2 = 1, \end{cases}$ 它等同于 $\begin{cases} N_1 = 1 \\ N_2 = 3 \end{cases}$。

上述两个例子说明了概率规则的机制:具有 N 个粒子的系统,N_i 粒子具有的能量为 $\varepsilon_i (i=1, 2, 3, \cdots)$ 并相应具有 $N_i!$ 个能量排列,则 N 个粒子的可能排列个数 W 可以表达为

$$W = \frac{N!}{N_1!\ N_2!\ N_3!\ \cdots N_i!} = \frac{N!}{\prod_i N_i!}$$

在例 2.1 中,$W_1 = \dfrac{4!}{1!\ 1!\ 1!\ 1!} = 24$;例 2.2 中,$W_2 = \dfrac{4!}{3!\ 1!} = 4$。

如果对能量和概率作一般性陈述,那么,对于一个给定的状态[能量排列(k)],可以定义发现粒子在这个能量排列中的概率为

$$P_k = \frac{W_k}{\sum_k W_k}, \quad \sum_k P_k = 1$$

3. 平衡状态的分析(以确定平衡分布函数)

从热力学角度看,平衡状态是最大熵(最小能量)状态;根据统计学,平衡是最大概率状态或 $P_{\max}$(遵循 Moelwyn-Hughes 于 1961 年对平衡分布的描述)[3]。

Boltzmann 归纳了当以上两种状态是真实情况时,给定状态的最大熵与最大概率的关

系是 $S=f(P)$。根据先前的热力学知识，熵是相加的，例如，ΔS(升华) = ΔS(融化) + ΔS(蒸发)。但概率是相乘的，单个事件的概率为 P_1，第二个独立事件的概率是 P_2，两个事件发生的概率为 $P_{1,2}=P_1\cdot P_2$。通常，$P=\dfrac{N!}{\prod_i N_i!}$，是具有 N_i 和能量 ε_i 的 N 的排列数，因此最大的无序状态具有最大排列值。因为 概率 = $\dfrac{\text{具有属性的数目}}{\text{总数目}}=\dfrac{\text{排列数目}}{\text{排列总数目}}$，所以给定状态的概率 = $\dfrac{\text{给定的状态}}{\text{所有状态}}$。相应地，对于一个气体分子系统中两种给定的(组成)状态：$S_1=f(P_1)$ 和 $S_2=f(P_2)$，对于总系统，有 $S=S_1+S_2$ 和 $P=P_1P_2$。

因为 S 与 P 有关，将两者相联系起来的可能的方法就是通过一个对数函数：$S=C\ln P+B$，式中，C、B 为常数(已确定了的)，因此可得

$$\frac{S-B}{C}=\ln P=\ln N!\ -\ln N_1!\ -\ln N_2!\ -\cdots=\ln N!\ -\sum_i \ln N_i!$$

当 N 很大时，可以通过 Stirling 近似来得到一个简化的表达式。$N!=(2\pi N)^{\frac{1}{2}}(N/\mathrm{e})^N$，或

$$\ln N!\ =\frac{1}{2}\ln(2\pi N)+N\ln N-N\approx N\ln N-N,\quad \ln N\ll N$$

故

$$\frac{S-B}{C}=N\ln N-N-\sum_i(N_i\ln N_i-N_i)=N\ln N-\sum_i N_i\ln N_i$$

在平衡状态下，熵是一个最大值，但 $S=f(N_i)$，i 可以有很多值。最大值的条件是全微分(对 N)为 0，即 $\delta S=\sum_i \mathrm{d}S_i=0=\sum_i \dfrac{\mathrm{d}S}{\mathrm{d}N_i}\mathrm{d}N_i$，利用上述关于 S 的表达式，可以计算：

$$\frac{\mathrm{d}S}{\mathrm{d}N_1}=-C(\ln N_1+1)\Rightarrow \mathrm{d}S_1=-C(\ln N_1+1)\mathrm{d}N_1$$

$$\frac{\mathrm{d}S}{\mathrm{d}N_2}=-C(\ln N_2+1)\Rightarrow \mathrm{d}S_2=-C(\ln N_2+1)\mathrm{d}N_2$$

因为 C 不为 0，对于最大熵，有

$$\sum_i(\ln N_i+1)\mathrm{d}N_i=0$$

这个方程的约束条件是分子数守恒和系统的总能量守恒，分子数和总能量的全微分为 0。因而

$$\delta N=\sum \mathrm{d}N_i=0$$

$$\delta E = \sum_i \varepsilon_i \mathrm{d}N_i = 0$$

方程的解可以用拉格朗日(Lagrange)乘子法推导获得。这个方法表述为：变量 $x = 0$、$y = 0$、$z = 0$，则 $x + \lambda y + \mu z = 0$，其中 λ 和 μ 为待定因子。在这种情况下，$x = \delta S$(熵最大) = 0，$y = \delta N = 0$(粒子数守恒)，且 $z = \delta E = 0$(能量守恒)。因此，可得

$$\sum_i (\mathrm{d}S_i + \lambda \mathrm{d}N_i + \mu \varepsilon_i \mathrm{d}N_i) = 0 \quad 或 \quad \sum_i (\ln N_i + 1 + \lambda + \mu \varepsilon_i) \mathrm{d}N_i = 0$$

对于所有形式的 $\mathrm{d}N_i$(即使 $\mathrm{d}N_i \neq 0$)，上式都是真实成立的，所以每个都一定独立为 0，也就是

$$\ln N_i + 1 + \lambda + \mu \varepsilon_i = 0$$

重新整理后有 $N_i = K_0 \mathrm{e}^{-\mu\varepsilon_i}$，式中 $K_0 = \mathrm{e}^{-(\lambda+1)}$。因为 $N = \sum_i N_i = K_0 \sum_i \mathrm{e}^{-\mu\varepsilon_i}$，于是可得 $\dfrac{N_i}{N} = \dfrac{\mathrm{e}^{-\mu\varepsilon_i}}{\sum_i \mathrm{e}^{-\mu\varepsilon_i}} \equiv \dfrac{\mathrm{e}^{-\mu\varepsilon_i}}{Q}$，式中 Q 定义为配分函数。这个表达式是一个概率，并且发现处于能量状态 ε_i 中的一个分子的概率可由上述表达式给出。但是，问题依然存在，μ 是什么？ Q 是什么？现在需要确定这两项。

一般的状态群 i 由能量为 $\varepsilon \sim (\varepsilon + \mathrm{d}\varepsilon)$ 的小范围内的所有状态组成的，这里 ε 是一个连续变量。如果 $f(\varepsilon)$ 是对于分子能量(不是速度)的分布函数，对该集群可以写为

$$N_i = Nf(\varepsilon)\mathrm{d}\varepsilon$$

采用上述关于分布函数确定的函数形式，可以将其写成：$Nf(\varepsilon)\mathrm{d}\varepsilon = K'N\mathrm{e}^{-\mu\varepsilon}$，其中 $K' = K_0/N$。因此，可以定义能量分布函数为 $f(\varepsilon)\mathrm{d}\varepsilon = K'\mathrm{e}^{-\mu\varepsilon}$，将其转换为简单的形式，令 $K'' \equiv \dfrac{K'}{\mathrm{d}\varepsilon}$，有 $K'\mathrm{e}^{-\mu\varepsilon} = K''\mathrm{e}^{-\mu\varepsilon}\mathrm{d}\varepsilon$ 和 $f(\varepsilon)\mathrm{d}\varepsilon = K''\mathrm{e}^{-\mu\varepsilon}\mathrm{d}\varepsilon$。为了确定 K'' 和 μ，转向描述随机平动能量的能量形式。因为 $\varepsilon = m\dfrac{c^2}{2}$，$\mathrm{d}\varepsilon = mc\mathrm{d}c$，所以 $K''\mathrm{e}^{-\mu\left(\frac{1}{2}mc^2\right)} mc\mathrm{d}c \equiv K'''\mathrm{e}^{-\mu\left(\frac{1}{2}mc^2\right)} \mathrm{d}c$，$K''' = \dfrac{K''}{mc}$。现在，可以写出：$f(c)\mathrm{d}c = K'''\mathrm{e}^{-\mu\left(\frac{1}{2}mc^2\right)}\mathrm{d}c$，作为速度分布函数的正确函数形式，这是一个分子速度在 c 和 $(c+\mathrm{d}c)$ 之间的概率。然而，仍然需要得出 μ 和 K''' 的值。

再着眼于速度分布函数继续进行分析。在笛卡儿坐标系中，速度分布函数是速度 x 出现在 c_1 和 $(c_1+\mathrm{d}c_1)$ 之间，速度 y 出现在 c_2 和 $(c_2+\mathrm{d}c_2)$ 之间，速度 z 出现在 c_3 和 $(c_3+\mathrm{d}c_3)$ 之间的概率。所有方向速度分量出现的概率为 x 速度概率 · y 速度概率 · z 速度概率。利用上述函数形式，可得

$$f(c)\mathrm{d}c_1\mathrm{d}c_2\mathrm{d}c_3 = A\mathrm{e}^{-\mu\left[\left(\frac{1}{2}m\right)\left(c_1^2+c_2^2+c_3^2\right)\right]}\mathrm{d}c_1\mathrm{d}c_2\mathrm{d}c_3$$

式中，$f(c)$ 是速度分布函数，为每个单位间隔速度的概率；A 为系数。

为了确定 $f(c)$，必须确定 A 和 μ（这里按照 Vincenti 等[4]给出的形式）。通过两种情况来评估，首先，揭示分布函数的基本特性：

$$\int_{-\infty}^{+\infty} f(c)\,\mathrm{d}V_c = 1$$

式中，$\mathrm{d}V_c$ 是速度 c 空间的一个体积单元。
于是可表达为

$$\iiint_{-\infty}^{+\infty} A\mathrm{e}^{-\mu\left[\left(\frac{1}{2}m\right)\left(c_1^2+c_2^2+c_3^2\right)\right]}\,\mathrm{d}c_1\mathrm{d}c_2\mathrm{d}c_3 = 1$$

或

$$A\int_{-\infty}^{+\infty}\mathrm{e}^{-\mu\left[\left(\frac{1}{2}m\right)c_1^2\right]}\mathrm{d}c_1\int_{-\infty}^{+\infty}\mathrm{e}^{-\mu\left[\left(\frac{1}{2}m\right)c_2^2\right]}\mathrm{d}c_2\int_{-\infty}^{+\infty}\mathrm{e}^{-\mu\left[\left(\frac{1}{2}m\right)c_3^2\right]}\mathrm{d}c_3 = 1$$

这个积分可以通过此类函数的表格标准形式来计算，并可表示为

$$A\left(\frac{2\pi}{\mu m}\right)^{\frac{1}{2}}\left(\frac{2\pi}{\mu m}\right)^{\frac{1}{2}}\left(\frac{2\pi}{\mu m}\right)^{\frac{1}{2}} = 1$$

因而，有 $A\left(\frac{2\pi}{\mu m}\right)^{\frac{3}{2}} = 1 \rightarrow A = \left(\frac{\mu m}{2\pi}\right)^{\frac{3}{2}}$，这样，已经将 A 表达为 μ 的函数。

其次，为了确定 μ，利用已知的附加条件 $\overline{c_3^2} = \frac{\overline{c^2}}{3} = \frac{k_B T}{m}$，可以用分布函数写出 $\overline{c_3^2}$ 的正确表达式为

$$\overline{c_3^2} = \int_{-\infty}^{+\infty} c_3^2 f(c_i)\,\mathrm{d}V_c = \int_{-\infty}^{+\infty} c_3^2 A\mathrm{e}^{-\mu\left(\frac{1}{2}m\right)c_3^2}\mathrm{d}c_3\int_{-\infty}^{+\infty}\mathrm{e}^{-\mu\left(\frac{1}{2}m\right)c_2^2}\mathrm{d}c_2\int_{-\infty}^{+\infty}\mathrm{e}^{-\mu\left(\frac{1}{2}m\right)c_1^2}\mathrm{d}c_1$$

这又可以通过标准形式进行计算，并得到：

$$\overline{c_3^2} = A\frac{1}{2}\left(\frac{8\pi}{\mu^3 m^3}\right)^{\frac{1}{2}}\left(\frac{2\pi}{\mu m}\right)^{\frac{1}{2}}\left(\frac{2\pi}{\mu m}\right)^{\frac{1}{2}} = \frac{A}{\mu m}\left(\frac{2\pi}{\mu m}\right)^{\frac{3}{2}} = \frac{1}{\mu m}$$

因为 $\overline{c_3^2} = \frac{k_B T}{m}$，所以有 $\mu = \frac{1}{k_B T}$，且 $A = \left(\frac{m}{2\pi k_B T}\right)^{\frac{3}{2}}$，式中，$k_B$ 为玻尔兹曼常量。至此，已经计算出了所有的项。

平衡速度分布函数（也称为 Maxwell 分布函数）可以写为

$$f(c) = \left(\frac{m}{2\pi k_B T}\right)^{\frac{3}{2}}\exp\left[-\frac{m}{2k_B T}\left(c_1^2 + c_2^2 + c_3^2\right)\right]$$

2.5.3　速度的平均值

现在可以确定速度分布函数。如上所述，速度分布函数可以写成 $f(c) = \phi(c_1)\phi(c_2)\phi(c_3)$，式中 $\phi(c_1)$ 为定向速度分布函数，表达式为

$$\phi(c_1)=\left(\frac{m}{2\pi k_B T}\right)^{\frac{1}{2}}\exp\left[-\frac{m}{2k_B T}(c_1^2)\right]$$

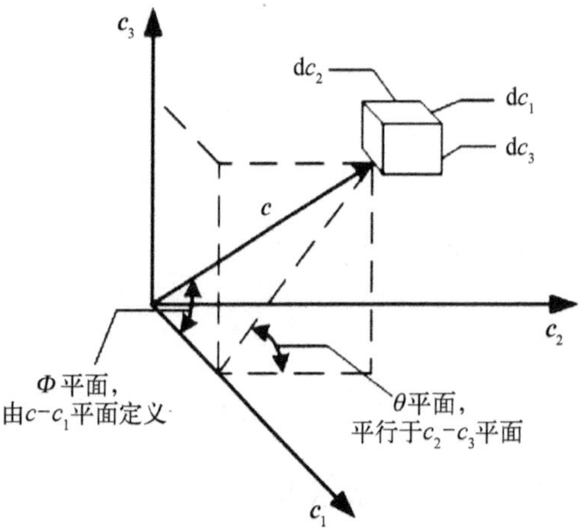

图 2.13　粒子速度空间图

根据这个函数形式，可以表达气体的状态方程、压强关系和输运特性。从速度分布函数出发，可以定义和推导粒子运动的动理学特性。粒子的速度空间表示见图 2.13。

图 2.13 中所示的坐标轴为 c_1、c_2、c_3，速度空间任一点的速度矢量为 $\boldsymbol{c}$，矢量的模 $|\boldsymbol{c}|$ 是该点速度的大小，$\boldsymbol{c}$ 还与该点的三个分速度的夹角有关。因此，一个速度空间微元表达为

$$dV_c = dc_1 dc_2 dc_3 = (c d\phi)(c\sin\phi d\theta)dc$$

$$dV_c = c^2\sin\phi d\phi d\theta dc$$

因此，发现一个分子，其速度大小为 $c\sim(c+dc)$，速度夹角分别为 $\theta\sim(\theta+d\theta)$ 和 $\phi\sim(\phi+d\phi)$ 的概率为

$$f(c,\ \phi,\ \theta)dcd\phi d\theta=\left(\frac{m}{2\pi k_B T}\right)^{\frac{3}{2}}c^2 e^{-\left(\frac{m}{2k_B T}\right)c^2}\sin\phi d\phi d\theta dc$$

希望消除方向依赖，所以定义速度（标量）分布函数为

$$\chi(c)dc=\int_{\phi=0}^{\pi}\int_{\theta=0}^{2\pi}f(c,\ \phi,\ \theta)dcd\phi d\theta=\int_0^{\pi}\sin\phi d\phi\int_0^{2\pi}d\theta\left(\frac{m}{2\pi k_B T}\right)^{\frac{3}{2}}c^2 e^{-\left(\frac{m}{2k_B T}\right)c^2}dc$$

$$\chi(c)=4\pi\left(\frac{m}{2\pi k_B T}\right)^{\frac{3}{2}}c^2 e^{-\left(\frac{m}{2k_B T}\right)c^2}$$

注意，速度（标量）分布函数是 $\chi(c)=4\pi c^2 f(c)$，其中 $f(c)$ 是速度（矢量）分布函数，$4\pi c^2$ 是半径为 c 的球面积，包含总的立体角。因此，可以写成：$\chi(c)=\int_0^{4\pi}f(c)d\omega$，其中 ω 是立体角。

现在可以考虑某些动理学参量的计算。首先，对于平均速度，有

$$\bar{c}=\int_0^{\infty}c\chi(c)dc=\int_0^{\infty}4\pi\left(\frac{m}{2\pi k_B T}\right)^{\frac{3}{2}}c^3 e^{-\left(\frac{m}{2k_B T}\right)c^2}dc=\left(\frac{8k_B T}{\pi m}\right)^{\frac{1}{2}}$$

平均平方速度是 $\overline{c^2}=\int_0^{\infty}c^2\chi(c)dc=\int_0^{\infty}4\pi\left(\frac{m}{2\pi k_B T}\right)^{\frac{3}{2}}c^3 e^{-\left(\frac{m}{2k_B T}\right)c^2}dc=\left(\frac{3k_B T}{m}\right)$，这与关系式 $\frac{1}{2}m\overline{c^2}\equiv\frac{3}{2}k_B T$ 相符，已在先前中导出。可以将 $\bar{c}$ 和 $(\overline{c^2})^{\frac{1}{2}}$ 作对比，且 $\bar{c}=\left(\frac{8}{3\pi}\right)^{\frac{1}{2}}$

$(\overline{c^2})^{\frac{1}{2}}=0.922(\overline{c^2})^{\frac{1}{2}}$。也可以定义一个最可几速率 c_{mp}，它有一个最大值：$\frac{\mathrm{d}\chi(c)}{\mathrm{d}c}=0$，为

$$\frac{\mathrm{d}\chi(c)}{\mathrm{d}c}=4\pi\left(\frac{m}{2\pi k_B T}\right)^{\frac{3}{2}}\left[c^2\mathrm{e}^{-\left(\frac{m}{2k_BT}\right)c^2}\cdot-\frac{m}{2k_BT}\cdot 2c+2c\mathrm{e}^{-\left(\frac{m}{2k_BT}\right)c^2}\right]=0$$

于是可得

$$-\frac{m}{2k_BT}c^2+1=0$$

故

$$c_{\mathrm{mp}}=\left(\frac{2k_BT}{m}\right)^{\frac{1}{2}}<\bar{c}$$

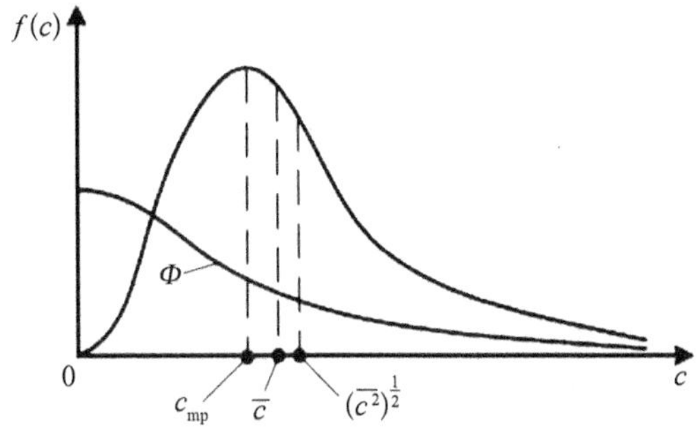

图 2.14　平均速度、平均平方根速度和最可几速率分布

根据速度分布函数的数学形式，可以用曲线 $f(c)$ 给出平衡状态下的粒子行为，粒子速度在 $c\sim(c+\mathrm{d}c)$ 的概率作为速度 c 的函数。图 2.14 给出了平均速度、平均平方速度和最可几速率的关系。最应当值得注意的是，该函数并不关于 $\bar{c}$ 对称；另外，各方向速度的分量 c_i 关于 0（坐标轴）对称，故有 $\bar{c}_i=0$。

现在回到较早前的陈述，给定方向上的平均速度等于平均速度的 1/4，即 $\bar{c}_i=\frac{\bar{c}}{4}$。这明显异于简单数学计算得出的结论，即，如果粒子的 1/3 进入任一给定的方向，该方向的平均速度是平均速度的 1/3。基于平衡分布是不对称的事实推导这个重要结果，可以从一个方向上的速度分布函数开始，如下：

$$\phi(c_1)=\left(\frac{m}{2\pi k_BT}\right)^{\frac{1}{2}}\exp\left(-\frac{m}{2k_BT}c_1^2\right)$$

这是分子的速度在 $c_1\sim(c_1+\mathrm{d}c_1)$ 的概率。为了确定在给定方向上速度的平均值，取正方向范围为 $0\sim\infty$，于是有

$$\bar{c}_1=\int_0^\infty c_1\left(\frac{m}{2\pi k_BT}\right)^{\frac{1}{2}}\mathrm{e}^{-\left(\frac{m}{2k_BT}\right)c_1^2}\mathrm{d}c=\left(\frac{k_BT}{2\pi m}\right)^{\frac{1}{2}}$$

但按照 $\bar{c}=\left(\frac{8k_BT}{\pi m}\right)^{\frac{1}{2}}$，便有

$$\bar{c}_1=\frac{1}{4}\left(\frac{8k_BT}{\pi m}\right)^{\frac{1}{2}}=\frac{1}{4}\bar{c}$$

总结来说,已经考虑了几个基本问题:

(1) 考虑了平衡状态的统计计算;

(2) 推导了速度和速度分布函数,并计算了相关的数值;

(3) 通过 $S=f(p)$ 这个关系式,已经将统计概念与气体的物理概念联系起来,但尚未确定熵和概率间的精确关系。

这些基本原理有着非常重要的扩展和应用,包括:

(1) 如何将关系式扩展来计算分子的相对速度;

(2) 精确碰撞频率的计算和质量作用的平衡定律;

(3) 分子间的作用力和精确状态方程的推导;

(4) 修正统计力学并将上述结果纳入精确计算过程。

对以上主题的进一步考虑可以在文献[5]和[6]中找到。

参考文献

[1] Present R D. Kinetic Theory of Gases. New York: McGraw-Hill, 1958.

[2] Kreysig E. Advanced Engineering Mathematics. New York: Wiley, 1980.

[3] Moelwyn-Hughes E A. Physical Chemistry. New York: Pergamon Press, 1961.

[4] Vincenti W G, Kruger C H. Introduction to Physical Gas Dynamics. Huntingdon: Krieger, 1975.

[5] Chapman S, Cowling T G. The mathematical theory of non-uniform gases. Cambridge: Cambridge University, 1957.

[6] Slater J C. Introduction to Chemical Physics. New York: McGraw-Hill, 1939.

习　题

2.1 **(基本参数)** 一个气象气球充有氦气,压强为 1.0 atm(1 atm≈1.01×10^5 Pa)、温度为室温时,体积为 3.5 m^3。在上升到海拔 6.5 km 的高空的过程中,气球内的氦气压强逐渐减小到此高度的大气压 36 cmHg(1 cmHg≈1 333 Pa),气球内部因启动持续加热装置而维持温度不变,之后停止加热,保持高度不变,此海拔的气温为−48℃。请求出气球在停止加热前的体积和停止加热很长一段时间后的体积。

2.2 **(基本概念)** 给出三种不同的气体输运现象(黏性、传导、扩散)定律的宏观标准表达式,写出对应的定律名称,并指出这三种输运现象分别对应的物理量变化过程。

2.3 **(分子动理论参数)** 室温下,在长度为 2 m、直径为 1 m 的真空容器中充入氩气,准备产生等离子体,充入气压达到 0.1 Pa 时,请计算原子半径为 1.9×10^{-10} m 的氩原子的密度、碰撞频率和平均自由程。

2.4 **(分子热平衡)** 实验室中的低温等离子体装置电子温度一般为几电子伏,而离子温度通常为室温,请描述导致电子温度远大于离子温度的原因;而在电离层/磁层等离子体中,等离子体电子温度和离子温度的量级均为 10^{-1} eV,请解释为何离子温度远高于地面实验室中等离子体的离子温度。

2.5　**(热流密度)**日光灯管是以50 Hz的工频电源激发的辉光放电等离子体,其中放电工质汞蒸气电离后发出的紫外线照射灯管壁面的荧光粉,从而发出白光。在日光灯管中的等离子体中,电子温度的量级为1 eV,请以℃为单位计算日光灯管中的等离子体电子温度,并说明为什么可以手摸日光灯管而不会被烫伤。(Boltzmann常量 $k_B = 1.380\,649 \times 10^{-23}$ J/K,电荷 $e = 1.6 \times 10^{-19}$ C)

2.6　**(速度分布函数)**设 $f(v)$ 是 N 个分子组成的系统的速率分布函数,请写出习题2.6图中阴影面积的数学表达式及其物理意义;假设分子质量为 m,请表示分子动量大小的平均值和分子平均动能的平均值。

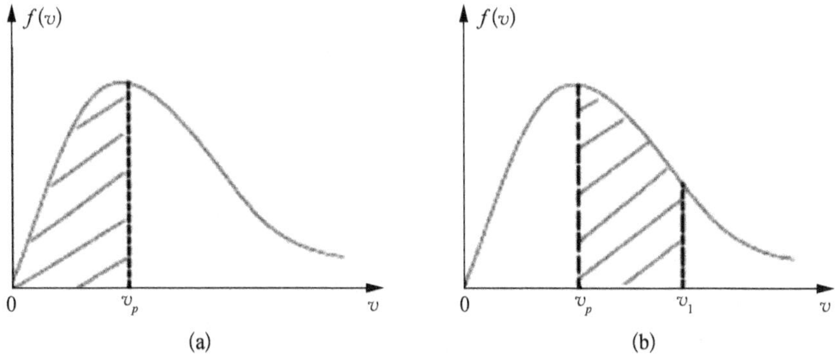

习题2.6图

2.7　**(Boltzmann分布)**在有电势分布的等离子体中,无电子宏观运动时,假设电子所受压力梯度力和电场力平衡,即 $en_eE + \nabla p_e = 0$,请从该关系推导电子的密度空间分布 n_e 与电势 φ 之间的关系。

2.8　**(分子碰撞)**在部分电离的低温等离子体中,存在电子与其他粒子的弹性碰撞和非弹性碰撞,请分别描述两种碰撞可能产生的主要效应。

2.9　**(磁化扩散论)**考虑存在轴向磁场、有碰撞的圆柱形弱电离等离子体,相比非磁化等离子体,请分析磁场和分子间碰撞对等离子体扩散如何产生增强或减弱的影响。

第3章 分子能量分布和气体电离

3.1 引　　言

第2章推导出了气体分子相对于平均温度的速度平衡分布的函数形式,这是仅针对假定随机平移运动和相关动能的动理学理论。此外,结果证明了平均速度的不对称分布,导出了唯一的宏观特性关系式。更为重要的是,分布函数证明,粒子可以具有多种速度和相关的能量,其明显要大于平均值。因为分子可以通过碰撞来传递能量,并且理想气体有组分内能分量,这些都为理想气体中分子解离和原子电离等行为的认识奠定了基础。本章将讨论几个主题并构建框架,来认识和理解存在于分子和原子中的能量,以及导致解离和电离的能量模式激发。对于处于膨胀过程的热气体,上述问题中内能模式的不可恢复称作"冻结流损失",冻结流能量损失是等离子体膨胀过程中效率降低的主要原因。

3.2 分子能量

以下关于分子能量公式的讨论和发展在相关文献中已有充分的描述[1-3]。

3.2.1 能量分布函数

第2章中推导出的速度分布函数具有如下函数形式:

$$\chi(c)\mathrm{d}c = 4\pi\left(\frac{m}{2\pi k_B T}\right)^{\frac{3}{2}} c^2 \mathrm{e}^{-\frac{m}{2k_B T}c^2}\mathrm{d}c$$

随机热分子能可以表达为

$$\varepsilon = \frac{1}{2}mc^2, \quad \mathrm{d}\varepsilon = mc\mathrm{d}c$$

故

$$\begin{aligned}\chi(c)\mathrm{d}c &= 4\pi\left(\frac{m}{2\pi k_B T}\right)^{3/2} c^2 \mathrm{e}^{-\varepsilon/(k_B T)}\frac{\mathrm{d}\varepsilon}{mc}\\ &= 4\pi\left(\frac{m}{2\pi k_B T}\right)^{3/2}\frac{(2\varepsilon)^{1/2}}{m^{3/2}}\mathrm{e}^{-\varepsilon/(k_B T)}\mathrm{d}\varepsilon\end{aligned}$$

因此，能量分布函数 $f(\varepsilon)$ 为，$f(\varepsilon)\mathrm{d}\varepsilon=\dfrac{2\varepsilon^{1/2}}{\pi^{1/2}(k_BT)^{3/2}}\mathrm{e}^{-\varepsilon/(k_BT)}\mathrm{d}\varepsilon$，这是一个分子的能量在 $\varepsilon\sim(\varepsilon+\mathrm{d}\varepsilon)$ 的概率。

这个公式在第 2 章中已经给出，因为 $f(\varepsilon)\mathrm{d}\varepsilon=\dfrac{\mathrm{d}N}{N}=K''\mathrm{e}^{-\varepsilon/(k_BT)}\mathrm{d}\varepsilon$，其中 K'' 为常数，所以 $N_i=K''\mathrm{e}^{-\varepsilon_i/(k_BT)}$，其中 $N=\sum_i N_i=K''\sum_i \mathrm{e}^{-\varepsilon_i/(k_BT)}$，且

$$\frac{N_i}{N}=\frac{\mathrm{e}^{-\varepsilon_i/(k_BT)}}{\sum_i \mathrm{e}^{-\varepsilon_i/(k_BT)}}\equiv\frac{\mathrm{e}^{-\varepsilon_i/(k_BT)}}{Q}$$

式中，Q 是配分函数。

利用能量分布函数，可以计算出平均随机热能，为

$$\bar{\varepsilon}=\int_0^\infty \varepsilon f(\varepsilon)\mathrm{d}\varepsilon=\int_0^\infty\frac{2\varepsilon^{3/2}}{\pi^{1/2}(k_BT)^{3/2}}\mathrm{e}^{-\varepsilon/(k_BT)}\mathrm{d}\varepsilon=\frac{3}{2}k_BT$$

因此，可以看出，计算的随机热能组成与基本方程式是一致的。

3.2.2　分子能量计算

对于分子系统的能量，总的能量为

$$E=\sum_i N_i\varepsilon_i=\sum_i\frac{N}{Q}\mathrm{e}^{-\varepsilon_i/(k_BT)}\varepsilon_i=\frac{N}{Q}\sum_i\varepsilon_i\mathrm{e}^{-\varepsilon_i/(k_BT)}$$

但对于具有独立组分能量的分子：

$$Q=\sum_i \mathrm{e}^{-\varepsilon_i/(k_BT)}=\mathrm{e}^{-\varepsilon_1/(k_BT)}+\mathrm{e}^{-\varepsilon_2/(k_BT)}+\cdots$$

并且

$$\left(\frac{\partial Q}{\partial T}\right)_V=\frac{\varepsilon_1}{kT^2}\mathrm{e}^{-\varepsilon_1/(k_BT)}+\frac{\varepsilon_2}{kT^2}\mathrm{e}^{-\varepsilon_2/(k_BT)}+\cdots=\frac{1}{k_BT^2}\sum_i\varepsilon_i\mathrm{e}^{-\varepsilon_i/(k_BT)}$$

故

$$k_BT^2\left(\frac{\partial Q}{\partial T}\right)_V=\sum_i\varepsilon_i\mathrm{e}^{-\varepsilon_i/(k_BT)}$$

$$k_BT^2\frac{1}{Q}\left(\frac{\partial Q}{\partial T}\right)_V=k_BT^2\left(\frac{\partial\ln Q}{\partial T}\right)_V=\frac{\sum_i\varepsilon_i\mathrm{e}^{-\varepsilon_i/(k_BT)}}{Q}$$

因此，可得

$$E=Nk_BT^2\left(\frac{\partial\ln Q}{\partial T}\right)_V$$

式中，N 为粒子总数；T 为温度；Q 为配分函数；V 为体积。

从泛函角度看,上述能量表达式可以表达为 $E=f(T, N, Q)$。根据热力学知识,对于熵(S)和其他属性,如 Helmholtz 自由能($F=E-TS$)和化学势 $\left[\mu=-T\left(\frac{\partial S}{\partial N}\right)_{E, V}\right]$,也可以推导出相似的表达式。

3.2.3 配分函数和能量评估

1. 能量评估

已经注意到,所有的热力学参量(F、S、E、P、μ)都可以由配分函数 Q、N 和 T 来表达,所以考虑配分函数的评估及不同分子能量组分的配分函数形式是很重要的(要回答的问题是,Q 是什么)。

假设一个分子可能有几种独立的能量形式,表达为 ε'、ε''、ε''' 等。于是,分子的总能量为[3]

$$\varepsilon=\varepsilon'+\varepsilon''+\varepsilon'''$$

对于粒子间相互作用较弱的气体,可以识别并区分能量成分为

$$\varepsilon=\varepsilon_{\mathrm{tr}}+\varepsilon_{\mathrm{rot}}+\varepsilon_{\mathrm{vib}}+\varepsilon_{\mathrm{el}}$$

式中,tr 表示平动分量;vib 表示振动分量;rot 表示转动分量;el 表示电子分量。

已定义

$$Q=\sum_i \mathrm{e}^{-\varepsilon_i/(kT)}$$

式中,$i\Rightarrow$ tr, rot, vib, el。

并且

$$\mathrm{e}^{-\varepsilon/(k_BT)}=\mathrm{e}^{-(\varepsilon_{\mathrm{tr}}+\varepsilon_{\mathrm{rot}}+\varepsilon_{\mathrm{vib}}+\varepsilon_{\mathrm{el}})/(k_BT)}=\mathrm{e}^{-\varepsilon_{\mathrm{tr}}/(k_BT)}\mathrm{e}^{-\varepsilon_{\mathrm{rot}}/(k_BT)}\mathrm{e}^{-\varepsilon_{\mathrm{vib}}/(k_BT)}\mathrm{e}^{-\varepsilon_{\mathrm{el}}/(k_BT)}$$

于是

$$\begin{aligned}Q&=\sum_{i,\,\mathrm{tr}}\mathrm{e}^{-(\varepsilon_{\mathrm{tr}})_i/(k_BT)}\sum_{i,\,\mathrm{rot}}\mathrm{e}^{-(\varepsilon_{\mathrm{rot}})_i/(k_BT)}\sum_{i,\,\mathrm{vib}}\mathrm{e}^{-(\varepsilon_{\mathrm{vib}})_i/(k_BT)}\sum_{i,\,\mathrm{el}}\mathrm{e}^{-(\varepsilon_{\mathrm{el}})_i/(k_BT)}\\&=Q_{\mathrm{tr}}Q_{\mathrm{rot}}Q_{\mathrm{vib}}Q_{\mathrm{el}}\end{aligned}$$

进而有

$$Q\equiv Q_{\mathrm{tr}}Q_{\mathrm{int}}$$

式中,$Q_{\mathrm{int}}=Q_{\mathrm{rot}}Q_{\mathrm{vib}}Q_{\mathrm{el}}$,其中 int 表示内部。

已经考虑单个分子的能量为 ε,则可以将其扩展为单位质量的能量为

$$e\left(\frac{能量}{质量}\right)=\varepsilon\left(\frac{能量}{分子数}\right)\cdot\frac{1}{m}\left(\frac{分子数}{质量}\right)=\frac{E}{N}\cdot\frac{1}{m}$$

直接有

$$e=\frac{E}{Nm}=\frac{1}{Nm}\left[NkT^2\left(\frac{\partial\ln Q}{\partial T}\right)_V\right]$$

$$e=RT^2\frac{\partial(\ln Q)}{\partial T}$$

及

$$e=RT^2\frac{\partial}{\partial T}\ln Q_{\mathrm{tr}}+RT^2\frac{\partial}{\partial T}\ln Q_{\mathrm{int}}$$

$$e=e_{\mathrm{tr}}+e_{\mathrm{int}}$$

推而广之：

$$c_V=\left(\frac{\partial e}{\partial T}\right)_V=\frac{\partial}{\partial T}(e_{\mathrm{tr}}+e_{\mathrm{int}})=c_{V_{\mathrm{tr}}}+c_{V_{\mathrm{int}}}$$

换句话说，可以设想比热容由线性成分组成。

2. 配分函数的解析形式

这里，先来简要回顾一下量子力学的分析结果，以确定组分配分函数和相关的量值[3]。

1）平动分量

根据量子力学分析并假设粒子间弱的相互作用，有

$$Q_{\mathrm{tr}}=V\left(\frac{2\pi mkT}{h^2}\right)^{3/2}$$

式中，V 为体积；h 为普朗克(Planck)常量。

2）电子分量

对于一个单原子气体，$\varepsilon_{\mathrm{rot}}$、$\varepsilon_{\mathrm{vib}}\to 0$，故考虑平动和电子就可以描述这种气体。在描述电子能量时，必须承认其形式取决于内部原子属性，即，电子壳层结构意味着电子具有相同能级或简并度 g，故可以写成

$$Q_{\mathrm{el}}=\sum_l g_l\mathrm{e}^{-\varepsilon_l/(k_BT)}=g_0\mathrm{e}^{-\varepsilon_0/(k_BT)}+g_1\mathrm{e}^{-\varepsilon_1/(k_BT)}+g_2\mathrm{e}^{-\varepsilon_2/(k_BT)}+\cdots,\quad \varepsilon_0\equiv 0$$

定义：

$$\frac{\varepsilon}{k_BT}\left(\text{即}\frac{\text{能量}}{\text{随机热能}}\right)\equiv\frac{\theta}{T}$$

式中，$\theta=\dfrac{\varepsilon}{k_B}$，称为特征温度(一个常数)。

于是

$$Q_{\mathrm{el}}=g_0+g_1\mathrm{e}^{-\theta_1/T}+g_2\mathrm{e}^{-\theta_2/T}+\cdots$$

但如果 $\theta\gg T$，$g\mathrm{e}^{-\theta/T}\to 0$，用一种“软”模式近似一个原子，得到

$$Q_{el}=g_0+g_1e^{-\theta_1/T}$$

且对于空气中的组分分子,可以写为

$$Q_{el}(O_2)=3+2e^{-\frac{11\,390}{T}},\quad Q_{el}(N_2)=1,\quad Q_{el}(NO)=2+2e^{-\frac{174}{T}}$$

对于原子氧:

$$Q_{el}(O)=5+3e^{-228/T}+e^{-336/T}\approx 5+4e^{-270/T}$$

对于原子氮:

$$Q_{el}(N)=4$$

注意:

$$Q_{el}=\text{常数}\Rightarrow e_{el}=0,\quad c_{V_{el}}=0$$

3) 转动分量(分子)

根据量子力学理论,发现简并转动能级可以在低的温度下存在,即 $\varepsilon_l=\frac{h^2}{8\pi^2 I}l(l+1)$, 其中 I 为转动惯量, $l=0,\ 1,\ 2,\ 3,\ \cdots$, 转动配分函数可以写为

$$Q_{rot}\rightarrow\int_0^\infty(2l+1)e^{-l(l+1)\theta_{rot}/T}dl=\int_0^\infty e^{-z\theta_{rot}/T}dz$$

式中, θ_{rot}($O_2=2.1K$, $N_2=2.9K$, $NO=2.5K$) 是转动特征温度,且因为 $\frac{\theta_{rot}}{T}\ll 1$, 则有 $Q_{rot}=\frac{T}{\theta_{rot}}$, 并且同时有, $e_{rot}=RT^2\frac{\partial(\ln Q)}{\partial T}=RT$, $c_{V_{rot}}=R$。

4) 振动分量(分子)

作一个近似,可以将分子振动视为一个谐振频率 ν 的振子[3],根据量子力学,允许的能级由以下公式给出:

$$\varepsilon_i=\left(i+\frac{1}{2}\right)h\nu,\quad i=0,1,2,\cdots$$

$i=0$ 时,$\varepsilon_0=\frac{1}{2}h\nu$, 为零点能量(常数),取 $\varepsilon_0=0$,故

$$\varepsilon_i=ih\nu,\quad i=0,\ 1,\ 2,\ 3,\ \cdots$$

因此,

$$Q_{vib}=\sum_i e^{-(\varepsilon_{vib})_i/(k_BT)}\approx\frac{1}{1-e^{-\theta_{vib}/T}}$$

式中, $\theta_{vib}=h\nu/k_B$。

直接地,

$$e_{\text{vib}} = \frac{R\theta_{\text{vib}}}{e^{\theta_{\text{vib}}/T} - 1} \quad c_{V_{\text{vib}}} = R\left(\frac{\theta_{\text{vib}}}{T}\right)^2 \frac{e^{\theta_{\text{vib}}/T}}{(e^{\theta_{\text{vib}}/T} - 1)^2} = R\left\{\frac{\theta_{\text{vib}}/(2T)}{\sinh[\theta_{\text{vib}}/(2T)]}\right\}^2$$

因此，当 $T \to 0$、$e^{\theta_{\text{vib}}/T} \to \infty$、$e_{\text{vib}}$ 和 $c_{V_{\text{vib}}} \to 0$，以及 $T \to \infty$、$e^{\theta_{\text{vib}}/T} = 1 + \frac{\theta_{\text{vib}}}{T} + \left(\frac{\theta_{\text{vib}}}{T}\right)^2 \frac{1}{2!} + \cdots \approx 1 + \frac{\theta_{\text{vib}}}{T}$、$e_{\text{vib}} = \frac{R\theta_{\text{vib}}}{1 + \frac{\theta_{\text{vib}}}{T} - 1} = RT$、$c_{V_{\text{vib}}} = R\left(\frac{\theta_{\text{vib}}}{T}\right)^2 \frac{1 + \frac{\theta_{\text{vib}}}{T}}{\left(1 + \frac{\theta_{\text{vib}}}{T} - 1\right)^2} \approx R$ 时，对于空气组分，以下值表明振动激发：

$$\begin{cases} \theta_{\text{vib}}(O_2) = 2\,270\,\text{K} \\ \theta_{\text{vib}}(N_2) = 3\,390\,\text{K} \\ \theta_{\text{vib}}(\text{NO}) = 2\,740\,\text{K} \end{cases}$$

以上分析可以看出，在高温气体动力学和等离子体动理学中，e 和 c_V 根据温度具有显著的变化。

概括来说，对于包含平动、转动和振动的双原子气体，有

$$c_V = c_{V_{\text{tr}}} + c_{V_{\text{rot}}} + c_{V_{\text{vib}}} \ (c_{V_{\text{el}}} \approx 0)$$

$$\begin{aligned} c_V &= \frac{3}{2}R + R + R\left\{\frac{\theta_{\text{vib}}/(2T)}{\sinh[\theta_{\text{vib}}/(2T)]}\right\}^2 \\ &= R\left\{\frac{5}{2} + \left\{\frac{\theta_{\text{vib}}/(2T)}{\sinh[\theta_{\text{vib}}/(2T)]}\right\}^2\right\} = f(T) \end{aligned}$$

3. 配分函数和解离能量

当温度升高时，激发振动导致分子因解离而破裂。作为高温气体物理建模和计算建模的一部分，解离作如下考虑。

考虑一个存在反应 A、B 的气体混合：$A + B \rightleftharpoons AB$，那么，系统的能量可以表示为原子的每一个分量能量之和。

$$\begin{cases} E^A = \sum_i N_i^A \varepsilon_i^A \\ E^B = \sum_i N_i^B \varepsilon_i^B \\ E^{AB} = \sum_i N_i^{AB}(\varepsilon_i^{AB} - D_E) \end{cases}$$

$$E = \sum_i N_i^A \varepsilon_i^A + \sum_i N_i^B \varepsilon_i^B + \sum_i N_i^{AB}(\varepsilon_i^{AB} - D_E)$$

式中，D_E 为解离能量。

能量以原子在零温度下为基准，因此 ε_i^{AB} 包含了静止状态下的解离能量。

在平衡状态下，已知：

$$\begin{cases} N_i^A = \dfrac{N^A e^{-\varepsilon_i^A/(k_B T)}}{Q^A} \\ N_i^B = \dfrac{N^B e^{-\varepsilon_i^B/(k_B T)}}{Q^B} \\ N_i^{AB} = \dfrac{N^{AB} e^{-\varepsilon_i^{AB}/(k_B T)}}{Q^{AB}} \end{cases}$$

因此，可以写成

$$\frac{N^{AB}}{N^A N^B} = \frac{Q^{AB} N_i^{AB}}{e^{-\varepsilon_i^{AB}/(k_B T)}} \cdot \frac{e^{-\varepsilon_i^A/(k_B T)}}{Q^A N_i^A} \cdot \frac{e^{-\varepsilon_i^B/(k_B T)}}{Q^B N_i^B}$$

$$= \frac{Q^{AB}}{Q^A Q^B} \cdot \underbrace{\frac{N_i^{AB}}{e^{-\varepsilon_i^{AB}/(k_B T)}} \cdot \frac{e^{-\varepsilon_i^A/(k_B T)}}{N_i^A} \cdot \frac{e^{-\varepsilon_i^B/(k_B T)}}{N_i^B}}_{e^{D_E/(k_B T)}}$$

即

$$\frac{N^{AB}}{N^A N^B} = \left(\frac{Q^{AB}}{Q^A Q^B} e^{D_E/(k_B T)}\right)$$

并且，为完成方程关于 N^A、N^B 和 N^{AB} 的解，还可以写成：

$$\begin{cases} N^A + N^{AB} = N_0^A \\ N^B + N^{AB} = N_0^B \end{cases}$$

式中，N_0^A、N_0^B 分别表示混合物中 A、B 原子的个数。

3.2.4 高温空气的平衡组分

现在讨论高温下确定气体平衡组分的一般问题。随着大量的能量输入，当温度升高时，会激发振动，激发电子模态，并产生解离。暂且，先不考虑电离反应和电离平衡。

这里，给出一个对称双原子气体的近似模型来阐述气体行为[3, 4]。这在概念上是有用的，并且便于分析，考虑一个解离反应：

$$A + A \rightleftharpoons A_2 \quad (A_2 \Leftrightarrow A^{aa})$$

并且如果 $N^a = A$ 原子的数目，$N^{aa} = A_2$ 分子的数目，于是 $N^A = N^a + 2N^{aa}$，即混合气体中 A 原子的总数。

进而定义解离度：

$$\alpha \equiv \frac{N^a}{N^A}$$

当 $\alpha = 0$ 时，表示无解离；$\alpha = 1$ 时，表示完全解离。

因为气体总质量为 mN^A，式中 m 为单个原子质量，于是 $\alpha = \dfrac{\text{原子解离质量}}{\text{气体总质量}}$。可得

$$N^a = \alpha N^A$$

$$N^{aa} = \frac{N^A - N^a}{2} = \frac{N^A - \alpha N^A}{2} = \frac{1-\alpha}{2}N^A$$

因此，可以给出各种粒子数目的关系为

$$\frac{N^{aa}}{N^a N^a} = \frac{Q^{aa}}{Q^a Q^a}\mathrm{e}^{D_E/k_B T}$$

作替代：

$$\frac{1-\alpha}{2}N^A \cdot \frac{1}{(\alpha N^A)^2} = \frac{Q^{aa}}{(Q^a)^2}\mathrm{e}^{D_E/k_B T}$$

$$\frac{1-\alpha}{\alpha^2} = 2N^A\frac{Q^{aa}}{(Q^a)^2}\mathrm{e}^{D_E/k_B T} = 2N^A\frac{Q^{aa}}{(Q^a)^2}\mathrm{e}^{\theta_{D_E}/T}$$

式中，$N^A = \dfrac{\text{总质量}}{\text{单个原子质量}} = \dfrac{\rho V}{m}$；$\dfrac{\alpha^2}{1-\alpha} = \dfrac{m}{2\rho V}\cdot\dfrac{(Q^a)^2}{Q^{aa}}\mathrm{e}^{-\theta_{D_E}/T}$，$\theta_{D_E} = D_E/k_B$，这里 $\theta_{D_E}(O_2) = 59\,500\,\mathrm{K}$，$\theta_{D_E}(N_2) = 113\,000\,\mathrm{K}$。

因为 $Q = Vf(T)$，所以 $\alpha \sim \dfrac{f(T)}{\rho}$。因为 $\alpha \sim f(T)$，p、ρ 和 T 之间是什么关系呢？

对于一种气体混合物，$p = \sum_i p_i = \sum_i n_i k_B T_i$，或者 $pV = (N^a + N^{aa})k_B T$，假设温度平衡，所以 $pV = \left(\alpha N^A + \dfrac{1-\alpha}{2}N^A\right)k_B T = (1+\alpha)\dfrac{N^A}{2}k_B T$。

因为 $R_{A_2} = \dfrac{k_B}{2m}$，所以 $\dfrac{p}{\rho} = (1+\alpha)R_{A_2}T$，其中 R_{A_2} 是 A_2 的气体常数。

对于未解离的气体：

$$\frac{p}{\rho} = Z(\rho,\ T)R_{A_2}T$$

式中，Z 为压缩系数，$Z = 1+\alpha$，其中 $\alpha = 0$ 时取最小值，$\alpha = 1$ 时取最大值。

现在根据电离度来讨论单位质量气体混合的能量。首先，根据上述分析，有

$$E = \sum_i N_i^a \varepsilon_i^a + \sum_i N_i^{aa}(\varepsilon_i^{aa} - D_E)$$

$$E = \sum_i \varepsilon_i^a N^a \frac{\mathrm{e}^{-\varepsilon_i^a/(k_B T)}}{Q^a} + \sum_i (\varepsilon_i^{aa} - D_E)N^{aa}\frac{\mathrm{e}^{-\varepsilon_i^{aa}/(k_B T)}}{Q^{aa}}$$

但是，

$$\frac{\partial}{\partial T}\ln Q = \frac{\partial}{\partial T}\ln \sum_i \mathrm{e}^{-\varepsilon_i/(k_BT)} = \frac{\dfrac{1}{k_BT^2}\sum_i \mathrm{e}^{-\varepsilon_i/(k_BT)}}{Q}$$

故可以写成

$$E = k_BT^2\left(N^a \frac{\partial}{\partial T}\ln Q^a + N^{aa}\frac{\partial}{\partial T}\ln Q^{aa}\right) - N^{aa}D_E$$

并且因为 $e = \dfrac{E}{\rho V}$，$R_{A_2} = \dfrac{k_B}{2m}$，$N^A = \dfrac{\rho V}{m}$，于是

$$\begin{aligned} e &= \frac{k_BT^2}{\rho V}\left(\alpha N^A \frac{\partial}{\partial T}\ln Q^a + \frac{1-\alpha}{2}N^A\frac{\partial}{\partial T}\ln Q^{aa}\right) - \frac{1-\alpha}{2}\frac{N^AD_E}{\rho V} \\ &= R_{A_2}T^2\left[2\alpha\frac{\partial}{\partial T}\ln Q^a + (1-\alpha)\frac{\partial}{\partial T}\ln Q^{aa}\right] - (1-\alpha)R_{A_2}\theta_{D_E} \end{aligned}$$

因为

$$Q = Vf(T), \quad \frac{\partial}{\partial T}\ln Q = f(T)$$

于是

$$\alpha = \alpha(\rho,\ T) \Rightarrow e = e(\rho,\ T)$$

回想一下，对于理想气体，$e = e(T)$，利用：

$$R_{A_2} = \frac{k_B}{2m} = \frac{1}{2}\left(\frac{k_B}{m}\right) = \frac{1}{2}R_A$$

可得

$$e = \underbrace{\alpha R_AT^2\frac{\partial}{\partial T}\ln Q^a}_{e_A} + (1-\alpha)\underbrace{R_{A_2}T^2\frac{\partial}{\partial T}\ln Q^{aa}}_{e_{A_2}} - (1-\alpha)R_{A_2}\theta_{D_E}$$

$$e = \alpha e_A + (1-\alpha)e_{A_2} - (1-\alpha)R_{A_2}\theta_{D_E}$$

或

能量=原子种类能量+分子种类能量(相对于 0 分子)−解离能量

另外，

$$\alpha = f(Q), \quad \frac{p}{\rho} = f(\alpha), \quad e = f(Q)$$

但是，Q 意味着什么呢？

因为空气主要由双原子气体氧和氮组成，配分函数的具体形式允许有一些简化。这个模型最初由 Lighthill 于 1951 年作为一种"理想的解离气体"提出[4]，并且由 Vincenti 等

于1957年进行了详细描述[3]，其推导如下。

对于原子种类：

$$Q^{a}=Q_{\mathrm{tr}}^{a}Q_{\mathrm{el}}^{a}$$

对于分子种类：

$$Q^{aa}=Q_{\mathrm{tr}}^{aa}Q_{\mathrm{rot}}^{aa}Q_{\mathrm{vib}}^{aa}Q_{\mathrm{el}}^{aa}$$

对于平动：

$$Q_{\mathrm{tr}}^{a}=V\left(\frac{2\pi m_{A}k_{B}T}{h^{2}}\right)^{3/2},\quad Q_{\mathrm{tr}}^{aa}=V\left(\frac{2\pi m_{A_2}k_{B}T}{h^{2}}\right)^{3/2}$$

对于转动：

$$Q_{\mathrm{rot}}^{aa}=\frac{1}{2}\left(\frac{T}{\theta_{\mathrm{rot}}}\right)$$

对于振动：

$$Q_{\mathrm{vib}}^{aa}=\frac{1}{1-\mathrm{e}^{-\theta_{\mathrm{vib}}/T}}$$

那么，根据如下公式：

$$\frac{\alpha^{2}}{1-\alpha}=\frac{m}{2\rho V}\cdot\frac{(Q^{a})^{2}}{Q^{aa}}\mathrm{e}^{-\theta_{D_E}/T}$$

得到

$$\begin{aligned}\frac{\alpha^{2}}{1-\alpha}&=\frac{m}{2\rho V}\cdot\frac{V\left(\dfrac{2\pi m_{A}k_{B}T}{h^{2}}\right)^{3/2}}{2^{3/2}}\cdot\frac{(Q_{\mathrm{el}}^{a})^{2}}{Q_{\mathrm{el}}^{aa}}\cdot\frac{1}{\dfrac{1}{2}\left(\dfrac{T}{\theta_{\mathrm{rot}}}\right)}\cdot\frac{1-\mathrm{e}^{-\theta_{\mathrm{vib}}/T}}{1}\cdot\mathrm{e}^{-\theta_{D_E}/T}\\&=\frac{\mathrm{e}^{-\theta_{D_E}/T}}{\rho}\left[m\left(\frac{\pi m k_{B}}{h^{2}}\right)^{3/2}\theta_{\mathrm{rot}}\sqrt{T}\left(1-\mathrm{e}^{-\theta_{\mathrm{vib}}/T}\right)\frac{(Q_{\mathrm{el}}^{a})^{2}}{Q_{\mathrm{el}}^{aa}}\right]\\&\equiv\frac{\mathrm{e}^{\frac{-\theta_{D_E}}{T}}}{\rho}\left[\rho_{D_E}\right]\end{aligned}$$

式中，ρ_{D_E} 定义为解离特征密度，对于 O_2 和 N_2，其值为

$$\begin{cases}\rho_{D_E}=145\sim123 & (\mathrm{O_2},1\sim7\,000\,\mathrm{K})\\ \rho_{D_E}=113\sim118 & (\mathrm{N_2},1\sim7\,000\,\mathrm{K})\end{cases}$$

确定所建议的近似值的含义和结果很有用，取 ρ_{D_E} = 常数(平均值) ⇒ $f(Q)$ = 常数，即

$$\rho_{D_E}=\frac{m}{2V}\cdot\frac{(Q^{a})^{2}}{Q^{aa}}=\text{常数}$$

这意味着 $\frac{m}{2V}\cdot\frac{(Q^a)^2}{Q^{aa}}=$ 常数，于是可得，$\ln(Q^a)^2=\ln$ 常数 $+\ln Q^{aa}$， $Q^a=Q^a_{\mathrm{tr}}\cdot Q^a_{\mathrm{el}}\approx Q^a_{\mathrm{tr}}=$ 常数 $\cdot VT^{3/2}$，所以 $\frac{\partial}{\partial T}\ln Q^a=\frac{3}{2}\cdot\frac{1}{T}$。

最后可得

$$e=3R_{A_2}T-(1-\alpha)R_{A_2}\theta_{D_E}$$

对于原子，忽略电子能量，有

$$e_A=(e_A)_{\mathrm{tr}}=\frac{3}{2}R_AT=3R_{A_2}T$$

对于分子，因为

$$e_{A_2}=(e_{A_2})_{\mathrm{tr}}+(e_{A_2})_{\mathrm{rot}}+(e_{A_2})_{\mathrm{vib}}$$

或

$$3R_{A_2}T=\frac{3}{2}R_{A_2}T+R_{A_2}T+(e_{A_2})_{\mathrm{vib}}$$

所以

$$(e_{A_2})_{\mathrm{vib}}=\frac{1}{2}R_{A_2}T$$

换言之，这个理想的解离气体模型引入了半激振动作为近似值，以实现解析简化。

3.2.5 高温气体性能概述

现在，以示例的形式介绍一些在温度升高和一定的压力范围内空气（主要是 N_2 和 O_2）的特性。当温度升高和压强降低时，气体被进一步解离和电离，并伴随着组分、热力学特性和输运特性的变化，一般的影响如图 3.1 所示。

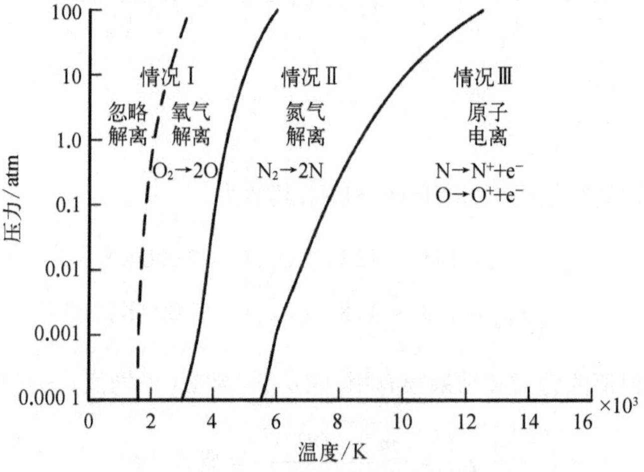

图 3.1　空气化学反应的压强和温度[5]

在两种不同的压强条件下，组分随温度的变化如图 3.2 所示。在三种不同压强条件下，温度对比热比的影响如图 3.3 所示。

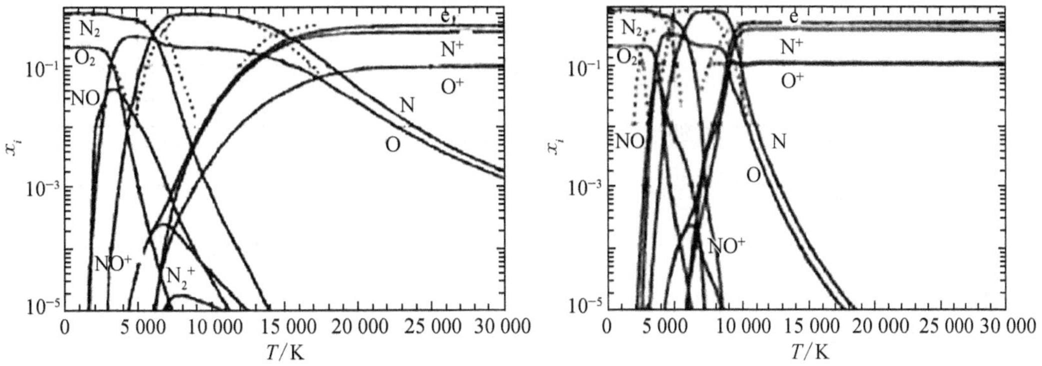

(a) p =1 atm　　(b) p =10^{-4} atm

图 3.2　解离和电离空气的平衡组分随温度的变化

图 3.2 中，点画线是由 Gupta 等计算得到的温度区域内组分 O_2、N_2、O、N、e^- 的摩尔分数[6]，在这个温度区域内，解离和电离反应是很重要的[7]。

当考虑高温气体行为时，强调以下几点非常重要：

（1）$e,\ h = f(\rho,\ T)$，而不仅仅是低温下的 $f(T)$；

（2）$c_V,\ c_p = f(T)$，而不仅仅是低温下的常数；

（3）$\gamma = f(T)$，而不仅仅是低温下的常数。

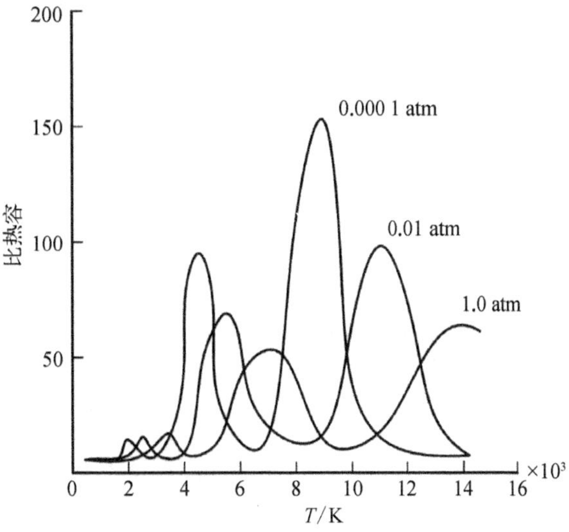

图 3.3　恒定密度下空气比热容与温度的函数关系[5]

3.2.6　冻结流的定义及对气体特性影响

我们一直在考虑反应速率无限快的平衡气体混合物（不同种类、能量成分和化学反应）。实际上，反应速率可以与流动在同一时间尺度上，甚至更小。这可能导致在原子和分子激发下沉积的能量无法返回到随机的动能成分中。例如，当反应速率≪流动速率时，能量会在流动过程中或冻结中损失掉，这种流动现象称为冻结流。在高温气体和等离子体流动过程中，冻结流是效率降低的根本原因。

下面将讨论有限速率（与时间有关）问题的基本知识，对于流场中的某一点，组分固定为某个值，考虑对比热容、比热比（γ）和其他特性有影响的一些基本因素。可以指定平动和转动始终处于平衡状态，而振动能量和解离-复合的化学反应可以“冻结”。

研究解离-复合冻结[3]：对于一个反应气体的混合物，热状态方程可以写为 $\frac{p}{\rho}=\eta\bar{R}T$，式中，$\bar{R}$ 为通用气体常数，η 为气体单位质量的物质的量。但是，对于反应气体，还有 $\frac{p}{\rho}=ZR_0T$，其中 $Z=1+\alpha$、R_0 为低温气体常数。利用 $ZR_0=\eta\bar{R}$ 和 $R_0=\eta_0\bar{R}$、$Z=\frac{\eta}{\eta_0}=\frac{(H)}{(H_0)}$，式中，下标 0 表示低温下的物理性质、$H$ 为高温下混合物的物质的量、H_0 为低温下混合物的物质的量（常数）、η_0 表示低温下单位质量的物质的量。

冻结流动 $\Rightarrow\eta$（快速流动下混合物的物质的量）= 常数，所以 Z= 常数，可以写成 $\frac{p}{\rho}=ZR_0T=\eta\bar{R}T\equiv R_fT$。关于气体常数，$R_f=\eta\bar{R}=ZR_0$ = 常数，R_f 是受解离影响的冻结流气体常数，但无振动冻结。

讨论冻结流对于仅由单原子（m）和双原子（d）种类组成气体的比热容的影响，可得

$$c_{V_f}\left(\frac{\text{常数}}{\text{混合质量}}\right)=\eta_m\left(\frac{\text{物质的量}}{\text{混合质量}}\right)\bar{c}_{V_m}\left(\frac{\text{常数}}{\text{物质的量}}\right)+\eta_d\bar{c}_{V_d}$$

对于单原子种类（平动），有

$$\bar{c}_{V_m}=\frac{3}{2}\bar{R}$$

对于双原子种类（平动、转动、振动），有

$$\bar{c}_{V_d}=A\bar{R}$$

式中，$A=\frac{5}{2}$ 时，表示无振动（冻结）；$A=\frac{7}{2}$ 时表示振动，平衡状态。

于是

$$c_{V_f}=\eta_m\frac{3}{2}\bar{R}+\eta_dA\bar{R}=\bar{R}\left(\frac{3}{2}\eta_m+A\eta_d\right)$$

但如果气体完全是低温下的双原子气体，则 $\eta_0=\eta_{d_0}$，且在高温下解离的双原子粒子的物质的量为 $\eta_0-\eta_d$。因为 1 个双原子⇒2 个单原子，得到 $\eta_m=2(\eta_0-\eta_d)$，另外，$\eta_m=\eta-\eta_d$，于是

$$\eta_d=2\eta_0-\eta=\eta_0(2-Z),\quad \eta_m=2(\eta-\eta_0)=2\eta_0(Z-1)$$

因此

$$c_{V_f}=R_0[(2A-3)+(3-A)Z]$$

式中，A 值与冻结流或平衡状态振动相关；Z 值与解离相关。

同时，相应还有

$$c_{p_f}=c_{V_f}+R=c_{V_f}+ZR_0,\quad \gamma=c_p/c_V$$

例 3.1 低温状态下的复合和振动冻结（例如，流动通过强的正激波）。

低温 $\Rightarrow A = 5/2$，$Z \approx 1.0$，因此 $c_{V_f} = R_0[(5-3)+(3-5/2)\cdot 1] = \frac{5}{2}R_0$，于是 $c_{p_f} = \frac{7}{2}R_0$，$\gamma = \frac{c_p}{c_V} = \frac{7}{5} = 1.4$。

例 3.2　高温状态下的复合和振动冻结(如大膨胀比喷管中的流动)。

高温 $\Rightarrow A = \frac{7}{2}$，$Z \approx 2.0$，因此 $c_{V_f} = R_0[(7-3)+(3-7/2)\cdot 2] = 3R_0$，于是 $c_{p_f} = 5R_0$，$\gamma = \frac{c_p}{c_V} = \frac{5}{3}$。利用 $R_f = ZR_0 = 2R_0$，可得到声速 c_s：$c_s^2 = \gamma RT = 3.33R_0T$(高温冻结流)，相比低温状态，其值为 $1.4R_0T$。可压缩流效应与马赫数有关：$Ma = \frac{v}{c_s}$，冻结流可能导致流场因减小的马赫数所引起的重大变化。

3.2.7　化学动力学——质量作用定律

前面已经讨论了在碰撞过程中分子没有发生变化的情况下的粒子动力学，即碰撞过程中，气体是化学惰性的。那么，假设现在考虑化学反应过程，考虑一种典型的反应：

$$2HI \rightleftharpoons H_2 + I_2$$

即，2 mol 的 HI 分解成 1 mol 的 H_2 和 1 mol 的 I_2，或 1 mol 的 H_2 和 1 mol 的 I_2 化合生成 2 mol 的 HI。为什么反应会向前或向后进行呢？又涉及什么样的能量？

化学平衡意味着向前和向后的反应速率之间的一个平衡，且有

$$\text{反应} \Rightarrow \text{粒子的碰撞!}$$

因此，反应速率可以表达为

$$\left(\frac{\text{反应}}{\text{时间}\cdot\text{体积}}\right) = \left(\frac{\text{分子数变化}}{\text{时间}\cdot\text{体积}}\right) = \frac{\partial n_1}{\partial t} = -k^* n_1^{S_1} n_2^{S_2}$$

式中，$S = \sum_i S_i$，为反应量级；$k^*(T)$ 为反应速率；n_1、n_2 表示两种反应物的数密度。

根据二元碰撞理论：

$$\left(\frac{\text{碰撞}}{\text{时间}\cdot\text{体积}}\right) = n_1 n_2 \sigma_{12}^2 \left(\frac{8k_B T}{\pi m}\right)^{1/2}$$

由类推的方法，对于 $H_2 + I_2 \rightarrow 2HI$，有

$$\frac{\text{碰撞}}{\text{时间}\cdot\text{体积}} = n_{H_2} n_{I_2} k_B^*(T) \text{(B 表示向后)}$$

类似地，对于 $HI + HI \rightarrow H_2 + I_2$，有

$$\frac{\text{碰撞}}{\text{时间}\cdot\text{体积}} = n_{HI} n_{HI} k_F^*(T) \text{(F 表示向前)}$$

然而,为达到平衡,分解的碰撞次数等于化合的碰撞次数,故有

$$n_{HI}^2 k_F^*(T) = n_{H_2} n_{I_2} k_B^*(T)$$

或

$$\frac{n_{H_2} \cdot n_{I_2}}{n_{HI}^2} = \frac{k_F^*(T)}{k_B^*(T)}$$

这就是质量作用定律。

还可以定义平衡数: $K_c(T) = \frac{k_F^*(T)}{k_B^*(T)}$,这是基于物质的量得到的;或者定义基于气体种类压强 $K_p(T)$。

3.3 气体电离

3.3.1 引言

电离过程会产生电子,这些自由电子不受原子结构键的束缚。气体中,自由电子可以由多种方式产生,包括碰撞过程和辐射过程等。电离过程通常与去电离过程平衡。电离过程的有效性在很大程度上取决于气体压强。压强是一个变量,它表示粒子运动的随机热能。压强是单位体积粒子数与每个粒子能量的乘积,在低压情况下,每个粒子具有更高的能量,气体更容易电离。

对电离的理解很大程度上取决于对原子量子模型的理解。模型中,电子处于不同能量的壳层中,最外层的电子以较低的能量与原子核结合,所以最外层容易电离出电子。电离过程涉及对电子的能量传递,所传递的能量比保持电子在其原子壳层的能量要大。能量可以通过与其他电子、离子、中性原子或分子的碰撞来传递,也可以通过辐射来传递。通常,碰撞过程占主导地位,因此电离过程可以通过碰撞公式解析描述。在理解电离过程中,最令人感兴趣的一个问题是电离如何发生的:如何定义一步发生的概率,即束缚至自由的概率;以及如何定义多步电离的概率,即在电子获得使其不受原子或分子键束缚的累积能量的最后一步之前,电子是如何获得能量的。接下来的讨论是较为基础的,旨在提供一个框架,以理解在任何特定等离子体中事件组合中所包含的详细物理过程。

电离的产生和其动理学细节在许多方面取决于如何向气体提供能量[8]。在大多数情况下,能量的提供方式允许电子通过吸收做出反应,然后与其他粒子种类达到平衡。典型的例子就是在装置中产生电势差来驱动电流流动,所以大多数关于电离的讨论都是在气体放电装置的背景下进行的。

然而,当发生电离作用时,如果伴随着碰撞激波,气体中所有的粒子种类就会突然暴露在一个共同的加热过程中。等离子体激波的加热过程更为复杂,这将在后面的章节讨论。同样,某些等离子体装置要求在等离子体形成后进行加热,采用专门的加热技术能够加热电子或离子,并且可以使等离子体达到特定的密度和温度范围。本书也将定义关于辐射损失

的各种物理现象的机理,因为辐射损失始终是等离子体能量平衡中的一个重要因素。

一般来讲,电离过程的电离度和粒子特性的计算非常困难。对于给定的气体,在给定的参与粒子的特性范围内,电离过程的细节仍然是一个非常重要的研究课题。也许是由于物理的复杂性,关于等离子体的大多数应用研究工作都没有关注定义气体行为的粒子激发的具体细节。相反,研究多是假设平衡电离,并应用相关粒子密度的 Saha 方程。回顾本章最后一节的关系式推导,可以验证其普遍应用于等离子体分析中。

3.3.2　原子结构和电子排列

为解释实验观测,Bohr 提出了一个关于氢原子的模型,一个电子在圆形轨道上围绕一个致密的核运动[9]。致密的核具有 H 原子的质量,并且带有与旋转电子相等的正电荷。量子力学解释了这个系统并没有从旋转电子发射出能量的行为。Bohr 提出,角动量和半径 a,必须只存在一定的倍数,并且电子在这些半径上不辐射。动量矩可以表示为 $m_e v_e a = \frac{nh}{2\pi}$,式中,$n$ 为主量子数,h 为普朗克常量。更重要的是,对于 $n = 1, 2, 3, \cdots$,当电子从一个轨道移动到另一个轨道时,将产生辐射。对于更复杂的原子,核子数为氢原子核的整数倍,壳层中的电子数等于原子核的电荷数。

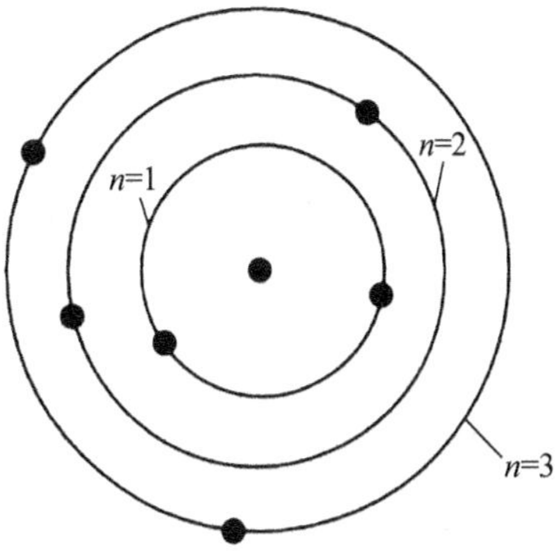

图 3.4　电子为整数值 n 的 Bohr 原子模型

因此,轨道的角动量将改变,命名为 l。简单的 Bohr 原子模型如图 3.4 所示,关于特征原子的壳层分布见表 3.1[9]。

表 3.1　电子的壳层分布[9]

壳层符号	n	l	电子在壳层中标记	完整亚层中的电子数	完整的亚层元素	完整壳层结构
K	1	0	1s	2	He	$1s^2$
L	2	0	2s	2	Be	$2s^2 2p^6$
	2	1	2p	6	Ne	
M	3	0	3s	2	Mg	$3s^2 3p^6 3d^{10}$
	3	1	3p	6	A	
	3	2	3d	10	Cu	
N	4	0	4s	2	Zn	$4s^2 4p^6 4d^{10} 4f^{14}$
	4	1	4p	6	Kr	
	4	2	4d	10	Pd	
	4	3	4f	14	Lu	
O	5	0	5s	2	Cd	
	5	1	5p	6	Xe	
	5	2	5d	10	Au	
P	6	0	6s	2	Ba	
	6	1	6p	10	Rn	
Q	7	0	7s	2	Ra	

3.3.3 气体的电离

与电子的半径和角动量相容,每个电子都拥有特定量子能级的能量。壳层位置的变化与能量增量的吸收和释放是一致的。对于不同的原子,不同层数的电离能如表 3.2 所示($1\ \mathrm{eV}=1.6\times10^{-19}\ \mathrm{J}$),元素周期表(表 3.3)强调了数值的顺序和规律性。

表 3.2 典型的电离能 (单位: eV)

元素	原子序数	电离阶段					
		Ⅰ	Ⅱ	Ⅲ	Ⅳ	Ⅴ	Ⅵ
Al	13	5.984	18.823	28.44	119.96	153.77	190.42
Ar	18	15.755	27.62	40.90	59.79	75.0	91.3
Ca	20	6.111	11.87	51.21	67	84.39	
C	6	11.264	24.376	47.864	64.476	391.986	480.84
Cs	55	3.893	25.1				
He	2	24.580	54.400				
H	1	13.505					
Fe	26	7.90	16.18	30.64			
Kr	36	13.99	24.56	36.9			
Mg	12	7.644	15.03	80.12	109.29	141.23	186.86
Hg	80	10.44	18.8				
Nb	41	6.77	14				
N	7	14.54	29.605	47.426	77.450	97.963	551.92
O	8	13.614	35.146	54.934	77.394	113.873	138.08
Pt	78	8.9	18.5				
K	19	4.339	31.81	46	60.90		90.7
Si	14	8.149	16.34	33.46	45.13	166.73	205.11
Ag	47	7.574	21.48				
Na	11	5.138	47.29	71.65	98.88	138.60	172.36
Sr	38	5.692	11.027		57		
TI	81	6.83	13.63	28.14	43.24	99.8	120
W	74	7.94					
Xe	54	12.13	21.2				

表 3.3 元素周期表

族		Ⅰ	Ⅱ	Ⅲ	Ⅳ	Ⅴ	Ⅵ	Ⅶ	Ⅷ	O
周期 1	系列 1	1 H 1.008								2 He 4.003
2	2	3 Li 6.940	4 Be 9.013	5 B 10.82	6 C 12.010	7 N 14.008	8 O 16.000	9 F 19.00		10 Ne 20.183

续　表

族		Ⅰ	Ⅱ	Ⅲ	Ⅳ	Ⅴ	Ⅵ	Ⅶ	Ⅷ	0
3	3	11 Na 22.997	12Mg 24.32	13Al 26.97	14Si 28.06	15 P 30.98	16 S 32.066	17Cl 35.457		18 Ar 39.944
4	4	19 K 39.096	20Ca 40.08	21Sc 45.10	22Ti 47.90	23 V 50.95	24Cr 52.01	25Mn 54.93	26Fe 27Co 28Ni 55.85 58.94 58.69	
	5	29Cu 63.54	30Zn 65.38	31Ga 69.72	32Ge 72.60	33As 74.91	34Se 78.96	35Br 79.916		36 Kr 83.7
5	6	37Rb 85.48	38Sr 87.63	39 Y 88.92	40Zr 91.22	41Nb 92.91	42Mo 95.95	43Tc	44Ru 45Rh 46Pd 101.7 102.91 106.7	
	7	47Ag 107.88	48Cd 112.41	49In 114.76	50Sn 118.70	51Sb 121.76	52Te 127.61	53 I 126.92		54 Xe 131.3
6	8	55Cs 132.91	56Ba 137.36	57~71 镧系 元素*	72Hf 178.6	73Ta 180.88	74W 183.92	75Re 186.31	76Os 77Ir 78Pt 190.2 193.1 195.23	
	9	79Au 197.2	80Hg 200.61	81Tl 204.39	82Pb 207.21	83Bi 209.00	84Po 210	85At		86 Rn 222
7	10	87Fr	88Ra 226.05	89 锕系 元素**						

* 镧系元素

57La 132.92	58Ce 140.13	59Pr 140.92	60Nd 144.27	61Pm	62Sm 150.43	63Eu 152.0	64Gd 156.9	65Tb 159.2	66Dy 162.46
67Ho 164.94	68Er 167.2	69Tm 169.4	70Yb 173.04	71Lu 174.99					

** 锕系元素

89Ac 227	90Th 232.12	91Pa 231	92 U 238.07	93Np	94Pu	95Am	96Cm	97Rk	98Cf

3.3.4　电离过程

1. 电子碰撞电离

电子与中性粒子碰撞是低能量下的弹性碰撞，故动能保存在碰撞中。碰撞过程中电子的散射极其有趣，对于不同原子，相关文献中有大量报道。当电子能量超过原子的激发电势时，将产生激发碰撞。因为动量必须守恒，电子动量的变化必然由原子动量变化来平衡。散射电子的角向分布与弹性碰撞的角向分布类似，原子中的束缚电子之后以激发态存在。原子中可能有多个电子以激发态存在，并成为辐射的潜在发射体。

当电子能量超过电离能 eV_i 时，单电子碰撞电离是可能的，其概率可以近似表达为电离率[10]：$\alpha_e = \dfrac{dN}{dx} = ap(V_e - V_i)$，式中，$\alpha_e$ 为由一个能量为 $\varepsilon = eV_e$ 的电子移动 1 cm 产生的离子对数量 N，a 为一个常数，p 为气体压强。对于不同的气体，在压强 $p = 1$ mmHg 时，这个过程可由图 3.5 表示。随着电子能量增加，电离率（电离粒子数/总粒子数）增加到一个最大值，然后下降。

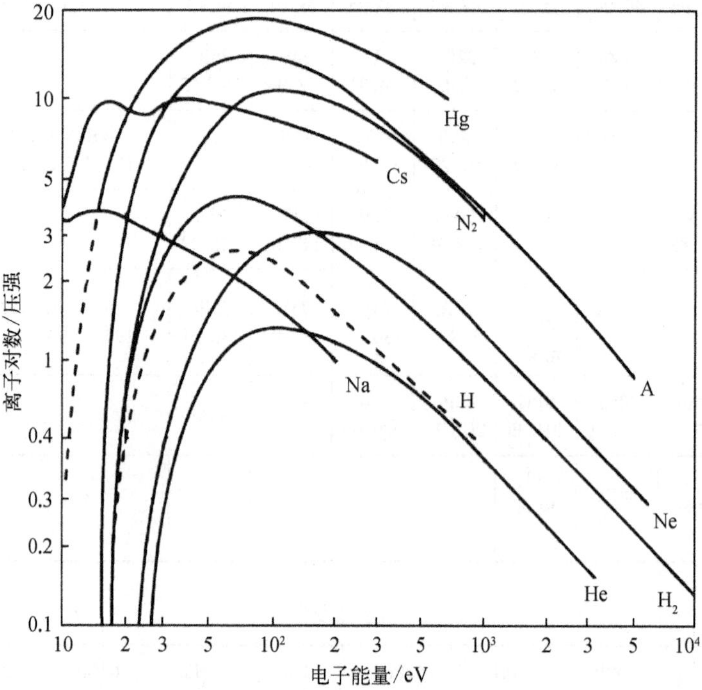

图 3.5　不同气体的电离率[11]

受激原子的电离从较低的能量开始，电离能可以比电子与未激发原子碰撞时的电离能大很多倍[12]。可以将氢的外层电子的结合能写为[13]

$$\varepsilon_{\infty}^{z}(n,\ l) = -\frac{Z^2\varepsilon_{\infty}^{H}}{(n - \Delta l)^2}$$

式中，$\varepsilon_{\infty}^{H} = 13.6$ eV，为氢的电离能；n、l 分别为原子的主量子数和角量子数；$\Delta l = 0.75 l^{-5}$；Z 为原子的电荷量（对于中性原子，$Z = 0$，对于离子，$Z > 0$）。

原子壳层 j 的经典电离横截面积为[13]

$$\sigma_i = 6 \times 10^{-14} b_j\, g_j(x) / \varepsilon_j$$

式中，b_j 为 j 层电子的数目；ε_j 为被发射电子的结合能，$x = \varepsilon/\varepsilon_j$，其中 ε 为入射电子能量；g 为一个具有最小值的通用函数，在 $x = 0.4$ 处，其最小值为 0.2。

当 $0.2 \leqslant T_e/\varepsilon_{\infty}^{z} \leqslant 100$ 时[13]，Maxwell 电子分布上的平均基态电离率为

$$\alpha(z) = 10^{-5}\frac{(T_e/\varepsilon_{\infty}^{z})^{1/2}}{(\varepsilon_{\infty}^{z})^{3/2}(6.0 + T_e/\varepsilon_{\infty}^{z})}e^{-\varepsilon_{\infty}^{z}/T_e}$$

式中，ε_{∞}^{z} 为 Z 原子的电离能量，单位为 eV；T_e 为电子温度，单位为 eV。

2. 重粒子碰撞电离

两个原子之间发生碰撞，导致电子发射，从而引起电离的概率很小。但是，交换电荷碰撞导致一个电子从一个中性原子转移到碰撞离子的过程非常重要。同样，在一定能量范围内的某些气体中，原子和离子可以产生有效电离，特别是对于较重的粒子，但是能够使这种效应变得明显的能量通常为 eV_i 值的 2 倍以上。

3. 光致电离

当 $h\nu > eV_i$ 时，光子碰撞电离才有可能发生。由能量守恒定律可知，此时电子将以 $(h\nu - eV_i)$ 的能量被剥离。光致电离所必要的辐射波长为 $\lambda_i \leqslant 12\,400/V_i$，即波长范围为 $200\times10^3 \sim 1\,000\times10^3$ nm 的电磁波对光致电离有效。不同气体的光吸收截面见图 3.6[10]。

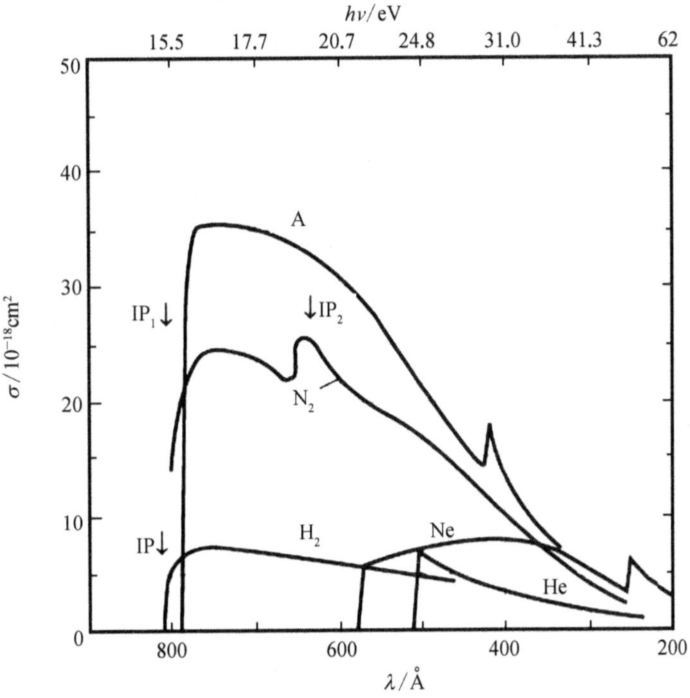

图 3.6　不同气体的光吸收截面[10]

量子数为 n 和 l 之间的离子发生的光致电离截面面积为[13]

$$\sigma_{\text{ph}}(n,\ l) = 1.64 \times 10^{-16} \frac{Z^5}{n^3 k^{7+2l}}$$

式中，下角标 ph 表示相位；k 为 Rydbergs 表示的波数（$1.097\,4\times10^5$ cm^{-1}）。

随着具有宽范围的波长输出和功率的激光器的发展和应用，为使用辐射引发电离和吸收辐射能量增加了很高的灵活性。早期的研究描述并分析了激光电离过程[14]，吸收效应和脉冲时间产生的电子数的一般函数形式为 $N_e \sim e^{n_\nu \sigma t}$，其中 n_ν 为光子流，σ 为被 N_ν 个光子激发的反应截面，t 为脉冲时间。然而，原子过程的复杂性常常导致激光诱导电离率的异常[15]。通常，一旦存在电子，电场的影响（如在激光束中）将导致电子数显著增长。

3.3.5 电离（电子）损耗机制

1. 复合

等离子体通常是电中性的，$n_i = n_e$，因此电子和离子的复合反应很活跃且保持平衡，复合率可以表示为

$$\frac{\mathrm{d}n_{i,e}}{\mathrm{d}t} = \alpha_r n_{i,e}^2$$

式中，α_r 为复合反应系数。

大多数等离子体都有不同类型的离子，如不同种类的离子和带不同电荷的离子，因此复合反应是一个复杂的过程。离子-离子复合通常导致电子处于激发态，并伴随辐射的产生。当离子以较低的速度运动时，这种复合系数通常比电子-离子复合系数高几个数量级。电子也可以与分子发生复合，复合后将很快解离。

在（$1\ \mathrm{eV} < T_e/Z^2 < 15\ \mathrm{eV}$）的条件下，电子-离子的辐射复合速率为[13]

$$\alpha_r(z) = 2.7 \times 10^{-13} Z^2 T_e^{-1/2}$$

式中，T_e 为电子温度，单位为 eV。

2. 电子扩散

有许多因素会导致电子损失，从而降低电离度。电子的一个基本性质是，在各组分之间能量平衡的情况下，由于其质量较小，电子具有很高的随机速度。这种性质导致电子的输运增强，因此必须始终考虑扩散损失过程。扩散与数量的梯度有关，在没有磁场的情况下可以表示为

$$\left(\frac{\text{粒子数}}{\text{时间}\cdot\text{面积}}\right) \Gamma_e = -D_e \nabla n_e$$

式中，$D_e = \frac{1}{2}\bar{c}_e \lambda_e$。

可定义：$\Gamma_e \equiv n_e v_{e,d}$，所以可以计算出平均漂移速度，作为电子扩散运动的一个合适的描述。

3.3.6 等离子体的辐射（能量）损失

虽然等离子体通常是由外部能量输入产生的，并且存在于高温环境下，但等离子体自然可以通过包括辐射在内的多种方式损失能量。在原子和分子处于激发态的高温条件下，电子、原子和离子的辐射将持续发生，并成为能量平衡的一个重要因素。在一些重要的诊断方法的实际应用中即利用了这一特点。

等离子体的光学厚度 τ 是辐射特性的一个重要指标，它与等离子体中单位长度的吸收系数 α_w 有关，该系数由式 $\tau = \int_0^s \alpha_w \mathrm{d}S$ 给出，当 $\tau \ll 1$ 时，将等离子体定义为光学厚。从（光学厚的）黑体表面发出的辐射可以表示为

$$W = 1.03 \times 10^5 T^4$$

类氢等离子体的韧致辐射可以表示为

$$P_{Br} = 1.69 \times 10^{-32} N_e T_e^{1/2} \sum [Z^2 N(z)]$$

韧致辐射的光学厚度可以表示为

$$\tau = 5.0 \times 10^{-38} N_e N_i Z^2 \bar{g} \Delta s T^{-7/2}$$

式中，$\bar{g}$ 为 Gaunt 因子；N_e、N_i 为粒子数密度；Δs 为物理路径长度。

复合(自由态-束缚态)韧致辐射可以表示为

$$P_{Br} = 1.69 \times 10^{-32} N_e T_e^{1/2} \sum \left[Z^2 N(z) \frac{E_\infty^{\ Z-1}}{T_e} \right]$$

对于不同的粒子，由(束缚态-束缚态)跃迁的另一个重要辐射组成部分也可以计算。此外，磁场效应对粒子辐射的影响也很重要。

3.3.7 气体平衡电离——Saha 方程

在上述内容中讨论了一种基于化学反应动理学的平衡分析，另一种方法是基于热力学平衡和统计力学的分析方法。研究原子气体，将分析扩展到其他反应也相对简单[16,17]。

在平衡状态下，每一个原子的激发都被反向过程精确地平衡(细致平衡定律)。对于单原子气体，电离和复合表示为

$$A + \varepsilon_i \rightleftharpoons A^+ + e$$

式中，ε_i 为电离能。

反应可以描述为

$$\frac{N_+ N_e}{N_A} = K(T)$$

式中，$K(T)$ 为平衡数。

此为质量作用定理。为求解 n_+、n_e、n_A，认为 $n_+ = n_e$，因此可得 $n_+ + n_A \equiv n_0$，即已知重粒子的总数密度。为确定平衡数，由原子物理中的平衡关系[3]：

$$\frac{N_i}{N} = \frac{g_i e^{-\frac{u_i}{k_B T}}}{Q} \to \frac{e^{-\frac{u_k}{k_B T}}}{Q}$$

对于每一个组分，可以表示为

$$\frac{N_+ N_e}{N_A} = \frac{Q_+ Q_e}{Q_A}$$

式中，Q_x 是组分 x 的总配分函数，所有项必须基于相同的能量参考水平。

于是

$$\frac{n_+ n_e}{n_A}V = \frac{Q_+ Q_e}{Q_A}, \quad Q_A = Q_A^{\text{tr}} Q_A^{\text{int}}$$

式中,int 指电子激发到更高的量子数态。

如上所述，对于原子：

$$Q_A = \frac{V(2\pi m_A k_B T)^{3/2}}{h^3} \sum_{j,\ \text{int}} g_j \mathrm{e}^{-\frac{\varepsilon_j}{k_B T}}$$

然而对于离子,必须注意能量,Grotrian 图(图 3.7)很好地解释了这一过程。对于离子:

$$Q_+ = Q_+^{\text{tr}}\ Q_+^{\text{int}} = \frac{V(2\pi m_+\ k_B T)^{3/2}}{h^3} \sum_j g_j^+ \mathrm{e}^{-\frac{\tilde{\varepsilon}_j^+}{k_B T}} = \frac{V(2\pi m_+\ k_B T)^{3/2}}{h^3} \mathrm{e}^{-\frac{\varepsilon_i}{k_B T}} \sum_j g_j^+ \mathrm{e}^{-\frac{\varepsilon_j^+}{k_B T}}$$

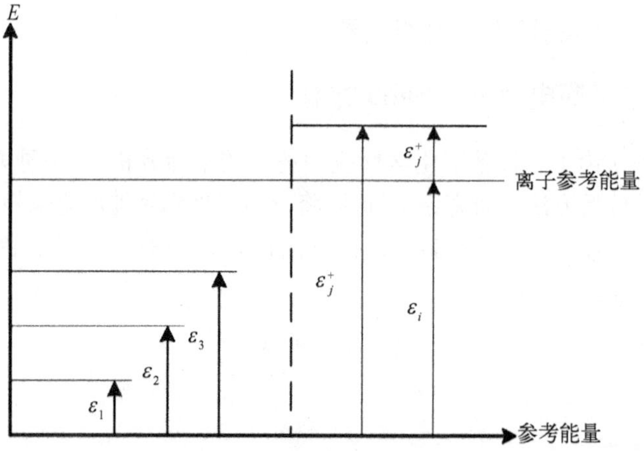

图 3.7　能量参考 Grotrian 图

对于电子,有

$$Q_e = Q_e^{\text{tr}} Q_e^{\text{int}} = \frac{V(2\pi m_e k_B T)^{3/2}}{h^3} Q_e^{\text{int}}, \quad Q_e^{\text{int}} = g_j^- = z$$

由于电子的自旋方向相反而产生的简并性,这些能级可能被磁场分开,可得

$$\frac{n_+ n_e}{n_A} = \frac{1}{V}\frac{Q_+ Q_e}{Q_A} = 2\frac{(2\pi m_e k_B T)^{3/2}}{h^3} \frac{\sum_j g_j^+ \mathrm{e}^{-\frac{\varepsilon_j^+}{k_B T}}}{\sum_j g_j \mathrm{e}^{-\frac{\varepsilon_j}{k_B T}}} \mathrm{e}^{-\frac{\varepsilon_i}{k_B T}}$$

由以下公式作为替代:

$$\alpha = \frac{n_+}{n_A + n_+} = \frac{n_+}{n_0} = \frac{n_e}{n_0}$$

$$n_+ = n_e$$

$$p=(n_{+}+n_{e}+n_{A})k_{B}T=n_{0}(1+\alpha)k_{B}T$$

可得

$$\frac{\alpha^{2}n_{0}^{2}}{(1-\alpha)n_{0}}=2\frac{(2\pi m_{e}k_{B}T)^{3/2}}{h^{3}}\frac{Q_{+}^{\text{int}}}{Q_{A}^{\text{int}}}\mathrm{e}^{-\frac{\varepsilon_{i}}{k_{B}T}}$$

又由

$$p=(1+\alpha)n_{0}k_{B}T$$

得

$$\frac{\alpha^{2}}{1-\alpha^{2}}=2\frac{(2\pi m_{e})^{3/2}(k_{B}T)^{5/2}}{ph^{3}}\frac{Q_{+}^{\text{int}}}{Q_{A}^{\text{int}}}\mathrm{e}^{-\frac{\varepsilon_{i}}{k_{B}T}}$$

并且有

$$\alpha=\alpha(p,\ T,\text{原子属性})$$

因此,在给定气体压力、温度和平衡条件下,就可以计算电离度,这就是用于平衡电离的 Saha 方程。

可以探究一些简单、近似的依赖关系[16,17]。在低温下,$(Q_{+}/Q_{A})^{\text{int}}$ 近似为常数,并且可以作为一个给定值。同时,假设: $kT\ll\varepsilon_{i}$; $\alpha\to 0$, 因此得

$$\frac{\alpha^{2}}{1-\alpha^{2}}\to\alpha^{2}=Cp^{-1}T^{5/2}\mathrm{e}^{-\frac{\varepsilon_{i}}{k_{B}T}}$$

由于

$$\alpha\ll 1\Rightarrow p\approx n_{0}k_{B}T$$

$$\alpha\approx C^{\frac{1}{2}}n_{0}^{-1/2}k_{B}^{-1/2}T^{3/4}\mathrm{e}^{-\frac{\varepsilon_{i}}{2k_{B}T}},\quad n_{+}\approx\alpha n_{0}\sim n_{0}^{1/2}$$

式中,C 为常数。

标准近似条件 $\dfrac{2Q_{1}^{\text{el}}}{Q_{0}^{\text{el}}}=1$ 并非适用所有情况。而针对一些人们比较感兴趣的原子,已经推导出更为满意的近似[16]。例如,对于氩,有

$$\frac{2Q_{+}^{\text{el}}}{Q_{0}^{\text{el}}}=\frac{(2)[4+2\mathrm{e}^{-2\,062/T}]}{1}$$

而对于单离子化的氮原子(5 000~30 000 K),则可以写为

$$\frac{n_{+}n_{e}}{n_{0}}=35.3\left(\frac{2\pi m_{e}k_{B}}{h^{2}}\right)^{3/2}T^{5/4}\mathrm{e}^{-\frac{\varepsilon_{i}}{k_{B}T}}$$

参考文献

[1] Moelwyn-Hughes E A. Physical Chemistry. New York: Pergamon Press, 1961.

[2] Clarke J F, McChesney M. The Dynamics of Real Gases. London: Butterworths, 1964.
[3] Vincenti W G, Kruger C H. Introduction to Physical Gas Dynamics. New York: Wiley, 1965.
[4] Lighthill M J. Dynamics of a dissociating gas. part I equilibrium flow. Journal of Fluid Mechanics, 1957, 2(1): 1-32.
[5] Hansen C F. Approximations for the thermodynamic and transport properties of high-temperature air. Washington D C: NACA, TN4150, 1958.
[6] Gupta, Roop N. Calculations and curve fits of thermodynamic and transport properties for equilibrium air to 3000 K. NASA RP-1260, 1991.
[7] Selle S, Riedel U, Warnatz J. Reaction rates and transport coefficients of ionized species in high temperature air. Noorwijk: Proceedings of 3rd European Symposium on Aero-thermo-dynamics of Space Vehicles, 1998.
[8] Brown S C. Basic Data of Plasma Physics. New York: MIT and Wiley, 1959.
[9] Richtmyer F K, Kennard E H. Lauritsen T. Introduction to Modern Physics. New York: McGraw-Hill, 1955.
[10] Francis G. Ionization Phenomena in Gases. London: Butterworths, 1960.
[11] Flugge S. Handbuch der Physik. Heidelberg: Springer, 1956.
[12] Burgess A, Summers H P, Cochrane D M, et al. Cross-sections for ionization of positive ions by electron impact. Monthly Notices of The Royal Astronomical Society, 1977, 179: 275-292.
[13] Book D L. NRL plasma formulary. Washington D C: Naval Research Laboratory, 1990.
[14] Tozer S A. Theory of ionization of gases by laser beams. Physical Review Letters, 1965, 137: 1665.
[15] Bettis J R. Anomalous laser-induced ionization rates of molecules and rare-gas atoms. Physical Review A, 2009, 80(6): 70.
[16] Cambel A B. Plasma Physics and MagnetoFluidmechanics. New York: McGraw-Hill, 1963.
[17] Cambel A B, Duclos D P, Anderson T P. Real Gases. New York: Academic Press, 1963.

习　题

3.1 **(原子电离性质)**在托卡马克、磁镜等核聚变等离子体装置中一般研究氢等离子体，而在基础等离子体物理研究中使用氩气等稀有气体作为等离子体工质(工作物质)，在航天领域中某些需要高电子密度的等离子体发生器使用金属铯作为主要放电工质。请从原子结构和使用用途等角度解释上述实际应用中选择该等离子体工质的原因。

3.2 **(直流放电原理)**霓虹灯是充有稀薄稀有气体的通电玻璃管或灯泡，是一种冷阴极气体放电灯，曾经是主流的产生多种色彩的发光装置，请简述在高压直流放电装置——霓虹灯中的气体电离过程。

3.3 **(三体复合)**假设在只有电子-正离子的简单等离子体中，电子-离子对的总能量显然高于将一个原子电离的能量，那么当电子与离子发生复合反应时，请描述可能发生的过程。

3.4 **(电磁辐射)**等离子体能量损失的方式之一是电磁辐射，请列举两种等离子体中的电磁辐射现象及原理。

3.5 **(光学厚度)** 请简单描述“光学厚”“光学薄”的概念，并解释在太阳观测中，为何只能测量太阳表面附近的区域的光子辐射，而无法测量深入太阳内部的一条弦路径上的总光子辐射？

3.6 **(电负性等离子体)** 等离子体刻蚀是半导体加工中的重要工艺，例如，刻蚀单晶硅的腐蚀气体一般使用 Cl_2/SF_6 或 $SiCl_4/Cl_2$。电负性 SF_6 气体具有吸附电子的能力，假设在 SF_6、Ar 和 H_2 的组成的混合气体的放电过程中，请描述可能发生的分子间相互作用，以及可能存在的粒子类型。

第 4 章 电磁学

4.1 引　　言

关于本章的内容，有大量广泛使用的电磁学教科书可供参考。这里将讨论以下基本问题：① 带电粒子如何产生电场和磁场；② 带电粒子间如何相互作用；③ 带电粒子如何与外加电场和磁场相互作用。本章的叙述以 Stratton[1] 和 Jackson[2] 的工作为基础。

有两组广泛使用的单位系统：高斯（Gaussian）单位制和国际单位制。这两组系统的基本单位如下：高斯制为 q（静库仑）、I（静安培）、B（高斯）；换算为国际单位制为 q（库仑）、I（安培）、B（韦伯/m^2）。Maxwell 方程有 6 个常数，在高斯单位制中，三个常数具有单位，但方程中包括光速 c。在国际单位制中，两个常数具有单位，而方程的单位在物理上是有意义的。本章中优先使用国际单位制，附录 A 中提供了这些单位之间的换算关系。

首先接受这样一个事实：原子尺度的粒子可以带有电荷，这些电荷可以是正电荷（质子）或负电荷（电子），电荷是电子单位电荷（1.6×10^{-19} C）的倍数，电子质量 $m_e = 9.1\times10^{-31}$ kg，比质子的单位质量 $m_p = 1.67\times10^{-27}$ kg 小得多。

4.2 电荷和电场——静电学

考虑两个带电粒子 q_1、q_2 在真空中的距离为 r，那么由于 q_1 的存在而作用在电荷 q_2 上的力为

$$\boldsymbol{F}_2 = \frac{q_1 q_2}{4\pi\varepsilon_0 r^2}\boldsymbol{r}$$

这就是库仑定律，其中 $\varepsilon_0 = 8.854\times10^{-12}$ F/m（真空介电常数），$\boldsymbol{r}$ 为单位向量。

同性电荷排斥，异类电荷吸引，粒子之间的“物质”可以影响粒子上的力。没有直接的接触、在一定距离内的作用、但是力被施加在粒子上——这种相隔一定距离的作用称为“场”。

带有电荷 q_1 的带电物体（粒子）产生的电场将作用于第二个小的“测试”电荷 q，即

$$\boldsymbol{E}_{q_1} = \frac{\boldsymbol{F}_q}{q} = \frac{1}{q}\cdot\frac{qq_1}{4\pi\varepsilon_0 r^2}\boldsymbol{r} = \frac{q_1}{4\pi\varepsilon_0 r^2}\boldsymbol{r} = \boldsymbol{E}(r)$$

即

$$\boldsymbol{F}_q = q\boldsymbol{E}$$

在等离子体中,面对的是体积中含有的大量(混合)粒子。对于充满大量带电粒子的物体(等离子体),其体积为 V,带电量为 q_1,则有

$$q_1 = \int_V \rho_e \mathrm{d}V$$

这里定义电荷密度:

$$\rho_e\left(\frac{\text{电荷量}}{\text{体积}}\right) = e(n^+ - n^-)$$

因此有

$$\frac{\text{力}}{\text{体积}} = \frac{\text{力}}{\text{粒子数}} \cdot \frac{\text{粒子数}}{\text{体积}} = qE \cdot \frac{\rho_e}{e} = \rho_e E$$

现在通过满足库仑定律的一个粒子的电荷 q_1,来预测一团粒子产生的场:

$$\boldsymbol{E} = \frac{1}{4\pi\varepsilon_0 r^2}\boldsymbol{r}\int_V \rho_e \mathrm{d}V$$

在体积的表面积上对两边进行积分,可得

$$\int_A \boldsymbol{E} \cdot \boldsymbol{n}\mathrm{d}S = \int_A \frac{\boldsymbol{r} \cdot \boldsymbol{n}}{4\pi\varepsilon_0 r^2}\left(\int_V \rho_e \mathrm{d}V\right)\mathrm{d}S$$

公式的左侧应用散度定理,对右边进行积分,得到:

$$\int_V \nabla\cdot \boldsymbol{E}\mathrm{d}V = \frac{1}{\varepsilon_0}\int_V \rho_e \mathrm{d}V \text{(高斯定理的积分形式)}$$

或

$$\nabla\cdot \boldsymbol{E} = \frac{\rho_e}{\varepsilon_0} \text{(高斯定理的微分形式)}$$

由该式可得如下结论。

(1) 如果 $n^+ = n^-$, $\rho_e = 0$, 则 $\nabla\cdot \boldsymbol{E} = 0$。例如,电场为保守场($E_{\text{in}} = E_{\text{out}}$)。

(2) 在真空以外的介质中:

$$\nabla\cdot \varepsilon\boldsymbol{E} = \rho_e$$

令 $\boldsymbol{D}$(电位移矢量) $\equiv \varepsilon\boldsymbol{E}$, 则

$$\nabla\cdot \boldsymbol{D} = \rho_e$$

这被视为介质的极化,数学描述的物理解释如下:

(1) $\nabla\cdot \boldsymbol{E} = \dfrac{\rho_e}{\varepsilon}$，如果 $n^+ \neq n^-$，电场可以在等离子体中产生或破坏；

(2) $\nabla\cdot \boldsymbol{E} = 0$，如果 $n^+ = n^-$，在等离子体中不能产生或破坏电场。

且

$$\boldsymbol{E} = \frac{q_1}{4\pi\varepsilon_0 r^2}\boldsymbol{r}，则\ \nabla\times \boldsymbol{E} = 0 \Rightarrow \boldsymbol{E} = -\nabla\varphi$$

此处：

$$\varphi = \frac{q_1}{4\pi\varepsilon_0 r}$$

这里定义了如何“制造”电场，即电势 φ 的梯度场（还没有确定如何在实验室物理上建立一个场，这一点在下面简单解释）。

粒子在场中的行为涉及粒子的运动，而受力运动涉及粒子上的功或由粒子引起的功，如能量转移。因此，研究在一个场中移动一个电荷的做功问题：

$$W = Fs \quad （对一个粒子做功）$$

因此，$\mathrm{d}W = -q\boldsymbol{E}\mathrm{d}\boldsymbol{s}$，为在通过距离 $\mathrm{d}\boldsymbol{s}$ 的粒子上所做的功，抵消了场的作用力，并且：

$$\frac{\mathrm{d}W}{q} = -\boldsymbol{E}\mathrm{d}\boldsymbol{s} = \frac{q_1\boldsymbol{r}}{4\pi\varepsilon_0 r_2^2}(\boldsymbol{r}_2) - \frac{q_1\boldsymbol{r}}{4\pi\varepsilon_0 r_1^2}(\boldsymbol{r}_1) = \nabla\varphi\cdot\mathrm{d}\boldsymbol{s} = \frac{\mathrm{d}\varphi}{\mathrm{d}s}\cdot\mathrm{d}\boldsymbol{s} = \mathrm{d}\varphi$$

$$\frac{W}{q} = \int_1^2 \frac{\mathrm{d}W}{q} = \int_1^2 \mathrm{d}\varphi = \varphi_2 - \varphi_1$$

式中，电势 φ 的单位为 V。于是，$E\cdot\mathrm{d}s = \Delta V$ 且 E 的单位是 V/m，且$\dfrac{功}{电荷} = \dfrac{\mathrm{N}\cdot\mathrm{m}}{\mathrm{C}} = \mathrm{V}$。

因此，也可得出施加在间隙距离 $\mathrm{d}\boldsymbol{s}$ 上的电位（电势）差 $\Delta\varphi$ 将在距离区域产生电场。

4.3 电流和磁场——静磁学

在上述带电粒子的讨论中，观察到静电荷是电场产生的来源。实验中还观察到移动电荷（电流）是磁场产生的来源，首先定义：

$$I（电流）= \frac{\mathrm{d}q}{\mathrm{d}t} = n_e\left(\frac{电子数}{体积}\right)v\left(\frac{距离}{时间}\right)S_{\mathrm{cs}}（距离^2）q_e（电子电荷）$$

式中，$\mathrm{d}q$ 为（速度为 v 的）垂直通过表面的电荷流，$v \perp A$。

定义：

$$\frac{I}{S_{\mathrm{cs}}} = J\left(电流密度，\frac{\mathrm{A}}{\mathrm{m}^2}\right) = n_e v q_e = \rho_e v$$

Ampere 发现磁的相互作用是由电流引起的,对于真空环境中的电流,可以写为

$$\mathrm{d}\boldsymbol{F}_{21} = \frac{\mu_0}{4\pi} I_1 I_2 \frac{\mathrm{d}\boldsymbol{l}_2 \times (\mathrm{d}\boldsymbol{l}_1 \times \boldsymbol{r})}{r_{12}^2}$$

式中,$\mu_0 = 4\pi \times 10^{-7}$ H/m,为真空磁导率。

可以看出,电流(移动电荷)产生力的安培定律与(静态)电荷产生力的库仑定律非常相似。

从一个更基本的角度来看,假设在 $\boldsymbol{r}$ 处的任意点 1 处,由单位长度 dl_1 导体携带的电流 I_1 产生的场 ($\mathrm{d}\boldsymbol{B}$) 可以写为

$$\mathrm{d}\boldsymbol{B}(r) = \frac{\mu_0 I_1}{4\pi} \frac{\mathrm{d}\boldsymbol{l}_1 \times \boldsymbol{r}}{r^2}$$

此为毕奥-萨伐尔(Biot - Savart)定律。

然后,对于点 2 处的另一个电流 (I_2, $\mathrm{d}\boldsymbol{l}_2$),可以将其写为

$$\mathrm{d}\boldsymbol{F}_{21} = I_2 \mathrm{d}\boldsymbol{l}_2 \times \mathrm{d}\boldsymbol{B}$$

一般地,有

$$I\mathrm{d}\boldsymbol{l} = (\boldsymbol{J}S_{cs})\mathrm{d}\boldsymbol{l} = \boldsymbol{J}\mathrm{d}V \rightarrow \frac{\mathrm{d}\boldsymbol{F}_{21}}{\mathrm{d}V} = \boldsymbol{J} \times \mathrm{d}\boldsymbol{B}$$

于是

$$B(r) = \frac{\mu_0}{4\pi} \int \frac{\boldsymbol{J} \times \boldsymbol{r}}{r^2} \mathrm{d}V$$

由此得出:

$$\nabla \cdot \boldsymbol{B} = 0$$

以及

$$\nabla \times \boldsymbol{B} = \mu_0 \boldsymbol{J} \quad 或 \quad \nabla \times \boldsymbol{H} = \boldsymbol{J}$$

式中,$\boldsymbol{B} = \mu_0 \boldsymbol{H}$。

4.4 电荷守恒

本节将考虑在条件 $\frac{\partial}{\partial t} \neq 0$ 下带电粒子的流动,即变化率。考虑电荷密度为 $\rho_e = e(n^+ - n^-)$,体积为 V 的物体,则该体积中的(净)电荷总数为 $\int_V \rho_e \mathrm{d}V$,并且电荷的进出量为

$$\frac{\text{带电粒子(流入 - 流出)}}{\text{时间}} = \frac{\text{体积内的净电荷变化}}{\text{时间}}$$

使用如下公式：

$$\boldsymbol{I} = n_e \boldsymbol{v} S_{\mathrm{cs}} q_e$$

或

$$\boldsymbol{J} = \frac{\boldsymbol{I}}{S_{\mathrm{cs}}} = n_e \boldsymbol{v} q_e$$

假设电荷流入(即流入>流出)：

$$-\int_S \boldsymbol{J} \cdot \boldsymbol{n} \mathrm{d}S = \frac{\mathrm{d}}{\mathrm{d}t} \int_V \rho_e \mathrm{d}V$$

由高斯定理：

$$-\int_V \nabla \cdot \boldsymbol{J} \mathrm{d}V = \int_V \frac{\partial \rho_e}{\partial t} \mathrm{d}V$$

得

$$\int_V \left(\nabla \cdot \boldsymbol{J} + \frac{\partial \rho_e}{\partial t} \right) \mathrm{d}V = 0$$

这是电荷守恒定律。

或者可以写出微分表达式：

$$\nabla \cdot \boldsymbol{J} + \frac{\partial \rho_e}{\partial t} = 0$$

如果 $\rho_e = 0$，则有 $\nabla \cdot \boldsymbol{J} = 0$。

在含义上，这与流体力学中的陈述 $\nabla \cdot \boldsymbol{v} = 0$ 相似，后者是质量守恒的数学表达：一个控制体内的流体流入的流量等于流出的流量。

但是仍需指出：

$$\nabla \cdot \boldsymbol{D} = \rho_e$$

式中，$\boldsymbol{D}$ 为电位移矢量。

$$\nabla \cdot \boldsymbol{J} + \frac{\partial}{\partial t}(\nabla \cdot \boldsymbol{D}) = 0$$

式中，$\dot{\boldsymbol{D}}$ 为 $\boldsymbol{D}$ 的变化率。

$$\nabla \cdot \left(\boldsymbol{J} + \frac{\partial \boldsymbol{D}}{\partial t} \right) = 0$$

式中，$\dot{\boldsymbol{D}}$ 称为位移电流。

物理上，变化的电场与等效电流有关(如果电荷输运产生了电场，则必须产生等效电流）。这个描述在 Maxwell 方程中是至关重要的，它的存在最初是基于数学而非物理基础。因此，我们认识到时变电场项 $\dot{D}$ 与电流有关，但电流与磁场有关。那么，电场和磁场有什么关系呢？基础实验给出了答案。

4.5　Faraday 定律

在实验中，Faraday 注意到当电流脉冲通过一个金属线圈时，附近的第二个金属线圈中会有瞬间的电流流动。因此，第二个金属回路（或测试回路）处于由初始电流产生的变化磁场中，并沿长度经历与通过回路的 $\boldsymbol{B}$ 的磁通量 Φ 的时间变化率成比例的电场，即

$$\Delta\varphi = -\frac{\partial}{\partial t}\Phi$$

或写作

$$\oint \boldsymbol{E}\mathrm{d}\boldsymbol{l} = -\frac{\partial}{\partial t}\int_A \boldsymbol{B}\cdot\boldsymbol{n}\mathrm{d}A$$

应用 Stokes 定理有

$$\int_A \nabla\times\boldsymbol{E}\cdot\boldsymbol{n}\mathrm{d}A = -\frac{\partial}{\partial t}\int_A \boldsymbol{B}\cdot\boldsymbol{n}\mathrm{d}A$$

或写为

$$\nabla\times\boldsymbol{E} = -\frac{\partial\boldsymbol{B}}{\partial t}$$

注意：在静电场中，$\nabla\times\boldsymbol{E} = 0$。
于是

$$\nabla\cdot(\nabla\times\boldsymbol{E}) = \nabla\cdot\left(-\frac{\partial\boldsymbol{B}}{\partial t}\right)$$

得

$$\frac{\partial}{\partial t}(\nabla\cdot\boldsymbol{B}) = 0$$

即

$$\nabla\cdot\boldsymbol{B} = 常数 = 0$$

因此，物理上通过与质量守恒和电荷守恒的比较，可以说没有类似于点电荷那样的磁场源。更重要的是，我们认识到 $\dot{\boldsymbol{B}}$ 可以产生 $\boldsymbol{E}$，那么反过来说：$\dot{\boldsymbol{E}}$ 是否可以产生 $\boldsymbol{B}$？

4.6　Ampere 定律

注意到：$\nabla\times\boldsymbol{B} = \mu_0\boldsymbol{J}$，这是磁静力学的 Ampere 定律，并且 $\nabla\cdot\nabla\times\boldsymbol{B} \equiv 0$。

回想电荷守恒：$\nabla\cdot \boldsymbol{J}+\dfrac{\partial \rho_e}{\partial t}=0$，或 $\nabla\cdot \boldsymbol{J}=-\nabla\cdot\left(\dfrac{\partial \boldsymbol{D}}{\partial t}\right)$。因此，对于变化的场，必须取：$\boldsymbol{J}\to\boldsymbol{J}+\dfrac{\partial \boldsymbol{D}}{\partial t}$，这是 Maxwell 的贡献，其通过预测电磁波的运动而产生了深远的物理和数学意义，所以 Ampere 定律变成为

$$\nabla\times\frac{\boldsymbol{B}}{\mu_0}=\boldsymbol{J}+\frac{\partial \boldsymbol{D}}{\partial t}$$

并且在任何情况下，$\nabla\cdot$（左边）$=0=\nabla\cdot$（右边），需要注意的是

$$\dot{\boldsymbol{D}}=\varepsilon\dot{\boldsymbol{E}}\Rightarrow\boldsymbol{B}$$

4.7 Maxwell 方程

现在可以用两种形式总结 Maxwell 方程的完整集合：

	微分形式	积分形式
（3 个方程）	$\nabla\times\boldsymbol{E}=-\dfrac{\partial\boldsymbol{B}}{\partial t}$	$\oint_C \boldsymbol{E}\mathrm{d}\boldsymbol{s}=-\int_A\dot{\boldsymbol{B}}\cdot\boldsymbol{n}\mathrm{d}S$
（3 个方程）	$\nabla\times\boldsymbol{H}=\boldsymbol{J}+\dfrac{\partial\boldsymbol{D}}{\partial t}$	$\oint_C \boldsymbol{H}\mathrm{d}\boldsymbol{s}=I+\int_A\dot{\boldsymbol{D}}\cdot\boldsymbol{n}\mathrm{d}S$
（1 个方程）	$\nabla\cdot\boldsymbol{D}=\rho_e$	$\int_A\boldsymbol{D}\cdot\boldsymbol{n}\mathrm{d}S=Q$（净电荷）
	$\nabla\cdot\boldsymbol{B}=0$	$\int_A\boldsymbol{B}\cdot\boldsymbol{n}\mathrm{d}S=0$

在这 7 个方程组中，有 10 个未知数。为了得到一个解，它们由两个本构关系（$\boldsymbol{D}=\varepsilon\boldsymbol{E}$ 与 $\boldsymbol{B}=\mu\boldsymbol{H}$）及一个函数关系 $\boldsymbol{J}=f(\boldsymbol{E},\boldsymbol{B})$ 补充，这两个关系有待确定。

4.8 附加磁场产生的力和电流

4.8.1 力

首先考虑单一种类的一个粒子的受力关系：

$$\boldsymbol{F}_{EM}=\boldsymbol{F}_E+\boldsymbol{F}_M=q\boldsymbol{E}+q(\boldsymbol{v}\times\boldsymbol{B})=q(\boldsymbol{E}+\boldsymbol{v}\times\boldsymbol{B})$$

式中，角标 EM 表示电磁场；角标 E 表示电场；角标 M 表示磁场；$\boldsymbol{v}$ 是单个粒子的运动速度。

对于一团粒子：

$$\frac{F_{EM}}{V}=\frac{q}{V}(\boldsymbol{E}+\boldsymbol{v}\times\boldsymbol{B})$$

$$f_{EM}=\rho_e\boldsymbol{E}+\rho_e(\boldsymbol{v}\times\boldsymbol{B})=\rho_e\boldsymbol{E}+en^+\boldsymbol{v}_+\times\boldsymbol{B}-en^-\boldsymbol{v}_-\times\boldsymbol{B}=\rho_e\boldsymbol{E}+\boldsymbol{J}_+\times\boldsymbol{B}+\boldsymbol{J}_-\times\boldsymbol{B}$$

因此,对于含有电子和离子的等离子体:

$$f_{EM}=\rho_e\boldsymbol{E}+\boldsymbol{J}\times\boldsymbol{B}$$

式中,$\boldsymbol{J}=\boldsymbol{J}_++\boldsymbol{J}_-=\sum_i n_iq_i\boldsymbol{v}_i$,在通常情况下正电荷粒子表示电流。显然,$\boldsymbol{J}\sim\boldsymbol{E},\boldsymbol{B}$,针对这一重要关系,下面将进行详细介绍。

4.8.2　电流传导——电导率和 Ohm 定律

回想一下简单的电路理论,Ohm 定律是这样写的:$\Delta\varphi=IR$,其中 I 是电流,R 是电阻。还可以用单位(V/Ω)表示:$I=\Delta\varphi/R$,于是

$$JS=\frac{\Delta\varphi/x}{R/x}=\frac{E}{R/x},\quad J=\frac{E}{RS/x}\rightarrow\frac{E}{\rho(\Omega\cdot\mathrm{m})}$$

式中,ρ 为电阻率,或者表示为 $J=\sigma E$,其中 σ 是电导率[1/(Ω · m)],E 的单位是(V/m)。

因此,J 的单位是($\mathrm{V/\Omega\cdot m^2}$)或 $\mathrm{A/m^2}$,电流通过的单位面积上的电流称为电流密度。注意,把介质看作是电路意义上的“导线”,而没有考虑磁场的影响。

当介质运动时(速度为 $\boldsymbol{v}$),Ohm 定律的转换形式转换为:$\boldsymbol{J}'=\sigma\boldsymbol{E}'$,其中主体形式不变,上撇是指介质的静止参考系,例如,以速度 $\boldsymbol{v}$ 运动时。具体地说,对于可变形流动导体,可以从 Faraday 定律[2]中看出,在运动参考系中,电场 $\boldsymbol{E}'$ 可以表示为 $\boldsymbol{E}'=\boldsymbol{E}+\boldsymbol{v}\times\boldsymbol{B}$。

注意:对于具有不同流速的不同粒子,流速(或测量速度)是每种组分的平均值,即流速是混合粒子流的平均值。那么对于流动的介质(速度 $\boldsymbol{v}$)有

$$\boldsymbol{J}=\boldsymbol{J}'+\rho_e\boldsymbol{v}=\sigma\boldsymbol{E}'+\rho_e\boldsymbol{v}$$

并且

$$\boldsymbol{J}=\sigma(\boldsymbol{E}+\boldsymbol{v}\times\boldsymbol{B})+\rho_e\boldsymbol{v}=\boldsymbol{J}_{\mathrm{cond}}+\boldsymbol{J}_{\mathrm{conv}}$$

式中,cond 表示传导;conv 表示对流;$\boldsymbol{v}$ 是所有粒子速度的平均值($\rho_e\boldsymbol{v}=en^+\boldsymbol{v}_+-en^-\boldsymbol{v}_e$),并且如果 $n^-=n^+$,则

$$\boldsymbol{J}=\sigma(\boldsymbol{E}+\boldsymbol{v}\times\boldsymbol{B})$$

这是等离子体 Ohm 定律的一个表达式,但它忽略了由于霍尔效应对不同电荷粒子的扰动速度。在这里真正想表达的是不同质量和电荷的粒子的运动方程,而获得正确公式的唯一方法是为每种粒子写出精确的运动方程,这在以后的讨论中将详述。

4.8.3　电导率的计算

首先考虑 $\boldsymbol{B}=0$ 的简化情况,将带电粒子(电子)的平均漂移视为电流传导。设想电子通过场加速、并与重原子和离子产生碰撞而减速,故有

$$F=\frac{\text{动量变化}}{\text{时间}}$$

或写作

$$eE=\left(\frac{\text{动量变化}}{\text{碰撞}}\right)\left(\frac{\text{碰撞}}{\text{时间}}\right)=2m_i v_d \nu_{ei}$$

$$v_d=\frac{eE}{2m_i\nu_{ei}}$$

由于

$$J=nq\nu_d \rightarrow J=n_e e\nu_d$$

可得

$$J=n_e e\left(\frac{eE}{2m_e\nu_{ei}}\right)=\frac{n_e e^2}{2m_e\nu_{ei}}E\equiv\sigma E$$

$$\sigma=\frac{n_e e^2}{2m_e\nu_{ei}}=f(n_e,\ \nu_{ei})$$

σ 即为 Lorentz 电导率,该模型假设电子在静态的离子中漂移。利用这个概念,可以将各种相互作用表示为电导率:

$$\nu_{ei}\left(\frac{\text{碰撞}}{\text{时间}}\right)=n\left(\frac{\text{粒子}}{\text{体积}}\right)v\left(\frac{\text{距离}}{\text{时间}}\right)Q_{ei}(\text{反应截面面积})$$

如果将几种碰撞的类型包括在内:

$$\nu_{ei}=v\sum_j n_j Q_{ij}=\left(\frac{8}{\pi}\right)^{1/2}\left(\frac{k_B T_e}{m_e}\right)^{1/2}\sum_j n_j Q_{ij}$$

因此

$$\sigma=f\left(\frac{n_e}{n_j},\ T_e^{-1/2},\ Q_{ij}^{-1}\right)$$

值得注意的是,在此模型中假设粒子的运动速度主要为随机热运动速度 v_{th},即

$$v\approx v_{\text{th}},\quad \frac{1}{2}m_e\overline{v_{\text{th}}^2}=\frac{3}{2}k_B T_e,\quad \bar{v}_e=\left(\frac{8}{\pi}\right)^{1/2}\left(\frac{k_B T_e}{m_e}\right)^{1/2}$$

为了模拟计算等离子体的行为,必须仔细考虑碰撞截面项。在这里所做的是建立一个无磁场效应、无离子电流的简单的传导模型,也没考虑由于实际粒子运动而产生的几个其他效应[3]。

一个广泛使用的计算电导率的公式是基于 Lorentz 模型推导的。对于完全电离的等离子体,如果考虑 Coulomb 碰撞的因素[4],可得出:

$$Q_{ei}=\frac{\pi^3\ln\Lambda}{16}\left(\frac{e^2 Z_i}{4\pi\varepsilon_0}\right)^2\frac{1}{k_B T^2}\rightarrow\sigma_{\text{Spitzer}}=\frac{(1.508\times10^{-2})T^{3/2}}{\ln\Lambda}$$

式中，$\ln \Lambda$ 是 Coulomb 对数；σ_{Spitzer} 为斯泽电导率，可根据等离子体特性得出具体数值，稍后再讨论精确计算电导率的问题。

下面将讨论施加附加场作用下的等离子体的物理行为，并研究气体放电和场的敏感诊断。

4.8.4 等离子体的介电特性

在发展等离子体的物理和数学模型时，人们认为[2, 5]介质中的所有电荷都是"自由的"（与束缚相反，如在固体电介质中）。因此，在电磁场方程应用中，认为 $\mu \approx \mu_0 = 4\pi \times 10^{-7}(\text{H/m}^{-1})$ 和 $\varepsilon \approx \varepsilon_0 = 8.85 \times 10^{-12}(\text{F/m}^{-1})$，以及磁感应强度 B(T) 和电场强度 E(V/m) 是基本考虑。

4.9 气体放电中的等离子体行为

4.9.1 引言

在大气环境[标准温度和压力(standard temperature and pressure，STP)]下，通常只有很少的带电粒子，因此气体不容易传导电流。STP 下的空气是一种绝缘体，它可以在气体击穿和电路中允许电极之间的电流通过前，保持 30 kV/cm 的电位差。发生"击穿"或火花放电时，在电极间隙上会产生电子电流，这取决于气体种类和气体压强。另外，这种情况的发生与多个参数有关，如压强和电极之间的距离。因此，很明显，在较低的气压下更容易击穿气体和产生传导电流。然而，在较高的气压下产生放电也是有可能的，例如，中等电压下间隙较小时，或较大间隙下电压较高时。实验室中形成的等离子体对外部电路的特性和等离子体性质的响应行为，是气体放电等离子体[6]、气体电子学[7]、等离子体技术[8]和等离子体化学[9]中常见的研究课题。

虽然气体放电的研究是科学和工程学的一个专业领域，但对气体导电性和气体放电等离子体的了解可以加强人们对等离子体的总体认识。例如，Hirsh 等发表的一篇短文 *A Short History of Gaseous Electronics* 就为这一领域的研究提供了宝贵的经验[7]。在 100 多年的科学技术基础上，现已出现了许多气体放电的技术和装置。一些综述性文章介绍了气体放电及目前的应用场景[10,11]，这里将回顾一些基础理论并进行讨论。

直流和交流（高频）电源气体放电的行为有着明显的不同，本节将对这两种放电方式进行简要论述。根据气体放电过程与气压、电流之间的关系，在不同的温度范围区间，等离子体的参数特征存在很大差异，而温度范围与原子激发态的水平有关。低温等离子体区间为 $T<1$ eV（1 eV≈10 000 K），高温等离子体为 $T>1$ eV；此外，由于质量较小的电子能够更快地获取或耗散能量，可能存在 T_e 大于或小于 T_i 的情况，这将在后续内容中讨论。

4.9.2 放电形成

直流放电方式串联直流电路中的电压源和电阻器，电极安装在充气腔室中，其稳定状态下产生的放电类型取决于电压和电阻的大小。

充气腔室装有电极，与电压源和（镇流器）电阻器串联在（直流）电路中，在稳定条件下产生的放电类型取决于电压和电阻的大小。电极的电压-电流曲线如图 4.1 所示[6]，这里绘制的辅助线用来定义参数值 $R_1 \gg R_2 > R_3$ 的特性。

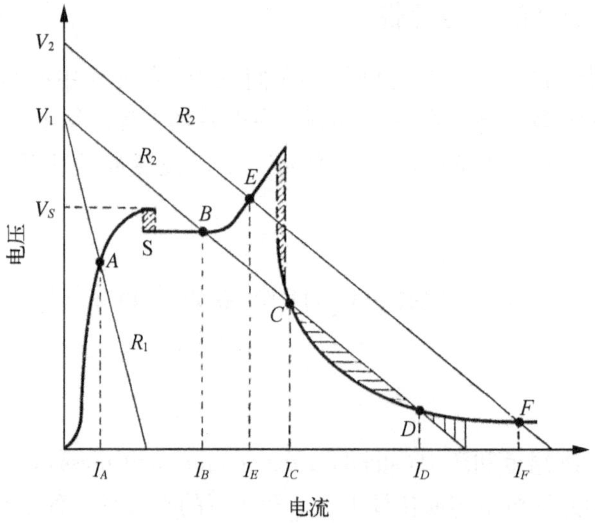

图 4.1　不同电阻下气体放电的电流-电压关系

图 4.1 显示了给定电压下的稳定放电点，在不同的电阻下，这些点可共存。在高电阻 R_1 和低电压（$V < V_S$）状态下，电流值很低（$<10^{-6}$ A），亮度很低，此时称为汤森（Townsend）放电或“暗”放电。在（点火）电压 V_S 下，电流增大（10^{-4} A），电子获得足够的能量被激发，形成称为辉光放电形式的可见光。请注意，V_S 附近的放电行为严重依赖于 R 的值。在 R_2 和 R_3 下有两个稳定点：一个是辉光放电方式，另一个是具有更高电流的电弧放电方式。电弧放电是一种大功率、小直径的湍流高强度放电。辉光放电和电弧放电都在电极附近出现急剧的电压下降，在中心区域，电压沿放电间隙近似呈线性变化。

辉光放电可以在包括大气压环境在内的宽泛压力条件下工作，这种技术在某些应用场合下有实际用途[10,11]。然而由于放电遵循 $p-d$ 方程，放电尺寸会随压力增大而减小。辉光放电在脉冲模式下有一些优点，例如，脉冲持续时间为 10~100 μs 时，脉冲模式可以避免高能离子对电极溅射产生的影响。

4.9.3　电场中的电离过程

由于电子碰撞是最有效的电离机制，一旦初始电子形成，从电场中获取的能量可以使电子数量迅速增长[12]。如果电子流被电场 E 加速，通量的增长可以表示为 $\Gamma_e(x) = e^{+\alpha x}$，其中 α_T 是 Townsend 系数。Townsend 系数是电场、粒子种类和气压的函数，$\frac{\alpha_T}{p} = f\left(\frac{E}{p}\right)$。图 4.2 展示了一些气体的 Townsend 系数规律，数据来自文献[13]。

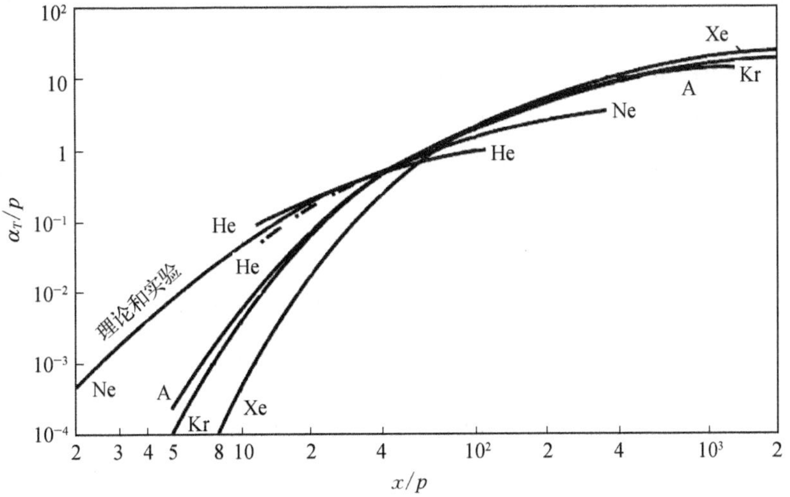

图 4.2 电离效率(α_T/p)与单位压强场(x/p)的函数关系

4.9.4 高频气体放电中的电离

前面关于电离和放电行为的讨论与稳定直流电场的应用有关。利用周期电磁场在放电管的几何结构中产生电离非常独特,在许多技术中得以应用[6,7,10-12]。在交变电场作用下,电子向电极的运动不是单向的,而是随着电场的波动而反复运动。由于放电不需要电极维持,放电容器可能是绝缘体,容器的大小在等离子体建立平衡过程中变得很重要。放电频率也影响对电子的能量馈入模式,对于给定种类的气体,其基本参数是气体压强,它决定了电子的平均自由程 λ_e。因为电子在接触腔室边界之前会反向运动,所以高频(>1 MHz)交流放电不同于直流或低频放电。

射频气体放电的工作频率为 1~100 MHz,相应的波长约为 1 cm。虽然电磁波的波长大于典型的放电设备,但被加速的粒子必须获得足够的能量来产生二次电子,才能产生并维持放电;微波放电的工作频率为 3 GHz,波长大约为 10 cm,量级接近放电容器的尺寸。

在中高压气压下,$\lambda_e < d$(容器长度)、$\lambda_e < r$(容器半径),且 ν(电场频率)$\gg \nu_c$(碰撞频率)。在这种情况下,电子在与分子的碰撞过程中会经历许多振荡,可以被物理的描述为电子像云一样移动。周期性放电施加电场,$E = E_0\sin(\omega t) = E_0\sin(2\pi f t) = E_0\sin\left(\dfrac{2\pi}{\lambda}c_s t\right)$,电场会给电子提供能量;当电子与分子碰撞时,电子会改变相位,因此产生净能量的增加。在高频放电中,没有碰撞就没有能量的馈入。电子从电场中获得能量,在碰撞中失去能量。

这一过程可以根据摩擦因数来进行分析。一个具体模型[12]指出了电子团能量的获得和损失,其每个单位体积内的电子从外加电场 $E_0 e^{i\omega t}$ 获得能量(或功率)的速率为

$$\bar{P} = \frac{n_e e^2 E_0^2}{2m_e}\left(\frac{\nu_c}{\nu_c^2 + \omega^2}\right)$$

对于任何形式的放电管,电子的扩散都很重要,在很高的频率下,放电管的行为就如同波导/谐振器系统。

在高频放电中,两个主要的过程是电子与分子/离子的碰撞和电子向壁面的扩散。这种情况的放电一般满足如下条件:$p > 10^{-2}$ mmHg、$\omega > 100$ Mc/s。当电子在扩散到壁面所需的时间内产生电离时,则发生击穿。而当电子密度快速增大时,发生气体电离[12],即

$$D_e\left(\frac{\pi}{d}\right)^2 = \nu_i$$

式中,D_e 为电子扩散系数;d 为管长度;ν_i 为每秒钟的电离碰撞数(电离碰撞频率)。

利用 Townsend 电离系数 $\alpha_T = v_d/\nu_i$(v_d 表示漂移速度)可得

$$(pd^2) = \frac{\pi^2 k_B T_e}{e\left(\frac{E}{p}\right)\left(\frac{\alpha_T}{p}\right)}, \quad \nu_{c,\text{ inelastic}} > \omega > \nu_{c,\text{ elastic}}$$

式中,下标 c、inelastic、elastic 分别表示回旋、非弹性碰撞和弹性碰撞。

氢气的典型击穿曲线如图 4.3 所示[14]。值得注意的是,壁面效应和磁场会对击穿和电离产生较大的影响。

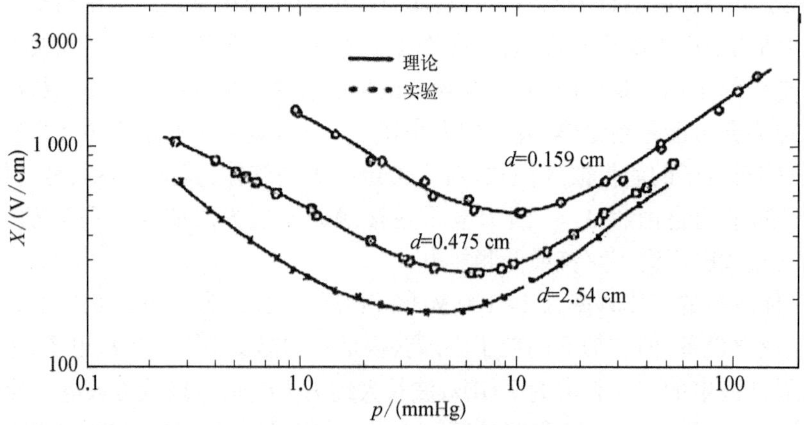

图 4.3 不同直径下氢气的击穿电场(3 MHz)

Conrads 等[10]对典型气体放电的等离子体参数进行了归纳比较,见表 4.1。

表 4.1 典型气体放电等离子体参数

装　置	气压/mbar	n_e/cm^{-3}	T_e/eV
直流辉光	10^{-3} ~ 100	10^{11}	1 ~ 10
直流电弧	1 ~ 1 000	10^{11} ~ 10^{13}	0.1
交流电容耦合	10^{-3} ~ 10^{-1}	10^{11}	1 ~ 10
交流电感耦合	10^{-3} ~ 10	10^{12}	1
螺旋波	10^{-4} ~ 10^{-2}	10^{13}	1

续 表

装 置	气压/mbar	n_e/cm^{-3}	T_e/eV
微波(封闭腔体)	$10^{-4}\sim10$	10^{12}	3
微波(开放系统)	100	10^{11}	2

注：1 mbar≈100 Pa。

4.10 Maxwell 方程的应用

正如书中所指出的，本节的目的不仅仅是提供一个学生或研究人员在实践中可能遇到的问题的方程，而且要明白定义等离子体行为方程的应用，这是理解这些方程的最好方法。对于 Maxwell 方程，这尤其重要，因为在许多工作中，这些方程是以微分形式表示的，这也意味着所有问题的解只需要解一组具有边界条件的微分方程。下面的例子则是与实际设备有关的问题。

4.10.1 闭环磁探针

磁探针是一种插入等离子体或有磁通的区域，以确定磁感应强度的探测设备。有很多探针可以用来测量磁感应强度，最简单的一种是带有环形面积的双绞线探针，这里将对其进行讨论[15]，研究其如何应用于脉冲电磁放电中的磁场测量。

Faraday 定律的基本方程为

$$\nabla\times\boldsymbol{E}=-\frac{\partial\boldsymbol{B}}{\partial t}$$

环形区域内的积分形式为

$$\int_A(\nabla\times\boldsymbol{E})\cdot\mathrm{d}\boldsymbol{S}=-\int_A\frac{\partial\boldsymbol{B}}{\partial t}\cdot\mathrm{d}\boldsymbol{S}$$

于是

$$\oint_C\boldsymbol{E}\mathrm{d}\boldsymbol{s}=-\int_A\frac{\partial\boldsymbol{B}}{\partial t}\cdot\mathrm{d}\boldsymbol{S}$$

因此，通过双绞线测量的回路中的感应电压为

$$V=-\frac{\partial}{\partial t}\int_A\boldsymbol{B}\cdot\mathrm{d}\boldsymbol{S}=-\frac{\partial}{\partial t}(\boldsymbol{B}\cdot\boldsymbol{S})=S\cdot\frac{\partial B}{\partial t}$$

对这个结果在物理上的意思进行解释：直观地讲，$V\sim\dot{B}$，即线圈中磁场随时间的变化率。因此，当从物理上测量双绞线导线上的电压时，可以将其作为其他电路元件的输入来执行电信号积分，从而使输出与磁场强度 B 成比例，图 4.4 中给出了示意图。

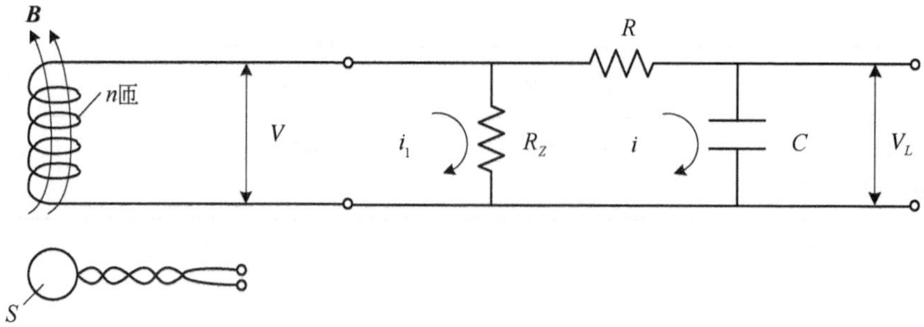

图 4.4　带有无源积分电路的电磁探针(双环)

于是有

$$V_L = \frac{q(t)}{C} = \frac{\int_0^t i\mathrm{d}t}{C} = \frac{\int_0^t \left(\frac{V}{R}\right) \mathrm{e}^{-t/(R+R_z)C} \mathrm{d}t}{C}$$

且如果 $(R+R_z)C \gg t$, 则有

$$V_{\mathrm{out}} = \frac{1}{RC}\int_0^t V_L \mathrm{d}t = \frac{1}{RC}\int_0^t \left(S \cdot \frac{\partial B}{\partial t}\right) \mathrm{d}t = \frac{nS}{RC}\Delta B$$

4.10.2　磁箍缩和磁探针响应

动力学(线性)磁箍缩(Z 箍缩)[2] 是一种气体放电装置,如图 4.5 所示,在封闭的、端部有电极的圆柱形腔室中产生气体放电。Z 箍缩的放电是脉冲式的,由高压电容器释放的电流提供能量。在腔体最大半径位置,装置产生的初始电流片激励放电;在电流片半径以内,磁场为零,在电流片外角向的磁场满足 Maxwell 方程。用来测量磁场的磁探针的几何形状和探针对电流片破裂时磁场的典型响应时间 $t_{s,p}$ 曲线如图 4.6 所示。

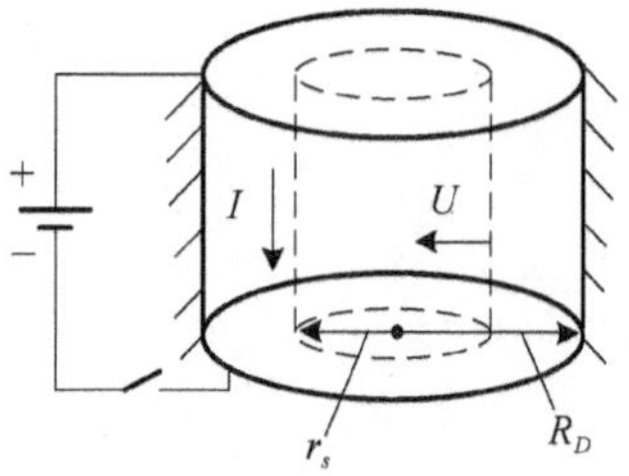

图 4.5　线性 Z 箍缩示意图

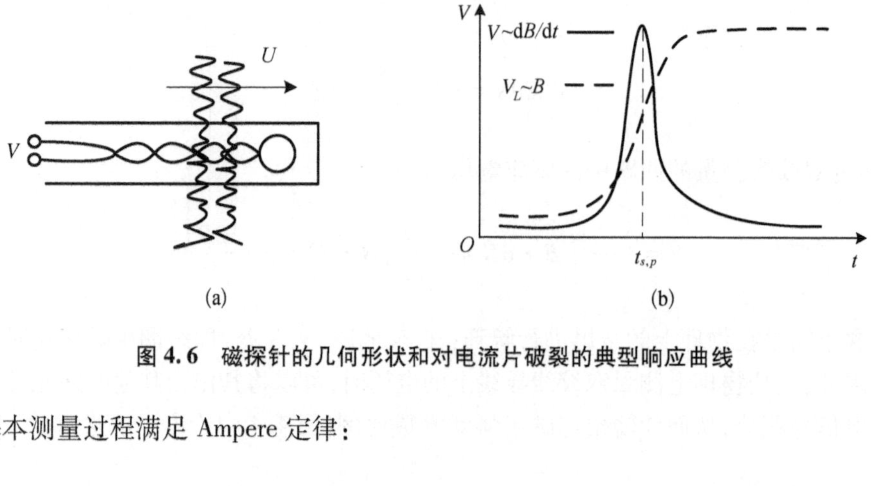

图 4.6　磁探针的几何形状和对电流片破裂的典型响应曲线

基本测量过程满足 Ampere 定律:

$$\nabla \times \frac{\boldsymbol{B}}{\mu_0} = \boldsymbol{J} + \frac{\partial \boldsymbol{D}}{\partial t}$$

对于柱坐标下的轴向电流密度,有

$$\mu_0 J_z = \frac{1}{r}\frac{\partial(B_\theta r)}{\partial r} = \frac{1}{r}\left(r\frac{\partial B_\theta}{\partial r} + B_\theta\right) = \frac{\partial B_\theta}{\partial r} + \frac{B_\theta}{r}$$

实验中,对于给定的探针半径处(图4.6),标定后的输出显示 B_θ 是时间 t 的函数。图4.6(b)的响应曲线显示出了当电流片穿过固定径向位置的磁探针时 $\dot{B}$ 和 B_θ 的模拟电路积分结果。在获得不同径向位置的探针数据后,就可以构建一个 B_θ 随距离变化的分布函数曲线。

参考文献

[1] Stratton J A. 1941. Electromagnetic Theory. New York: McGraw-Hill, 1941.

[2] Jackson J D. 1962. Classical Electrodynamics. New York: Wiley, 1962.

[3] Sutton G W, Sherman A. Engineering Magnetohydrodynamics. New York: McGraw-Hill, 1965.

[4] Spitze L. Physics of Fully Ionized Gases. 2nd ed. New York: Interscience, 1962.

[5] Chen F F. Introduction to Plasma Physics and Controlled Fusion. 2nd ed. New York: Plenum, 1984.

[6] Cobine J D. Gaseous Conductors — Theory and Engineering Applications. New York: Dover, 1958.

[7] Hirsh M N, Oskam H J. Gas Electronics, Volume 1: Electrical Discharges. New York: Academic, 1978.

[8] Capitelli M, Gorse C. Plasma Technology: Fundamentals and Applications. New York: Plenum, 1992.

[9] Fridman A. Plasma Chemistry. Cambridge: MIT Press, 2008.

[10] Conrads H, Schmidt M. Plasma generation and plasma sources. Plasma Sources Science Technology, 2000, 9: 441-454.

[11] Bogaerts A Neyts E, Gijbels R, et al. Gas discharge plasmas and their applications. Spectrochimica Acta, Part B: Automic Spectroscopy, 2002, 57: 609-658.

[12] Francis G. 1960. Ionization Phenomena in Gases. London: Butterworths, 1960.

[13] Flugge S. Handbuch der Physik. Heidelberg: Springer, 1956.

[14] Brown S C. Basic Data of Plasma Physics. New York: MIT and Wiley, 1959.

[15] Huddlestone R H, Leonard S L. Plasma Diagnostic Techniques. New York: Academic, 1965.

习 题

4.1 **(基本概念)**请写出Maxwell方程组的一般形式,并指出位移电流项。

4.2 **(基本概念)**请由电子通过场加速,并与重原子和离子发生碰撞而减速的过程,推导冷等离子体近似下的直流等离子体电导率。

4.3 **(等离子体-电磁波相互作用)**电磁波不但用于激励气体放电产生等离子体,等离子体内部也会自发产生电磁波,请分别举例并描述上述等离子体与电磁波相互作用的方式。

4.4 **(气体放电原理)**请分别描述直流放电、交流放电中两种具体的放电形式及其原理。

4.5 **(电磁波传播模式)**在非磁化等离子体中,等离子体表现出的类金属性,只允许一定频率范围的电磁波在等离子体中传播。请推导电磁波在非磁化冷等离子体中传播满足的色散关系。

4.6 **(等离子体与通信)**请根据非磁化等离子体中电磁波传播与等离子体频率 ω_{pe} 的关系,解释飞行器再入大气层过程中为什么会产生以下现象:① 神舟系列飞船的再入过程中的通信中断(黑障现象);② 弹道导弹弹头再入时黑障现象导致的弹载雷达失效。并提出两种可能消除黑障的方法。

4.7 **(电磁波截止模式)**1901 年,跨越大西洋的无线电通信开通,后来人们由此发现了地球大气层外存在电离层,请描述这种超越地球曲率的长距离无线电通信的物理原理。

4.8 **(电磁波加热)**托卡马克装置中一种加热等离子体的方式是电磁波加热,由于磁场存在一些频率远低于 ω_{pe} 的波可以进入等离子体中共振,如电子回旋共振、离子回旋共振、低混杂波加热等。请描述任意一种电磁波与等离子体相互作用的方式,并计算在电子数密度为 $10^{12}\ \text{cm}^{-3}$、磁场强度为 1 T、温度最大为 1 keV 的氢等离子体环境下注入波的频率量级。

4.9 **(电磁波截止现象)**诊断半导体刻蚀等工艺中的电负性等离子体时,SF_6 离子和中性分子往往容易沉积在探针表面而绝缘,因此不与等离子体直接接触的微波共振探针常常用来诊断等离子体电子数密度。请分析可发射和接收微波信号的探针如何测量诊断等离子体电子数密度。

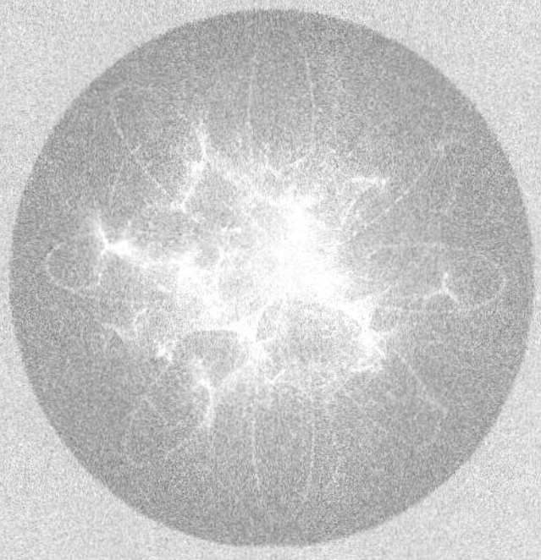

第二部分　等离子体概念和行为

第 5 章
等离子体参数及相互作用

5.1 引　　言

前面已经从电离特性的角度研究了等离子介质。为了进一步理解等离子体更为复杂的行为,现在将阐述一些描述等离子体状态的重要参数,以及等离子体的相互作用。带电粒子之间,以及粒子与场、边界会发生相互作用,这里将通过定义等离子体特性来对这些相互作用进行逐一探讨。

5.2 外 界 参 数

几何尺寸: 放电腔、探针的尺寸等。

外力函数频率: 场频率。

例如,对于电磁波: $\boldsymbol{E}=\boldsymbol{E}_0\mathrm{e}^{\mathrm{i}(kx-\omega t)}$, 其中 ω 为波的频率, $\omega=v/\lambda$, λ 为波长; $k=\omega/v$, 为波矢, v 为相速度。

5.3 粒子(碰撞)参数

碰撞平均自由程 λ, 即粒子碰撞前的平均运动距离,这里 $\lambda=1/n\sigma_c$,其中 σ_c 为碰撞截面。

碰撞频率:

$$\nu_c(\text{碰撞}/\text{时间})=\nu(\text{距离}/\text{时间})/\lambda(\text{距离}/\text{碰撞})$$

碰撞时间:

$$\tau_c(\text{时间}/\text{碰撞})=1/\nu_c$$

5.4 鞘层结构及其效应

由于等离子体粒子含有内量(随机热运动),等离子体具有分离电荷的固有能力,这种电荷分离行为发生在边界处,即鞘层。由于电磁波的作用,在等离子体内部也可能发生电荷分离。鞘层处的物理方程反映了电荷分离时粒子动能和势能的平衡关系,现在讨论这个平衡。

首先，讨论一直使用的一个近似关系：

$$\rho_e = e(n_i - n_e) \approx 0$$

这种近似的依据如下：$\nabla\cdot \boldsymbol{E} = \dfrac{\rho_e}{\varepsilon_0}$，或在径向坐标中，$\dfrac{\mathrm{d}E}{\mathrm{d}r} = \dfrac{e\Delta n_e}{\varepsilon_0}$，其中 Δn_e 为多出来的电子。例如，取 $n_e \approx 10^{16}\ \mathrm{m}^{-3}$ 时，对应有扩散的等离子体，并且假设 $\Delta n_e \approx 0.01 n_e \approx 10^{14}\ \mathrm{m}^{-3}$，那么在 $\Delta r = 1\ \mathrm{cm}$ 的距离上，有 $\Delta E = \Delta r {\varepsilon_0}^{-1} e\Delta n_e \approx 10^{-2}\cdot 10^{11}\cdot 10^{-19}\cdot 10^{14} = 10^{2}\ \mathrm{V/cm}$。实验中一般有

$$\Delta E_{\text{实验}} \ll \Delta E,\quad \rho_e \approx 0$$

为了量化等离子体中可能存在的固有电荷分离，计算粒子间势能等于随机动能时对应的分离距离。从电子和(正)离子组成的电中性等离子体开始，假设离子保持不动，然后假想将电子沿路径 s 收集并放在半径为 R 的球体的边界上。在这个过程中收集了球体中的所有电子，因此在所有静止的离子之间产生了电场。计算建立该电场所需的功 W，如下所示：

$$\mathrm{d}W = \mathrm{d}(Fs) = -q\boldsymbol{E}\cdot \mathrm{d}\boldsymbol{s} = q_e E\mathrm{d}r$$

于是有

$$\mathrm{d}W = \left(\frac{4}{3}\pi r^3 n_e e\right)\frac{\frac{4}{3}\pi r^3 n_e e}{4\pi\varepsilon_0 r^2}\mathrm{d}r$$

因此

$$W = \frac{4}{45}\frac{\pi n_e^2 e^2}{\varepsilon_0}R^5 = \Delta P_E$$

这个功是由于粒子改变位置而引起的势能变化 (ΔP_E)，现在令该势能变化等于球中电子的动能变化 (ΔK_E)，即

$$\Delta P_E = \Delta K_E$$

于是有

$$\frac{4}{45}\frac{\pi n_e^2 e^2}{\varepsilon_0}R^5 = \frac{3}{2}k_B T\cdot\frac{4}{3}\pi n_e R^3$$

因此

$$R^2 = \frac{45}{2}\frac{\varepsilon_0 k_B T}{n_e e^2} = 22.5\left(\frac{\varepsilon_0 k_B T}{n_e e^2}\right),\quad R \approx 5\left(\frac{\varepsilon_0 k_B T}{n_e e^2}\right)^{1/2}$$

该结果得出了等离子体中电荷分离对应的函数形式及其量级，因此将该分离长度的特征量定义为

$$\lambda_D = \left(\frac{\varepsilon_0 k_B T}{n_e e^2}\right)^{1/2}$$

这就是等离子体中的特征长度，即德拜长度，在这个长度量级上，电中性会自然地发生偏差。上述方法是一种简单的静电方法，为了进一步阐明德拜长度 λ_D 的重要性，叙述一个更容易处理的电场解释。

假设电子在温度为 T 时处于热平衡状态，与离子分离产生的电势为 φ。根据有势场中粒子的 Maxwell - Boltzmann 统计：

$$n_e(r) = \bar{n}_0 \exp\left[\frac{\varphi(r)}{k_B T}\right]$$

认为分离引起的扰动电势 $e\varphi \ll kT$，则

$$n_e(r) \approx \bar{n}_0\left(1 + \frac{e\varphi}{k_B T}\right)$$

但是电势 φ 必须满足 Possion 方程：

$$\nabla^2\varphi = -\frac{\rho_e}{\varepsilon_0} = -\frac{1}{\varepsilon_0}e(n_i - n_e)$$

且满足如下公式：

$$\nabla^2\varphi = -\frac{1}{\varepsilon_0}e\left[\bar{n}_0 - \bar{n}_0\left(1 + \frac{e\varphi}{k_B T}\right)\right] = \frac{e^2\varphi\bar{n}_0}{\varepsilon_0 k_B T} = \frac{\varphi}{\lambda_D^2}$$

在球坐标系中，$\frac{1}{r^2}\frac{\mathrm{d}}{\mathrm{d}r}\left(r^2\frac{\mathrm{d}\varphi}{\mathrm{d}r}\right) = \frac{\varphi}{\lambda_D^2}$，在 ∞ 处，$\varphi = 0$，在近场（小 r）处，$\varphi \sim q/r$。于是可得解，$\varphi(r) = \frac{e}{4\pi\varepsilon_0 r}\exp\left(-\frac{r}{\lambda_D}\right)$。

若 $r > \lambda_D$，存在势能场的屏蔽，称为库仑屏蔽势能，其屏蔽距离为 λ_D，即，一个带电粒子在 $r > \lambda_D$ 的位置时不会被电场产生影响（被屏蔽）。

物理上，由动理学理论，单位时间、单位面积上的碰撞次数为 $\frac{1}{4}n\bar{c}$，其中 $\bar{c} = \left(\frac{8}{\pi}\right)^{1/2}\left(\frac{k_B T}{m}\right)^{1/2}$，因此质量较小的粒子与表面碰撞的机会更多，即电子在表面及其附近有更长的停留时间。因此，一个区域内产生额外的电子则意味着产生了电势，即产生了靠近表面的鞘层。如前面所定义，该鞘层的厚度为一个德拜长度 λ_D。

5.5　等离子体振荡和等离子体频率

首先考虑电子-离子等离子体系统的动力学，电子和离子分离并朝一维方向运动，并且（如上所述的在球面上的电荷分离）电子受到某种力的扰动而产生电场 $\boldsymbol{E}$。由于 $\nabla\cdot\boldsymbol{E} =$

$\dfrac{\rho_e}{\varepsilon_0}$，于是 $\int_S \boldsymbol{E}\cdot\boldsymbol{n}\mathrm{d}S=\int_V \dfrac{\rho_e}{\varepsilon_0}\mathrm{d}V$，即 $\boldsymbol{E}=\dfrac{\sigma_s}{\varepsilon_0}$，其中表面电荷密度定义为 $\sigma_s=n_e qs$，因此作用在电子上的回复力是 $F_R=-Ee=\dfrac{n_e e^2 x}{\varepsilon_0}\sim k_R x$，其中 k_R 为等效弹力系数。

与任何振荡系统一样，该系统的振荡频率为

$$\omega^2=\frac{k}{m_e}=\frac{ne^2}{\varepsilon_0 m_e}=\omega_{pe}^2$$

式中，ω_{pe} 为等离子体频率，是等离子体的一个特征参数，但这意味着什么？

可以采用更标准的数学方法[1]来考虑所涉及方程的解，控制方程如下。

质量方程：

$$\frac{\partial n_e}{\partial t}+\nabla\cdot(n_e\boldsymbol{v}_e)=0$$

动量方程：

$$m_e\frac{\partial \boldsymbol{v}_e}{\partial t}=-e\boldsymbol{E}$$

高斯定理：

$$\nabla\cdot\boldsymbol{E}=\frac{\rho_e}{\varepsilon_0}=\frac{e}{\varepsilon_0}(n_+-n_e)$$

式中，$\boldsymbol{v}_e$ 为电子速度。

对电子密度施加一个小扰动量 $n'(r,t)$，则 $n_e=n_0+n'(r,t)$，由于 v_e 很小，假设质量守恒：

$$\frac{\partial(n_0+n')}{\partial t}+n_e\nabla\cdot\boldsymbol{v}_e+\boldsymbol{v}_e\cdot\nabla n_e=0$$

于是

$$\frac{\partial n'}{\partial t}+n_0\nabla\cdot\boldsymbol{v}_e+\boldsymbol{v}_e\cdot\nabla n_0=0$$

$$\frac{\partial n'}{\partial t}+n_0\nabla\cdot\boldsymbol{v}_e=0$$

结合 $m_e\dfrac{\partial \boldsymbol{v}_e}{\partial t}=-e\boldsymbol{E}$，并且 $\nabla\cdot\boldsymbol{E}=\dfrac{e}{\varepsilon_0}(n_+-n_0-n')=-\dfrac{e}{\varepsilon_0}n'$，综合以上得

$$\frac{\partial^2 n'}{\partial t^2}+\frac{e^2 n_0}{\varepsilon_0 m_e}n'=0$$

取 $n'=\tilde{n}'\mathrm{e}^{\mathrm{i}\omega t}$，则有 $\dfrac{\partial n'}{\partial t}=\tilde{n}'\mathrm{i}\omega\mathrm{e}^{\mathrm{i}\omega t}$，于是 $\dfrac{\partial^2 n'}{\partial t^2}=-\tilde{n}'\omega^2\mathrm{e}^{\mathrm{i}\omega t}=-\omega^2 n'$

因此得

$$\omega^2 = \frac{e^2 n_0}{\varepsilon_0 m_e} \equiv \omega_{pe}^2$$

即振荡频率等于等离子体频率。

5.6　磁场的相关参数

1. Larmor 半径

假设一个带电粒子的速度 $\boldsymbol{v}$ 垂直于磁场 $\boldsymbol{B}$（假设无碰撞），则该粒子受力为 $F = q(\boldsymbol{v} \times \boldsymbol{B})$，即该粒子的运动方向和离心力产生了改变。

设粒子的运动轨道半径为 r，则有磁力 = 离心力，或 $qv_{\perp} B = \frac{mv_{\perp}^2}{r}$，以及 $r_{\perp} = \frac{mv_{\perp}}{qB}$（大磁场 $B \Rightarrow$ 小半径 r，大质量 $m \Rightarrow$ 大半径 r，$q \Rightarrow$ 相反电荷的粒子运动方向相反）。

2. 回旋频率

如上所述，对于在磁场中的运动的带电粒子，其角速度可以定义为 $\omega = \frac{v_{\perp}}{r} = \frac{qB}{m}$，对应（Larmor）回旋频率。

3. Hall 参数

粒子碰撞频率定义为 ν_c（碰撞次数/时间），并且有

$$\tau_c \equiv 1/\nu_c$$

那么关于回旋运动，定义 $\omega\tau_c$（回旋/碰撞）为 Hall 参数，其中 τ_c 表示碰撞特征时间。

相互作用机制可作如下分类。

（1）$\lambda \gg L$（无碰撞等离子体）；$L \gg \lambda_D$（稠密等离子体）；$\lambda \gg \lambda_D$（无碰撞鞘层）。

（2）$\lambda \ll L$（有碰撞等离子体）；$L \ll \lambda_D$（稀薄等离子体）；$\lambda \ll \lambda_D$（有碰撞鞘层）。

（3）$\lambda \ll L$（有碰撞等离子体）；$\lambda \ll \lambda_D$（稀薄等离子体）；$L \gg \lambda_D$，可解，$L < \lambda_D$，不可解（流体-等离子体耦合）。

5.7　Langmuir 探针中的静电粒子收集

前面已指出，与等离子体接触的表面将导致局部电荷平衡（$n_e = n_i$）受到干扰，从而在表面附近出现鞘层。为了更全面地理解这种行为，将讨论一种重要的应用，即在等离子体中插入电极，通过电极上施加电压和收集电流来诊断等离子体的特性。从这个收集过程中得到的数据实用性取决于等离子体特性，且精确的诊断需要正确的鞘层行为分析。这里施加一个限制条件：假定粒子平均自由程远大于鞘层厚度。

静电鞘层的形成原因是正（离子）、负（电子）粒子间存在通量差异。鞘层的厚度约为几个德拜长度，在典型的等离子体中，鞘层厚度小于插入物的尺寸，但在某些限定情况下，鞘层

厚度大于物体的尺寸,如用于诊断电离层等离子体的空间探针。在任何设备的实际应用中,都必须考虑鞘层的尺寸,尤其是将探针插入等离子体中并用来诊断等离子体参数时。

在一个 $n_i \approx n_e$ 的等离子体中,等离子体处于一定的电势 φ_p。可以在图 5.1 中表示电势和电子密度的变化趋势。

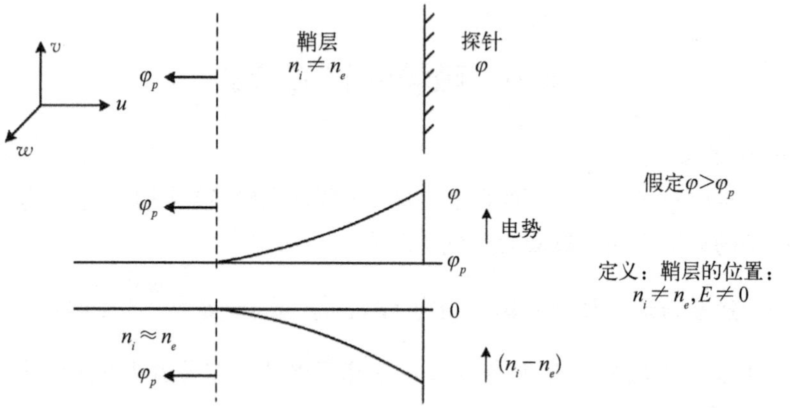

图 5.1　鞘层区密度和电位示意图

在等离子体的任何位置,都必须满足库仑定律,所以 $\nabla \cdot \boldsymbol{E} = \dfrac{(n_i - n_e)e}{\varepsilon_0}$, 同时有

$$\boldsymbol{E} = -\nabla\varphi$$

因此

$$\nabla^2\varphi = \frac{-(n_i - n_e)e}{\varepsilon_0}\text{(Poisson 方程)}$$

为简单起见,考虑一维情况。如果在 $x = 0$ 处引入一个具有电势 φ_0 的探针平面,其未扰动的密度为 n_0,并且假设 n_i 在表面附近是常数,则有 $n_e = n_0 \mathrm{e}^{-\frac{eV}{k_B T_e}}$,且 $\varphi = \varphi_0 \mathrm{e}^{-x/h}$,因此在 $h \approx \lambda_D$ 时,电势将衰减为初始值的 $1/e$,即德拜长度,由下式给出:

$$\lambda_D = \left(\frac{\varepsilon_0 k_B T_e}{n_e e^2}\right)^{\frac{1}{2}} \approx 69.1\sqrt{\frac{T_e}{n_e}}$$

由于探针电位对鞘层外的等离子体影响很小,可以设想等离子体将正常的电子和离子输送至鞘层表面,然后电子和离子再参与鞘层过程。

为了量化鞘层中的物理行为,假设粒子速度具有 Maxwell 速度分布,即

$$f(u, v, w) = \left(\frac{m}{2\pi k_B T}\right)^{3/2} \mathrm{e}^{-\frac{m}{2k_B T}(u^2+v^2+w^2)}$$

粒子流函数 $\Gamma = nuf(u)\mathrm{d}u$,满足:

$$f(u) = \int_{-\infty}^{+\infty}\int_{-\infty}^{+\infty} f(u, v, w)\mathrm{d}v\mathrm{d}w = \left(\frac{m}{2\pi k_B T}\right)^{1/2} \mathrm{e}^{-\frac{m}{2k_B T}u^2}$$

如图 5.2 所示,随着探针的电压从强负变为强正,可注意到粒子行为有不同的区域(分为Ⅰ~Ⅴ五个区域),这可以通过查看(圆柱形)探针表面收集的电流的变化来证明,因为探针的电压从强负变为强正(图 5.2)。另外,图 5.3 给出了探针表面附近的粒子电流密度和数密度变化。

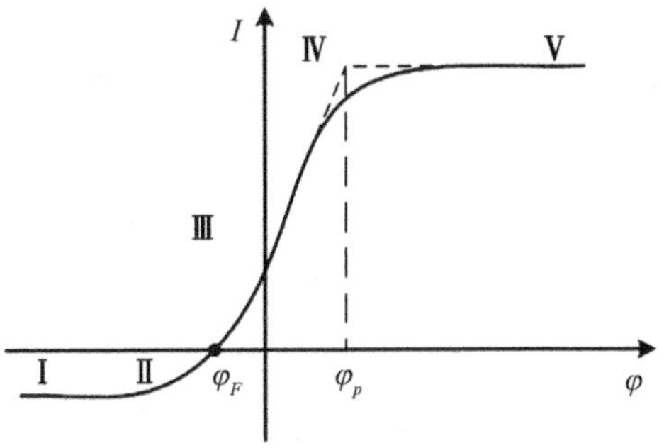

图 5.2 探针的电流-电压曲线

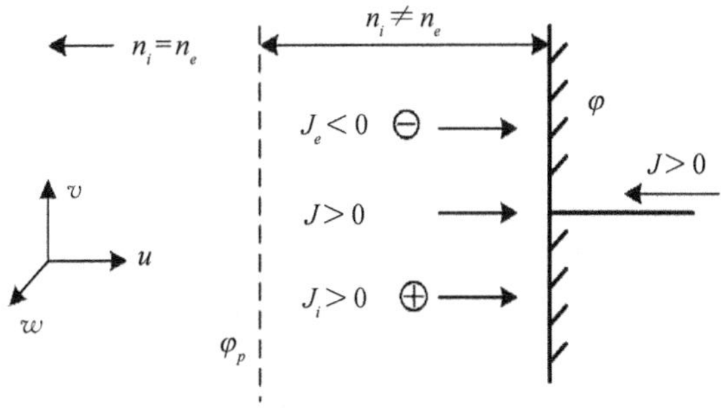

图 5.3 偏置电压导致的粒子电流密度和数密度变化

根据探针的电流电压曲线,可以定义以下参数。

$\varphi=\varphi_p$:等离子体电位是当探针表面无鞘层时对应的探针电位,此时离子和电子向探针表面的热运动通量相等。

$\varphi=\varphi_F$:悬浮电位是探针外电路上无电流时的电位,该电位是因电子和离子的热速度差导致的电荷分离而形成的。

$\hat{I}_e$:电子饱和电流,是指所有移动到鞘层的电子被探针收集时对应的电流。

$\hat{I}_i$:离子饱和电流,通常是指进入鞘层被收集的最大离子电流,然而离子的收集范围通常超出鞘层区域,并且在很大程度上取决于探针的几何尺寸。

考虑无碰撞鞘层的计算,这种情况下假设 $\lambda_D \ll d$ (探针尺寸), $\lambda_D \ll \lambda_i$, λ_e 且 $\lambda > d$,粒子流的电压-电流曲线中一些特定的区域有明显的可识别的特征,如下所述。

电子饱和电流密度 ($\hat{J}_e$, $\varphi \gg \varphi_p$),其包括从鞘层边缘进入鞘层的所有速度以 Maxwell 分布的电子,即

$$\hat{J}_e=-\frac{1}{4}n_e e\int_0^{\infty} uf(u)\,\mathrm{d}u=-n_e e\left(\frac{k_B T_e}{2\pi m_e}\right)^{1/2}\approx-0.4n_e e\sqrt{\frac{k_B T_e}{m_e}}$$

处于反作用电势下的电子流 ($\varphi<\varphi_p$),在这种情况下,电子必须具有足够高的动能来克服势能才能到达探针,因此:

$$\frac{1}{2}m_e u^2\geqslant e\,|\,\varphi-\varphi_p\,|,\quad u\gg\left(\frac{2e\,|\,\varphi-\varphi_p\,|}{m_e}\right)^{1/2}\equiv u_1$$

所以

$$J_e=-n_e e\int_{u_1}^{\infty} uf(u)\,\mathrm{d}u=-n_e e\left(\frac{k_B T_e}{2\pi m_e}\right)^{\frac{1}{2}}\mathrm{e}^{-\frac{m_e u_1^2}{2k_B T_e}}=-n_e e\left(\frac{k_B T_e}{2\pi m_e}\right)^{\frac{1}{2}}\mathrm{e}^{-\frac{e|\varphi-\varphi_p|}{k_B T_e}}$$

$$=\hat{J}_e\mathrm{e}^{-\frac{e|\varphi-\varphi_p|}{k_B T_e}}$$

未饱和的离子收集电流密度（$J_i < \hat{J}_i$，$\varphi \approx \varphi_p$）为

$$J_i = n_i e v_i = n_i e\left(\frac{k_B T_i}{2\pi m_i}\right)^{1/2}$$

当探针施加很高的负偏压以收集离子饱和电流时，离子的电势能比热能高。假设在鞘层外有一个预鞘层区(图 5.4)，在鞘层的大部分区域，电子保持 Maxwell 分布。在预鞘层中 $n_i \approx n_e$，鞘层中 $n_i \neq n_e$。

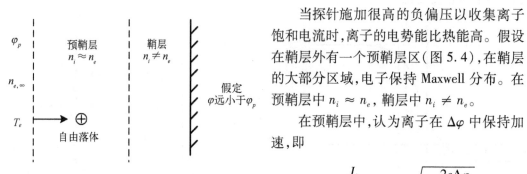

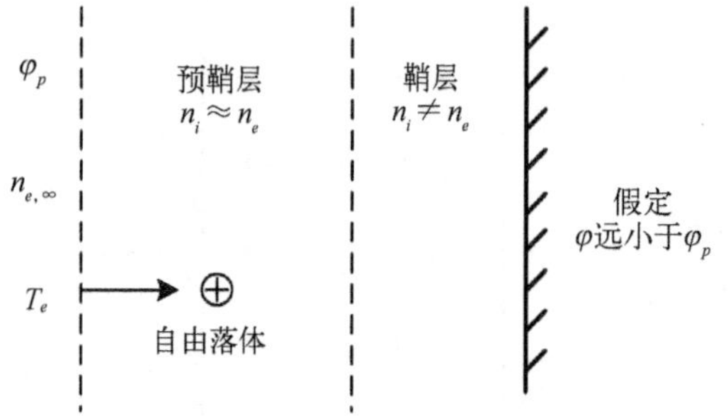

图 5.4　具有离子饱和偏压的预鞘层区示意图

在预鞘层中，认为离子在 $\Delta\varphi$ 中保持加速，即

$$n_i = \frac{J_i}{e v_i}, \quad v_i = \sqrt{-\frac{2e\Delta\varphi}{m_i}}$$

因此：

$$n_i = \frac{J_i}{e\sqrt{-\dfrac{2e(\Delta\varphi)}{m_i}}} \equiv n_{e,\infty}\mathrm{e}^{-\frac{e(\varphi-\varphi_p)}{k_B T_e}}$$

即 $n_i = n_e$。

作为 $\Delta\varphi$ 的函数，该函数形式允许 J_i 存在最大值，即饱和电流密度满足 $\dfrac{\mathrm{d}J_i}{\mathrm{d}\varphi} = 0 \Rightarrow \left(\dfrac{e\Delta\varphi}{k_B T_e}\right)_{\max} = -\dfrac{1}{2}$，因此 $\hat{J}_i = 0.607 e n_{e,\infty}\sqrt{\dfrac{k_B T_e}{m_i}}$。请注意，饱和离子电流密度与 T_e 成正比，而不是 T_i。

还可以在高的负偏压下研究鞘层厚度的变化。假设只有离子存在、电子被排斥，取 J_i = 常数，是一个不随电压增加而变化的常数，因此

$$e n_i = J_i \Big/ \sqrt{-\frac{2e\varphi}{m_i}}, \quad \varphi \equiv \Delta\varphi = \varphi - \varphi_p$$

代入 Poisson 方程：

$$\frac{\mathrm{d}^2\varphi}{\mathrm{d}x^2} = -4\pi e(n_i - n_e) = -4\pi e n_i = 4\pi J_i\sqrt{\frac{m_i}{2e|\varphi|}}$$

积分得 $\left(\dfrac{\mathrm{d}\varphi}{\mathrm{d}x}\right)^2 = 16\pi J_i\sqrt{\dfrac{m_i}{2e}}\sqrt{|\varphi|}$ + 常数。假设在预鞘层的边缘附近电场很小，所以常数≈0，积分得

$$\frac{4}{3}(V^{\frac{3}{4}}) = Ax + c' \Rightarrow A = \left(16\pi J_i\sqrt{\frac{m_i}{2e}}\right)^{\frac{1}{2}}$$

$x = 0$ 时，$|\varphi| = \dfrac{kT_e}{2e} = |\Delta\varphi_t| \equiv |\varphi_t|$，因此 $\dfrac{4}{3}[(\varphi)^{3/4} - (\varphi_t)^{3/4}] = Ax$，得到离子饱和电压下的鞘层厚度为

$$h_s = \frac{4}{3}\frac{\varphi^{3/4} - \varphi_t^{3/4}}{A}$$

接近饱和时，可以看到鞘层的厚度随电压的增加而变厚，这即为 Childs-Langmuir 定律的一种形式。对于平面电极，这不会直接影响电流的收集，但对于形状规则的圆柱形探针，鞘层扩张现象将通过增加采集区域的面积来影响采集电流的大小。

通过以上的物理行为和函数关系，可以计算出等离子体的电子温度和数密度。$\varphi < \varphi_p$ 时收集的电子电流密度为

$$J_e = -n_e e\left(\frac{k_B T_e}{2\pi m_e}\right)^{\frac{1}{2}} e^{-\frac{e|\varphi-\varphi_p|}{k_B T_e}} = J - \hat{J}_i \quad （可测量）$$

因此：

$$\ln|J_e| = 常数 - \frac{e|\varphi - \varphi_p|}{k_B T_e}, \qquad \frac{d(\ln|J_e|)}{d|\varphi - \varphi_p|} = -\frac{e}{k_B T_e}$$

所以，绘制 $\ln J_e$ 和 $(\varphi - \varphi_p)$ 的曲线就可以利用斜率计算 T_e。有了 $\hat{J}_e$ 和 T_e，就可以求出 n_e，通过 T_e 和 $\hat{J}_i$，就可以确定 n_i。

当放电装置的电极通过等离子体与探针电极连接时，正偏压探针收集的电子电流会受到影响，因此电子流的数据可能不准确，经证实，双探针可以非常有效地减少这种影响[2]。在双探针结构中，两个圆柱形电极彼此偏置，并且在相对于该偏置的极限范围内，两根电极都可以收集离子饱和电流。

以上分析搭建了探针偏压收集粒子理论的基本框架，对于其他形状的探针电流收集理论也有叙述。浸入等离子体和流动等离子体中的探针对电流产生的其他影响变得更加复杂，文献[3]中也给出了对这些影响的评估。在本章中，由于碰撞和磁场的影响已经被简化，可以得出相对简单的计算形式。对流动的等离子体的分析比较复杂，但在不同的电流收集区内，可以分别讨论平行于流体和垂直于流体时探针收集的电流，并将其差异添加到诊断公式的修正项。

参 考 文 献

[1] Chen F F. Introduction to Plasma Physics and Controlled Fusion. 2nd ed. New York: Plenum, 1983.

[2] Huddlestone R H, Leonard S L. Plasma Diagnostic Techniques. New York: Academic, 1965.

[3] Chung P M, Talbot L, Touryan K J. Electric Probes in Stationary and Flowing Plasmas: Theory and Application. Berlin: Springer, 1975.

习　题

5.1 两团等离子体气体，密度分别为 n_1（较大）和 n_2（较小），相向运动。假设 T_e 为 1 eV 量级，利用平均自由层和德拜长度概念分析，在什么密度条件下，两团等离子体可以彼此无阻碍穿越（看似对方不存在）。

5.2 **（基本参数）**请推导如何计算等离子体的振荡频率，并计算位于中国科学院等离子体物理研究所的首个以 5 000 万摄氏度稳态运行 200 s 的托卡马克装置 EAST 的中心等离子体的振荡频率，其中心电子数密度约为 10^{12} cm^{-3}。

5.3 **（鞘层结构）**简述以下情形的低温等离子体的鞘层结构：① 圆柱形直流稳态等离子体装置中等离子体和装置器壁接触面的鞘层（装置壁接地）；② 稳态等离子体中插入一根带远低于等离子体电位的金属电极；③ 稳态等离子体中插入一块永磁体。

5.4 **（鞘层概念）**常见的等离子体放电装置中存在等离子体电位，例如，在一个线性磁化直流放电装置中，等离子体电位约为 10 V，请根据鞘层的结构解释等离子体为什么会产生电位。

5.5 **（探针诊断原理）**请用电路图示和文字描述 Langmuir 单探针的排布方式和诊断方法。

5.6 **（探针诊断原理）**请简要描述 Langmuir 单探针的工作区域及粒子收集原理，指出单探针可诊断的等离子体参数。

5.7 **（基本参数）**利用人造卫星、探空火箭可以对电离层等离子体的参数进行诊断，已知电离层等离子体的电子数密度约为 10^6 cm^{-3}，中性粒子数密度为 10^9 cm^{-3}，电子/离子温度约为 1 eV，卫星的 Langmuir 探针直径大致为 10 cm，请推导德拜长度的计算公式，并计算探针周围的鞘层厚度量级。

5.8 **（探针基本原理）**Langmuir 双探针本质上是两个完全相同的 Langmuir 单探针相连，测量两根探针间加载不同电压时通过的电流。请根据 Langmuir 单探针的工作原理推测 Langmuir 双探针的工作原理，并分析与 Langmuir 单探针相比，采用 Langmuir 双探针可以测量哪些等离子体参数。

5.9 **（射频鞘层性质）**射频电容耦合等离子体在半导体加工工艺中起到重要作用，在射频电容耦合等离子体中，频率为 13.56 MHz 的射频电场会使鞘层厚度以该频率做正弦振荡，因此等离子体电位也会以该频率上下浮动，浮动值约为几伏特。请分析在射频电容耦合等离子体中插入的 Langmuir 单探针可能受到的影响。

第 6 章
粒子轨道理论

6.1 引　言

制约等离子体行为的一种很重要的机制是无碰撞假设，一般来说，无碰撞假设往往在所考虑粒子的平均自由程远大于特征尺度的情况下适用，即 $\lambda \gg L$，其中 λ 表示粒子平均自由程。在一些低密度等离子体中，无碰撞假设可以满足，如空间等离子体、离子推力器的等离子体羽流，以及某些种类的磁约束聚变装置。然而在一些实际情况中，等离子体中只有某些组分满足无碰撞假设，例如，在一些等离子体中，可以认为电子是无碰撞的，但离子的碰撞不可忽略。考虑碰撞弛豫效应的等离子体与作为连续介质考虑的等离子体有着明显不同的场效应，这些效应可使人们更好地了解带电粒子在等离子体中的独特行为，特别是当考虑输运现象时。了解无碰撞行为是研究更复杂的等离子体内部粒子相互作用的基础[1, 2]，特别是在所考虑区域发生场与粒子的能量传递时。

本章对一些情况进行了简化，给出以下几个假设：① 忽略碰撞效应；② 只考虑粒子在经典尺度下的效应，忽略相对论效应 ($v \ll c_s$)；③ 忽略粒子的辐射效应。

在之后的讨论中，用 $v_{\parallel}$ 表示平行于磁场方向的速度分量，$v_{\perp}$ 表示垂直于磁场方向的速度分量。带电量为 q 的粒子在电磁场中的受力为 F_{EM}，则

$$\boldsymbol{F}_{EM} = q(\boldsymbol{E} + \boldsymbol{v} \times \boldsymbol{B})$$

其中，带电粒子所受电场力 $\boldsymbol{F}_E \parallel \boldsymbol{E}$，洛伦兹力 $\boldsymbol{F}_B \perp \boldsymbol{v}, \boldsymbol{B}$。因此，若带电粒子速度平行于磁场 $\boldsymbol{v} \parallel \boldsymbol{B}$，则不受洛伦兹力的作用。洛伦兹力方向与粒子运动方向垂直，而做功 $W = \boldsymbol{F} \cdot \boldsymbol{L}$，因此洛伦兹力不做功，在磁场中带电粒子动能守恒。

考虑单个粒子的运动方程：

$$\boldsymbol{F} = m\ddot{\boldsymbol{r}}$$

$$q[\boldsymbol{E}(\boldsymbol{r}, t) + \dot{\boldsymbol{r}} \times \boldsymbol{B}(\boldsymbol{r}, t)] = m\ddot{\boldsymbol{r}}$$

$$q(\boldsymbol{E} + \boldsymbol{v} \times \boldsymbol{B}) = m\dot{\boldsymbol{v}}$$

以及

$$q(\boldsymbol{E}_{\parallel} + \boldsymbol{E}_{\perp} + \boldsymbol{v}'_{\perp} \times \boldsymbol{B} + \tilde{\boldsymbol{v}}_{\perp} \times \boldsymbol{B}) = m\dot{\boldsymbol{v}}$$

这里，$\boldsymbol{v} = \boldsymbol{v}'_{\perp} + \tilde{\boldsymbol{v}}_{\perp} + \boldsymbol{v}_{\parallel}$，定义 $\tilde{\boldsymbol{v}}_{\perp}$ 与 $\boldsymbol{E}$ 和 $\boldsymbol{B}$ 均垂直，下面的工作是求解以上的运动方

程[3,4]。假设 $\boldsymbol{E}$ 与 $\boldsymbol{B}$ 均已经给出,当然在实际问题中,$\boldsymbol{E}$ 和 $\boldsymbol{B}$ 要满足 Maxwell 方程组的约束条件。

6.2 定常匀强磁场区域内带电粒子的运动

考虑:

$$\boldsymbol{E}=0,\quad \boldsymbol{B}=\boldsymbol{B}_z=B\boldsymbol{k},\quad \boldsymbol{r}=\boldsymbol{i}x+\boldsymbol{j}y+\boldsymbol{k}z$$

以及

$$m\ddot{\boldsymbol{r}}=q(\dot{\boldsymbol{r}}\times\boldsymbol{B})$$

考虑平行于磁场方向的运动:$\dot{\boldsymbol{r}}=\boldsymbol{v}_{\parallel}=\boldsymbol{v}_z$,此时运动方程的右侧为零,方程变为 $m\ddot{\boldsymbol{r}}=0$; 方程两侧对时间积分可得 $\dot{\boldsymbol{r}}=\boldsymbol{v}_{\parallel}=\boldsymbol{v}_z=$ 常数,因此沿磁场方向的速度分量不会发生变化。

为了说明一般情况下的粒子运动规律,对运动方程的左右两侧同时点乘 $\dot{\boldsymbol{r}}$,即

$$m\ddot{\boldsymbol{r}}\cdot\dot{\boldsymbol{r}}=q(\dot{\boldsymbol{r}}\times\boldsymbol{B})\cdot\dot{\boldsymbol{r}}$$

方程右侧为零,方程左侧可以变为 $m\ddot{\boldsymbol{r}}\cdot\dot{\boldsymbol{r}}=\dfrac{\mathrm{d}}{\mathrm{d}t}\left(\dfrac{1}{2}m\dot{\boldsymbol{r}}^2\right)$,因此可以得到:

$$\frac{1}{2}m\dot{\boldsymbol{r}}^2=\text{常数}=W_k$$

式中,W_k 为粒子动能。

因此可得

$$\frac{1}{2}m(\boldsymbol{v}_{\perp}^2+\boldsymbol{v}_{\parallel}^2)=W_{\perp}+W_{\parallel}=\text{常数}$$

这意味着 $\boldsymbol{v}_{\perp}^2+\boldsymbol{v}_{\parallel}^2$ 为常数,如果任何一个方向的速度不发生变化,另一个方向的速度也不发生变化。由分析可知,粒子平行于磁场方向的分量 $\boldsymbol{v}_{\parallel}$ 为常数,因此垂直于磁场方向的速度 $\boldsymbol{v}_{\perp}$ 也为常数。注意到以上的结论是在匀强磁场的区域得到的,磁场强度不均匀(即存在 ∇B)的情况将在之后讨论。

考虑最一般的情况,粒子运动方程为

$$m\dot{\boldsymbol{v}}=q\boldsymbol{v}\times\boldsymbol{B}$$

以及

$$m\dot{\boldsymbol{v}}_{\parallel}=0,\quad m\dot{\boldsymbol{v}}_{\perp}=q\boldsymbol{v}_{\perp}\times\boldsymbol{B}$$

可以将运动方程改写为 $m\ddot{\boldsymbol{r}}=q(\dot{\boldsymbol{r}}\times\boldsymbol{B})$,与此同时,考虑磁场方向沿 z 轴的情况,即 $\boldsymbol{B}=B\boldsymbol{k}$,其中 $\boldsymbol{k}$ 为 z 轴方向的单位向量。将运动方程在 x 与 y 方向投影,可以得到:

$$m\ddot{x}=q\dot{y}B_z,\quad m\ddot{y}=-q\dot{x}B_z$$

$$\ddot{x}=\frac{qB_z}{m}\dot{y}=\omega\dot{y},\quad \ddot{y}=-\frac{qB_z}{m}\dot{x}=-\omega\dot{x}$$

可以看到 x 方向的运动与 y 方向的运动是相互耦合的。为了求解每个方向的运动方程，对上式左右两边对时间求导，可以得到：

$$\dddot{x}=\omega\ddot{y},\quad \dddot{y}=-\omega\ddot{x}$$

$$\frac{\dddot{x}}{\omega}=-\omega\dot{x},\quad \frac{\dddot{y}}{\omega}=-\omega\dot{y}$$

上面方程为三阶常微分方程，可以将 $\dot{x}$ 与 $\dot{y}$ 看成变量对方程进行求解，由此得到简谐振动方程：

$$\dddot{x}+\omega^2\dot{x}=0$$

解得：$\dot{x}=Ce^{\mathrm{i}\omega t}$，其中 C 为常数，因此可得

$$\ddot{x}=\mathrm{i}\omega Ce^{\mathrm{i}\omega t},\quad \dddot{x}=-\omega^2Ce^{\mathrm{i}\omega t}=-\omega^2\dot{x}$$

初始条件为

$$\dot{x}(t=0)=v_\perp\cos\alpha=Ce^{\mathrm{i}(0)}$$

因此

$$\dot{x}=v_\perp\cos\alpha e^{\mathrm{i}\omega t}$$

式中，α 为初相位。

同时，由于 $e^{\mathrm{i}\alpha}=\cos\alpha+\mathrm{i}\sin\alpha$，$\mathrm{Re}(e^{\mathrm{i}\alpha})=\cos\alpha$，可得

$$\dot{x}=v_\perp e^{\mathrm{i}(\omega t+\alpha)}=v_\perp\cos(\omega t+\alpha)$$

y 方向速度可由如下公式导出：

$$\dot{y}=\frac{\ddot{x}}{\omega}=-v_\perp\sin(\omega t+\alpha)$$

代入初始条件（在 $t=0$ 时刻，$x=x_0$，$y=y_0$，$z=z_0$）并对上式左右两侧对时间积分，可得

$$x=\frac{v_\perp}{\omega}\sin(\omega t+\alpha)+x_0$$

$$y=\frac{v_\perp}{\omega}\cos(\omega t+\alpha)+y_0$$

这个解表示速度 v 沿着 z 轴方向做螺旋运动，$z=v_\parallel t+z_0$，如图 6.1 所示。

考虑粒子在 x-y 平面的运动（$x_0=0$，$y_0=0$），有

$$x^2+y^2=\frac{v_\perp^2}{\omega^2}=r^2=\text{常数}$$

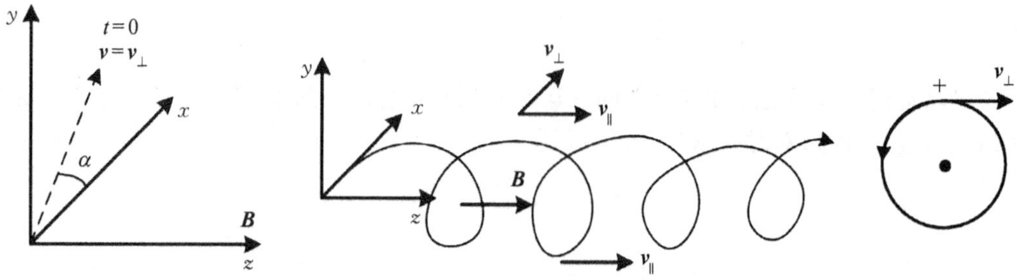

图 6.1 定常、均匀磁场下的粒子运动轨迹

因此,得到在 $x-y$ 平面上回旋半径恒定的回旋运动,回旋运动的中心称为引导中心(guiding center),引导中心以速度 $v_{\parallel}$ 沿着 z 轴运动。通常,可以将粒子的运动分解为导向中心的运动与粒子绕导向中心的回旋运动。值得注意的是,虽然粒子的运动是螺旋线,但更重要的是粒子引导中心的漂移运动,关于漂移运动的描述将在之后的章节中介绍。

6.3 带电粒子在均匀电场与磁场下的运动

考虑一个均匀的电场,平行于磁场方向的电场分量 $\boldsymbol{E}_{\parallel}$ 导致带电粒子在磁场方向上做匀加速运动,垂直于磁场方向的电场分量将导致引导中心在垂直于磁场方向上产生漂移运动,下面研究这个漂移运动的大小和方向。带电粒子的运动如图 6.2 所示。

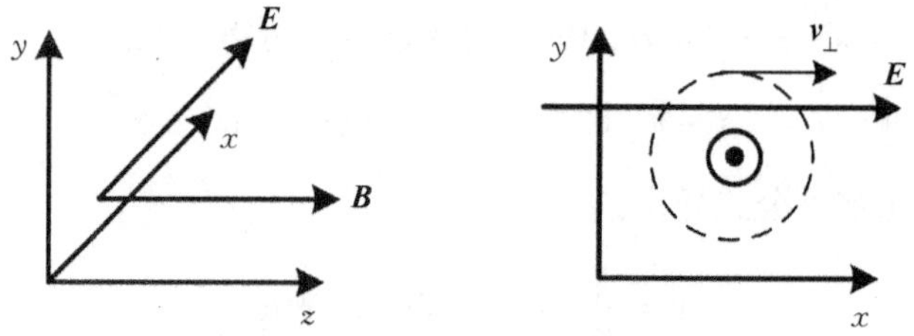

图 6.2 带电粒子的运动

在垂直于 $\boldsymbol{B}$ 的平面内($x-y$ 平面),运动方程为

$$q(\boldsymbol{E}_{\perp}+\boldsymbol{v}_{\perp}\times\boldsymbol{B})=m\ddot{\boldsymbol{r}}$$

由于矢量方程的特殊性质,可以作如下变换,令

$$\boldsymbol{v}_{\perp}=\boldsymbol{v}'+\tilde{\boldsymbol{v}}$$

式中,$\boldsymbol{v}'$ 表示粒子由于洛伦兹力产生的回旋速度;$\tilde{\boldsymbol{v}}$ 表示粒子由于电场力产生的漂移速度。

同时,令

$$\boldsymbol{r}=\boldsymbol{r}'+\tilde{\boldsymbol{r}}$$

式中，$\boldsymbol{r}'$ 表示回旋运动的位置；$\tilde{\boldsymbol{r}}$ 表示漂移运动的位置。

将上面两式代入运动方程，可得

$$q(\boldsymbol{E}_{\perp}+\boldsymbol{v}'\times\boldsymbol{B}+\tilde{\boldsymbol{v}}\times\boldsymbol{B})=m(\ddot{\boldsymbol{r}}'+\ddot{\tilde{\boldsymbol{r}}})$$

同时，考虑到只由洛伦兹力产生的回旋运动方程：

$$q(\boldsymbol{v}'\times\boldsymbol{B})=m\ddot{\boldsymbol{r}}'$$

结合上面两个运动方程可以得到：

$$q(\boldsymbol{E}_{\perp}+\tilde{\boldsymbol{v}}\times\boldsymbol{B})=m\ddot{\tilde{\boldsymbol{r}}}$$

考虑到 $\tilde{\boldsymbol{v}}$ = 常数，$\ddot{\tilde{\boldsymbol{r}}}=\dot{\tilde{\boldsymbol{v}}}=0$，因此可得

$$\boldsymbol{E}_{\perp}=-\tilde{\boldsymbol{v}}\times\boldsymbol{B}$$

两边同时对 $\boldsymbol{B}$ 作矢量积，可得到

$$\boldsymbol{E}_{\perp}\times\boldsymbol{B}=-(\tilde{\boldsymbol{v}}\times\boldsymbol{B})\times\boldsymbol{B}$$

结合矢量恒等式最终可以得到：

$$\tilde{\boldsymbol{v}}=\frac{\boldsymbol{E}_{\perp}\times\boldsymbol{B}}{B^2}=\boldsymbol{v}_d=\boldsymbol{v}_E$$

上式即粒子引导中心的漂移速度，由于该漂移运动是由电场力引起的，该漂移运动也称为电漂移（用 $\boldsymbol{v}_E$ 表示）。可以看到，引导中心的漂移运动垂直于电场 $\boldsymbol{E}_{\perp}$ 与磁场 $\boldsymbol{B}$ 的方向。引导中心的漂移运动如图 6.3 所示（注：粒子方向不是平行于 $\boldsymbol{E}_{\perp}$）。

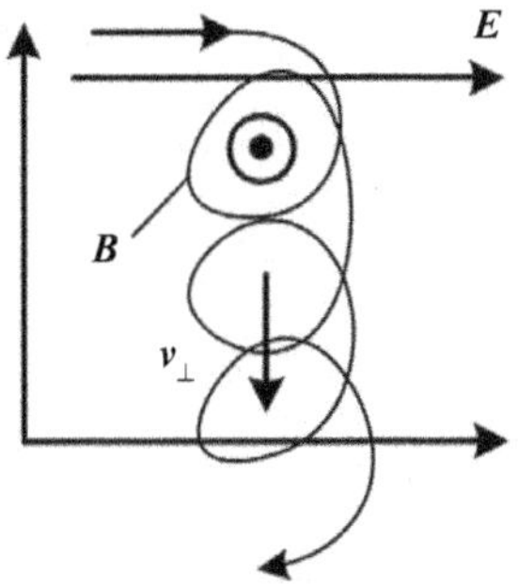

图 6.3　引导中心的漂移运动（在电场和磁场中）

在电场力引起的引导中心漂移运动中，可以进一步考虑，若带电粒子在磁场中受到一个类似于电场力的力，则引导中心同样会发生类似于电漂移的运动。

理解带电粒子在均匀磁场中的受力漂移是非常重要的，可从粒子运动方程的角度来推导上面的结论。再次考虑均匀的电场 $\boldsymbol{E}$ 和磁场 $\boldsymbol{B}$，粒子的运动方程为

$$m\frac{\mathrm{d}\boldsymbol{v}}{\mathrm{d}t}=q(\boldsymbol{E}+\boldsymbol{v}\times\boldsymbol{B})$$

粒子在平行于磁场 $\boldsymbol{B}$ 方向上的运动方程为

$$m\frac{\mathrm{d}v_{\parallel}}{\mathrm{d}t}=qE_{\parallel}$$

求解方程可以得到粒子沿磁场方向的运动方程：

$$v_{\parallel}=\frac{qE_{\parallel}}{m}t+v_{\parallel 0}\quad(t=0)$$

以及

$$x_{\parallel}=\frac{qE_{\parallel}}{m}\frac{t^2}{2}+v_{\parallel 0}t+x_{\parallel 0}$$

这表明粒子在沿磁场方向上做匀加速运动。

现在,考虑垂直于磁场方向的运动,垂直于磁场方向上有

$$m\frac{\mathrm{d}\boldsymbol{v}_{\perp}}{\mathrm{d}t}=q(\boldsymbol{E}_{\perp}+\boldsymbol{v}_{\perp}\times\boldsymbol{B})$$

若垂直于磁场方向上电场力与磁场力相抵消,即 $\boldsymbol{F}_{E\perp}=-\boldsymbol{F}_B$,则垂直于磁场方向上速度不变,即 $\frac{\mathrm{d}\boldsymbol{v}_{\perp}}{\mathrm{d}t}=0$,那么这个速度为多大呢?速度的大小一定与电场、磁场的大小和方向有关。将 $\frac{\mathrm{d}\boldsymbol{v}_{\perp}}{\mathrm{d}t}=0$ 代入上述方程中,得到:

$$\boldsymbol{E}_{\perp}+\boldsymbol{v}_{\perp}\times\boldsymbol{B}=0$$

两边同时对方程作矢量积,可得

$$\boldsymbol{B}\times\boldsymbol{E}_{\perp}+\boldsymbol{B}\times\boldsymbol{v}_{\perp}\times\boldsymbol{B}=0$$

利用矢量恒等式化简:

$$\boldsymbol{B}\times\boldsymbol{E}_{\perp}+\boldsymbol{B}\cdot\boldsymbol{B}(\boldsymbol{v}_{\perp})-(\boldsymbol{B}\cdot\boldsymbol{v}_{\perp})\boldsymbol{B}=0$$

整理可得

$$\boldsymbol{v}_{\perp}=\frac{\boldsymbol{E}_{\perp}\times\boldsymbol{B}}{B^2}\equiv\boldsymbol{v}_E$$

这个速度与之前推导出的电漂移速度相同,这是电漂移运动在回旋半径为零时的特殊情况,此时垂直磁场方向的运动速度不变。

回到最一般的情况,将粒子的垂直磁场方向的运动速度分为有电场存在时的漂移运动和无电场存在时的回旋运动,即 $\boldsymbol{v}_{\perp}=\boldsymbol{v}_1+\boldsymbol{v}_d$,其中 $\boldsymbol{v}_1$ 表示回旋运动速度,$\boldsymbol{v}_d$ 表示漂移速度,代入运动方程中,可以得到:

$$m\frac{\mathrm{d}(\boldsymbol{v}_1+\boldsymbol{v}_d)}{\mathrm{d}t}=q[\boldsymbol{E}_{\perp}+(\boldsymbol{v}_1+\boldsymbol{v}_d)\times\boldsymbol{B}]$$

展开有

$$m\frac{\mathrm{d}\boldsymbol{v}_1}{\mathrm{d}t}+m\frac{\mathrm{d}\boldsymbol{v}_d}{\mathrm{d}t}=q(\boldsymbol{E}_{\perp}+\boldsymbol{v}_1\times\boldsymbol{B}+\boldsymbol{v}_d\times\boldsymbol{B})$$

由于无电场存在时,带电粒子运动方程为 $m\frac{\mathrm{d}\boldsymbol{v}_1}{dt}=q\boldsymbol{v}_1\times\boldsymbol{B}$,从上式中减去该方程可得

$$m\frac{\mathrm{d}\boldsymbol{v}_d}{\mathrm{d}t}=q(\boldsymbol{E}_\perp+\boldsymbol{v}_d\times\boldsymbol{B})$$

上式即漂移速度与要满足的方程。由此可见,带电粒子的运动为电场力导致的漂移运动与洛伦兹力导致的回旋运动的结合。

注意到垂直于磁场方向的电场力与洛伦兹力会导致一个沿 $\boldsymbol{E}_\perp\times\boldsymbol{B}$ 方向的漂移运动,容易验证,作用在带电粒子上的力 $\boldsymbol{F}$ 同样会导致一个垂直于 $\boldsymbol{F}$ 和 $\boldsymbol{B}$ 的漂移运动。因此,对于一般情况,作用在带电粒子上的力 $\boldsymbol{F}$ 会导致带电粒子在磁场中的漂移运动,其大小为

$$\boldsymbol{v}_F=\frac{\boldsymbol{F}\times\boldsymbol{B}}{qB^2}$$

6.4　带电粒子在非均匀磁场中的运动

下面考虑带电粒子在随空间缓慢变化的磁场中的运动。随空间缓慢变化指的是带电粒子回旋一周所感受到的磁场变化非常小(在一个 Larmor 半径上的变化很小),其数学表达为

$$|(\boldsymbol{r}_L\cdot\nabla)\boldsymbol{B}|\ll|\boldsymbol{B}|$$

式中,$\boldsymbol{r}_L$ 为回旋半径(Larmor 半径);$\boldsymbol{B}$ 为磁场强度。

此时粒子的运动相对于粒子在均匀磁场下运动会有一个微小的扰动,对磁场强度 $\boldsymbol{B}$ 在 $\boldsymbol{r}$ 处作泰勒展开,取零阶和一阶项,可得

$$\boldsymbol{B}(\boldsymbol{r}+\boldsymbol{\rho})=\boldsymbol{B}(\boldsymbol{r})+(\boldsymbol{\rho}\cdot\nabla)\boldsymbol{B}(\boldsymbol{r})$$

式中,$\boldsymbol{r}$ 为引导中心所处的位置,微分算符 ∇ 作用在引导中心处,磁场空间梯度可以用张量的形式表示为

$$\nabla\boldsymbol{B}=\begin{pmatrix}\frac{\partial B_x}{\partial x} & \frac{\partial B_x}{\partial y} & \frac{\partial B_x}{\partial z}\\ \frac{\partial B_y}{\partial x} & \frac{\partial B_y}{\partial y} & \frac{\partial B_y}{\partial z}\\ \frac{\partial B_z}{\partial x} & \frac{\partial B_z}{\partial y} & \frac{\partial B_z}{\partial z}\end{pmatrix}$$

考虑一种简单的情况,磁场 $\boldsymbol{B}$ 沿 z 轴方向,$|\boldsymbol{B}|$ 的梯度沿 x 轴方向,因此磁场梯度张量只有一项不为零,即 $\frac{\partial B_z}{\partial x}$ 项,同时假设粒子在 $x-y$ 平面内运动,如图 6.4 所示。

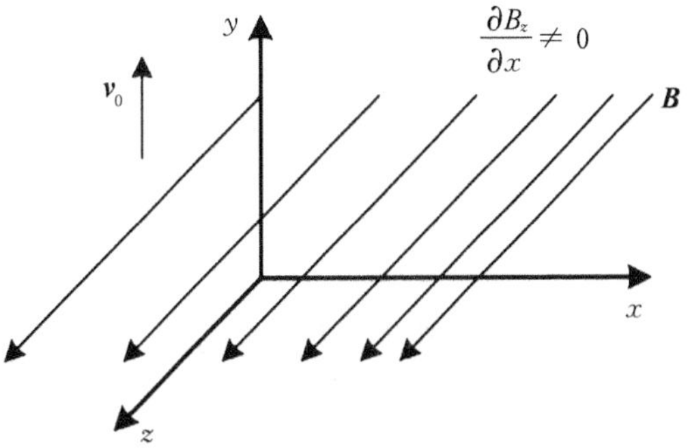

图 6.4　粒子运动状态和磁场分布

单位电荷所受洛伦兹力为 $\dfrac{\boldsymbol{F}_B}{q}=\boldsymbol{v}_\perp\times\boldsymbol{B}$，沿着 x 轴正方向，$\boldsymbol{B}$ 逐渐增大，因此沿 x 轴正方向磁场 B(右侧) > B(左侧)，其中 B(右侧) 表示更靠近 x 轴正方向位置处的磁场，B(左侧) 表示靠近 x 轴负方向处的磁场。因此，$\boldsymbol{v}_\perp\times\boldsymbol{B}$(右侧) > $\boldsymbol{v}_\perp\times\boldsymbol{B}$(左侧)，粒子在回旋一周的过程中会受到一个沿 x 轴方向的净作用力，由前一节分析可知，这个净作用力会导致带电粒子存在一个沿 y 轴方向的漂移速度 $v_d=v_y$，这便是非均匀磁场导致的粒子漂移运动的来源，由于这种漂移运动是磁场的梯度引起的，将其称为**梯度漂移**。

以上从物理图像上描述了梯度漂移的来源，下面从运动方程中导出梯度漂移。对于小的磁场梯度，对粒子在 x 方向上的受力在一个回旋周期内作平均，由于漂移运动的存在，粒子在 x 方向上的平均受力为零(可以看到，漂移运动的作用就是使漂移运动产生的洛伦兹力抵消之前受力的不平衡)，因此得到：

$$\int_{t_1}^{t_2}F_x\mathrm{d}t=0$$

其中，

$$F_x=qv_yB_z(x)\approx qv_y\left[B_0+x\left(\frac{\partial B_z}{\partial x}\right)_0\right]$$

原点取在导向中心处，结合以上两式可以得到：

$$\int_{t_1}^{t_2}B_0v_y\mathrm{d}t+\int_{t_1}^{t_2}x\left(\frac{\partial B_z}{\partial x}\right)_0v_y\mathrm{d}t=0$$

式中，B_0 和$\left(\dfrac{\partial B_z}{\partial x}\right)_0$ 均为常数，因此上式可化简为

$$\int_{t_1}^{t_2}v_y\mathrm{d}t=-\frac{1}{B_0}\left(\frac{\partial B_z}{\partial x}\right)_0\int_{t_1}^{t_2}xv_y\mathrm{d}t$$

等式左侧为 y_2-y_1。由于磁场空间梯度很小，认为粒子回旋一周的轨迹为一个近似闭合的圆轨道，因此等式右侧可以变为

$$\begin{aligned}-\frac{1}{B_0}\left(\frac{\partial B_z}{\partial x}\right)_0\int_{t_1}^{t_2}xv_y\mathrm{d}t&\approx-\frac{1}{B_0}\left(\frac{\partial B_z}{\partial x}\right)_0\int_{t_1}^{t_2}x\mathrm{d}y\\&=-\frac{1}{B_0}\left(\frac{\partial B_z}{\partial x}\right)_0\int_{t_1}^{t_2}\mathrm{d}A_{\mathrm{orbit}}=\pm\frac{1}{B_0}\left(\frac{\partial B_z}{\partial x}\right)_0\pi r_L^2\end{aligned}$$

式中，A_{orbit} 表示轨道面积；±表示粒子带正电荷取+，带负电荷取-，由此得到：

$$\delta y=y_2-y_1=\pm\frac{1}{B_0}\left(\frac{\partial B_z}{\partial x}\right)_0\pi r_L^2$$

结合 $r_L=\dfrac{mv_\perp}{|q|B}$，$\omega=\dfrac{|q|B}{m}$，有 $r_L^2=\dfrac{mv_\perp}{|q|B}\cdot\dfrac{mv_\perp}{|q|B}=\dfrac{2\cdot\frac{1}{2}mv_\perp^2}{|q|B}\cdot\dfrac{1}{\omega_p}=\dfrac{2W_\perp}{|q|B}\cdot\dfrac{1}{\omega_p}$。$\delta y$ 表示粒子回旋一周所走过的净距离，ω_p 表示粒子回旋频率，因此，漂移速度 v_d 应为 $v_d=\dfrac{\delta y}{T_L}$，其中 T_L 为粒子的回旋周期，其表达式为 $T_L=\dfrac{2\pi}{\omega_p}=2\pi\dfrac{m}{Bq}$，由此可得漂移速度：

$$v_d=\pm\frac{1}{B_0}\left(\frac{\partial B_z}{\partial x}\right)_0\pi\frac{2W_\perp}{|q|B_0}\frac{1}{\omega_p}\frac{\omega_p}{2\pi}=\frac{W_\perp}{qB_0^2}\left(\frac{\partial B_z}{\partial x}\right)_0$$

对于一般的情况，梯度漂移速度可由下式给出：

$$v_d=\frac{1}{q}\frac{W_\perp}{B}\frac{\boldsymbol{B}\times\nabla B}{B^2}=-\frac{1}{q}\frac{W_\perp}{B}\frac{\nabla B\times\boldsymbol{B}}{B^2}$$

将上式与之前提到的受力漂移速度作对比，可以得到梯度漂移的等效作用力：

$$F_d=-W_\perp\frac{\nabla B}{B}$$

由此可见，对于一个 z 轴正方向的磁场，若存在沿一个 x 轴正方向的梯度，则会产生沿 y 轴正方向的漂移运动，磁场梯度产生的等效作用力沿 x 轴负方向。

6.5　带电粒子在磁场中的曲率漂移

在这一部分，考虑当磁感线存在曲率时（磁场方向发生平滑的变化）由带电粒子平行于磁场方向的速度 $v_\parallel$ 所引起的漂移运动。假定磁感线在 $y-z$ 平面发生弯曲，如图 6.5 所示。

结合前面提到的带电粒子在磁场中的受力漂移运动，其受力漂移速度为 $\boldsymbol{v}_F=\dfrac{\boldsymbol{F}\times\boldsymbol{B}}{qB^2}$，可以分析带电粒子在磁场中的曲率漂移运动。在弯曲磁场中，带电粒子沿磁感线运动受到等效惯性离心力 $\boldsymbol{F}_{CF}$ 的影响，有 $\boldsymbol{F}_{CF}(y)\times\boldsymbol{B}(z)\Rightarrow v_d(-x)$，结合磁场在 y 方向上的曲率半径，最终可以得到：

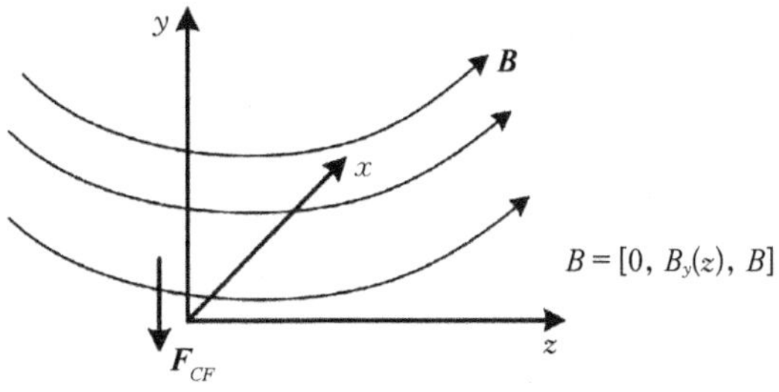

图 6.5　$y-z$ 平面内粒子在弯曲磁场中的运动

$$\boldsymbol{v}_{\text{curve}}=\frac{2W_\parallel}{qB^2}\frac{\boldsymbol{R}_c\times\boldsymbol{B}}{R_c^2}$$

式中，$\boldsymbol{R}_c$ 为曲率半径；$\boldsymbol{v}_{\text{curve}}$ 为曲率漂移速度。

6.6 带电粒子在随时间变化磁场中的运动

在这一部分中,考虑随时间缓慢变化、空间均匀的磁场,其中随时间缓慢变化是指 $\frac{\dot{B}}{\omega_p} \ll B$。有限的磁场强度随时间的变化 $\dot{B}$ 将会导致垂直于磁场的感应电场 $\boldsymbol{E}$,正是这个电场的存在引起了场与粒子之间的能量传递。

带电粒子的运动方程可以写为

$$m\dot{\boldsymbol{v}} = q(\boldsymbol{E} + \boldsymbol{v} \times \boldsymbol{B})$$

式中,$\boldsymbol{E} = \boldsymbol{E}_\perp \Rightarrow v_\parallel$ = 常数,将运动方程左右两边同时点乘 $\boldsymbol{v}_\perp$,由此可以得到:

$$\boldsymbol{v}_\perp \cdot m\dot{\boldsymbol{v}}_\perp = q[\boldsymbol{v}_\perp \cdot \boldsymbol{E} + \boldsymbol{v}_\perp \cdot (\boldsymbol{v}_\perp \times \boldsymbol{B})]$$

整理可得

$$\frac{\mathrm{d}}{\mathrm{d}t}\left(\frac{1}{2}mv_\perp^2\right) = q\boldsymbol{E} \cdot \boldsymbol{v}_\perp$$

这表示粒子在垂直于磁场方向上能量的变化。对粒子在一个回旋周期内的做功求积分,并考虑到 $\mathrm{d}\boldsymbol{s} = \boldsymbol{v}_\perp \mathrm{d}t$,有

$$\delta W_\perp = q\oint \boldsymbol{E} \cdot \mathrm{d}\boldsymbol{s} = q\int_{A_L} (\nabla \times \boldsymbol{E}) \cdot \mathrm{d}\boldsymbol{S} = -q\int_{A_L} \frac{\partial \boldsymbol{B}}{\partial t} \cdot \mathrm{d}\boldsymbol{S}$$

在小磁场梯度假设下,可以认为 $\dot{B}$ 在一个回旋周期内处处相等,因此可以得到:

$$\delta W_\perp = |q| \pi r_L^2 \frac{\partial B}{\partial t} = |q| \pi \left(\frac{mv_\perp}{qB}\right)^2 \frac{\partial B}{\partial t}$$

将 $W_\perp = \frac{1}{2}mv_\perp^2$ 代入上式,可以得到:

$$\delta W_\perp = W_\perp \frac{2\pi m}{|q| B} \cdot \frac{1}{B} \cdot \frac{\partial B}{\partial t} = W_\perp \frac{2\pi}{\omega_p B} \cdot \frac{\partial B}{\partial t}$$

考虑到:

$$\frac{1}{B} \frac{2\pi}{\omega_p} \frac{\partial B}{\partial t} = \frac{T_L}{B} \frac{\partial B}{\partial t} \sim \frac{\delta B}{B}$$

式中,T_L 为回旋周期。

因此,结合以上两式可以得到:

$$\frac{\delta W_\perp}{W_\perp} = \frac{\delta B}{B} \Rightarrow \delta\left(\frac{W_\perp}{B}\right) = 0$$

由此可见，$\frac{W_{\perp}}{B}$ 是一个常数，是运动过程中的一个不变量，这个不变量也称为第一绝热不变量。物理上，缓慢变化的磁场 $\frac{\partial B}{\partial t}=0$ 可以认为是绝热的，没有能量的增加。

更加完整地定义不变量 $\frac{W_{\perp}}{B}$ 是一个很重要的事情，为此，对 $\frac{W_{\perp}}{B}$ 作如下变换：

$$\frac{W_{\perp}}{B}=\frac{1}{2}mv_{\perp}^{2}\cdot\frac{1}{B}=\frac{\pi}{2\pi}\cdot\frac{e^{2}}{e^{2}}\cdot m\frac{v_{\perp}^{2}}{B}\cdot\frac{B}{B}\cdot\frac{m}{m}=\frac{\pi}{2\pi}\cdot\frac{e^{2}B}{m}\cdot r_{L}^{2}=\frac{e\omega_{p}}{2\pi}\cdot A_{L}$$

式中，$\frac{e\omega_{p}}{2\pi}=\frac{e}{T_{L}}$，代表单位时间通过回旋轨道某点的电荷量，也就是回旋轨道处的电流 I；A_{L} 表示回旋轨道面积。因此可得

$$\frac{W_{\perp}}{B}=IA_{L}$$

由电磁学知识可知，IA 定义为磁矩 μ，因此 $\frac{W_{\perp}}{B}$ 表示带电粒子的磁矩。再次对 $\frac{W_{\perp}}{B}$ 作变换可得

$$\frac{W_{\perp}}{B}=\frac{e^{2}}{2\pi m}\underbrace{\pi r_{L}^{2}B}_{\phi(\text{通量})}$$

可以看到，当 $\frac{W_{\perp}}{B}$ 不变，且粒子质量与电荷量一定时，粒子回旋轨道包含的磁通量不变，这意味着磁感线随粒子的运动而运动，就好像磁场“冻结”在了粒子上。磁矩 μ 在许多粒子-场结构中都有着重要的意义，下面举出两个典型的例子。

带电粒子在非均匀磁场中运动，磁矩 μ 守恒，对于小的磁场梯度，由 $\nabla\cdot\boldsymbol{B}=0$，结合柱坐标下的散度公式可以得到：

$$B_{r}\approx-\frac{r_{L}}{2}\frac{\partial B}{\partial z}$$

式中，B_{r} 为径向磁场分量。

从运动方程可以得到：

$$m\frac{\mathrm{d}v_{\parallel}}{\mathrm{d}t}=qv_{\perp}B_{r}=qv_{\perp}\left(-\frac{r_{L}}{2}\frac{\partial B}{\partial z}\right)=-\mu\frac{\partial B}{\partial z}$$

对上式左右两侧同时乘 $v_{\parallel}$，可以得到：

$$\frac{\mathrm{d}}{\mathrm{d}t}\left(\frac{1}{2}mv_{\parallel}^{2}\right)=v_{\parallel}\left(-\mu\frac{\partial B}{\partial z}\right)=-\mu\frac{\partial B}{\partial t}$$

考虑到：$\frac{\mathrm{d}}{\mathrm{d}t}\left(\frac{1}{2}mv_{\perp}^{2}\right)=\frac{\mathrm{d}}{\mathrm{d}t}(\mu B)$，$\frac{\mathrm{d}W}{\mathrm{d}t}=\frac{\mathrm{d}}{\mathrm{d}t}(W_{\parallel}+W_{\perp})=0$，可以得到：

$$\frac{\mathrm{d}}{\mathrm{d}t}(\mu B)-\mu\frac{\partial B}{\partial t}=0$$

最终有

$$\frac{\mathrm{d}}{\mathrm{d}x}\mu=0$$

即 μ = 常数，磁矩 μ 守恒。在非均匀磁场中，μ 决定了一种受力关系。

从 $m\frac{\mathrm{d}v_{\parallel}}{\mathrm{d}t}=-\mu\frac{\partial B}{\partial z}$ 这一式子中，可以得到粒子在平行磁场方向受到的磁场梯度力 $\boldsymbol{F}_{\parallel}=-\mu(\nabla B)_{\parallel}$，注意到 $\boldsymbol{v}=-\frac{W_{\perp}}{qB_0^3}(\nabla B\times\boldsymbol{B})$，以及 $\boldsymbol{v}=\frac{\boldsymbol{F}\times\boldsymbol{B}}{qB^2}$，可以得到：

$$\boldsymbol{F}=-\frac{W_{\perp}}{B}\nabla B=-\mu\nabla B$$

同时，由上式可得

$$\boldsymbol{F}_{\perp,\parallel}=-\mu\nabla_{\perp,\parallel}B$$

注意到这个力是直接作用在带电粒子上的，而不是由于漂移产生的。

6.7 带电粒子在磁镜中的运动

考虑空间电场 $\boldsymbol{E}=0$ 的情况。注意到在上节中得到带电粒子在磁场中所受的磁场梯度力 $\boldsymbol{F}=-\mu\nabla B$，该作用力由磁场较强区域指向磁场较弱区域。将该作用力在垂直磁场方向上与平行磁场方向上投影，可以得到：

$$\boldsymbol{F}_{\parallel}=-\mu\left(\frac{\partial B_z}{\partial z}\right)\boldsymbol{k}$$

以及

$$\boldsymbol{F}_{\perp}=-\mu\left(\frac{\partial B_z}{\partial x}\right)\boldsymbol{i}$$

考虑平行于磁场方向的力分量，如图 6.6 所示。

考虑到 $m\frac{\mathrm{d}v_{\parallel}}{\mathrm{d}t}=-\mu\frac{\mathrm{d}B_z}{\mathrm{d}z}$，并且对于沿 z 轴正方向运动的粒子，$\mathrm{d}z=v_{\parallel}\mathrm{d}t$，有

$$mv_{\parallel}\frac{\mathrm{d}v_{\parallel}}{\mathrm{d}z}=-\mu\frac{\mathrm{d}B_z}{\mathrm{d}z}$$

上式两边对 $\mathrm{d}z$ 积分可得

$$m\left(\frac{v_{\parallel}^2}{2}-\frac{v_{\parallel 0}^2}{2}\right)=-\mu(B_z-B_{z_0})$$

因此，当 B_z 沿 y 轴正方向逐渐增大时，$v_{\parallel}$ 逐渐减小，直至 $v_{\parallel}$ 减小为零，此时：

$$B_{z_{\max}}(v_{\parallel}=0)=B_{z_0}+\frac{mv_{\parallel 0}^2}{2\mu}$$

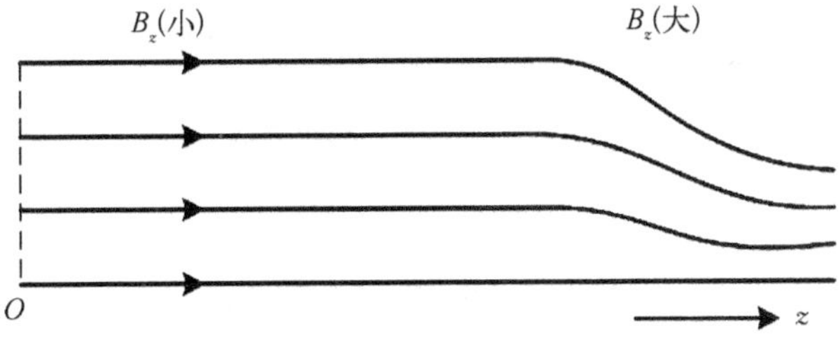

图 6.6　磁镜中的磁场位形

磁镜中的粒子具有不同的速度和能量，当 $v_{\parallel}$ 减小为零时，粒子将被反射。考虑如图 6.7 所示的粒子运动情况，令 α_0 为 z 轴与粒子速度 $\boldsymbol{v}_0$ 的夹角，因此有 $\frac{v_{\perp 0}}{v_0}=\sin\alpha_0$，由于磁矩 μ 守恒，可以得到：$\frac{\frac{1}{2}mv_{\perp 0}^2}{B_{z_0}}=\frac{\frac{1}{2}mv_{\perp\max}^2}{B_{z_{\max}}}$，进而有 $\frac{v_{\perp 0}^2}{v_{\perp\max}^2}=\frac{B_{z_0}}{B_{z_{\max}}}$，其中 $B_{z_{\max}}$ 表示 z 方向的最大磁场，$v_{\perp\max}$ 表示最大磁场处的垂直速度，B_{z_0} 表示初始位置 z 方向磁场，$v_{\perp 0}$ 表示初始位置垂直于磁场的速度。对于初始位置处的粒子：$\sin^2\alpha_0=\frac{v_{\perp 0}^2}{v_0^2}=\frac{v_{\perp 0}^2}{v_{\perp 0}^2+v_{\parallel 0}^2}$，若粒子可以在磁镜内某点被反射，则反射点的粒子速度夹角 $\sin\alpha_t=1$，即在反射点处有 $v_{\perp\max}^2=v_0^2$，结合以上两式可知，$\sin^2\alpha_0=\frac{v_{\perp 0}^2}{v_0^2}=\frac{v_{\perp 0}^2}{v_{\perp\max}^2}=\frac{B_{z_0}}{B_{z_{\max}}}$。因此，对于给定的 $\frac{B_{z_0}}{B_{z_{\max}}}$，存在如下所示的三种情况：

$$\sin^2\alpha_0=\frac{v_{\perp 0}^2}{v_{\perp 0}^2+v_{\parallel 0}^2}\begin{cases}>\dfrac{B_z}{B_{z_{\max}}}\\[2ex]=\dfrac{B_z}{B_{z_{\max}}}\\[2ex]<\dfrac{B_z}{B_{z_{\max}}}\end{cases}$$

式中，>表示粒子被反射；=表示粒子在磁场最大处被截至；<表示粒子逃逸出磁镜区域。

因此，只有被反射的粒子才能被约束在磁镜中，其余粒子将从磁镜中逃逸。定义

$\frac{B_{max}}{B_0}=R_m$，为磁镜比，因此，满足 $\sin^2\alpha_0>\frac{B_z}{B_{z_{max}}}=\frac{1}{R_m}$ 条件的粒子将被反射。换句话说，较大的 $B_{z_{max}}$ 导致较大的磁镜比，进而导致较小的粒子损失。

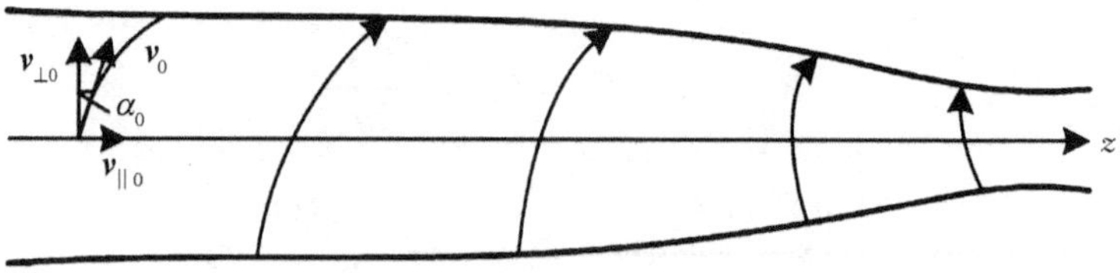

图 6.7　磁镜中的粒子运动

6.8　绝热不变量

那些在电磁场中不发生能量交换的粒子往往拥有一些不随时间发生变化的物理量，这些物理量称为绝热不变量。已经注意到在很多情况下，以下物理量不会随时间变化（总动能 W、磁矩 μ、粒子回旋磁通量 Φ_L）：

$$W=\frac{1}{2}mv_\perp^2+\frac{1}{2}mv_\parallel^2$$

$$\mu=\frac{W_\perp}{B},\quad \Phi_L=\pi r_L^2 B$$

在磁镜模型中同样会有一个独特的不变的物理量，这个物理量与磁镜中被捕获的粒子相关，被捕获粒子在磁镜中的运动状态如图 6.8 所示。

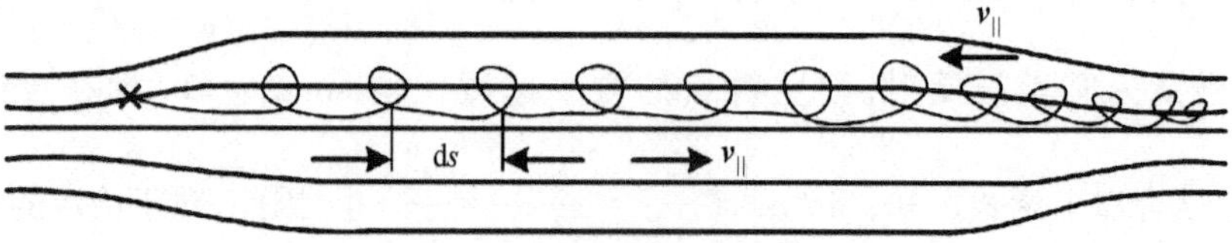

图 6.8　被捕获粒子在磁镜中的回旋运动

从图 6.8 可以看到，粒子在磁镜中不断地做回旋运动，且从磁镜的一端运动到另一端，如果磁场是缓慢变化的，便可得到一个新的不变量 $\oint v_\parallel \mathrm{d}s\equiv J=$ 常数，其中 $v_\parallel$ 表示粒子平行磁场方向的速度，ds 表示沿磁感线方向上的微元，积分路径为粒子在磁镜中走的一个来回，J 称为**纵向不变量**（longitudinal constant）。

将 $W=\frac{1}{2}mv_\parallel^2+\mu B$ 代入 J 的表达式中，可得

$$J=\int_{s_1}^{s}\left[\frac{2}{m}(W-\mu B)\right]^{\frac{1}{2}}\mathrm{d}s$$

考虑到函数：$\frac{\mathrm{d}J}{\mathrm{d}t}=\frac{\mathrm{d}}{\mathrm{d}t}J(W,s,t)$，对于小的磁场变化，有 $\frac{\mathrm{d}J}{\mathrm{d}t}=0$，因此 J 是一种绝热不变量。同时，以上公式表明了粒子能量 W 对粒子约束长度的依赖性（即积分区域的依赖性），如果粒子约束长度发生变化，则粒子的能量不再守恒，这意味着一种新的电磁场与粒子能量交换的机制。

参考文献

[1] Chen F F. Introduction to Plasma Physics and Controlled Fusion. 2nd ed. New York: Plenum, 1984.

[2] Boyd T J M, Sanderson J J. 1969. Plasma Dynamics. New York: Barnes and Noble, 1969.

[3] Spitzer Jr L. Physics of Fully Ionized Gases. New York: Wiley, 1962.

[4] Sutton G W, Sherman A. Engineering Magnetohydrodynamics. New York: McGraw-Hill, 1965.

习　题

6.1 **（基础计算题）**计算下列情况中离子与电子的回旋频率 ω_i、ω_e，以及回旋半径 r_{Li}、r_{Le}。

（1）射频放电管内的一价氩离子和电子，$T_e=2\ \mathrm{eV}$、$T_i=0.04\ \mathrm{eV}$、$B=0.05\ \mathrm{T}$；

（2）电离层中的一价氧离子 O^+，$T_e=T_i=0.1\ \mathrm{eV}$、$B=0.0005\ \mathrm{T}$；

（3）聚变反应中的磁约束等离子体中的氘离子和电子，$T_e=1\ \mathrm{keV}$、$T_i=5\ \mathrm{keV}$、$B=1\ \mathrm{T}$。

6.2 **（引导中心近似条件）**单粒子轨道理论适用的前提是引导中心近似假设，引导中心近似是指粒子回旋一周的轨道近似闭合，因而可以将粒子的运动分解为引导中心的运动与绕引导中心的回旋运动。**若引导中心近似假设失效，则本章所述的单粒子轨道理论将不再适用。**下面请读者思考几个问题。

（1）若粒子所在位置处的 $\frac{r_L\nabla B}{B}>1$，其中 r_L 为粒子回旋半径，B 为磁场强度，此时单粒子轨道理论还适用吗？请阐述原因。

（2）若粒子所在位置处满足 $\frac{\partial B}{\partial t}\frac{T_L}{B}>1$，其中 T_L 为粒子回旋周期，此时单粒子轨道理论还适用吗？请再次阐述原因。

（3）对于静电漂移的情况，若电场 E 较大，使得粒子回旋一周的轨道不再闭合，此时引导中心近似假设失效，单粒子轨道理论不再适用，但是在单粒子轨道中所得到的粒子运动速度是否依然正确？为什么会出现这种情况？

6.3 **（静电漂移）**本章在推导电漂移速度的过程中，先验地假设了电漂移速度 $\boldsymbol{v}_E$ 为常数，然后推导了电漂移速度的表达式，这种做法是否合理？请叙述你的观点。

6.4 **（对习题6.3的补充）**现在考虑一种更严谨的证明电漂移速度为常数的方法。若 $\boldsymbol{E}$ 垂直于 $\boldsymbol{B}$，请从运动方程的角度证明，此时电漂移速度为常数，同时说明带电粒子在一个回旋周期内的平均动能是守恒量。

6.5 (**结合习题 6.3 和习题 6.4**)若考虑最一般的情况,$\boldsymbol{E}$ 和 $\boldsymbol{B}$ 可以成任意夹角,请分析此时带电粒子在电磁场中的运动规律。

6.6 在本题中给出一种更直观地理解电漂移物理图像的方法,如习题 6.6 图所示,匀强磁场 $\boldsymbol{B}$ 垂直于纸面向外,电场 $\boldsymbol{E}$ 平行于纸面向右。带正电的离子运动路径如习题 6.6 图所示,离子在轨道的右半圈里被电场加速,在左半圈里被电场减速,因此,离子在右半圈内的运动平均半径比左半圈大,离子回旋一周的总效果是离子向下产生漂移运动。

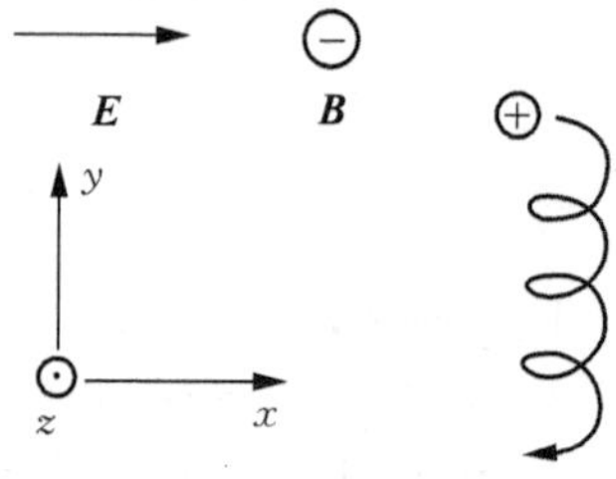

习题 6.6 图

(1) 请依据此模型,画出电子在如习题 6.6 图所示电磁场中的运动轨迹,并说明电子漂移运动产生的原因。

(2) 值得注意的是,电漂移速度为 $\boldsymbol{v}_E = \dfrac{\boldsymbol{E}_\perp \times \boldsymbol{B}}{B^2}$,**其与带电粒子的电荷量、质量、回旋运动的速度均无关**,请尝试利用电漂移的物理图像来解释为何电漂移速度与带电粒子的电荷量和质量无关。

(3) 结合(2)的分析,并考虑弱电场的情形(即粒子所受电场力远小于洛伦兹力,$\dfrac{\boldsymbol{E}}{\boldsymbol{v} \times \boldsymbol{B}} \ll 1$),请尝试证明为何电漂移的速度同样与粒子回旋运动的速度无关。(提示:可将粒子运动的左右两个半轨道等效为半圆轨道考虑,粒子被电场加速后的轨道等效为大的半圆轨道,粒子被电场减速后的轨道等效为小的半圆轨道)。

6.7 (**滚轮线问题**)一无限大平板电容器如习题 6.7 图所示,在电容器两电极板之间产生了沿 y 方向的电场强度为 $\boldsymbol{E}$ 的匀强电场,在 z 方向附加了一个均匀恒定的磁场,磁场强度为 $\boldsymbol{B}$。一个电子处在两电极板之间,从静止开始运动。假定磁场足够强,电子不会碰到电极板。

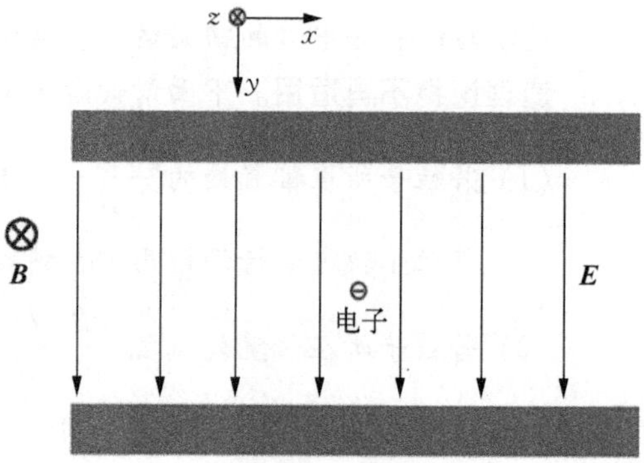

习题 6.7 图

(1) 请分析并画出电子在电极板之间运动轨迹(提示:利用初始时刻 $\boldsymbol{v}_c + \boldsymbol{v}_d = 0$)。

(2) 若将电容器去掉,将电场换成任意垂直于磁场的恒定力场(如重力场),电子运动轨迹是否与(1)中相似?试分析原因。

6.8 (**带电粒子在均匀力场中的漂移**)考虑带电粒子处在均匀恒定的磁场中,同时受一个垂直于磁场方向的恒力 $\boldsymbol{F}$ 的作用,试说明力 $\boldsymbol{F}$ 同样会引起带电粒子的漂移运动,同时证明漂移运动速度的大小为

$$\boldsymbol{v}_F = \frac{\boldsymbol{F} \times \boldsymbol{B}}{qB^2}$$

6.9 **(磁场梯度漂移)**本题给出一种更直观地理解磁场梯度漂移物理图像的方法。如习题 6.9 图所示,磁场 $\boldsymbol{B}$ 垂直于纸面向内(z 方向),磁场梯度沿 y 方向平行于纸面向下,一个带正电的离子在 xOy 平面内做回旋运动,其运动轨迹如图所示。考虑到回旋半径 $r_L = \dfrac{mv_\perp}{Bq}$,离子在磁场强度较小的区域内的回旋半径较大;当离子运动到磁场强度较大的区域内时,回旋半径较小,因此在一个回旋周期内离子沿 $-x$ 方向有一个净漂移,如此循环往复,产生的总效果是离子在 $-x$ 方向上产生了一个漂移速度 v_d。

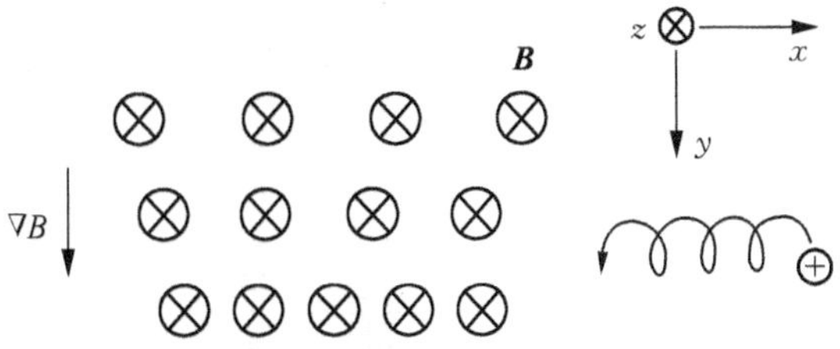

习题 6.9 图

(1) 利用此物理图像说明电子的梯度漂移,并画出电子在习题 6.9 图所示磁场中的运动轨道。

(2) 若所考虑位置处等离子体的电子数密度与离子数密度满足 $n_i = n_e = n_0$,垂直磁场方向上电子动能为 W_e,离子动能为 W_i,且离子带电量为 e,电子带电量为 $-e$,计算该位置处由梯度漂移产生的电流。

(3) 试根据物理图像猜测梯度漂移速度 v_d 与粒子回旋速度 v_L,以及粒子回旋半径 r_L 与磁场空间变化特征长度 L 的比值 r_L/L 的关系(正相关还是负相关,或者无关),并结合梯度漂移公式验证猜测。

6.10 **(空间环电流)**地球磁场在近地空间内可近似为偶极磁场,其示意图如习题 6.10 图所示。考虑近地空间中在赤道平面运动的带电粒子,假设离子均为一价正离子,且带电量为 $+e$,电子带电量为 $-e$,并且所考虑的区域内电子与离子数密度满足 $n_i = n_e = n_0$,电子与离子所在轨道处的磁场强度为 $\boldsymbol{B}$。

(1) 分析电子与离子梯度漂移的方向(东向还是西向),并思考所考虑位置处是否会产生电流?

(2) 若离子垂直于磁场方向的动能为 W_i,电子垂直于磁场方向的动能为 W_e,试计算由梯度漂移产生的电流大小。

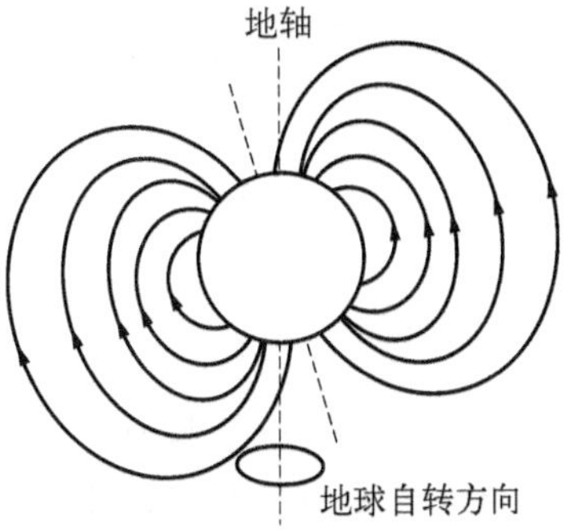

习题 6.10 图

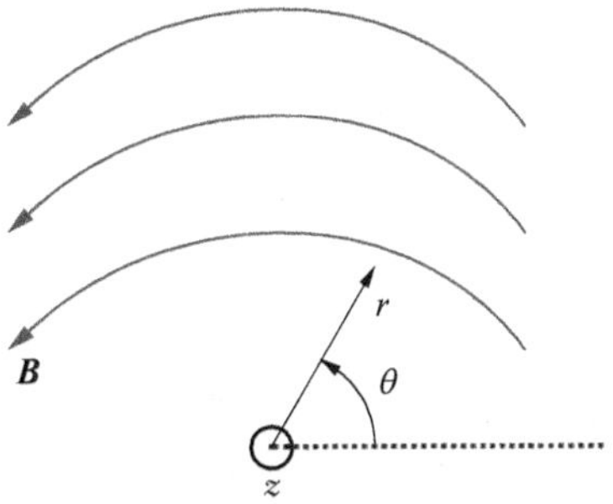

习题 6.11 图

6.11 **(磁场曲率漂移)**典型的弯曲磁场的磁场位形如习题 6.11 图所示,图中采用柱坐标系，其坐标方向选取如图所示，其中磁场 $\boldsymbol{B}$ 沿 θ 方向。

(1) 请证明真空中如习题6.11图所示的磁场位形必然伴随着 r 方向上的磁场梯度的存在，因此，**真空中的曲率漂移必然伴随着梯度漂移的存在**（提示：利用真空中磁场旋度为零的条件，柱坐标系中的旋度公式在题末给出）。

(2) 试计算此模型下由曲率漂移和梯度漂移引起的总漂移速度的大小。

注：柱坐标系旋度公式为

$$\nabla\times\boldsymbol{A}=\left(\frac{1}{r}\frac{\partial A_z}{\partial\theta}-\frac{\partial A_\theta}{\partial z}\right)\boldsymbol{r}+\left(\frac{\partial A_r}{\partial z}-\frac{\partial A_z}{\partial r}\right)\boldsymbol{\theta}+\left[\frac{1}{r}\frac{\partial}{\partial r}(rA_\theta)-\frac{1}{r}\frac{\partial A_r}{\partial\theta}\right]\boldsymbol{z}$$

6.12 **（绝热不变量-磁矩守恒）** 电子和质子在均匀磁场中做回旋运动，其垂直于磁场方向的动能分别为 $W_e=1\ \mathrm{eV}$、$W_i=0.1\ \mathrm{eV}$，初始时刻磁场大小为 $B_0=0.1\ \mathrm{T}$。某时刻，磁场开始缓慢增加，直至 t_1 时刻，磁场变为 $B_1=2B_0$（$t_1\gg T_L$，T_L 表示电子或质子的回旋周期）。

(1) 试说明在 t_1 时刻，电子与质子的能量相较于初始时刻是否发生变化？其中洛伦兹力是否做功？若洛伦兹力不做功，那么带电粒子能量变化的来源是什么？

(2) 计算电子和质子在初始时刻的回旋半径，以及 t_1 时刻的回旋半径。

(3) 计算质子在初始时刻回旋一周的轨道所包围的磁通量的大小，以及在 t_1 时刻回旋轨道所包围的磁通量大小，这两个量有何关系？试说明这个现象是巧合还是必然？

6.13 **（绝热不变量-绝热压缩）** 美国劳伦斯利弗莫尔国家实验室建造了一种加热等离子体的装置，装置示意图如习题6.13图所示。等离子体被注入磁镜A和磁镜B之间的区域，在电磁线圈A和B处施加一个脉冲，从而增大磁镜中的磁场，等离子体将会被加热，然后在电磁线圈A处施加一个更大的脉冲，等离子体将被传送到下一级磁镜C和D中间的区域。用于加热的磁镜级数越多，加热效果越好，这类加热装置称为**绝热压缩**装置。试分析绝热压缩装置加热等离子体的原理，以及说明等离子体为何会从磁镜A－B转移到磁镜C－D中。

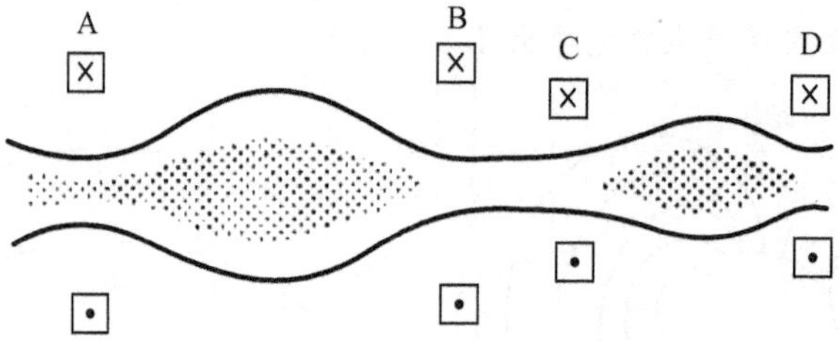

习题 6.13 图

6.14 **（绝热不变量-费米加速机制）** 本章最后提到了一种新的粒子加速机制，这种机制便是本题中给出的费米加速。在宇宙空间中两个巨大的星云可以看作磁镜，一质子在两星云间做往复运动，初始时刻质子处于两磁镜的中心处，且质子垂直磁场方向动能 $W_\perp$ 与平行磁场方向动能 $W_\parallel$ 相等，即 $W_\perp=W_\parallel=\dfrac{1}{2}W_0$。假设两磁镜A和

B 的磁镜比相等,均为 $R_m = 4$, 初始时刻两星云距离为 L, 两星云分别以 v_0 速度向中心平面运动(设 L 足够大,且 v_0 十分小,以至于忽略磁镜运动对磁场造成的变化),请思考以下问题。

(1) 质子在两磁镜间弹跳的过程中能量是否会发生变化? 请简述能量变化的原因(提示: 质子与磁镜的碰撞可当作完全弹性碰撞)。

(2) 若(1)中的结论是质子在弹跳过程中不断被加速,请计算质子被加速至逃逸出磁镜时的动能。

第 7 章 等离子体宏观方程

7.1 引　　言

在以上的章节中，从不同的角度分析了等离子体的整体行为及等离子体中不同组分之间行为的差异，这是在等离子体中各个组分，如电子、离子、中性原子等对电磁场有着不同响应的前提下，理解等离子体中基本物理过程的必要步骤。然而，在大多数的实际等离子体装置中，粒子之间的碰撞行为是很重要的，也就是说，粒子之间的碰撞效应占据了主导作用，因而等离子体从整体上看更像一团连续介质[1]。当考虑到等离子体的宏观效应时，通常情况下粒子的平均自由程要小于等离子体的德拜长度和粒子回旋半径（Larmor半径）[2]。

本章讨论了电离气体在电磁场中运动的控制方程、相关参数及物理机理，并讨论了电离气体的流动问题。这些方程不仅能够帮助我们分析问题，同时也能帮助我们了解物理现象背后的物理机理。对于不同的问题，等离子体基本方程的形式往往有不同的选择：一维或者多维，单流体或多流体，标量、矢量或者张量。本章的目的是介绍一些基础的概述性的内容，因此只考虑一些最简单的情形，这些情形对于处理绝大部分问题是足够的。另外，在以后对问题作更深入的研究时，本书中提到的分析过程和分析方法同样适用。

7.2 电磁场的能量与动量传递

本节考虑粒子之间的碰撞作用，对粒子在电磁场中的运动作进一步分析，在Jackson[3]和Sommerfeld[4]等的工作基础上进行了拓展。

对于单一电荷 q，电磁场对其做功功率为 $q\boldsymbol{v}\cdot\boldsymbol{E}$，其中 $\boldsymbol{v}$ 表示电荷的运动速度，磁场对电荷做功为零。当电磁场对电荷连续做功时，单位体积内电磁场对电荷所做的功率为 $\dfrac{W}{\text{时间}}=\boldsymbol{F}\cdot\boldsymbol{v}$，其中 $\boldsymbol{F}$ 为单位体积内电荷所受的力。若电荷数密度为 n，则电磁场对电荷的做功功率为

$$\frac{W}{\text{时间}}=nq\boldsymbol{E}\cdot\boldsymbol{v}\rightarrow\int nq\boldsymbol{v}\cdot\boldsymbol{E}\mathrm{d}V=\int_V\boldsymbol{J}\cdot\boldsymbol{E}\mathrm{d}V$$

式中，$\boldsymbol{J}$ 为电流密度。

那么,这期间发生的能量传递过程是什么样的呢,能量从哪里来,又以什么样的形式流失掉呢? 为了解释这个问题,将上式与 Maxwell 方程相联系,可以得到:

$$\int_V \boldsymbol{J} \cdot \boldsymbol{E} \mathrm{d}V = \int_V \left(\nabla \times \boldsymbol{H} - \frac{\partial \boldsymbol{D}}{\partial t}\right) \cdot \boldsymbol{E} \mathrm{d}V$$

结合矢量恒等式:

$$\nabla \cdot (\boldsymbol{E} \times \boldsymbol{H}) = \boldsymbol{H} \cdot (\nabla \times \boldsymbol{E}) - \boldsymbol{E} \cdot (\nabla \times \boldsymbol{H})$$

可得

$$\begin{aligned}\int_V \boldsymbol{J} \cdot \boldsymbol{E} \mathrm{d}V &= \int_V \left[\boldsymbol{H} \cdot (\nabla \times \boldsymbol{E}) - \nabla \cdot (\boldsymbol{E} \times \boldsymbol{H}) - \boldsymbol{E} \cdot \frac{\partial \boldsymbol{D}}{\partial t}\right] \mathrm{d}V \\ &= -\int_V \left[\boldsymbol{H} \cdot \frac{\partial \boldsymbol{B}}{\partial t} + \boldsymbol{E} \cdot \frac{\partial \boldsymbol{D}}{\partial t} + \nabla \cdot (\boldsymbol{E} \times \boldsymbol{H})\right] \mathrm{d}V\end{aligned}$$

考虑到 $\boldsymbol{H} = \dfrac{\boldsymbol{B}}{\mu}$, $\boldsymbol{D} = \varepsilon \boldsymbol{E}$, 有

$$\int_V \boldsymbol{J} \cdot \boldsymbol{E} \mathrm{d}V = -\int_V \left[\frac{\partial}{\partial t}\left(\frac{B^2}{2\mu} + \frac{\varepsilon E^2}{2}\right) + \nabla \cdot (\boldsymbol{E} \times \boldsymbol{H})\right] \mathrm{d}V$$

定义如下参数:

$$\mu_M = \frac{B^2}{2\mu} = \frac{\mu H^2}{2}, \quad \mu_E = \frac{\varepsilon E^2}{2}, \quad \mu_{EM} \equiv \mu_E + \mu_M$$

式中, μ_M 表示磁场能量密度,代表单位体积内的磁场能量; μ_E 表示电场能量密度,代表单位体积内的电场能量; μ_{EM} 表示电磁场能量密度。 由此得到:

$$\int_V \boldsymbol{J} \cdot \boldsymbol{E} \mathrm{d}V = -\int_V \left[\frac{\partial \mu_{EM}}{\partial t} + \nabla \cdot (\boldsymbol{E} \times \boldsymbol{H})\right] \mathrm{d}V$$

将上式应用到任意小的体积中,可以得到其微分形式:

$$\boldsymbol{J} \cdot \boldsymbol{E} = -\frac{\partial \mu_{EM}}{\partial t} - \nabla \cdot (\boldsymbol{E} \times \boldsymbol{H})$$

上式的含义可以用如下关系描述: 电磁场对区域内电荷做的功=该区域内减少的电磁场能量-从区域边界处流出的电磁场能量,这就是著名的**坡印廷**(Poynting)定理,它表示了一种能量守恒关系。这里,定义坡印廷矢量 $\boldsymbol{S}$ 为

$$\boldsymbol{S} = \boldsymbol{E} \times \boldsymbol{H}$$

坡印廷矢量 $\boldsymbol{S}$ 表示电磁场的能流密度。如果用 E_{mech} 表示某一体积内粒子的总机械能,并假定这个区域内没有粒子流入或流出,则可以得到:

$$\frac{\mathrm{d}E_{\mathrm{mech}}}{\mathrm{d}t} = \int_V \boldsymbol{J} \cdot \boldsymbol{E} \mathrm{d}V$$

同时，由前面的内容可以得到，这一区域内电磁场的能量为

$$E_{\text{field}} = \int_V \left(\frac{B^2}{2\mu} + \frac{\varepsilon E^2}{2} \right) \mathrm{d}V$$

根据以上两个公式并结合坡印廷定理，利用高斯定律将体积分化为面积分，可以得到：

$$\frac{\mathrm{d}(E_{\text{mech}} + E_{\text{field}})}{\mathrm{d}t} = -\oint \boldsymbol{n} \cdot \boldsymbol{S} \mathrm{d}S$$

现在考虑粒子与电磁场之间的动量传递，单个电荷所受的电磁场作用力为 $\boldsymbol{F}_{EM} = q(\boldsymbol{E} + \boldsymbol{v} \times \boldsymbol{B})$，考虑某一体积中所有电荷所受的电磁场作用力，可以得到 $\boldsymbol{F}_{EM} = \rho_e \boldsymbol{E} + \boldsymbol{J} \times \boldsymbol{B}$，假定这一区域粒子总动量为 $\boldsymbol{P}_{\text{mech}}$，可以得到该区域内的粒子受力方程：

$$\frac{\mathrm{d}\boldsymbol{P}_{\text{mech}}}{\mathrm{d}t} = \int_V (\rho_e \boldsymbol{E} + \boldsymbol{J} \times \boldsymbol{B}) \mathrm{d}V$$

结合 Maxwell 方程组：

$$\rho_e = \nabla \cdot \boldsymbol{D}, \quad \boldsymbol{J} = \nabla \times \boldsymbol{H} - \frac{\partial \boldsymbol{D}}{\partial t}$$

得到：

$$\frac{\mathrm{d}\boldsymbol{P}_{\text{mech}}}{\mathrm{d}t} = \int_V \left[(\nabla \cdot \boldsymbol{D}) \boldsymbol{E} + \left(\nabla \times \boldsymbol{H} - \frac{\partial \boldsymbol{D}}{\partial t} \right) \times \boldsymbol{B} \right] \mathrm{d}V$$

如果只考虑外加电磁场对带电粒子的作用，而忽略带电粒子之间的电磁相互作用，即不将等离子体作为电介质处理，在高斯单位制中，μ、$\varepsilon \to 1$，因此有 $\boldsymbol{D} \to \boldsymbol{E}$、$\boldsymbol{H} \to \boldsymbol{B}$。因此，可将上面等式右侧化简为

$$\int_V \left[\boldsymbol{E}(\nabla \cdot \boldsymbol{E}) - \boldsymbol{B} \times (\nabla \times \boldsymbol{B}) + \boldsymbol{B} \times \frac{\partial \boldsymbol{E}}{\partial t} \right] \mathrm{d}V$$

将等式 $\boldsymbol{B} \times \frac{\partial \boldsymbol{E}}{\partial t} = -\frac{\partial}{\partial t}(\boldsymbol{E} \times \boldsymbol{B}) + \boldsymbol{E} \times \frac{\partial \boldsymbol{B}}{\partial t}$ 代入上式，并考虑到 $\boldsymbol{B}(\nabla \cdot \boldsymbol{B}) = 0$，有

$$\left[\boldsymbol{E}(\nabla \cdot \boldsymbol{E}) + \boldsymbol{B}(\nabla \cdot \boldsymbol{B}) - \boldsymbol{E} \times (\nabla \times \boldsymbol{E}) - \boldsymbol{B} \times (\nabla \times \boldsymbol{B}) - \frac{\partial}{\partial t}(\boldsymbol{E} \times \boldsymbol{B}) \right]$$

由于 $\frac{1}{2}\nabla(\boldsymbol{B} \cdot \boldsymbol{B}) = (\boldsymbol{B} \cdot \nabla)\boldsymbol{B} + \boldsymbol{B} \times (\nabla \times \boldsymbol{B})$，得到：

$$\boldsymbol{B}(\nabla \cdot \boldsymbol{B}) - \boldsymbol{B} \times (\nabla \times \boldsymbol{B}) = \boldsymbol{B}(\nabla \cdot \boldsymbol{B}) + (\boldsymbol{B} \cdot \nabla)\boldsymbol{B} - \frac{1}{2}\nabla B^2 = \nabla \cdot \left(\boldsymbol{B}\boldsymbol{B} - \frac{1}{2}\bar{\bar{\boldsymbol{I}}} B^2 \right)$$

式中，$\bar{\bar{\boldsymbol{I}}}$ 表示单位张量[3]。

同理，也可以得到：

$$\boldsymbol{E}(\nabla\cdot\boldsymbol{E})-\boldsymbol{E}\times(\nabla\times\boldsymbol{E})=\nabla\cdot\left(\boldsymbol{E}\boldsymbol{E}-\frac{1}{2}\overline{\overline{\boldsymbol{I}}}E^2\right)$$

这样,区域内粒子受力方程变为

$$\frac{\mathrm{d}\boldsymbol{P}_{\mathrm{mech}}}{\mathrm{d}t}=\int_V\left\{\nabla\left[\boldsymbol{E}\boldsymbol{E}+\boldsymbol{B}\boldsymbol{B}-\frac{1}{2}\overline{\overline{\boldsymbol{I}}}(E^2+B^2)\right]-\frac{\partial}{\partial t}(\boldsymbol{E}\times\boldsymbol{B})\right\}\mathrm{d}V$$

值得注意的是,电磁场本身是有动量的,电磁场的动量为

$$\boldsymbol{P}_{EM}=\int_V\boldsymbol{S}\mathrm{d}V=\int_V(\boldsymbol{E}\times\boldsymbol{B})\mathrm{d}V$$

因此,结合以上两式可得

$$\frac{\mathrm{d}(\boldsymbol{P}_{\mathrm{mech}}+\boldsymbol{P}_{EM})}{\mathrm{d}t}=\int_V\nabla\cdot\overline{\overline{\boldsymbol{T}}}\mathrm{d}V=\oint_A\boldsymbol{n}\cdot\overline{\overline{\boldsymbol{T}}}\mathrm{d}S$$

其中,

$$\overline{\overline{\boldsymbol{T}}}=\boldsymbol{E}\boldsymbol{E}+\boldsymbol{B}\boldsymbol{B}-\frac{1}{2}\overline{\overline{\boldsymbol{I}}}(E^2+B^2)$$

式中,$\overline{\overline{\boldsymbol{T}}}$ 为**麦克斯韦应力张量**(Maxwell stress tensor),其在高斯单位制下的分量为

$$T_{ij}=E_iE_j+B_iB_j-\frac{1}{2}\delta_{ij}(E^2+B^2)$$

式中,δ 为**克罗内克**(Kronecker)符号。

注意到,$\boldsymbol{n}\cdot\overline{\overline{\boldsymbol{T}}}$ 表示通过面积 S 流出区域的动量。

一个区域内电荷的总受力可通过麦克斯韦应力张量在该区域边界面上的积分获得[5],即

$$F_i=\int_A T_{ij}\mathrm{d}A_j$$

对于电荷所受体积力,同样可以由麦克斯韦应力张量的散度得出,但更为直接的表示方式为

$$\boldsymbol{F}=\rho_e\boldsymbol{E}+\boldsymbol{J}\times\boldsymbol{B}$$

7.3　磁流体力学中的守恒方程

研究的磁流体包含以下几个性质: ① 连续介质;② 存在外加电磁场;③ 包含包括带电粒子在内的多种组分。为了建立适当的力学关系,假定电流为传导电流,这意味着力与能量的交换是通过电磁场进行的。以下讨论多组分连续介质的守恒方程[6-8]。

从宏观的角度来看,每一种组分都有 6 个不同的变量: 温度 T_s、压强 p_s、密度 ρ_s、速度 v_s^j,其中 s 表示组分种类,速度用分量形式 v_s^j 表示,共有 3 个分量。用 1、2、3 代表正交

方向的每个分量,则电场与磁场有6个变量,分别用E^i和H^i表示。现在,有$(6n+6)$个变量(n表示组分种类),以及由Maxwell方程组得到的6个电磁场方程,还有$6n$个流体方程($3n$个运动方程、n个状态方程、n个连续性方程、n个能量方程),注意到电荷守恒方程已经包含在连续性方程中。

1. 等离子体状态参数

1) 粒子数密度

$$n = \sum_{s=1}^{n} n_s$$

2) 密度

$$\rho = mn = \sum_{s=1}^{n} m_s n_s = \sum_{s=1}^{n} \rho_s$$

3) 压强

$$p = \sum_{s=1}^{n} p_s \quad \text{(Dalton 分压定律)}$$

4) 温度

$$nT = \sum_{s=1}^{n} n_s T_s$$

5) 流体单元速度

$$\rho v^i = \sum_{s=1}^{n} \rho_s v_s^i$$

式中,i表示方向,如1、2、3, x、y、z, r、θ、z。

6) 电荷密度

$$\rho_e = \sum_{s=1}^{n} e_s n_s = \sum_{s=1}^{n} \rho_{es}$$

7) 电流密度

$$J^i = \sum_{s=1}^{n} \rho_{es} v_s^i = \sum_{s=1}^{n} (\rho_{es} w_s^i + \rho_{es} v^i) = J_c^i + \rho_e v^i$$

式中,v_s^i表示s种类粒子的平均速度;v^i为所有粒子的平均速度;w_s^i表示s种类粒子相对v^i的速度,即粒子的扩散速度。有如下关系式:

$$v_s^i = v^i + w_s^i, \quad \sum_{s=1}^{n} \rho_s w_s^i = 0$$

2. 状态方程

$$p_s = n_s k_B T_s = \rho_s R_s T_s$$

以及

$$p = \sum_{s=1}^{n} p_s = n k_B T = \rho R T$$

3. 连续性方程

对于每种组分,都有

$$\frac{\partial \rho_s}{\partial t} + \frac{\partial}{\partial x^i}(\rho_s v^i) = \lambda_s$$

式中,λ_s 为质量源项,表示每种组分由于化学反应产生的质量 $m\frac{\partial n}{\partial t}$,并且有 $\sum_{s=1}^{n}\lambda_s = 0$。对于整体情况,将每种组分的连续性方程求和,可以得到:

$$\frac{\partial \sum_{s=1}^{n}\rho_s}{\partial t} + \frac{\partial \sum_{s=1}^{n}(\rho_s v^i)}{\partial x^i} = 0$$

或者写为

$$\frac{\partial \rho}{\partial t} + \frac{\partial(\rho v^i)}{\partial x^i} = 0$$

将每种组分粒子的速度展开为扩散速度和平均速度,可得

$$\frac{\partial \rho_s}{\partial t} + \frac{\partial}{\partial x^i}(\rho_s w_s^i + \rho_s v^i) = \lambda_s$$

或者

$$\frac{\partial \rho_s}{\partial t} + \frac{\partial(\rho_s w_s^i)}{\partial x^i} + \frac{\partial(\rho_s v^i)}{\partial x^i} = \lambda_s$$

关于扩散速度,有 $\sum_{s=1}^{n}\rho_s w_s^i = 0$。将连续性方程写为一般形式,可以得到:

$$\frac{\partial \rho}{\partial t} + \nabla\cdot(\rho \boldsymbol{v}) = 0$$

4. 动量方程

对于每一种组分,其动量方程为

$$\frac{\partial(\rho_s v_s^i)}{\partial t} + \frac{\partial}{\partial x^j}(\rho_s v_s^i v_s^j - \tau_s^{ij}) = X_s^i + \lambda_s Z_s^i$$

式中,τ_s^{ij} 表示其他组分对该组分的黏性作用,这一项体现了粒子的碰撞效应,将在下面的部分进行讨论;X_s^i 表示外界施加的体积力;$\lambda_s Z_s^i$ 表示不同种类之间的动量交换,容易得到 $\sum_{s=1}^{n}\lambda_s Z_s^i = 0$。

将所有种类组分的动量方程求和,可以得到:

$$\sum_{s=1}^{n}(\rho_s v_s^i v_s^j) = \sum_{s=1}^{n}\rho_s(v^i v^j + w_s^i v^j + w_s^j v^i + w_s^i w_s^j)$$

结合前面提到的关系式 $\sum_{s=1}^{n}\rho_s w_s^i = 0$，可以将上式化简为

$$\sum_{s=1}^{n}(\rho_s v_s^i v_s^j) = \rho v^i v^j + \sum_{s=1}^{n}(\rho_s w_s^i w_s^j) = \rho v^i v^j - P_{ij}$$

式中，P_{ij} 代表某一点处的压强，用应力张量表示。

将压强的应力张量表示成如下形式：

$$\boldsymbol{P}_{ij} = -p\delta_{ij} + \boldsymbol{\tau}^{ij}$$

其中，

$$\tau^{ij} \approx \mu\left(\frac{\partial v^i}{\partial x^j} + \frac{\partial v^j}{\partial x^i}\right) + \mu_1\left(\frac{\partial v^k}{\partial x^k}\right)\delta^{ij}$$

$$\mu_1 = \lambda \approx -\frac{2}{3}\mu$$

式中，μ 和 μ_1 分别表示流体的两个黏性系数。

对于处于平衡态的流体，有

$$-\frac{\partial p}{\partial x} + \frac{\partial p_{xx}}{\partial x} + \frac{\partial p_{yx}}{\partial y} + \frac{\partial p_{zx}}{\partial z} = F_x$$

以及

$$-\frac{\partial p}{\partial x} + \left[2\mu\frac{\partial^2 u}{\partial x^2} - \frac{2}{3}\mu\left(\frac{\partial^2 u}{\partial x^2} + \frac{\partial^2 v}{\partial y\partial x} + \frac{\partial^2 w}{\partial z\partial x}\right)\right] + \mu\left(\frac{\partial^2 v}{\partial x\partial y} + \frac{\partial^2 u}{\partial y^2}\right) + \mu\left(\frac{\partial^2 w}{\partial x\partial z} + \frac{\partial^2 u}{\partial z^2}\right) = F_x$$

将所有组分的动量方程求和，可以得到：

$$\frac{\partial(\rho v^i)}{\partial t} + \frac{\partial(\rho v^i v^j)}{\partial x^j} = -\frac{\partial p}{\partial x^j} + \frac{\partial \tau^{ij}}{\partial x^j} + F_{EM}^i + F_g^i$$

写为随体运动的形式：

$$\frac{\mathrm{D}v^i}{\mathrm{D}t} = -\frac{\partial p}{\partial x^j} + \frac{\partial \tau^{ij}}{\partial x^j} + F_{EM}^i + F_g^i$$

将上式写为矢量方程：

$$\rho\frac{\mathrm{D}\boldsymbol{v}}{\mathrm{D}t} = -\nabla p + \nabla\cdot\bar{\bar{\boldsymbol{\tau}}} + \boldsymbol{F}_{EM} + \boldsymbol{F}_g$$

式中，$\bar{\bar{\boldsymbol{\tau}}}$ 为黏性应力张量；$\boldsymbol{F}_g$ 为重力体积力项。

5. 能量守恒方程

单个组分的能量方程可以写为

$$\frac{\partial}{\partial t}\left[\rho_s\left(\frac{1}{2}v_s^2+e_{ms}\right)\right]+\frac{\partial}{\partial x^j}\left[\rho_s\left(\frac{1}{2}v_s^2+e_{ms}\right)v_s^j\right]=-\frac{\partial(v_s^j p_s)}{\partial x^j}+\frac{\partial(v_s^i\tau_s^{ij})}{\partial x^j}+\frac{\partial Q_s^i}{\partial x^j}+\varepsilon_s$$

式中，Q_s^i 为传导能量流，且粒子内能 $e_{ms}=\int c_{Vs}\mathrm{d}T_s$。

定义：

$$\bar{e}_{ms}=e_{ms}+\frac{1}{2}v_s^2,\quad \bar{e}_s=\rho_s\bar{e}_{ms}$$

同时有 $\boldsymbol{\varepsilon}_s=\boldsymbol{E}\cdot\boldsymbol{J}_s$，因此可得

$$\frac{\partial(\rho_s\bar{e}_{ms})}{\partial t}+\frac{\partial(\rho_s\bar{e}_{ms}v_s^j)}{\partial x^j}=\frac{\partial\bar{e}_s}{\partial t}+\frac{\partial(\bar{e}_s v_s^j)}{\partial x^j}$$

同时由 $v_s^j=w_s^j+v^j$，上式可以写为

$$\frac{\partial(\rho_s\bar{e}_{ms})}{\partial t}+\frac{\partial(\rho_s\bar{e}_{ms}v_s^j)}{\partial x^j}=\frac{\partial\bar{e}_s}{\partial t}+\frac{\partial}{\partial x^j}[\bar{e}_s(w_s^j+v^j)]$$

将所有组分求和，可以得到：

$$\frac{\partial}{\partial t}\sum_{s=1}^n\bar{e}_s+\frac{\partial}{\partial x^j}\sum_{s=1}^n\bar{e}_s w_s^j+\frac{\partial}{\partial x^j}\sum_{s=1}^n\bar{e}_s v^j=-\frac{\partial}{\partial x^j}\sum_{s=1}^n v_s^j p_s+\frac{\partial}{\partial x^j}\sum_{s=1}^n v_s^i\tau_s^{ij}+\frac{\partial}{\partial x^j}\sum_{s=1}^n Q_s^i+\sum_{s=1}^n\varepsilon_s$$

令

$$\sum_{s=1}^n\bar{e}_s=\sum_{s=1}^n\rho_s\bar{e}_{ms}=\rho\bar{e}_m$$

因此有

$$\frac{\partial(\rho\bar{e}_m)}{\partial t}+\frac{\partial(\rho\bar{e}_m v^j)}{\partial x^j}=-\frac{\partial(v^j p)}{\partial x^j}+\frac{\partial(v^i\tau^{ij})}{\partial x^j}+\frac{\partial Q^i}{\partial x^j}+\varepsilon$$

其中，

$$Q^i=\sum_{s=1}^n(Q_s^i+v^i\rho_s w_s^i w_s^j+\bar{e}_{ms}\rho_s w_s^i+\tau_s^{ij}w_s^j-p_s w_s^j)$$

以及

$$\varepsilon=J^i\cdot E^i$$

因此，可将能量方程写为

$$\frac{\partial(\rho\bar{e}_m)}{\partial t}+\frac{\partial(\rho\bar{e}_m v^j)}{\partial x^j}=\rho\frac{\partial\bar{e}_m}{\partial t}+\left[\bar{e}_m\frac{\partial\rho}{\partial t}+\bar{e}_m\frac{\partial(\rho v^j)}{\partial x^j}\right]+\rho u^j\frac{\partial\bar{e}_m}{\partial x^j}$$

化为矢量方程的形式为

$$\rho \frac{\mathrm{D}\bar{e}_m}{\mathrm{D}t} = -\nabla\cdot(p\boldsymbol{v}) + \nabla\cdot(\boldsymbol{v}\cdot\bar{\bar{\boldsymbol{\tau}}}) + \nabla\cdot\boldsymbol{Q} + \boldsymbol{J}\cdot\boldsymbol{E}$$

为了阐明等离子体流动的控制方程，已经写出了一系列理论上可解的方程，这些方程可解出如下未知量：T_s、p_s、n_s、v_s^i、E^i、H^i，但是在实际情况中，这组方程过于复杂，以至于几乎无法求解。由于篇幅限制，这里没有详细讨论方程中的一些扩散项，如 τ_s^{ij} 和 Q_s^i 等。更为可行的方法是将单组分方程与整体方程结合起来，并通过引入一些假设来简化方程，例如，假设等离子体完全电离，且电离后的等离子体只有两种组分，这样可简化为求解离子参量 T、p、ρ、v^i、E^i、H^i 与电子参量 T_e、p_e、n_e、w_e^i 共 18 个未知量的方程组。然而，最为简化的方法是将等离子体中所有的组分结合在一起，等效成单一流体，并求解单一流体的守恒方程，这便是接下来要介绍的单流体方程。

7.4 磁流体力学中的单流体方程

讨论包含以下 16 个变量的基本单流体理论：$\boldsymbol{v}$、p、ρ、T、$\boldsymbol{H}$、$\boldsymbol{E}$、$\boldsymbol{J}$、ρ_e，这些变量可由以下单流体方程并结合适当的边界条件求解[6]。

状态方程：

$$p = \rho RT = nk_B T$$

连续性方程：

$$\frac{\partial\rho}{\partial t} + \nabla\cdot(\rho\boldsymbol{v}) = 0$$

动量方程：

$$\rho\left[\frac{\partial\boldsymbol{v}}{\partial t} + (\boldsymbol{v}\cdot\nabla)\boldsymbol{v}\right] = -\nabla p + \nabla\cdot\bar{\bar{\boldsymbol{\tau}}} + \rho_e\boldsymbol{E} + \boldsymbol{J}\times\boldsymbol{B}$$

其中，

$$\tau^{ij} = \mu\left(\frac{\partial v^i}{\partial x^j} + \frac{\partial v^j}{\partial x^i}\right) - \frac{2}{3}\mu(\nabla\cdot\boldsymbol{v})\delta_{ij}$$

能量方程：

$$\rho \frac{\mathrm{D}\bar{e}_m}{\mathrm{D}t} = -\nabla\cdot(p\boldsymbol{v}) + \nabla\cdot(\boldsymbol{v}\cdot\bar{\bar{\boldsymbol{\tau}}}) + \nabla\cdot\boldsymbol{Q} + \boldsymbol{J}\cdot\boldsymbol{E}$$

注意到传导电流密度 $\boldsymbol{J}_{\mathrm{cond}}$ 为

$$\boldsymbol{J}_{\mathrm{cond}} = \sigma(\boldsymbol{E} + \boldsymbol{v}\times\boldsymbol{B})$$

因此有

$$\boldsymbol{J}\cdot\boldsymbol{E} = (\rho_e\boldsymbol{v} + \boldsymbol{J}_{\mathrm{cond}})\cdot\boldsymbol{E} = \rho_e\boldsymbol{v}\cdot\boldsymbol{E} + \boldsymbol{J}_{\mathrm{cond}}\cdot\frac{\boldsymbol{J}_{\mathrm{cond}}}{\sigma} - \boldsymbol{J}_{\mathrm{cond}}\cdot(\boldsymbol{v}\times\boldsymbol{B})$$

$$\boldsymbol{J}\cdot\boldsymbol{E}=\boldsymbol{v}\cdot(\rho_e\boldsymbol{E}+\boldsymbol{J}_{\text{cond}}\times\boldsymbol{B})+\frac{J_{\text{cond}}^2}{\sigma}=\boldsymbol{v}\cdot\boldsymbol{F}_{EM}+\frac{J_{\text{cond}}^2}{\sigma}$$

上式的含义是,电磁场给带电粒子传递的能量等于电磁场力做功加电流的焦耳热,因此可得能量方程:

$$\rho\frac{\mathrm{D}}{\mathrm{D}t}\left(e_m+\frac{v^2}{2}\right)=-\nabla\cdot(p\boldsymbol{v})+\nabla\cdot(\boldsymbol{v}\cdot\bar{\bar{\boldsymbol{\tau}}})+\nabla\cdot\boldsymbol{Q}+\boldsymbol{v}\cdot\boldsymbol{F}_{EM}+\frac{J_{\text{cond}}^2}{\sigma}$$

式中,$e_m=\int c_V\mathrm{d}T$;$\boldsymbol{v}\cdot\boldsymbol{F}_{EM}$ 中的 $\boldsymbol{F}_{EM}$ 项可用动量方程代替,将动量方程等式两边同时点乘 $\boldsymbol{v}$:

$$\boldsymbol{v}\cdot\rho\frac{\mathrm{D}\boldsymbol{v}}{\mathrm{D}t}=-\boldsymbol{v}\cdot\nabla p+\boldsymbol{v}\cdot(\nabla\cdot\bar{\bar{\boldsymbol{\tau}}})+\boldsymbol{v}\cdot\boldsymbol{F}_{EM}$$

并将 $\boldsymbol{v}\cdot\boldsymbol{F}_{EM}$ 求解出来代入能量方程,得到:

$$\rho\frac{\mathrm{D}e_m}{\mathrm{D}t}=-p(\nabla\cdot\boldsymbol{v})+(\overline{\boldsymbol{P}}\cdot\nabla)\cdot\boldsymbol{v}+\frac{J_{\text{cond}}^2}{\sigma}+\nabla\cdot\boldsymbol{Q}$$

以及

$$\rho\frac{\mathrm{D}e_m}{\mathrm{D}t}=(\overline{\boldsymbol{P}}\cdot\nabla)\cdot\boldsymbol{v}+\frac{j_c^2}{\sigma}+\nabla\cdot\boldsymbol{Q}$$

上式为热能守恒方程。

除了上述方程,以下方程也决定着等离子体的行为。

Ohm 定律:

$$\boldsymbol{J}=\rho_e\boldsymbol{v}+\sigma(\boldsymbol{E}+\boldsymbol{v}\times\boldsymbol{B})$$

电荷守恒方程:

$$\frac{\partial\rho_e}{\partial t}+\nabla\cdot\boldsymbol{J}=0,\quad\nabla\cdot\boldsymbol{D}=\rho_e$$

式中,$\boldsymbol{D}$ 为电位移矢量。

Ampere 定律:

$$\nabla\times\boldsymbol{H}=\boldsymbol{J}+\frac{\partial\boldsymbol{D}}{\partial t},\quad\boldsymbol{D}=\varepsilon\boldsymbol{E}$$

Faraday 定律:

$$\nabla\times\boldsymbol{E}=-\frac{\partial\boldsymbol{B}}{\partial t},\quad\boldsymbol{B}=\mu\boldsymbol{H}$$

注意到 $\nabla\cdot\boldsymbol{B}=0$ 可由 Faraday 定律导出。在求解这组方程之前,有必要对电子的动量平衡进行具体的分析。

电流传导过程中电子动量平衡,可重新写出等离子体中单一组分的动量方程:

$$\frac{\partial(\rho_s v_s^i)}{\partial t}+\frac{\partial}{\partial x^j}(\rho_s v_s^i v_s^j-\tau_s^{ij})=X_s^i$$

将上式展开,并对各项重新组合,可以得到:

$$\rho_s\frac{\partial v_s^i}{\partial t}+\left[v_s^i\frac{\partial\rho_s}{\partial t}+v_s^i\frac{\partial(\rho_s v_s^j)}{\partial x^j}\right]+\rho_s v_s^j\frac{\partial v_s^i}{\partial x^j}-\frac{\partial\tau_s^{ij}}{\partial x^j}=X_s^i$$

考虑到 $v_s^i\frac{\partial\rho_s}{\partial t}+v_s^i\frac{\partial(\rho_s v_s^j)}{\partial x^j}=0$ 及 $\rho_s\frac{\partial v_s^i}{\partial t}+\rho_s v_s^j\frac{\partial v_s^i}{\partial x^j}=\rho_s\frac{\mathrm{D}v_s^i}{\mathrm{D}t}$, 可以将上式化简为

$$\rho_s\frac{\mathrm{D}v_s^i}{\mathrm{D}t}=\frac{\partial\tau_s^{ij}}{\partial x^j}+X_s^i$$

如果认为电流的载流子为电子,并考虑到:

$$\rho_s=n_e m_e\approx 0$$

则有

$$\frac{\partial}{\partial x^j}(-p_s\delta_{ij}+\tau_s^{ij})+X_s^i=0$$

以及

$$-\frac{\partial(p_s\delta_{ij})}{\partial x^j}-n_e e(E^i+\varepsilon_{ijk}v_s^j B^k)=-\frac{\partial\tau_s^{ij}}{\partial x^j}$$

现在考虑由电子、离子及中性原子(分别用 e、i、n 表示)组成的等离子体,并采用动量方程的矢量形式[7, 9],有

$$\nabla p_e+n_e e(\boldsymbol{E}^*+\boldsymbol{v}_e\times\boldsymbol{B})=n_e m_e\sum_{s=1}^{n}\nu_{es}\Delta\boldsymbol{v}_{es}=n_e m_e[\nu_{en}(\boldsymbol{v}_n-\boldsymbol{v}_e)+\nu_{ei}(\boldsymbol{v}_i-\boldsymbol{v}_e)]$$

同时有电流方程:

$$\boldsymbol{J}_{\text{cond}}=n_e e(\boldsymbol{v}_i-\boldsymbol{v}_e)\equiv-n_e e\boldsymbol{v}^*$$

式中, $\boldsymbol{v}^*=\boldsymbol{v}_e-\boldsymbol{v}_i$, 同时

$$m_e n_e\boldsymbol{v}_e+m_i n_i\boldsymbol{v}_i+m_n n_n\boldsymbol{v}_n=0$$

因此可得

$$\boldsymbol{v}_n=-\frac{m_e n_e\boldsymbol{v}_e+m_i n_i\boldsymbol{v}_i}{m_n n_n}=-\frac{m_e n_e(\boldsymbol{v}^*+\boldsymbol{v}_i)+m_i n_i\boldsymbol{v}_i}{m_n n_n}$$

$$=-\frac{m_e n_e\boldsymbol{v}^*+(m_e n_e+m_i n_i)\boldsymbol{v}_i}{m_n n_n}$$

考虑到电子质量远小于离子质量，即 $m_e \ll m_i$，可将上式化简为

$$\boldsymbol{v}_n \approx -\frac{m_e n_e}{m_n n_n}\boldsymbol{v}^* - \frac{m_i n_i}{m_n n_n}\boldsymbol{v}_i$$

下面将动量方程中的 $\boldsymbol{E}^*$ 替换掉，其中 $\boldsymbol{E}^*$ 是在粒子的随体坐标系中的电场矢量，可以得到如下式子：

$$\begin{aligned}\nabla p_e + n_e e(\boldsymbol{E}^* + \boldsymbol{v}_e \times \boldsymbol{B}) &= n_e m_e\left\{\nu_{en}\left[-\frac{m_e n_e}{m_n n_n}\boldsymbol{v}^* - \frac{m_i n_i}{m_n n_n}\boldsymbol{v}_i - (\boldsymbol{v}^* + \boldsymbol{v}_i)\right] - \nu_{ei}\boldsymbol{v}^*\right\} \\ &= -m_e n_e\frac{\boldsymbol{v}^*}{\tau_{ei}} - \frac{m_e n_e}{\tau_{en}}\left[\left(1 + \frac{m_e n_e}{m_n n_n}\right)\boldsymbol{v}^* + \left(1 + \frac{m_i n_i}{m_n n_n}\right)\boldsymbol{v}_i\right]\end{aligned}$$

现在考虑到 $\boldsymbol{J}_i = en_i\boldsymbol{v}_i$，以及 $\omega_e = \dfrac{eB}{m_e}$，动量方程可以化为

$$\nabla p_e + n_e e\boldsymbol{E}^* - (\boldsymbol{J} - \boldsymbol{J}_i)\times\boldsymbol{B} = \frac{JB}{\omega_e\tau_{ei}} + \frac{JB}{\omega_e\tau_{en}}\left(1 + \frac{m_e n_e}{m_n n_n}\right) - \frac{J_i B}{\omega_e\tau_{en}}\left(1 + \frac{m_i n_i}{m_n n_n}\right)$$

同时考虑到 $\dfrac{m_e n_e}{m_n n_n} \ll 1$，令 $\Omega_{ei} = \omega_e\tau_{ei}$，$\Omega_{en} = \omega_e\tau_{en}$，且定义 f 为中性原子比率，即 $f \equiv \dfrac{m_n n_n}{m_i n_i + m_n n_n}$，可得

$$\nabla p_e + n_e e\boldsymbol{E}^* - (\boldsymbol{J} - \boldsymbol{J}_i)\times\boldsymbol{B} = \frac{JB}{\Omega_{ei}} + \frac{JB}{\Omega_{en}} - \frac{J_i B}{\omega_e\tau_{en}}\frac{1}{f}$$

对于离子，也可以得到相似的动量方程：

$$-\nabla\left[\left(\frac{m_i}{m_n} - 2\right)p_i\right] - \boldsymbol{J}\times\boldsymbol{B} = \frac{JB}{f\Omega_{en}} - \frac{J_i B}{f^2(\Omega_{en} + \Omega_{in})}$$

最后结合以上讨论，可以得到一个关于电流密度的表达式：

$$\boldsymbol{J} = \frac{n_e e^2}{m_e(\nu_{en} + \nu_{ei})}\left\{\boldsymbol{E}^* + \frac{\nabla p_e}{n_e e} - \frac{\boldsymbol{J}\times\boldsymbol{B}}{n_e e} - \frac{f^2\tau_{in}}{m_e n_e}\left[\left(2 - \frac{m_i}{m_n}\right)\nabla p_i \times\boldsymbol{B} + \boldsymbol{B}\times(\boldsymbol{J}\times\boldsymbol{B})\right]\right\}$$

从以上电流密度的表达式中，可以得到以下关系：

电流密度=宏观电导率{电场项+电子压力梯度项+Hall 项+离子滑移项}

上述电流密度与电磁场和带电粒子特性的关系称为**广义欧姆定律**(generalized Ohm's law)，它对于描述考虑碰撞效应的等离子体是很重要的。

可以对电子的运动方程进行简化，如果忽略电子压力项，可以得到：

$$\begin{aligned}\boldsymbol{J} &= \sigma\boldsymbol{E}^* - \Omega_e\frac{\boldsymbol{J}\times\boldsymbol{B}}{B} + f^2\Omega_{e,\,\mathrm{avg}}\omega_i\tau_{in}\left[\frac{\boldsymbol{B}}{B}\left(\frac{\boldsymbol{B}}{B}\cdot\boldsymbol{J}\right) - \boldsymbol{J}\right] \\ &= \sigma\boldsymbol{E}^* - \beta_2\frac{\boldsymbol{J}\times\boldsymbol{B}}{B} + \beta_1\left[\frac{\boldsymbol{B}}{B}\left(\frac{\boldsymbol{B}}{B}\cdot\boldsymbol{J}\right) - \boldsymbol{J}\right]\end{aligned}$$

因此,可得 $\boldsymbol{J}=f_n(\boldsymbol{E},\boldsymbol{B},\boldsymbol{J})$,但是我们希望得到一个可以唯一确定电流与等离子体和电磁场参数的方程,为此,考虑平行于磁场和垂直于磁场方向的电流分量。

在平行于磁场方向上:

$$\boldsymbol{J}_{\parallel}=\sigma\boldsymbol{E}_{\parallel}$$

式中,电导率 σ 是一个标量,在垂直于磁场方向上有

$$\boldsymbol{J}_{\perp}=\sigma\boldsymbol{E}_{\perp}^{*}-\beta_2\frac{\boldsymbol{J}_{\perp}\times\boldsymbol{B}}{B}+\beta_1(-\boldsymbol{J}_{\perp})$$

为了将上式右侧的 $\boldsymbol{J}_{\perp}$ 项消除,对等式作如下变换:

$$\begin{aligned}\boldsymbol{J}_{\perp}\times\boldsymbol{B}&=\sigma\boldsymbol{E}_{\perp}^{*}\times\boldsymbol{B}-\beta_2\frac{(\boldsymbol{J}_{\perp}\times\boldsymbol{B})\times\boldsymbol{B}}{B}-\beta_1\boldsymbol{J}_{\perp}\times\boldsymbol{B}\\&=\sigma\boldsymbol{E}_{\perp}^{*}\times\boldsymbol{B}+\frac{\beta_2}{B}[(\boldsymbol{B}\cdot\boldsymbol{J}_{\perp})\boldsymbol{B}+(\boldsymbol{B}\cdot\boldsymbol{B})\boldsymbol{J}_{\perp}]-\beta_1\boldsymbol{J}_{\perp}\times\boldsymbol{B}\end{aligned}$$

整理上式得到:

$$(\boldsymbol{J}\times\boldsymbol{B})(1+\beta_1)=\sigma\boldsymbol{E}_{\perp}^{*}\times\boldsymbol{B}+\beta_2 B\boldsymbol{J}_{\perp}$$

由上式可解出 $\boldsymbol{J}\times\boldsymbol{B}$ 项,并将其代入原始方程中,可得

$$\boldsymbol{J}_{\perp}=\sigma\boldsymbol{E}_{\perp}^{*}-\frac{\beta_2}{B}\frac{\sigma\boldsymbol{E}_{\perp}^{*}\times\boldsymbol{B}+\beta_2 B\boldsymbol{J}_{\perp}}{1+\beta_1}-\beta_1\boldsymbol{J}_{\perp}$$

重新整理上式可以得到:

$$\boldsymbol{J}_{\perp}(1+\beta_1)^2=\sigma\boldsymbol{E}_{\perp}^{*}(1+\beta_1)-\beta_2\sigma\frac{\boldsymbol{E}_{\perp}^{*}\times\boldsymbol{B}}{B}-\beta_2^2\boldsymbol{J}_{\perp}$$

最终将 $\boldsymbol{J}_{\perp}$ 解出可以得到:

$$\boldsymbol{J}_{\perp}=\frac{(1+\beta_1)\sigma\boldsymbol{E}_{\perp}^{*}-\beta_2\sigma\boldsymbol{E}_{\perp}^{*}\times\boldsymbol{B}/B}{(1+\beta_1)^2+\beta_2^2}$$

结合以下公式:

$$\boldsymbol{J}_{\parallel}=\sigma\boldsymbol{E}_{\parallel}$$

可以将 σ 表示成张量的形式 $\bar{\bar{\boldsymbol{\sigma}}}$,因此有 $J_i=\sigma_{ij}E_j$,对于磁场沿 z 方向时的情况,有

$$\sigma_{ij}=\sigma\begin{bmatrix}\dfrac{1+\beta_1}{(1+\beta_1)^2+\beta_2^2} & -\dfrac{\beta_2}{(1+\beta_1)^2+\beta_2^2} & 0\\ \dfrac{\beta_2}{(1+\beta_1)^2+\beta_2^2} & \dfrac{1+\beta_1}{(1+\beta_1)^2+\beta_2^2} & 0\\ 0 & 0 & 1\end{bmatrix}$$

那么,电导率张量的含义是什么？为了便于说明,取$\beta_1 = 0$，可以得到：

$$\boldsymbol{J} = \sigma \boldsymbol{E}^* - \Omega_e \frac{\boldsymbol{J} \times \boldsymbol{B}}{B} \Rightarrow \sigma_{ij} = \begin{bmatrix} \dfrac{1}{1+\Omega_e^2} & -\dfrac{\Omega_e}{1+\Omega_e^2} & 0 \\ \dfrac{\Omega_e}{1+\Omega_e^2} & \dfrac{1}{1+\Omega_e^2} & 0 \\ 0 & 0 & 1 \end{bmatrix}$$

对于$\boldsymbol{B} = \boldsymbol{B}_z$，$\boldsymbol{E}^* = \boldsymbol{E}_\perp^* = \boldsymbol{E}_x^*$，即外加电场在$x$轴方向时,可以得到：

$$J_x = \sigma_{xx} E_x = \frac{\sigma}{1+\Omega_e^2} E_x^*, \quad J_y = \sigma_{yx} E_x = \frac{\sigma \Omega_e}{1+\Omega_e^2} E_x^*$$

式中，$\dfrac{J_y}{J_x} = \Omega_e$。

为了给读者们一个直观的印象,令$\Omega_e \approx 10$，则$\dfrac{J_y}{J_x} = 10$，$J_y = 10 J_x$，换句话说,x方向的电场驱动了y方向的电流。因此,这个结果的物理图像已经明晰了,由于相对电阻率的影响,电流的分量及相关参数$\boldsymbol{J} \times \boldsymbol{B}$均与外加电场方向不一致。这个现象可以在许多实验中观测到,其中一个很典型的例子是磁流体发电机,由于Hall效应的存在,在磁流体发电机中横向位置处的两个电极在纵向产生一个比较大的电流,这种现象影响了发电机的有效工作。另外一个例子是电离层探测器上的偏压粒子收集板,带电粒子在进入粒子收集区时并不沿着电场线运动,因此要对获得的数据进行二次处理。最后一个例子是,在电推力器物理模型的计算中,当考虑电流和电磁力$\boldsymbol{J} \times \boldsymbol{B}$的简化模型时,如果不考虑Hall效应的影响,就没有办法解释实验中观察到的复杂现象。

7.5　磁流体约化

磁流体方程结合了流体方程和Maxwell方程组,因此通常来说很难求解,为了解决这个困难,通过一些特征量之间的关系对方程作简化,这些特征量包括特征尺度L、特征时间ω^{-1}、特征速度$L\omega$，以及特征磁场强度、特征电场强度[1],其中简化的依据是方程中每一项的阶数。

1. 位移电流项

由Maxwell方程组：

$$\nabla \times \boldsymbol{H} = \boldsymbol{J} + \frac{\partial \boldsymbol{D}}{\partial t}$$

其中,位移电流项$\dfrac{\partial \boldsymbol{D}}{\partial t}$与传导电流项$\boldsymbol{J}$的比值为

$$\frac{\partial \boldsymbol{D}/\partial t}{\boldsymbol{J}} = \frac{\varepsilon \partial \boldsymbol{E}/\partial t}{\sigma \boldsymbol{E}} \approx \frac{\varepsilon \omega}{\sigma} \ll 1$$

因此，相对于传导电流，Maxwell 方程组中的位移电流可以忽略。

2. 传导电流中的对流项

$$\boldsymbol{J}=\rho_e\boldsymbol{v}+\sigma(\boldsymbol{E}+\boldsymbol{v}\times\boldsymbol{B})$$

其中，对流项 $\rho_e\boldsymbol{v}$ 与电场驱动项 $\sigma\boldsymbol{E}$ 的比值为

$$\frac{\rho_e\boldsymbol{v}}{\sigma\boldsymbol{E}}=\frac{(\nabla\cdot\boldsymbol{D})\boldsymbol{v}}{\sigma\boldsymbol{E}}=\frac{\varepsilon(\nabla\cdot\boldsymbol{E})\boldsymbol{v}}{\sigma\boldsymbol{E}}\approx\frac{\varepsilon(\boldsymbol{E}/L)L\omega}{\sigma\boldsymbol{E}}\approx\frac{\varepsilon\omega}{\sigma}\ll 1$$

因此，可忽略传导电流中的对流项。

3. 静电体积力

$$\boldsymbol{F}=\rho_e\boldsymbol{E}+\boldsymbol{J}\times\boldsymbol{B}$$

其中，静电力 $\rho_e\boldsymbol{E}$ 与电磁力的比值为

$$\frac{\rho_e\boldsymbol{E}}{\boldsymbol{J}\times\boldsymbol{B}}\approx\frac{\varepsilon E^2/L}{\sigma(E+UB)B}\approx\frac{\varepsilon E^2/L}{\sigma UB^2}\approx\frac{\varepsilon E^2U}{\sigma U^2B^2L}=\frac{\varepsilon\omega}{\sigma}\ll 1$$

因此，可以忽略静电力项。

应用以上这些简化，可以得到下面的磁流体动力学（magnetohydrodynamic，MHD）方程。

质量方程：

$$\frac{\partial\rho}{\partial t}+\nabla\cdot(\rho\boldsymbol{v})=0$$

动量方程：

$$\frac{\mathrm{D}\boldsymbol{v}}{\mathrm{D}t}=-\nabla p+\nabla\cdot\bar{\bar{\boldsymbol{\tau}}}+\boldsymbol{J}\times\boldsymbol{B}$$

动量方程（不考虑黏性项）：

$$\rho\frac{\mathrm{D}\boldsymbol{v}}{\mathrm{D}t}=-\nabla p+\boldsymbol{J}\times\boldsymbol{B}$$

能量方程（不考虑黏性和对流项）：

$$\rho\frac{\mathrm{D}e_m}{\mathrm{D}t}=-p(\nabla\cdot\boldsymbol{v})+\frac{\boldsymbol{J}^2}{\sigma}$$

Ohm 定律：

$$\boldsymbol{J}=\sigma(\boldsymbol{E}+\boldsymbol{v}\times\boldsymbol{B})$$

Maxwell 方程组：

$$\nabla\times\boldsymbol{E}=-\frac{\partial\boldsymbol{B}}{\partial t},\qquad\nabla\times\boldsymbol{H}=\boldsymbol{J}$$

现在,有 14 个方程和 15 个未知参数,即 $\boldsymbol{v}$、$\boldsymbol{J}$、$\boldsymbol{E}$、$\boldsymbol{B}$、ρ、p、e_m,因此想要求解方程组必须引入其他方程。解决这个问题的方法是引入温度 T 和两个额外的方程。

总内能方程:

$$e_m = \frac{3}{2}nk_B T \text{ 或 } \frac{\mathrm{D}e_m}{\mathrm{D}t} = c_V \frac{\mathrm{D}T}{\mathrm{D}t}$$

状态方程:

$$p = \rho RT$$

因此,现在有 16 个未知数和 16 个方程,方程组封闭。但是,上述简化后的方程依然难以求解,因此,为了简化方程组的数学表达并更好地揭示各个物理量之间的关系,可以对方程中的各项进行重新排列,对方程进行归一化,以便得到揭示规律更为一般化的物理参数。

7.6　相似参数

如果对上面的方程组进行归一化处理,将方程组写为无量纲形式,便可以得到等离子体演化过程中的主导参数[7],基于此,可以更好地根据所考虑的实际情况分析方程中每一项的阶数,从而做出合理的近似,进而简化方程。忽略黏性项,可以得到如下方程。

动量方程:

$$\tilde{\rho}\frac{\mathrm{D}\tilde{\boldsymbol{v}}}{\mathrm{D}\tilde{t}} = -\frac{1}{\gamma_0 Ma_0^2}\tilde{\nabla}\tilde{p} + S(\tilde{\nabla}\times\tilde{\boldsymbol{B}})\times\tilde{\boldsymbol{B}}$$

式中,下标 0 表示特征物理量。

$$\tilde{\rho} = \frac{\rho}{\rho_0},\quad \tilde{v} = \frac{v}{U_0},\quad \gamma_0 = \frac{c_{p_0}}{c_{V_0}},\quad \tilde{B} = \frac{B}{B_0},\quad \tilde{t} = \frac{t}{L_0/U_0},\quad \tilde{p} = \frac{p}{p_0},\quad \frac{\tilde{\nabla}}{L} \equiv \nabla$$

能量方程可以写为

$$\tilde{\rho}\tilde{c}_V\frac{\mathrm{D}\tilde{T}}{\mathrm{D}\tilde{t}} = -(\gamma_0 - 1)\tilde{p}(\tilde{\nabla}\cdot\tilde{\boldsymbol{v}}) + \frac{\gamma_0(\gamma_0 - 1)}{R_m}SMa_0^2\frac{(\tilde{\nabla}\times\tilde{\boldsymbol{B}})^2}{\mu_0\tilde{\sigma}}$$

式中,$Ma_0 = U_0/\sqrt{\gamma_0 R_0 T_0}$;$\tilde{c}_V = \dfrac{c_V}{c_{V_0}}$;$\tilde{T} = \dfrac{T}{T_0}$;$\tilde{\sigma} = \dfrac{\sigma}{\sigma_0}$;$S$ 为磁力数,其表达式为 $S = \dfrac{B_0^2}{\mu_0\rho_0 U_0^2}$。

电磁感应方程:

$$\begin{aligned}\frac{\partial\boldsymbol{B}}{\partial t} &= -\nabla\times\boldsymbol{E} = -\nabla\times\left[\frac{\boldsymbol{J}}{\sigma} - \boldsymbol{v}\times\boldsymbol{B} + \frac{\Omega_e}{B\sigma}(\boldsymbol{J}\times\boldsymbol{B})\right]\\ &= -\nabla\times\left[\frac{\nabla\times\boldsymbol{B}}{\mu_0\sigma} - \boldsymbol{v}\times\boldsymbol{B} + \frac{\Omega_e}{B\sigma}\left(\frac{\nabla\times\boldsymbol{B}}{\mu_0}\times\boldsymbol{B}\right)\right]\end{aligned}$$

或者写为

$$\frac{\partial \boldsymbol{B}}{\partial t}=\nabla\times(\boldsymbol{v}\times\boldsymbol{B})-\frac{1}{\mu_0}\frac{\nabla\times\nabla\times\boldsymbol{B}}{\sigma}-\nabla\times\left[\frac{\Omega_e}{B\mu_0\sigma}(\nabla\times\boldsymbol{B})\times\boldsymbol{B}\right]$$

将方程归一化可以得到:

$$\frac{\partial\tilde{\boldsymbol{B}}}{\partial\tilde{t}}=\tilde{\nabla}\times(\tilde{v}\times\tilde{\boldsymbol{B}})-\frac{1}{R_m}\left\{\frac{\tilde{\nabla}\times\tilde{\nabla}\times\tilde{\boldsymbol{B}}}{\tilde{\sigma}}+\frac{\Omega_e}{\tilde{B}\tilde{\sigma}}\tilde{\nabla}\times[(\tilde{\nabla}\times\tilde{\boldsymbol{B}})\times\tilde{\boldsymbol{B}}]\right\}$$

式中,R_m 为磁雷诺数,其表达式为 $R_m=\mu_0\sigma_0U_0L_0$;Ω_e 为 Hall 参数,其表达式为 $\Omega_e=\omega\tau$。

这里使用的各个参数的表示符号与早期文献中使用的表示符号相对应,下面分析以上各个参数的物理意义。

磁雷诺数与感应磁场和背景磁场的比值有关,可以认为磁场 $\boldsymbol{B}$ 由两个部分组成:

$$\boldsymbol{B}=\boldsymbol{B}_0(\text{背景磁场})+\Delta\boldsymbol{B}(\text{感应磁场})$$

由于

$$\boldsymbol{J}=\frac{\nabla\times\boldsymbol{B}}{\mu_0}\approx\frac{1}{\mu_0}\frac{\Delta B}{\Delta x}$$

可以得到:

$$J\mu_0L\approx\Delta B$$

又由于

$$J=\sigma UB,\quad \Delta B\approx\sigma\mu_0UBL$$

最终得到:

$$\frac{\Delta\boldsymbol{B}}{\boldsymbol{B}}=\frac{\text{感应磁场}}{\text{背景磁场}}=\sigma\mu_0UL=R_m$$

磁力数与磁场能密度和流体动能密度的比值有关:

$$S=\frac{B_0^2/2\mu_0}{\frac{1}{2}\rho_0U_0^2}=\frac{\text{磁场能密度}}{\text{流场动能密度}}$$

同时,还有

$$S=\frac{B_0^2}{\mu_0\rho_0U_0^2}=\frac{B_0^2/\rho_0\mu_0}{U_0^2}\equiv\frac{V_A^2}{U_0^2}=\frac{1}{Ma_A^2}$$

式中,V_A 为 Alfven 速度,$V_A=\sqrt{B_0^2/\rho_0\mu_0}$;$Ma_A$ 即 Alfven 马赫数,$Ma_A=\dfrac{U_0}{V_A}$。

Hall 参数表示带电粒子的碰撞周期与其在磁场中做回旋运动的周期的比值:

$$\omega_e\tau = \Omega_e = \frac{\dfrac{\sigma\Omega_e}{1+\Omega_e^2}E_x}{\dfrac{\sigma}{1+\Omega_e^2}E_x} = \frac{J_y}{J_x}$$

从上式可以看出，Hall参数同样也表示了纵向电流密度与横向电流密度的比值。

另外，介绍两个相似参数，磁力相互作用参数 I 和参数 β，其中 I 表示磁场力与惯性力的比值（两种力均为体积力）：

$$I = \frac{\text{磁场力（体积力）}}{\text{惯性力（体积力）}} = \frac{J\times B}{\rho_0 U_0^2/L_0} \approx \frac{(\sigma U_0 B_0)B_0}{\rho_0 U_0^2/L_0} = \frac{\sigma B_0^2 L_0}{\rho_0 U_0}$$

β 表示热能密度与磁能密度的比值：

$$\beta = \frac{nk_B T}{B_0^2/2\mu_0} = \frac{\text{热能密度}}{\text{磁能密度}}$$

参考文献

[1] Shercliffe J A. A Textbook of Magnetohydrodynamics. London: Pergamon, 1965.
[2] Boyd T J M, Sanderson J J. Plasma Dynamics. New York: Barnes and Noble, 1969.
[3] Jackson J D. Classical Electrodynamics. New York: Wiley, 1963.
[4] Sommerfeld A. Electrodynamics; Lectures on Theoretical Physics III. New York: Academic, 1964.
[5] Stratton A. Electromagnetic Theory. New York: McGraw-Hill, 1941.
[6] Pai S I. Magnetogasdynamics and Plasma Dynamics. New York: Prentice-Hall, 1962.
[7] Sutton G W, Sherman A. Engineering Magnetohydrodynamics. New York: McGraw-Hill, 1965.
[8] Bird R B, Stewart W E, Lightfoot E N. Transport Phenomena. New York: Wiley, 1960.
[9] Cowling T G. Magnetohydrodynamics. New York: Interscience, 1957.

习　题

7.1 **（基本参数题）**计算下列情况下电子和离子的压强，假设电子和离子各自处于热平衡状态：

（1）典型辉光放电，$n_i = n_e = 10^{15}\ \text{m}^{-3}$，$T_e = 2\ \text{eV}$，$T_i = 0.03\ \text{eV}$；

（2）电离层等离子体，$n_i = n_e = 10^{12}\ \text{m}^{-3}$，$T_e = T_i = 0.1\ \text{eV}$；

（3）典型磁约束聚变等离子体，$n_i = n_e = 10^{20}\ \text{m}^{-3}$，$T_e = T_i = 10\ \text{keV}$。

7.2 **（基本概念）**在本章对等离子体宏观方程的介绍中，首先对等离子体中的各个组分分别列出了流体方程，并结合电磁场方程列出了描述等离子体行为的方程组，这种方法称为多流体方法，所得到的方程组称为多流体方程组。然后，介绍了单流体方法。请简要概括单流体方法与多流体方法的区别，以及单流体方程组与多流体方程组的关系。

7.3 **（量级估计）**在本章中，提到了电荷守恒方程：

$$\frac{\partial \rho_e}{\partial t} + \nabla \cdot \boldsymbol{J} = G_e - L_e$$

其中，G_e 和 L_e 分别表示电荷的产生和损失项，请比较当等式右侧不等于零时，电荷守恒方程左侧两项 $\frac{\partial \rho_e}{\partial t}$ 和 $\nabla \cdot \boldsymbol{J}$ 的大小关系（提示：参考磁流体约化中使用的方法）。

7.4 **（基本概念）**请写出广义 Ohm 定律的表达式，并简要说明表达式中每一项的物理含义。

7.5 **（广义 Ohm 定律）**在实际应用广义 Ohm 定律时，往往忽略电子压力梯度项和离子滑移项，因此 Ohm 定律可以简化为

$$\boldsymbol{J} = \sigma_0 \boldsymbol{E} - \frac{e}{m\nu_c} \boldsymbol{J} \times \boldsymbol{B}$$

其中，$\sigma_0 = \frac{n_e e^2}{m_e \nu_c}$，试回答以下几个问题。

（1）假设磁场 $\boldsymbol{B}$ 沿 z 轴正方向，试证明 Ohm 定律可以写为 $\boldsymbol{J} = \boldsymbol{\sigma E}$，其中

$$\boldsymbol{\sigma} = \begin{bmatrix} \sigma_P & -\sigma_H & 0 \\ \sigma_H & \sigma_P & 0 \\ 0 & 0 & \sigma_0 \end{bmatrix} = \begin{bmatrix} \frac{\nu_c^2}{\nu_c^2 + \omega_e^2}\sigma_0 & -\frac{\omega_e \nu_c}{\nu_c^2 + \omega_e^2}\sigma_0 & 0 \\ \frac{\omega_e \nu_c}{\nu_c^2 + \omega_e^2}\sigma_0 & \frac{\nu_c^2}{\nu_c^2 + \omega_e^2}\sigma_0 & 0 \\ 0 & 0 & \sigma_0 \end{bmatrix}$$

式中，$\boldsymbol{\sigma}$ 为电导率张量；$\sigma_P = \frac{\nu_c^2}{\nu_c^2 + \omega_e^2}\sigma_0$，称为 Pederson 电导率；$\sigma_H = \frac{\omega_e \nu_c}{\nu_c^2 + \omega_e^2}\sigma_0$，称为 Hall 电导率；$\omega_e = \frac{eB}{m_e}$，为电子回旋频率。

提示：将上述方程化为三个方向上的分量方程分别求解。

（2）试说明 Pederson 电导率 σ_P 和 Hall 电导率 σ_H 的物理含义，并说明这两种电导率随磁场强度大小 B 与碰撞频率 ν_c 的关系。

7.6 **（基本概念）**在磁流体力学中，定义如下物理量：

$$\eta_m = \frac{1}{\mu_0 \sigma}$$

η_m 为磁黏滞系数，其与流体力学中的黏性系数有着相同的量纲。其中，μ_0 为真空磁导率，σ 为电导率。请分析磁雷诺数 $R_m = \mu_0 \sigma UL$ 与磁黏滞系数 η_m 的关系，并与流体力学中的雷诺数作比较，简要说明为何 R_m 称为磁雷诺数。

7.7 **（磁压力）**在许多情况下，对于稳态等离子体（速度的时间导数项为零），可以假定等

离子体只受到压强梯度力与电磁力的作用，并忽略动量方程中的对流项，这样动量方程可以变为

$$\nabla p = \boldsymbol{J} \times \boldsymbol{B}$$

即，压强梯度力与电磁力平衡。试证明当磁场强度沿磁感线方向的梯度为零时，等离子体的总压强 $p_{\text{total}} = p + \dfrac{B^2}{2\mu_0}$ 不随空间发生变化（即总压处处相等）。［提示：磁场强度沿磁感线方向的梯度为零，可以得到 $(\boldsymbol{B} \cdot \nabla)\boldsymbol{B} = 0$。］

第 8 章
磁流体动力学——等离子体的流动行为

8.1 引　　言

在许多涉及密度变化的等离子体相互作用过程中，都把等离子体当作流体看待，我们可以用流体的观点来研究等离子体中的能量转化、受力变化，以及电场和磁场对等离子体的影响等[1]。因此，流体的解释和描述方法可以作为理解复杂等离子体行为的出发点，随后可以通过不断修改实验方法和理论模型，去进一步揭示等离子体物理过程的内在机理，从而更深入地了解等离子体过程并且更好地指导应用。在这种描述方法中，采用磁流体动力学（MHD）方程来研究等离子体的行为。

8.2 连续等离子体动力学的基本方程

连续性方程：

$$\frac{\partial \rho}{\partial t} + \nabla \cdot (\rho \boldsymbol{v}) = 0$$

动量方程：

$$\rho \frac{\mathrm{D}\boldsymbol{v}}{\mathrm{D}t} = -\nabla p + \boldsymbol{J} \times \boldsymbol{B}$$

能量方程：

$$\rho \frac{\mathrm{D}e_m}{\mathrm{D}t} = -p(\nabla \cdot \boldsymbol{v}) + \frac{\boldsymbol{J}^2}{\sigma}$$

Ohm 定律：

$$\boldsymbol{J} = \sigma(\boldsymbol{E} + \boldsymbol{v} \times \boldsymbol{B})$$

Ampere 定律：

$$\nabla \times \boldsymbol{H} = \boldsymbol{J}, \quad \boldsymbol{H} = \frac{\boldsymbol{B}}{\mu}$$

Faraday 定律：

$$\nabla\times \boldsymbol{E} = -\frac{\partial \boldsymbol{B}}{\partial t}$$

其中，方程组的变量为 ρ、$\boldsymbol{v}$、p、$\boldsymbol{J}$、$\boldsymbol{E}$、$\boldsymbol{B}$、e、σ，通常情况下电场强度 $\boldsymbol{E}$ 与磁感应强度 $\boldsymbol{B}$ 取决于所考虑的实际问题。

8.3　等离子体与等离子体装置中的输运效应

8.3.1　粒子横跨磁场的扩散过程

1. 气体扩散输运的一般理论

首先，从如下的理想模型中来讨论输运过程的一般处理方法：一个无限大平面将空间分为两个半空间，其中一个半空间（用“-”表示）充满了数密度为 n 的等离子体；另一个半空间（用“+”表示）为真空。在 $t=0$ 时刻，（-）空间中的等离子体开始向（+）空间扩散。由气体分子动理学理论可知，这种情况下，扩散方程可以写为 $\frac{\partial n}{\partial t}=D\nabla^2 n$，其中 D 表示扩散系数，结合适当的边界条件便可以求出扩散方程的解析解[2]。

如果考虑一维的情形，并结合上述理想模型中的初始条件与边界条件：① $n(x,\ t)=0,\ t\leqslant 0$；② $n(0,\ t)=n_0,\ t>0$，可以得到方程的解 $n(x,\ t)=n_0\mathrm{erfc}\left(\frac{x}{\sqrt{4Dt}}\right)$，这里用到了互补误差函数 $\mathrm{erfc}(\eta)=\frac{2}{\sqrt{\pi}}\int_{\eta}^{\infty}\mathrm{e}^{-\zeta^2}\mathrm{d}\zeta$，同时用无量纲数 $\frac{x}{\sqrt{4Dt}}$ 作为互补误差函数的变量，这里的无量纲数也可以用 $\frac{x^2/D}{t}$ 表示，其中 x^2/D 可以表示扩散相关时间。

如果考虑实际问题中其他几何形状的扩散边界，并且在该情况下可以使用分离变量法求解扩散方程，可以将解析解写为 $n(x,\ t)=T(t)X(x)$，将其代入扩散方程中可以得到：

$$\frac{1}{T}\frac{\mathrm{d}T}{\mathrm{d}t}=\frac{D}{X}\frac{\mathrm{d}^2X}{\mathrm{d}x^2}$$

令等式两边为定值 $-\frac{1}{\tau}$，可以得到：

$$\frac{1}{T}\frac{\mathrm{d}T}{\mathrm{d}t}=-\frac{1}{\tau}$$

以及

$$\frac{D}{X}\frac{\mathrm{d}^2X}{\mathrm{d}x^2}=-\frac{1}{\tau}$$

根据初始条件可以解得 $T=T_0\mathrm{e}^{-t/\tau}$，其中 $T_0=T(t=0)$；根据 $x=0,\ L$ 处的边界条件

可以得到 $X=\cos\dfrac{\pi x}{2L}$。因此，有 $n\sim n_0\exp\left(-\dfrac{t}{\tau}\right)$，其中 $\tau\sim\dfrac{L^2}{D}$，表示扩散特征时间。

2. 稳态扩散

下面讨论完全电离等离子体中稳态扩散的宏观方程[3,4]。对于随体坐标系，有 $\dfrac{\mathrm{D}}{\mathrm{D}t}=0$，因此有

$$0=-\nabla p+\boldsymbol{J}\times\boldsymbol{B}$$

将带电粒子的运动速度 $\boldsymbol{v}$ 分解为垂直于磁场方向的速度 $\boldsymbol{v}_\perp$ 和平行于磁场方向的速度 $\boldsymbol{v}_\parallel$，即 $\boldsymbol{v}=\boldsymbol{v}_\perp+\boldsymbol{v}_\parallel$，因此有

$$\boldsymbol{J}=\sigma(\boldsymbol{E}+\boldsymbol{v}_\parallel\times\boldsymbol{B}+\boldsymbol{v}_\perp\times\boldsymbol{B})=\sigma(\boldsymbol{E}+\boldsymbol{v}_\perp\times\boldsymbol{B})$$

等式两边同时与 $\boldsymbol{B}$ 作矢量积，可以得到：

$$\boldsymbol{J}\times\boldsymbol{B}=\sigma_\perp[\boldsymbol{E}\times\boldsymbol{B}+(\boldsymbol{v}_\perp\times\boldsymbol{B})\times\boldsymbol{B}]$$

由动量方程：

$$\boldsymbol{J}\times\boldsymbol{B}=\nabla p$$

可得

$$\nabla p=\sigma_\perp[\boldsymbol{E}\times\boldsymbol{B}+(\boldsymbol{v}_\perp\times\boldsymbol{B})\times\boldsymbol{B}]=\sigma_\perp(\boldsymbol{E}\times\boldsymbol{B}-\boldsymbol{v}_\perp B^2)$$

整理得

$$\boldsymbol{v}_\perp=-\frac{\nabla p}{\sigma_\perp B^2}+\frac{\boldsymbol{E}\times\boldsymbol{B}}{B^2}$$

从上式可以看出，垂直于磁场方向得粒子速度可以由两部分组成：① $-\nabla p$ 方向上的扩散速度；② $\boldsymbol{E}\times\boldsymbol{B}$ 方向上的漂移速度（当 E 等于零时，漂移速度也为零）。

跨越磁感线的粒子通量与粒子在跨越磁感线方向上的速度相关，即

$$\Gamma[\text{粒子数}/(\text{时间}\cdot\text{面积})]=nv_\perp=-\frac{n\nabla p}{\sigma_\perp B^2}=-\frac{nk_BT\nabla n}{\sigma_\perp B^2}$$

回想到在连续介质当中，扩散过程唯象地由 Fick 定律描述：$\Gamma=-D\nabla n$，因此结合上式，可定义 $D_\perp=\dfrac{nk_BT}{\sigma_\perp B^2}$ 为经典扩散系数。可以看到，经典扩散系数与 $\dfrac{1}{B^2}$、n、T、∇n 成正比，通过扩散系数再一次描述了带电粒子在均匀磁场中跨越磁感线的运动。

8.3.2 双极扩散

正如之前提到的那样，电子由于密度梯度会发生扩散，当等离子体中离子和电子有着相同的数密度时，离子同样也会扩散，但由于离子有着相对较低的扩散系数，离子的扩散速度比电子慢。在扩散过程中，扩散速度较快的电子跑在前面，与扩散速度较慢的离子发

生电荷分离，产生一个电场，这个电场促进离子的运动，阻碍电子的运动，最终使得离子和电子以相同的速度扩散，离子和电子好像被“绑在”一起，这种扩散方式称为**双极扩散**。

由于电子通量和离子通量相等，可得如下公式：

$$\Gamma_{\mathrm{amb}} = -D_i \frac{\mathrm{d}n}{\mathrm{d}x} + \mu_i nE = -D_e \frac{\mathrm{d}n}{\mathrm{d}x} - \mu_e nE = -D_{\mathrm{amb}} \frac{\mathrm{d}n}{\mathrm{d}x}$$

式中，μ_i 和 μ_e 分别表示离子和电子的迁移率；D_i 和 D_e 分别表示离子和电子的扩散系数；D_{amb} 表示离子和电子整体进行双极扩散的扩散系数。

同时，令 $\mu_i E = v_d^+$，$\mu_e E = v_d^-$，其中 v_d^+ 和 v_d^- 分别表示离子和电子的迁移速度，由上面第二个等式可得

$$-D_i \frac{\mathrm{d}n}{\mathrm{d}x} + nv_d^+ = -D_e \frac{\mathrm{d}n}{\mathrm{d}x} - nv_d^-$$

可以得到：

$$\frac{\mathrm{d}n}{\mathrm{d}x} = \frac{v_d^+ + v_d^-}{D_e - D_i} n$$

再结合第三个等式得：

$$-D_e \frac{\mathrm{d}n}{\mathrm{d}x} - nv_d^- = -D_{\mathrm{amb}} \frac{\mathrm{d}n}{\mathrm{d}x}$$

将 $\frac{\mathrm{d}n}{\mathrm{d}x}$ 表达式代入上式，可以得到：

$$D_{\mathrm{amb}} = \frac{D_i v_d^- + D_e v_d^+}{v_d^+ + v_d^-}$$

上式即双极扩散系数表达式，由于 $v_d^- \gg v_d^+$，其可以简化为

$$D_{\mathrm{amb}} \approx D_i + D_e \frac{v_d^+}{v_d^-} = D_i + D_e \frac{\mu_i}{\mu_e}$$

根据爱因斯坦关系(Einstein relation)($\mu \sim D$)，可以将上式化简为

$$D_{\mathrm{amb}} = D_i \left(1 + \frac{T_e}{T_i}\right)$$

8.3.3　能量平衡

用温度去描述一群粒子的平均动能时，往往假定这群粒子是处于平衡态的，即这群粒子的速度和能量有一个平衡态的分布。在等离子体中，能量往往能够优先地传递给某种组分的粒子(绝大多数情况下是电子)，然后通过碰撞过程使能量传递给其他粒子，因此确定能量的传递时间(也就是粒子达到平衡态的时间)对于问题分析至关重要。对于处

于碰撞过程中的带电粒子群，碰撞主要是通过粒子所带电荷与电场的相互作用发生的，这种碰撞也称为**库仑碰撞**(Coulomb collisions)。库仑碰撞是长距离碰撞，并伴随一个碰撞参数 p，碰撞参数 p 的最小值可以表示为 $p_{\min}=\dfrac{e^2}{4\pi\varepsilon_0 T_e}$，碰撞时间为 $\tau_c \sim \dfrac{1}{np^2\nu_c}$，其中 ν_c 表示碰撞频率，并且有 $\tau_c \sim \dfrac{\varepsilon_0^2\sqrt{m}\,T^{\frac{3}{2}}}{e^4 n}$。如果取最小碰撞参数为德拜长度，可得

$$\frac{3}{2ZZ_f e^3}\left(\frac{k_B^3 T^3}{\pi n_e}\right)^{\frac{1}{2}} \equiv \Lambda$$

式中，Z_f 表示形成电场的粒子的电荷(即背景粒子的电荷)；Z 表示与形成电场的粒子相撞的粒子(即测试例子)。

背景粒子和测试粒子的速度分布均为 Maxwell 分布，且两个粒子群的温度分别为 T 和 T_f，两个粒子群碰撞导致的能量传递公式及两个粒子群到达平衡态所需要的时间 t_{eq} 可由如下式子表示[3]：

$$\frac{\mathrm{d}T}{\mathrm{d}t}=\frac{T_f - T}{t_{\mathrm{eq}}}$$

其中，

$$t_{\mathrm{eq}}=\frac{3mm_f k_B^{\frac{3}{2}}}{8(2\pi)^{\frac{1}{2}} n_f Z^2 Z_f^2\, e^4 \ln\Lambda}\left(\frac{T}{m}+\frac{T_f}{m_f}\right)^{\frac{3}{2}}$$

式中，$\ln\Lambda$ 称为库仑对数，当粒子数密度 $n > 10^{15}\ \mathrm{cm}^{-3}$ 时，库仑对数的变化范围并不是很大，因此可以近似地将库仑对数的表达式写为

$$\ln\Lambda \cong 6.6 - 0.5\ln(n) + 1.5\ln(T_e)$$

式中，n 的单位是 $10^{20}\ \mathrm{m}^{-3}$；T_e 的单位是 eV。

除了不同种类粒子间的能量传递过程，同种粒子之间的能量传递过程同样值得我们研究，关于同种粒子之间的能量传递过程，将在之后有关等离子体应用的章节中加以讨论。

8.3.4 磁场对输运过程的影响

在有磁场的情况下，等离子体中质量、动量与能量的输运过程变得尤为复杂，其根本原因是洛伦兹力产生的回旋运动改变了粒子原有的运动状态，因此存在磁场时研究粒子输运过程的模型与通常使用的弹性-实心球模型有着很大不同。

考虑磁场情况下输运过程的控制方程依然以带电粒子的连续性方程、动量方程和能量方程为基础。输运系数与方向有关，可分为垂直于磁场和平行于磁场两个方向。分别用 ω_i 和 ω_e 表示离子回旋频率和电子回旋频率，τ_i 和 τ_e 分别表示离子碰撞时间和电子碰

撞时间，τ_i 和 τ_e 的表达式如下：

$$\tau_i = 2\times 10^7 \frac{T_i^{\frac{3}{2}}}{n\ln\Lambda},\quad \tau_e = 3.44\times 10^5 \frac{T_e^{\frac{3}{2}}}{n\ln\Lambda}$$

对于不同的 $\omega\tau$，输运系数有着不同的表达式[5]，下面逐一讨论。

1. $\omega_i\tau_i$ 和 $\omega_e\tau_e \ll 1$ 的情况(弱磁场)

电导率为

$$\sigma_{\parallel} = \sigma_{\perp} = 1.96\frac{ne^2\tau_e}{m_e}$$

电子与离子的导热系数分别为

$$K_{\parallel}^e = K_{\perp}^e = 3.2\frac{n\tau_e T_e}{m_e},\quad K_{\parallel}^i = K_{\perp}^i = 3.9\frac{n\tau_i T_i}{m_i}$$

电子流体和离子流体的黏性系数分别为

$$\mu_0^e = 0.73n\tau_e T_e,\quad \mu_0^i = 0.96n\tau_i T_i$$

2. $\omega_i\tau_i$ 和 $\omega_e\tau_e \gg 1$ 的情况(强磁场)

平行磁场方向的电导率与情况 1 相同，垂直于磁场方向的电导率为

$$\sigma_{\perp} = 0.51\sigma_{\parallel} = \frac{ne^2\tau_e}{m_e}$$

平行磁场方向的导热系数与情况 1 相同，垂直于磁场方向上的导热系数为

$$K_{\perp}^e = 4.7\frac{nT_e}{m_e\omega_e^2\tau_e},\quad K_{\perp}^i = 2\frac{nT_i}{m_i\omega_i^2\tau_i}$$

电子流体和离子流体平行于磁场方向的黏性系数与情况 1 相同，垂直于磁场方向上的黏性系数为

$$\mu_{\perp}^e = 0.51\frac{nT_e}{\omega_e^2\tau_e},\quad \mu_{\perp}^i = 0.3\frac{nT_i}{\omega_i^2\tau_i}$$

值得注意的是，上述式子成立的条件是十分苛刻的，因此通常情况下，在等离子体中用宏观参数来描述原子尺度的相互作用是有问题的，下面介绍一个这样的例子。

8.3.5 反常输运

由于对等离子体加热与压缩机理的理解逐渐深入，已经可以通过理论去指导实验的设计，人们逐渐发现在某些输运模式下，输运损耗会反常地增加[6,7]。这种现象出现的原因是原子尺度下的宏观不稳定性，这种不稳定性源于等离子体中特殊的电磁场位形，以及粒子种类、密度和温度。

这种现象称为**反常输运**[8]。对于任何给定的实验，都必须关注这种微观不稳定性出

现的可能性及其带来的影响。有关等离子体中波动行为与微观不稳定性的关系的理解取得了很大的进展[9]，事实上，许多实验的进展都来源于对不稳定性的控制，这些不稳定性破坏了正常的约束和加热机制，可控核聚变就是一个典型的例子。反常输运的具体例子将在后面的具体实验和实验结果的章节中给出。

8.4 等离子体中的磁场动力学

磁场与等离子体的相互作用依赖于磁场强度、等离子体电导率、流动参数等，可表现为扩散和对流两种形式[10,11]。为了说明磁场在等离子体中的行为，下面考虑动力学的控制方程和限制条件。

由之前的讨论可知，Faraday 定律可以写为

$$\frac{\partial \boldsymbol{B}}{\partial t} = -\nabla\times \boldsymbol{E} = -\nabla\times \left[\frac{\boldsymbol{J}}{\sigma} - \boldsymbol{v}\times\boldsymbol{B} + \frac{\Omega_e}{B\sigma}(\boldsymbol{J}\times\boldsymbol{B})\right]$$

结合 Maxwell 方程组，可以将电流密度项 $\boldsymbol{J}$ 替换掉，上式变为

$$\frac{\partial \boldsymbol{B}}{\partial t} = -\nabla\times \left[\frac{\nabla\times\boldsymbol{B}}{\mu\sigma} - \boldsymbol{v}\times\boldsymbol{B} + \frac{\Omega_e}{B\sigma}(\boldsymbol{J}\times\boldsymbol{B})\right]$$

取 $\boldsymbol{J}\times\boldsymbol{B}\approx 0$，整理上式可以得到：

$$\frac{\partial \boldsymbol{B}}{\partial t} = -\nabla\times\left(\frac{\nabla\times\boldsymbol{B}}{\mu\sigma}\right) + \nabla\times(\boldsymbol{v}\times\boldsymbol{B})$$

因此，可得 $\boldsymbol{B}=\boldsymbol{B}(\mu,\sigma,\boldsymbol{v})$，并且可以研究流速 $\boldsymbol{v}$ 对磁感应强度 $\boldsymbol{B}$ 的影响。将方程各项作进一步的简化：

$$\nabla\times(\nabla\times\boldsymbol{B}) = \nabla(\nabla\cdot\boldsymbol{B}) - (\nabla\cdot\nabla)\boldsymbol{B} = -\nabla^2\boldsymbol{B}$$

因此，方程可以写为

$$\frac{\partial \boldsymbol{B}}{\partial t} = \frac{1}{\mu\sigma}\nabla^2\boldsymbol{B} + \nabla\times(\boldsymbol{v}\times\boldsymbol{B}) = \eta_m\nabla^2\boldsymbol{B} + \nabla\times(\boldsymbol{v}\times\boldsymbol{B})$$

式中，$\eta_m = \dfrac{1}{\mu\sigma}$，其量纲与流体力学中黏性系数的量纲相同，称为**磁黏性系数**或**磁扩散系数**。上式表示磁场的变化率由扩散项和对流项两部分组成。

8.4.1 等离子体中的磁扩散效应

1. 磁场在导电介质中的扩散

本小节从建立磁场在均匀导电介质或等离子体中的扩散现象开始说起。在类似于 θ 箍缩或 Z 箍缩的装置中，脉冲放电产生了磁场和靠近导体壁面的等离子体，随后发生的行为按照磁场扩散的特征时间进行分类。

考虑一种简单的平面导体的情况，在 $t=0$ 时刻与均匀磁场 $\boldsymbol{B}_0$ 接触[12]。磁场在导体

中的扩散方程可以写为

$$\frac{\partial \boldsymbol{B}}{\partial t}=\eta_m \nabla^2 \boldsymbol{B}$$

式中，$\eta_m = 1/\mu\sigma$，为磁黏性系数或磁扩散系数。

此处，忽略了对流项，只考虑扩散项。为了便于分析，作如下简化：$\nabla^2=\frac{1}{L^2}$，因此可以得到 $\frac{\partial B}{\partial t}=-\frac{1}{\mu\sigma}\frac{B}{L^2}$，对于这个方程，有解：$B=B_0 e^{-\frac{t}{\tau}}$，其中 $\tau=\mu\sigma L^2$，表示扩散的特征时间（举个例子，0.1 T 的磁场在铜介质中扩散 2.5 cm 需要 0.6 ms）。

2. *磁场的扩散速度*

在理解磁扩散的物理过程之前，首先需要了解几个概念。根据扩散方程 $\frac{\partial \boldsymbol{B}}{\partial t}=\eta_m \nabla^2 \boldsymbol{B}$，注意到当 $\sigma=\infty$ 时，η_m 为零，此时磁场不发生扩散。考虑稳态情况 $\frac{\partial B}{\partial t}=0$，因此 $\eta_m \nabla^2 \boldsymbol{B}=0$。对于一维情况，$\eta_m \frac{d^2 B}{dx^2}=0$，对等式两边积分可得 $\frac{dB}{dx}=$ 常数。磁场通量和磁场梯度的关系可以表示为

$$\text{通量}=-\text{扩散系数}\times\text{物理量梯度}$$

即

$$\Gamma=-D\frac{dB}{dt}$$

这种物理过程与稳态热传导过程 $\left(q=-K\frac{dT}{dx}\right)$ 非常相似，可以将磁扩散方程做如下变形：

$$\frac{dB}{dx}\frac{dx}{dt}=\frac{dB}{dx}v_{\text{diff}}=\eta_m \nabla^2 B$$

式中，v_{diff} 为磁场扩散的速度。

与此同时，可以看到，等离子体中磁场梯度的存在会引起磁场的动力学行为。

8.4.2　等离子体中的磁对流项

考虑无扩散项的磁感应方程，可以得到：

$$\frac{\partial \boldsymbol{B}}{\partial t}=\nabla\times(\boldsymbol{v}\times\boldsymbol{B})=\boldsymbol{v}(\nabla\cdot\boldsymbol{B})+(\boldsymbol{B}\cdot\nabla)\boldsymbol{v}-\boldsymbol{B}(\nabla\cdot\boldsymbol{v})-(\boldsymbol{v}\cdot\nabla)\boldsymbol{B}$$

化简得到：

$$\frac{\partial \boldsymbol{B}}{\partial t}+(\boldsymbol{v}\cdot\nabla)\boldsymbol{B}=(\boldsymbol{B}\cdot\nabla)\boldsymbol{v}$$

或者写为随体导数形式：

$$\frac{\mathrm{D}\boldsymbol{B}}{\mathrm{D}t}=(\boldsymbol{B}\cdot\nabla)\boldsymbol{v}$$

其在形式上与无黏滞不可压缩流体中涡量对流 $\boldsymbol{\Omega}$ 满足的方程相同[13]：

$$\frac{\mathrm{D}\boldsymbol{\Omega}}{\mathrm{D}t}=(\boldsymbol{\Omega}\cdot\nabla)\boldsymbol{v}$$

这个方程表示理想流体元在无旋力作用下涡量的变化。因此，理解一般流体力学中涡量输运的概念对于理解等离子体中磁场的输运过程有很大的作用。

现在进一步考虑磁场在电导率为无穷大的等离子体中的运动(此时等离子体是理想导电体)。尽管对等离子体电导率做出了限制，但是这种假设利于我们从理论上研究等离子体，因为它可以使等离子体方程得到很好的简化。根据广义 Ohm 定律：

$$\frac{\boldsymbol{J}}{\sigma}=\boldsymbol{E}+\boldsymbol{v}\times\boldsymbol{B}$$

考虑到电导率 $\sigma=\infty$，可以得到：

$$\boldsymbol{E}=-\boldsymbol{v}\times\boldsymbol{B}$$

可以看到，由于电导率为无穷大，等离子体中不存在有效的传导电流，同时由于 $v\sim E/B$，不存在扩散作用。下面考虑这种模式下存在的两种重要的物理机制。

在理想导电流体中通过任意随流体运动的闭合曲线的磁通量守恒，磁通量的表达式为 $\Phi=\int_S\boldsymbol{B}\cdot\mathrm{d}\boldsymbol{S}$，由于随流体运动的闭合曲线磁通量不变，$\frac{\mathrm{D}\Phi}{\mathrm{D}t}=0$，磁场好像被“冻结”在与流体一起运动的圆环上。另外，根据忽略扩散项的磁约束方程：

$$\frac{\partial\boldsymbol{B}}{\partial t}=\nabla\times(\boldsymbol{v}\times\boldsymbol{B})$$

将等式右边用矢量公式展开，并重新整理，可以得到：

$$\frac{\mathrm{D}}{\mathrm{D}t}\left(\frac{\boldsymbol{B}}{\rho}\right)=\left(\frac{\boldsymbol{B}}{\rho}\cdot\nabla\right)\boldsymbol{v}$$

如果在随体坐标系中对时间积分，可以得到：

$$\frac{\boldsymbol{B}}{\rho}=\left(\frac{\boldsymbol{B}_0}{\rho_0}\cdot\nabla_0\right)\boldsymbol{r}$$

式中，角标“0”表示初始状态下的参数。

整理上式可得

$$\frac{B}{\rho}=\frac{B_0}{\rho_0}\frac{\mathrm{d}r}{\mathrm{d}r_0}$$

因为这个式子在流体元经过的所有位置处均成立，因此有

$$\frac{B}{\rho \mathrm{d}r}=\frac{B_0}{\rho_0 \mathrm{d}r_0}=\text{常数}$$

上式所有的物理量均为标量，因此确定磁感线的方向对于下面要介绍的第二种物理机制是十分重要的。已经在随体坐标系中对时间进行了积分（随体坐标系中的流体元速度 $v_{\mathrm{ref}}=0$），因此可以直接利用上面的矢量关系：$\boldsymbol{B}_0 \parallel \mathrm{d}\boldsymbol{r}_0 \Rightarrow \dfrac{\boldsymbol{B}_0}{\rho_0}=C\mathrm{d}\boldsymbol{r}_0$，其中，$C$ 为常数，等式左侧定义了 $\mathrm{d}\boldsymbol{r}_0$ 与 $\boldsymbol{B}_0$ 方向平行。通量管中流体元的示意图如图 8.1 所示。

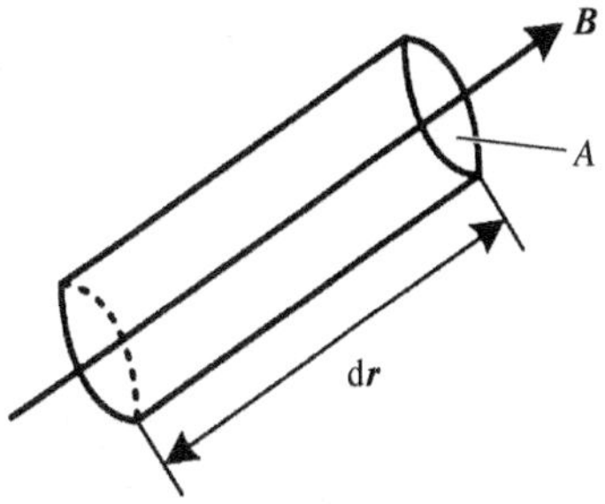

图 8.1　通量管流体元示意图

取 $\mathrm{d}\boldsymbol{r}$ 作为沿着 $\boldsymbol{B}$ 方向上通量管中流体元的长度，可以得到：

$$\mathrm{d}\boldsymbol{r}=(\mathrm{d}\boldsymbol{r}_0\cdot\nabla)\boldsymbol{r}=\left(\frac{\boldsymbol{B}_0}{C\rho_0}\cdot\nabla\right)\boldsymbol{r}=\frac{1}{C}\frac{\boldsymbol{B}}{\rho},\quad \mathrm{d}\boldsymbol{r}\parallel\boldsymbol{B}$$

这说明若流体线元在某时刻与磁场平行，则它在之后的所有时刻都与流体元平行，流体元“固定”在磁感线上随磁感线一起运动。因此，第二种物理机制可以表述如下：固定在某条磁感线上的流体元将会一直固定在这条磁感线上。

另外，还可以看出，由于 $\dfrac{B}{\rho \mathrm{d}r}=$ 常数，当流体元长度 $\mathrm{d}r$ 增加时（拉伸流体元），由于理想流体不可压缩（即密度 ρ 不变），磁场 B 也相应增大。由于流体通量守恒，流体元的截面积必然减小。作为上述结论的一个推论[10]，流体元横越磁感线的运动必然导致磁感线的重新排列，而流体元沿着磁感线的运动则不会对磁感线产生影响。讨论磁场存在时的波在等离子体中的运动时，这将会是一个很重要的概念。

8.4.3　对流项与扩散参数的定义

为了找出能够简化方程并揭示物理量之间的相关性的参数，重新审视关于磁场和流体的基本方程：

$$\frac{\partial\boldsymbol{B}}{\partial t}=\eta_m\nabla^2\boldsymbol{B}+\nabla\times(\boldsymbol{v}\times\boldsymbol{B})$$

定义以下无量纲参数：

$$\tilde{\boldsymbol{B}}=\frac{\boldsymbol{B}}{B_0},\quad \tilde{\nabla}=\frac{\mathrm{d}}{\mathrm{d}r/L}=L\nabla,\quad \tilde{\boldsymbol{v}}=\frac{\boldsymbol{v}}{U},\quad \tau=\frac{t}{L/U}$$

代入磁约束方程中，并对方程无量纲化：

$$\frac{\partial\tilde{\boldsymbol{B}}}{\partial\tau}=\frac{\eta_m}{UL}\tilde{\nabla}^2\tilde{\boldsymbol{B}}+\tilde{\nabla}\times(\tilde{\boldsymbol{v}}\times\tilde{\boldsymbol{B}})$$

将方程用无量纲参数替换,可以得到:

$$\frac{\partial \tilde{\boldsymbol{B}}}{\partial \tau}=\frac{1}{R_m}\tilde{\nabla}^2\tilde{\boldsymbol{B}}+\tilde{\nabla}\times(\tilde{\boldsymbol{v}}\times\tilde{\boldsymbol{B}})$$

定义 $R_m = UL/\eta_m$ 为磁雷诺数,这与流体力学中定义的雷诺数 $Re = UL/\mu$ 相似,其中 μ 为黏性系数。对于大的磁雷诺数 R_m,可以忽略磁场扩散项(此时对流项占主导);对于小的磁雷诺数 R_m,可以忽略对流项(此时扩散项占主导)。

在这一节中,忽略了外力对磁场的影响,只考虑流体流动对磁场的影响。在下一节中将忽略流动对磁场的影响,只考虑外力的影响。

8.5 磁流体静力学

像一般的流体静力学一样,在磁流体静力学中,我们关注的是受力、压强与磁场之间的关系[11]。再一次考虑动量方程:

$$\rho\frac{\mathrm{D}\boldsymbol{v}}{\mathrm{D}t}=-\nabla p+\boldsymbol{J}\times\boldsymbol{B}$$

或者写为当地导数的形式:

$$\rho\left[\frac{\partial \boldsymbol{v}}{\partial t}+(\boldsymbol{v}\cdot\nabla)\boldsymbol{v}\right]=-\nabla p+\left(\frac{\nabla\times\boldsymbol{B}}{\mu}\right)\times\boldsymbol{B}$$

对于稳态情况,有

$$\rho(\boldsymbol{v}\cdot\nabla)\boldsymbol{v}=-\nabla p+(\boldsymbol{B}\cdot\nabla)\frac{\boldsymbol{B}}{\mu}-\frac{\nabla B^2}{2\mu}=-\nabla\left(p+\frac{B^2}{2\mu}\right)+(\boldsymbol{B}\cdot\nabla)\frac{\boldsymbol{B}}{\mu}$$

整理得

$$(\boldsymbol{v}\cdot\nabla)\boldsymbol{v}=-\frac{1}{\rho}\nabla\left(p+\frac{B^2}{2\mu}\right)+(\boldsymbol{B}\cdot\nabla)\frac{\boldsymbol{B}}{\rho\mu}$$

定义 Alfven 速度 $V_A=(B^2/\mu\rho)^{1/2}$,如果 $\boldsymbol{v}=0$、ρ 为常数,则

$$\nabla\left(p+\frac{B^2}{2\mu}\right)-\rho(\boldsymbol{V}_A\cdot\nabla)\boldsymbol{V}_A=0$$

因此,流体压强项 p 与 $\frac{B^2}{2\mu}$ 有着同样的地位,将 $\frac{B^2}{2\mu}$ 定义为磁压强项。同时,Alfven 速度 $\boldsymbol{V}_A$ 具有很重要的意义,将在之后的讨论中再次提到。上述方程的第三项与一般流体力学中惯性梯度项很相似,一般流体力学中的动量方程形式如下:

$$\nabla p+\rho(\boldsymbol{v}\cdot\nabla)\boldsymbol{v}=0$$

式中,第二项即为惯性梯度项,因此可以看到磁压力项在等离子体的流体动力学中扮演了很重要的角色,它也揭示了流体与磁场的关系。

8.5.1　等离子体流体中的磁压

首先,讨论涉及磁压力项的数学方程,将 $\boldsymbol{v}=0$ 代入动量方程中:

$$\nabla\left(p+\frac{B^2}{2\mu}\right)=(\boldsymbol{B}\cdot\nabla)\frac{\boldsymbol{B}}{\mu}=\frac{1}{\mu}\nabla\cdot(\boldsymbol{BB})$$

式中,方程右侧括号部分为二阶张量。

整理上式可得

$$\nabla\cdot P\bar{\bar{\boldsymbol{I}}}-\nabla\cdot\left(\frac{\boldsymbol{BB}}{\mu}\right)=0$$

这是一个矢量方程,其中 $P=p+\dfrac{B^2}{2\mu}$, $\boldsymbol{BB}=B_iB_k$, $\nabla\cdot(\boldsymbol{BB})=\dfrac{\partial}{\partial r_k}(B_iB_k)$,这个方程用张量表示的等价形式为[12]

$$\frac{\partial}{\partial r_k}(P\delta_{ik})-\frac{\partial}{\partial r_k}T_{ik}=0$$

其中,

$$T_{ik}=\frac{1}{\mu}\left(B_iB_k-\frac{\delta_{ik}}{2}B^2\right)$$

将 T_{ik} 代入原方程中,得

$$\frac{\partial}{\partial r_k}\left[\left(p+\frac{B^2}{2\mu}\right)\delta_{ik}-\frac{B_iB_k}{\mu}\right]=0$$

式中,δ_{ik} 为克罗内克符号,δ_{ik} 在式中的作用是确定应力张量 $\bar{\bar{\boldsymbol{\tau}}}_m$ 的对角分量。

对于 $\boldsymbol{B}=B_z=B\boldsymbol{k}$ 的情况,只有 $i=k$ 且在 z 轴方向上时,$\dfrac{B_iB_k}{\mu}$ 项不为零,此时应力张量为

$$\bar{\bar{\boldsymbol{\tau}}}_m=\begin{bmatrix} p+\dfrac{B^2}{2\mu} & 0 & 0 \\ 0 & p+\dfrac{B^2}{2\mu} & 0 \\ 0 & 0 & p-\dfrac{B^2}{2\mu} \end{bmatrix}$$

从应力张量的表达式中可以看出磁压在横向(垂直磁感线方向)表现为压力 $\dfrac{B^2}{2\mu}$,磁压在纵向(平行于磁感线方向)表示为张力 $-\dfrac{B^2}{2\mu}$。

8.5.2 流体与等离子体结构平衡

当考虑等离子体结构的受力平衡时,磁压的物理意义就变得尤为明显。为了说明每一项的相对大小,定义参数 β:

$$\beta \equiv \frac{\text{流体压强}}{\text{磁压强}}$$

作为第一个物理例子(电导率 $\sigma = +\infty$),考虑一个轴向均匀的圆柱形等离子体结构,其径向具有均匀的等离子体压强 p。在 $r = 0 \sim r_0$ 的区域内,磁场 $B = 0$;在 $r > r_0$ 的区域内,$p = 0$,磁场 B 满足 Maxwell 方程,如图 8.2 所示。

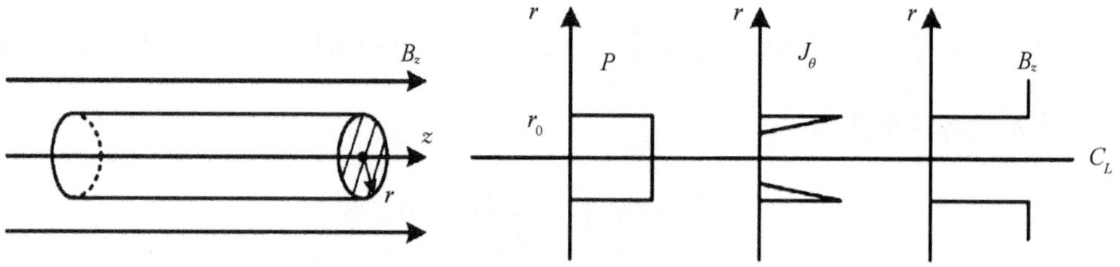

图 8.2 圆柱形等离子体/磁场平衡结构

根据动量方程:

$$\nabla\left(p + \frac{B^2}{2\mu}\right) = (\boldsymbol{B} \cdot \nabla)\,\frac{\boldsymbol{B}}{\mu} = \left(B_z \cdot \frac{\partial}{\partial z}\right)\frac{B_z}{\mu} = 0$$

有

$$\frac{\mathrm{d}}{\mathrm{d}r}\left(p + \frac{B^2}{2\mu}\right) = 0$$

可以得到:

$$p(r) + \frac{B^2(r)}{2\mu} = \text{常数}$$

这意味着:

$$p = \begin{cases} p, & 0 < r \leqslant r_0 \\ 0, & r > r_0 \end{cases}, \quad B = \begin{cases} 0, & 0 < r \leqslant r_0 \\ B, & r > r_0 \end{cases}$$

或者表示为

$$p(\text{等离子体压强}) = \frac{B_{\text{out}}^2}{2\mu}(r_0\ \text{外部的磁压强})$$

下面介绍另外一种理解等离子体中磁压作用的方式。同样,取 $\sigma = \infty$,由 Faraday 定律的积分形式可以得到:

$$\oint \boldsymbol{B} \cdot \mathrm{d}\boldsymbol{s} = \mu \int \boldsymbol{J} \cdot \mathrm{d}S = \mu I$$

在等离子体与磁场的交界面上（即 $r = r_0$ 平面），使用 Maxwell 方程组：

$$\frac{\partial B_z}{\partial r} = \text{有限值}, \qquad \nabla \times \frac{\boldsymbol{B}}{\mu} \rightarrow \boldsymbol{J}_\theta$$

电流密度沿角向（$\boldsymbol{J}_\theta$）是因为磁场沿轴线方向，在柱坐标系中有

$$\nabla \times \boldsymbol{B} = \left(\frac{1}{r}\frac{\partial B_z}{\partial \theta} - \frac{\partial B_\theta}{\partial z}\right)\boldsymbol{r} + \left(\frac{\partial B_r}{\partial z} - \frac{\partial B_z}{\partial r}\right)\boldsymbol{\theta} + \left[\frac{1}{r}\frac{\partial (rB_\theta)}{\partial r} - \frac{1}{r}\frac{\partial B_r}{\partial \theta}\right] z$$

在平面 $r = r_0$ 处，角向电流密度 $J_\theta > 0$，因此在 $r = r_0$ 平面上会产生径向方向的受力 $\boldsymbol{J}_\theta \times \boldsymbol{B}_z = \boldsymbol{F}_r$，这种物理行为是所有磁约束装置中固有的行为。本节中所举的圆柱形等离子体区域例子就是磁约束聚变装置中 θ 箍缩装置的物理模型。

作为本节中的第二个例子，依然考虑一个拥有有限电导率的柱状几何构型等离子体区域，在 $0 \leqslant r \leqslant r_0$ 的区域内，有均匀的轴向电流密度 J_z，其中的等离子体与 $r = r_0$ 以外的磁场保持着压力平衡（图 8.3）。想要定义电流密度、流体压力、磁场在 $[0, r_0]$ 内作为 r 的函数，且这个函数具有自洽性，满足流体方程和 Maxwell 方程组，首先应用 Maxwell 方程：

$$\nabla \times \boldsymbol{B} = \mu \boldsymbol{J}$$

等式两边对圆柱表面积分，并利用 Stoke 定理可得

$$\oint \boldsymbol{B} \cdot \mathrm{d}\boldsymbol{s} = \mu \int \boldsymbol{J} \cdot \mathrm{d}S$$

将其应用到圆柱体几何构型上，可以得到：

$$B_\theta \cdot 2\pi r = \mu \pi r^2 J_z$$

最终可得

$$B_\theta = \mu \frac{r}{2} J_z$$

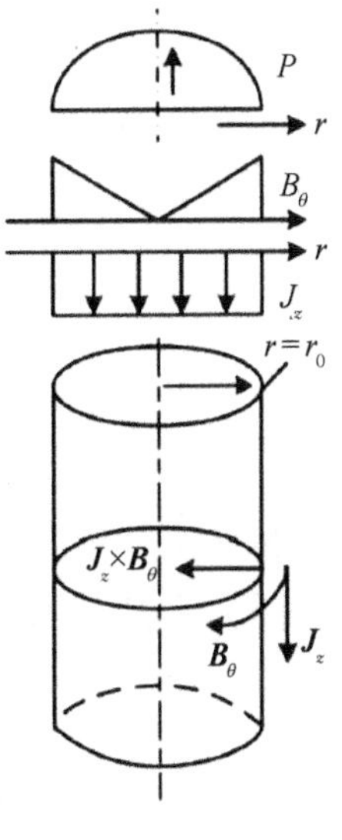

图 8.3　线性（均匀电流）箍缩

可以看到，磁场强度从轴线到边界处呈线性增加，并且磁场强度与磁场所在区域截面处的电流密度有关。

下面考虑动量方程：

$$\nabla p = \boldsymbol{J} \times \boldsymbol{B}$$

将动量方程应用到本例中可以得到：

$$\frac{\partial p}{\partial r} = -J_z B_\theta = -\mu \frac{r}{2} J_z^2$$

等式两边对 dr 积分可得

$$\mathrm{d}p = -\mu \frac{J_z^2}{2} r\mathrm{d}r$$

或者写为

$$p_2 - p_1 = -\frac{\mu}{4} J_z^2 (r_2^2 - r_1^2)$$

于是可以得到：

$$p + \frac{\mu}{4} J_z^2 r^2 = p + \frac{B^2}{\mu} = 常数$$

流体压强 p 呈抛物线形状，并在 r_0 处为 0。计算流经等离子体柱的总电流：

$$I = \int_0^{r_0} J \cdot 2\pi r\mathrm{d}r = \frac{\oint \boldsymbol{B} \cdot \mathrm{d}\boldsymbol{s}}{\mu}$$

因此可得

$$I = \frac{2\pi r_0 B_\theta(r_0)}{\mu}$$

上式可以表述为 $I^2 \sim \underbrace{Nk_BT}_{p\pi r_0^2}$，其中 N 为单位长度的等离子体柱的总离子数，维持等离子体平衡的电流与压强和截面积的乘积成正比。这个例子说明线性箍缩（Z 箍缩）中固有的受力平衡，这种受力平衡将在之后的应用部分再次考虑。

8.6 磁流体稳定性

已经介绍了用受力密度限制等离子体的概念：$\boldsymbol{J} \times \boldsymbol{B} \Leftrightarrow \frac{B^2}{2\mu} = p$，但在实际情况中力的施加是有过程的，这个过程并不一定是稳定的，于是便有了时间相关扰动下的平衡稳定性问题。如果系统所受的力的作用是使系统趋向于恢复平衡，则这个系统是稳定的；如果系统所受的力的作用是使系统趋向于远离平衡，则这个系统是不稳定的。不稳定性分为两种：① 宏观不稳定性，它通常由磁流体方程给出并且涉及边界的物理位移，之前提到的反常输运就是其中的一个例子；② 微观不稳定性，它通常涉及当地等离子体与电磁场的相互作用，这其中包括波扰动及波与粒子的相互作用[9]。本节中，我们关心的是宏观 MHD 的约束稳定性。

8.6.1 MHD 稳定性的物理考量

下面考虑线性箍缩等离子体（Z 箍缩）在高电导率（$\sigma = \infty$）情况下的稳定性。线性箍缩装置的物理模型是一个带有电流的圆柱形等离子体，等离子体的周围环绕有周向磁场 B_θ，如图 8.3 所示。

依据动量方程 $\nabla p = \boldsymbol{J} \times \boldsymbol{B}$，必须考虑等离子体柱与外部磁场交界面处的边界条件，在交界面处有

$$\frac{B_\theta^2}{2\mu} = p, \quad B_\theta \cdot 2\pi r = \mu \pi r^2 J_z \Rightarrow B_\theta = \frac{\mu I}{2\pi r}$$

式中，I 表示流过等离子体柱的总电流；r 表示边界处的半径。

考虑图 8.4 和图 8.5 所示的扰动结构。

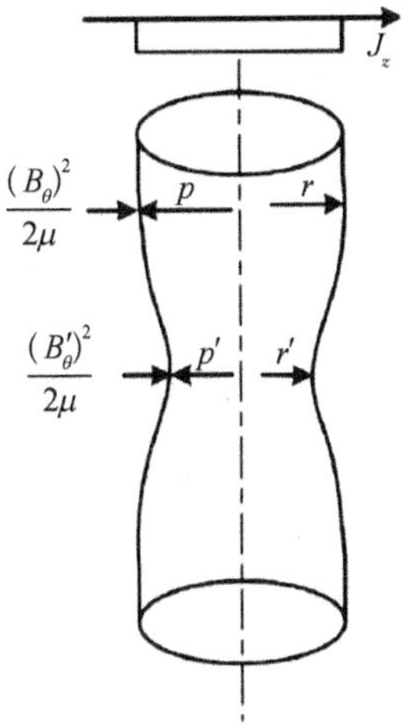

图 8.4　线性箍缩系统的轴对称扰动

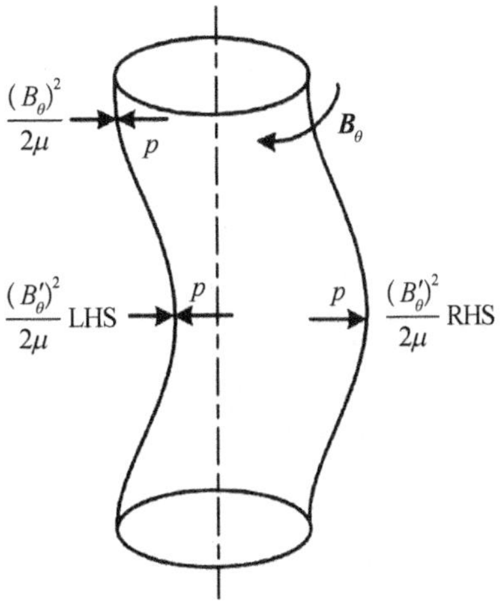

图 8.5　线性箍缩系统的非轴对称扰动

首先考虑边界位置发生的变化（边界半径变为 r'），这个变化是轴对称的。因此，在发生扰动的边界处有

$$B'_\theta = \frac{\mu I}{2\pi r'}$$

$r' < r$，因此 $B'_\theta > B_\theta \Rightarrow \frac{B'^2_\theta}{2\mu} \gg \frac{B^2_\theta}{2\mu}$，但是由于等离子体内部压强平衡（$p' = p$），在 r' 处有

$$\frac{B'^2_\theta}{2\mu} \gg \frac{B^2_\theta}{2\mu} = p = p'$$

也就是说，在发生扰动的位置 r' 处：

$$\frac{B'^2_\theta}{2\mu}(\text{磁压}) \gg p'(\text{热压})$$

因此，若 $r' < r$，则在之后的演化中，由于磁压大于热压，扰动位置处的半径 r' 会持续减小，直至体系崩溃（等离子体柱断裂），因此体系对于这种扰动是不稳定的，称为腊肠不

稳定性(sausage instability)。

可以通过在等离子体柱内部施加 z 方向上的磁场来抑制这种不稳定性,在理想电导率等离子体中,由于磁冻结效应,保持固定在流体元上的闭合环线的磁通量不变(上面提到过的磁对流项分析的第一种物理机制),用公式表述为

$$\Phi = B_z A = B_z \pi r^2 = C$$

式中,Φ 为磁通量;C 为常数。

因此,可以得到,对于等离子体柱内部的附加场,有

$$B_z = \frac{C}{\pi r^2}$$

若 $r' < r$,则有

$$B_z' \gg B_z \Rightarrow p + \frac{B_z'^2}{2\mu} > \frac{B_\theta^2}{2\mu}$$

这是由于 $B_z \sim 1/r^2$,而 $B_\theta \sim 1/r$,B_z 的变化速率大于 B_θ。从上式可以看出,当等离子体柱的某个位置发生收缩时($r' < r$),等离子体柱内部的总压大于外部的总压,因而此时等离子体会产生一个抗拒收缩的压力,从而使等离子体获得恢复到平衡位置的趋势,此时体系对于这种扰动是稳定的。

其次,考虑一种边界上的不对称扰动,这种扰动是使等离子体柱的中轴线发生偏移,如图 8.5 所示。根据如下公式:

$$B_\theta = \frac{\mu I}{2\pi r}, \quad \Phi = BS \Rightarrow B = \frac{\Phi}{S}$$

并且,在扰动中有

$$S_{\mathrm{LHS}} < S_{\mathrm{RHS}}, \quad \Phi_{\mathrm{LHS}} = \Phi_{\mathrm{RHS}}$$

式中,LHS 表示左侧边界;RHS 表示右侧边界。因此,有

$$B_{\mathrm{LHS}} > B_{\mathrm{RHS}}, \quad \frac{B^2}{2\mu}(\mathrm{LHS}) + p > \frac{B^2}{2\mu}(\mathrm{RHS})$$

这说明在图 8.5 所示情况下,左侧边界总压将大于右侧边界总压,因此系统会持续向右侧偏移,直至系统崩溃。这种扰动是不稳定的,称为扭曲不稳定性(kink instability)。

8.6.2 MHD 扰动分析

稳态等离子体构型的稳定性分析主要有以下几种方法:① 基于热力学的能量最小原理[3];② 用于计算粒子漂移速度的轨道理论[14];③ 基于小扰动假设的磁流体扰动方程[10]。

在本书中我们用到的是第③种方法,即通过磁流体扰动方程来作稳定性分析。首先,给出这种分析方法的一般步骤,假设等离子体是理想导电体($\sigma = \infty$)。

写出平衡方程,取流速为零,即

$$U_0 = 0$$

将物理量写为扰动形式(如 $p = p_0 + p'$ 等),并忽略二阶量,如动量方程:

$$\rho \frac{\mathrm{D}\boldsymbol{v}}{\mathrm{D}t} = - \nabla p + \boldsymbol{J} \times \boldsymbol{B}$$

有如下式子:

$$p = p_0 + p', \quad \boldsymbol{v} = \boldsymbol{v} + \boldsymbol{v}', \quad \boldsymbol{J} = \boldsymbol{J} + \boldsymbol{J}', \quad \boldsymbol{B} = \boldsymbol{B} + \boldsymbol{B}'$$

将上式代入动量方程并忽略二阶量可得

$$\rho_0 \frac{\mathrm{d}\boldsymbol{v}'}{\mathrm{D}t} = - \nabla p' + \boldsymbol{J}' \times \boldsymbol{B}_0 + \boldsymbol{J}_0 \times \boldsymbol{B}'$$

为减少方程和未知数,分别用连续性方程、动量方程、磁感应方程替换 v'、p'、B'。

采用位移矢量:

$$\boldsymbol{\xi}(\boldsymbol{r}, t) = \boldsymbol{r} \cdot \boldsymbol{r}_0$$

边界速度可用位移矢量表示:

$$\boldsymbol{v}' = \frac{\mathrm{D}\boldsymbol{r}}{\mathrm{D}t} = \frac{\partial \boldsymbol{\xi}}{\partial t}$$

$$\Rightarrow \frac{\partial^2 \boldsymbol{\xi}}{\partial t^2} = f(\rho_0, p_0, B_0)$$

结合两个边界条件便可求解这个线性方程。

假设解是周期性的,并利用傅里叶分析将解写为如下形式:

$$\boldsymbol{\xi}(\boldsymbol{r}, t) = \sum_n \boldsymbol{\xi}(\boldsymbol{r}, \omega) \mathrm{e}^{\mathrm{i}\omega_n t}$$

式中,ω_n 表示寻常模的频率。

规定并结合了场的边界条件,在边界处的受力平衡为

$$p_0 + \frac{B_{0i}^2}{2\mu} = \frac{B_{0e}^2}{2\mu}$$

式中,下角标 i 表示等离子体内部;下角标 e 表示等离子体外部。

1. 线性箍缩系统的稳定性

在下面的分析中,总结了 Boyd 等[11]的工作,假定电导率 $\sigma = \infty$,因而有面电流和冻结场的存在。在等离子体区域,附加一个轴向磁场并考虑其对稳定性的影响,因此在等离子体内部,有 $\boldsymbol{B}_{0i} = (0, 0, B_{0z})$;在等离子体外部,有 $\boldsymbol{B}_{0e} = [0, B_\theta(r), 0]$。同时,$\boldsymbol{\xi}(\boldsymbol{r}, t) = \boldsymbol{\xi}(\boldsymbol{r})\mathrm{e}^{\mathrm{i}\omega t}$,对于轴对称系统,有 $\boldsymbol{\xi}(\boldsymbol{r}) = \boldsymbol{\xi}(r)\mathrm{e}^{\mathrm{i}m\theta + \mathrm{i}kz}$。考虑 $m = 0$ 的模式,此时物理量的解为轴对称形式,即物理量与 θ 无关,得到:

$$\frac{\mathrm{d}^2\xi_z}{\mathrm{d}r^2}+\frac{1}{r}\frac{\mathrm{d}\xi_z}{\mathrm{d}r}-\overbrace{f(k,\ c_s,\ \omega,\ V_A)}^{K}\xi_z=0$$

这是零阶 Bessel 方程,它的解为 $\xi_z=J_0(Kr)$,对于 ξ_r,也有相似的解。将边界条件代入可以得到色散方程 $\omega=\omega(k)$:

$$\omega^2=k^2V_A^2-\frac{B_\theta^2}{B_{0z}^2}\frac{K}{r}\frac{J'_0(Kr)}{J_0(Kr)}=\frac{k^2B_{0z}^2}{4\pi\rho_0}-\frac{B_\theta^2}{4\pi\rho_0 r^2}\frac{KrJ'_0(Kr)}{J_0(Kr)}$$

现在重新考虑 $\boldsymbol{\xi}(\boldsymbol{r},\ t)=\boldsymbol{\xi}(\boldsymbol{r})\mathrm{e}^{\mathrm{i}\omega t}$,对于 $\omega^2<0$, $-\omega^2>0\Rightarrow i\omega>0$ 的情况,$\mathrm{e}^{\mathrm{i}\omega t}$ 随时间增大,因而平衡是不稳定的。对于保守系统,ω^2 必须是实数,这样才能保证系统中没有阻尼和不稳定性的存在。在上述情况中,$\omega^2<0$,这意味着:

$$k^2B_{0z}^2<\frac{B_\theta^2}{r^2}\frac{KrJ'_0(Kr)}{J_0(Kr)}$$

或者写为

$$B_{0z}^2<\frac{B_\theta^2}{(kr)^2}\frac{KrJ'_0(Kr)}{J_0(Kr)}$$

这表明了一个不稳定结构的条件,换句话说,如果满足如下条件:

$$B_{0z}^2>\frac{B_\theta^2}{(kr)^2}\frac{KrJ'_0(Kr)}{J_0(Kr)}$$

那么,结构将是稳定的。

2. Rayleigh - Taylor 不稳定性

这种不稳定性发生在流体与力场有交界面的区域,这个流体与力场可以是流体与重力场(图 8.6),也可以是等离子体与磁场(图 8.7),其中在交界面的一侧具有较低的密度或较低的压力(热压力或磁压力)。

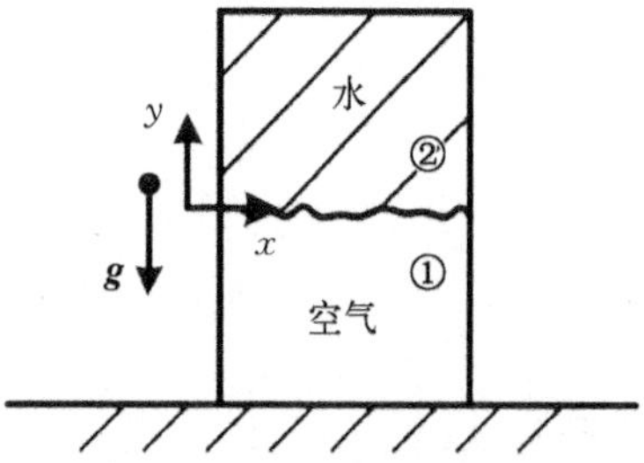

图 8.6 流体力学中的 Rayleigh - Taylor 不稳定性

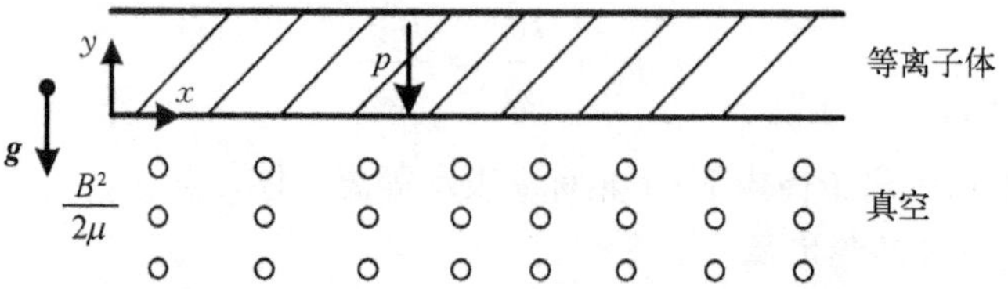

图 8.7 等离子体中的 Rayleigh - Taylor 不稳定性

1) 一般的流体力学

考虑在重力场中密度较高的流体在密度较低的流体上方这一情况(这是很容易实现的,把一个装了半杯水的水杯倒置时,就是一个交界面上方是水(高密度)、下方是空气

(低密度)的情况)。

流体的基本控制方程如下。

连续性方程:

$$\frac{\partial \rho}{\partial t} + \nabla \cdot (\rho \boldsymbol{v}) = 0$$

动量方程:

$$\rho \frac{\mathrm{D}\boldsymbol{v}}{\mathrm{D}t} = - \nabla p + \rho \boldsymbol{g}$$

令 $v = v_0 + \tilde{v}$, 其中扰动量 $\tilde{v} = v(y)\mathrm{e}^{\mathrm{i}(kx-\omega t)}$, 将边界条件代入方程中并作线性化处理, 得到色散关系:

$$\omega^2 = - gk \frac{(\rho_2 - \rho_1)}{\rho_2 + \rho_1}$$

可以看出,当 $\rho_2 > \rho_1$ 时, $\omega^2 < 0$, 因此扰动量会随着时间逐渐增大,系统此时是不稳定的。

2) 等离子体与磁场的情况

在本例中,考虑处在重力场与磁场中的等离子体,控制等离子体的基本动量方程(受力平衡方程)为

$$\rho \frac{\mathrm{D}\boldsymbol{v}}{\mathrm{D}t} = - \nabla p + \boldsymbol{J} \times \boldsymbol{B} + \rho \boldsymbol{g}$$

对于磁感线准直、均匀的磁场(图 8.7),有

$$- \nabla p + \frac{\nabla \times \boldsymbol{B}}{\mu} \times \boldsymbol{B} + \rho \boldsymbol{g} = 0$$

或者写为

$$- \nabla \left(p + \frac{B^2}{2\mu} \right) + \rho g = 0$$

若 $p \neq f(y)$, 即 p 不随 y 方向变化,则

$$- \frac{1}{2\mu} \frac{\partial B^2}{\partial y} + \rho g = 0$$

因此,在流体中有

$$\frac{B^2(y)}{2\mu} = \frac{B^2(0)}{2\mu} + \rho g y$$

为了维持平衡, B 必然随着 y 减小,在 $y = 0$ 处的边界条件为[考虑 $p \neq f(y)$]

$$\frac{B_{y<0}^2}{2\mu}=\frac{B^2(0)}{2\mu}+p$$

为了检验系统的稳定性,考虑基本方程:

$$\frac{\partial\rho}{\partial t}+\nabla\cdot(\rho\boldsymbol{v})=0$$

$$\rho\frac{\mathrm{D}\boldsymbol{v}}{\mathrm{D}t}=-\nabla\left(p+\frac{B^2}{2\mu}\right)+\rho\boldsymbol{g}$$

再次取 $v=v_0+\tilde{v}$,其中 $\tilde{v}$ 表示扰动量,有如下形式:$\tilde{v}=v(y)\mathrm{e}^{\mathrm{i}(kx-\omega t)}$。假定流体是不可压缩流体(理想流体),有 $\nabla\cdot\tilde{v}=0$,因此平衡方程变为

$$\frac{\mathrm{d}^2\tilde{v}_y}{\mathrm{d}y^2}+\left(\frac{1}{\rho}\frac{\mathrm{d}\rho}{\mathrm{d}y}\right)\frac{\mathrm{d}\tilde{v}_y}{\mathrm{d}y}-k^2\left(1+\frac{g}{\omega^2}\frac{1}{\rho}\frac{\mathrm{d}\rho}{\mathrm{d}y}\right)\tilde{v}_y=0$$

上述方程的解的形式如下:$\tilde{v}=\tilde{v}_y=K\tilde{v}(y)\mathrm{e}^{-\mathrm{i}\omega t}$, $\tilde{v}(y)=\hat{v}\mathrm{e}^{-ky}$。

在 $y=0$ 处,扰动量的微分方程为

$$\frac{\mathrm{d}\tilde{v}_y}{\mathrm{d}y}-k^2\frac{g}{\omega^2}\tilde{v}_y=0$$

将解 $\tilde{v}(y)=\hat{v}\mathrm{e}^{-ky}$ 代入上式,可得色散关系 $\omega^2=-kg<0$,因此扰动对于系统来说是不稳定的。

8.7 等离子体波——扰动的传播

等离子体是一种特殊的介质,因其具有耦合流体和电磁场的特性,所以流体和电磁场的扰动都可以以波的形式在等离子体中传播。由于等离子的波动过程极其复杂,本书并不能对其作全面细致的讨论,但由于等离子体波动行为具有独特性,有必要对其进行基本的描述和分析。

在描述电磁波在气体中的传播时,已经介绍了许多重要的波动行为,这些都是读者熟悉的。在这里先回顾这些内容,作为接下来对等离子体波讨论的基础知识。光波或无线电波在穿越绝缘介质时,有以下方程(以平面波为例)[12]:

$$\boldsymbol{E}(\boldsymbol{x},t)=\boldsymbol{\varepsilon}_1E_0\mathrm{e}^{\mathrm{i}(kx-\omega t)},\quad \boldsymbol{B}(\boldsymbol{x},t)=\boldsymbol{\varepsilon}_2B_0\mathrm{e}^{\mathrm{i}(kx-\omega t)}$$

式中,E_0、B_0 表示复振幅,$B_0=\sqrt{\mu\varepsilon}E_0$;$\boldsymbol{\varepsilon}_1$、$\boldsymbol{\varepsilon}_2$ 表示垂直于波传播方向的方向向量,$\boldsymbol{\varepsilon}_2=\dfrac{\boldsymbol{k}\times\boldsymbol{\varepsilon}_1}{\boldsymbol{k}}$;$\boldsymbol{k}$ 为波矢,其方向表示波的传播方向。

波数 $k=|\boldsymbol{k}|=\dfrac{\omega}{v}=\sqrt{\mu\varepsilon}\dfrac{\omega}{c}=n\dfrac{\omega}{c}$,其中 ω 为圆频率,c 表示真空中的光速,n 表示折射率。电磁波是横波,也就是说电磁场的振荡方向和波的传播方向垂直。波的相位传

播的方向称为相速度，其表达式为 $v_{ph}=\dfrac{\omega}{k}$，相速度是可以超过光速的。波脉冲以不失真的形状传播，即波的包络线的传播称为群速度，其表达式为 $v_g=\dfrac{\mathrm{d}\omega}{\mathrm{d}k}$，波动携带的能量是以群速度传播的，信息的传播速度同样是群速度，因此群速度是不能超过光速的。真空中 ($\boldsymbol{J}=0$) 电磁波的相速度为光速，$v_{ph}\equiv c=(\varepsilon_0\mu_0)^{-1/2}$。

8.7.1　电磁波的色散和截至现象

在等离子体介质中，电子可以响应电磁波中的电场，并形成电流密度 $\boldsymbol{J}=\boldsymbol{J}_e=-n_e e\,\boldsymbol{v}_e$（在真空中 $\boldsymbol{J}=0$）。考虑冷等离子体（即忽略电子温度，$k_BT_e=0$），则有 $\boldsymbol{v}_e=\dfrac{e\,\boldsymbol{E}_0}{\mathrm{i}m_e\omega}$，色散关系为

$$\omega^2=\omega_{pe}^2+c^2k^2$$

或者写为

$$k^2=\frac{\omega^2}{c^2}\left(1-\frac{\omega_{pe}^2}{\omega^2}\right)$$

因此，相速度为

$$v_{ph}^2=\frac{\omega^2}{k^2}=c^2+\frac{\omega_{pe}^2}{k^2}>c^2$$

群速度为

$$v_g=\frac{\mathrm{d}\omega}{\mathrm{d}k}=\frac{c^2}{v_{ph}}$$

由于相速度 $v_{ph}>c$，群速度 $v_g<c$。如果折射率与波的频率有关，则波在介质中是有色散的。电磁波的色散关系表明了一个电磁波的很重要的传播性质：当电磁波频率小于等离子体频率，即 $\omega<\omega_{pe}$ 时，波数 k 不是实数，因此波动不能传播。只有频率满足 $\omega>\omega_{pe}=\left(\dfrac{n_e e^2}{m\varepsilon_0}\right)^{1/2}$ 的波才能在等离子体中传播。因此，对于给定的电子密度，存在一个确定的截止波长。作为一个实际的例子，地球轨道飞行器在重返大气层时，飞行器表面产生的等离子体会干扰通常用于通信的微波波段的传输。

8.7.2　离子声波

在非电离气体中，扰动是通过粒子之间的碰撞来传递的，这类波动是纵波（粒子振荡方向与波的传播方向相同），波动以声速传播：

$$c_s=\frac{\omega}{k}=\left(\frac{\gamma k_BT}{m_i}\right)^{1/2}$$

式中，m_i 为离子质量；k_B 为 Boltzmann 常量。

在没有明显粒子碰撞的等离子体中（$n_i = n_e$），由于电场的形成，离子数密度的扰动同样可以传播。假设粒子的能量满足 Maxwell 分布，发现在小扰动的情况下，声波（纵波）的传播速度为[4]

$$c_s = \frac{\omega}{k} = \left(\frac{k_B T_e + \gamma k_B T_i}{m_i}\right)^{1/2}$$

这就是离子声波的色散关系。注意到，通常在等离子体中，电子温度远大于离子温度，即 $T_e \gg T_i$，此时可以忽略离子温度，声速取决于电子温度，而非离子温度。

8.7.3 垂直于 B 的纵向电子振荡

在等离子体中施加一个背景磁场 $\boldsymbol{B}_0$，并且假定等离子体中只有电子可以响应快速变化的电场，离子只能响应平均电场的作用（通常情况下平均电场为零），从而作为背景存在，因此电荷的分离会导致电场的产生[4]。忽略电子的热运动，各个物理量的扰动用如下参数表示：电子密度为 n_e'、电子速度为 v_e'，以及电场 E'，有 $\boldsymbol{k} \parallel \boldsymbol{E}'$（电子波在 x 方向传播，E' 也沿 x 方向）。控制方程为

$$m_e \frac{\partial \boldsymbol{v}_e'}{\partial t} = -e(\boldsymbol{E}' + \boldsymbol{v}_e' \times \boldsymbol{B}_0)$$

$$\frac{\partial \boldsymbol{n}_e'}{\partial t} + n_0 \nabla \cdot \boldsymbol{v}_e' = 0$$

$$\varepsilon_0 \nabla \cdot \boldsymbol{E}' = -e\boldsymbol{n}_e'$$

取

$$\boldsymbol{v}' = v'\boldsymbol{x}\mathrm{e}^{\mathrm{i}(kx-\omega t)}, \quad n_e' = n_e'\boldsymbol{x}\mathrm{e}^{\mathrm{i}(kx-\omega t)}, \quad \boldsymbol{E}' = E'\boldsymbol{x}\mathrm{e}^{\mathrm{i}(kx-\omega t)}$$

考虑到方向 $\boldsymbol{k} = \boldsymbol{k}_x$，$\boldsymbol{B}_0 = z B_0$，$\boldsymbol{E}' = \boldsymbol{x}E'$，把运动方程分解到三个分量上，求解可得

$$v_z' = 0, \quad v_x' = \frac{eE'/\mathrm{i}\omega m_e}{1 - \omega_e^2/\omega^2}$$

式中，$\omega_e = \dfrac{eB_0}{m_e}$。

现在将扰动量代入连续性方程，可以得到：$n_e' = \dfrac{k}{\omega} n_0 v_x'$，将上述 v_x' 的表达式代入，同时根据 Possion 方程 $\varepsilon_0 \dfrac{\partial E'}{\partial x} = e n_e'$，将 n_e' 替换掉，可以得到：

$$\varepsilon_0 E'\mathrm{i}k = -e\frac{k}{\omega} n_0 \cdot \frac{eE'/\mathrm{i}\omega m_e}{1 - \omega_e^2/\omega^2} \Rightarrow \omega^2 = \omega_{pe}^2 + \omega_e^2 \equiv \omega_{uh}^2$$

从上式可以看出，这种纵向电子波的频率是等离子体频率和电子回旋频率的函数。

事实上,这种纵向电子波频率是两种组合波共振频率的一种,这个频率称为**上杂化频率** ω_{uh}(upper hybrid frequency)。

8.7.4 垂直于 B 的纵向离子振荡

为了尝试解释有关离子的基本波动行为,允许一种由电荷分离(来自电子)产生的电场所激发的离子声波的存在,其中磁场的存在导致了电荷分离。同时,假设 $T_i \approx 0$,这种假设称为冷等离子体极限[11]。假设波在 x 方向上运动,离子数密度 n_0、磁场 $\boldsymbol{B}_0 = \boldsymbol{x}B_0$ 均为常数,以及 $\boldsymbol{v}_0 = 0$、$\boldsymbol{E}_0 = 0$。由于是静电波,有 $\boldsymbol{k} \times \boldsymbol{E} = 0$, $\nabla \times \boldsymbol{E} = 0$,可得 $\boldsymbol{E} = -\nabla\varphi$。如前所述,用(′)符号表示小扰动量,因此离子的运动方程[4]可以写为

$$m_i \frac{\partial \boldsymbol{v}_i'}{\partial t} = -e\nabla\varphi' + e\boldsymbol{v}_i' \times B_0$$

将运动方程分解到 x 和 y 方向上,并解出离子在波传播方向上的扰动速度,得到:

$$v_{ix}' = \frac{ek}{m_i\omega}\varphi'\left(1 - \frac{\omega_i^2}{\omega^2}\right)$$

式中,$\omega_i = \dfrac{eB_0}{m_i}$,表示离子回旋频率。

由准中性假设,有 $n_i = n_e$,同时根据电子的 Boltzmann 分布,可得密度扰动 $n_i' = n_e' = n_0 \dfrac{e\varphi'}{k_B T_e}$,将其与连续性方程 $n_i' = n_0 \dfrac{k}{\omega} v_{ix}'$ 联立,可以得到:

$$\omega^2 = \omega_i^2 + k^2 \frac{k_B T_e}{m_i}$$

这便是纵向离子波的色散关系,这种垂直于 $\boldsymbol{B}$ 的离子波称为离子**回旋振荡**。

8.7.5 Alfven 波——磁扰动沿磁场方向的传播

有关等离子体行为的流体特性研究一直在进行。在一般流体力学中,最有代表性的流体波是声波,声波是一种纵波,它由压差产生并且其传播速度与分子随机热运动相关,因此声波同样涉及密度扰动。分析表明,如果流体是不可压缩的(ρ = 常数),则在其中传播的声波的速度将变为无穷大。实验证明,高密度的流体确实有更高的声速。

下面讨论一种由磁场扰动形成的波,它在等离子体动力学中有着重要的意义。就像之前讨论的那样,有许多物理定律中都将磁场扰动与等离子体数密度扰动联系起来。这种波动与声波有着明显的不同,但是在等离子体中,这两种波动形式可以相互耦合。首先讨论忽略声波时的物理情况,然后介绍这两种类型的波同时存在所导致的复杂性。

首先分析等离子体中磁场扰动的传播。注意到当磁场存在时,等离子体满足如下条件:

$$\nabla\left(p + \frac{B^2}{2\mu}\right) - \rho(\boldsymbol{V}_A \cdot \nabla)\boldsymbol{V}_A = 0$$

这是由动量方程在忽略流速的情况下($v=0$)导出的,其中 $V_A=(B^2/\mu\rho)^{1/2}$。但是在一般流体力学中,包含流体速度的动量方程为

$$\nabla p+\rho(\boldsymbol{v}\cdot\nabla)\boldsymbol{v}=0$$

因此,在等离子体中,由于磁压与动压之间有效的相互作用,Alfven 速度取代了动量方程中流速的位置(注意符号的正负)。很明显,理解 Alfven 速度的物理含义,以及其是如何影响流体与场之间的相互作用的是十分重要的。

Cowling[10] 和 Spitzer[3] 在早期推导了 Alfven 速度,并对 Alfven 速度的物理意义进行了探讨。在这里,为了简单起见,考虑一种极端情况,假设流体不可压缩(ρ 不变),且是理想导电的($\sigma=\infty$),并应用之前所做的扰动分析(依据 Boyd 等[11] 的工作),控制方程如下。

连续性方程:

$$\frac{\partial\rho}{\partial t}+\nabla\cdot(\rho\boldsymbol{v})=0$$

对于稳态不可压缩流动,连续性方程变为

$$\nabla\cdot\boldsymbol{v}=0$$

动量方程:

$$\rho\frac{\mathrm{D}\boldsymbol{v}}{\mathrm{D}t}=-\nabla p+\boldsymbol{J}\times\boldsymbol{B}=-\nabla p-\boldsymbol{B}\times\frac{\nabla\times\boldsymbol{B}}{\mu}$$

磁感应方程:

$$\frac{\partial\boldsymbol{B}}{\partial t}=\nabla\times(\boldsymbol{v}\times\boldsymbol{B})$$

考虑磁场和流体扰动项:

$$\boldsymbol{B}=\boldsymbol{B}_0+\boldsymbol{B}',\quad \boldsymbol{v}=\boldsymbol{v}'(\boldsymbol{v}_0=0),\quad p=p_0+p'$$

将其代入动量方程,得到:

$$\rho\left[\frac{\partial\boldsymbol{v}'}{\partial t}+(\boldsymbol{v}'\cdot\nabla)\boldsymbol{v}'\right]=-\nabla p'-(\boldsymbol{B}_0+\boldsymbol{B}')\times\frac{\nabla\times(\boldsymbol{B}_0+\boldsymbol{B}')}{\mu}$$

保留一阶项,有

$$\rho\left[\frac{\partial\boldsymbol{v}'}{\partial t}\right]=-\nabla p'-\frac{\boldsymbol{B}_0}{\mu}\times(\nabla\times\boldsymbol{B}')$$

或者写为

$$\rho\left[\frac{\partial\boldsymbol{v}'}{\partial t}\right]=-\nabla p'-\frac{\nabla(\boldsymbol{B}_0\cdot\boldsymbol{B}')}{\mu}+\frac{(\boldsymbol{B}_0\cdot\nabla)\boldsymbol{B}'}{\mu}$$

将上面等式两边同时求散度,可以得到:

$$\rho \frac{\partial}{\partial t}(\nabla \cdot \boldsymbol{v}') = -\nabla^2\left(p' + \frac{\boldsymbol{B}_0 \cdot \boldsymbol{B}'}{\mu}\right) + \frac{(\boldsymbol{B}_0 \cdot \nabla)(\nabla \cdot \boldsymbol{B}')}{\mu}$$

由于 $\nabla \cdot \boldsymbol{v}' = 0$, $\nabla \cdot \boldsymbol{B}' = 0$, 上式变为

$$\nabla^2\left(p' + \frac{\boldsymbol{B}_0 \cdot \boldsymbol{B}'}{\mu}\right) = 0$$

上式说明了 $\nabla\left(p' + \frac{\boldsymbol{B}_0 \cdot \boldsymbol{B}'}{\mu}\right)$ = 常数，对于实际的物理问题，由于扰动的衰减，当所考虑的点距离扰动源足够远时，扰动衰减为零，$p' = 0$, $\boldsymbol{B}' = 0$, 故 $\nabla\left(p' + \frac{\boldsymbol{B}_0 \cdot \boldsymbol{B}'}{\mu}\right) = 0$。然而，从数学上来讲，$\nabla\left(p' + \frac{\boldsymbol{B}_0 \cdot \boldsymbol{B}'}{\mu}\right)$ 在每个位置处都是一样的，因此 $\nabla\left(p' + \frac{\boldsymbol{B}_0 \cdot \boldsymbol{B}'}{\mu}\right) = 0$ 在定义域内均成立。因此，将 $\nabla\left(p' + \frac{\boldsymbol{B}_0 \cdot \boldsymbol{B}'}{\mu}\right) = 0$ 代入动量方程中，可以得到：

$$\rho \frac{\partial \boldsymbol{v}'}{\partial t} = \frac{(\boldsymbol{B}_0 \cdot \nabla)\boldsymbol{B}'}{\mu}$$

为了求解 $\boldsymbol{v}'$ 或 $\boldsymbol{B}'$，考虑磁感应方程：

$$\frac{\partial \boldsymbol{B}}{\partial t} = \nabla \times (\boldsymbol{v} \times \boldsymbol{B}) = (\boldsymbol{B} \cdot \nabla)\boldsymbol{v} - (\boldsymbol{v} \cdot \nabla)\boldsymbol{B}$$

将扰动项加入磁感应方程中，可以得到：

$$\frac{\partial(\boldsymbol{B}_0 + \boldsymbol{B}')}{\partial t} = [(\boldsymbol{B}_0 + \boldsymbol{B}') \cdot \nabla]\boldsymbol{v}' - (\boldsymbol{v}' \cdot \nabla)(\boldsymbol{B}_0 + \boldsymbol{B}')$$

保留一阶项，有

$$\frac{\partial \boldsymbol{B}'}{\partial t} = (\boldsymbol{B}_0 \cdot \nabla)\boldsymbol{v}'$$

为了便于求解，对动量方程两边同时求导：

$$\rho \frac{\partial^2 \boldsymbol{v}'}{\partial t^2} = \frac{(\boldsymbol{B}_0 \cdot \nabla)}{\mu} \frac{\partial \boldsymbol{B}'}{\partial t} = \frac{(\boldsymbol{B}_0 \cdot \nabla)}{\mu}(\boldsymbol{B}_0 \cdot \nabla)\boldsymbol{v}' = \frac{(\boldsymbol{B}_0 \cdot \nabla)^2}{\mu}\boldsymbol{v}'$$

取 $\boldsymbol{B}_0$ 沿 z 轴方向，因此可以得到：

$$\frac{\partial^2 \boldsymbol{v}'}{\partial t^2} = \frac{B_0^2}{\rho\mu} \frac{\partial^2 \boldsymbol{v}'}{\partial z^2} = V_A^2 \frac{\partial^2 \boldsymbol{v}'}{\partial z^2}$$

这便是以速度 V_A 在 z 方向上传播的关于扰动速度 $\boldsymbol{v}'$ 的波动方程。为了厘清 B' 和 v' 的扰动特性，重新审视磁感应方程可以得到：

$$\frac{\partial \boldsymbol{B}'}{\partial t} = \nabla \times (\boldsymbol{v} \times \boldsymbol{B}_0) \Rightarrow 当 \boldsymbol{B}' \perp \boldsymbol{B}_0 时，\boldsymbol{v}' \perp \boldsymbol{B}_0$$

结合磁感应方程和流体方程，有

$$\frac{\partial \boldsymbol{B}'}{\partial t} = (\boldsymbol{B}_0 \cdot \nabla)\boldsymbol{v}' \Rightarrow \boldsymbol{B}' \parallel \boldsymbol{v}', \quad \boldsymbol{v}' \perp \boldsymbol{B}_0$$

$\boldsymbol{V}_A$ 与 $\boldsymbol{B}_0$ 同方向，$\boldsymbol{B}' \perp \boldsymbol{B}_0$，$\boldsymbol{v}' \perp \boldsymbol{V}_A$，因此这个波动为横波。如果把磁感线看作一根张紧的弦，波动的传播就可以看作敲击这根弦产生的正弦形式的振荡，如图 8.8 所示。

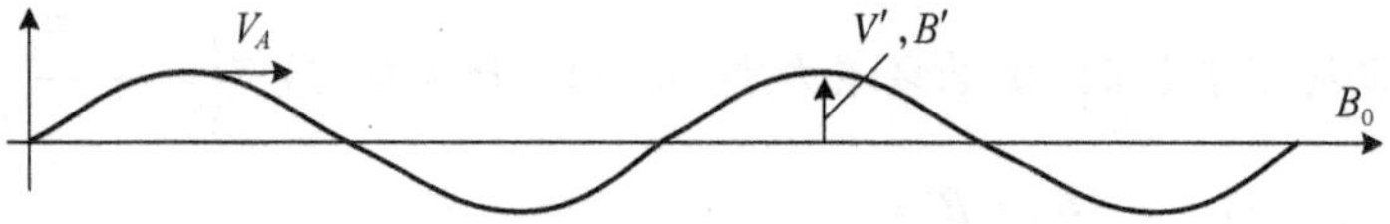

图 8.8　以 Alfven 速度传播的磁流体波

考虑到是在不可压缩流体的假设下得出的上述结论，在这种情况下，声波会以很高的速度传播，且 $\rho' = 0$，因此以 Alfven 速度移动的磁场扰动波不会与压缩波发生任何相互作用：

$$V_A \ll c_s, \quad \frac{B^2}{\mu\rho} \ll \gamma \frac{p}{\rho}$$

上述物理情形将发生在弱磁场或高密度流体的情况中。

8.8　等离子体中的流体波和激波

8.8.1　可压缩等离子体介质中的波

由于电磁场与流体的相互作用，在具有附加磁场的等离子体中可能会存在更为广泛的等离子体波[10,13-15]。通过在方程中引入可压缩性，采取一种方法，使得磁扰动波与流体压缩波的耦合效应在分析中显得更加突出。像之前一样，首先列出基本方程（这一部分参考文献[11]）。

连续性方程：

$$\frac{\partial \rho}{\partial t} + \nabla \cdot (\rho \boldsymbol{v}) = 0$$

动量方程：

$$\rho \frac{\mathrm{D}\boldsymbol{v}}{\mathrm{D}t} = -\nabla p + \boldsymbol{J} \times \boldsymbol{B}$$

Maxwell 方程组：

$$\nabla \times \boldsymbol{B} = \mu \boldsymbol{J}, \quad \nabla \times \boldsymbol{E} = -\frac{\partial \boldsymbol{B}}{\partial t}$$

Ohm 定律：

$$\frac{\boldsymbol{J}}{\sigma} = \boldsymbol{E} + \boldsymbol{v} \times \boldsymbol{B}$$

完整的控制方程组还应当包括能量方程，为了使问题得到简化，假设波动的传播过程是绝热的，因此有

$$p\rho^{-\gamma} = 常数$$

从 Maxwell 方程组入手，考虑到：

$$\nabla \times \boldsymbol{B} = \mu \boldsymbol{J}$$

等式两边对时间求偏导：

$$\nabla \times \frac{\partial \boldsymbol{B}}{\partial t} = \mu \frac{\partial \boldsymbol{J}}{\partial t}$$

结合 Maxwell 方程组，将 $\frac{\partial \boldsymbol{B}}{\partial t}$ 替换掉，可以得到：

$$\nabla \times (\nabla \times \boldsymbol{E}) = -\mu \frac{\partial \boldsymbol{J}}{\partial t}$$

考虑到 $\sigma \approx \infty$，有

$$\frac{\boldsymbol{J}}{\sigma} = \boldsymbol{E} + \boldsymbol{v} \times \boldsymbol{B} \approx 0$$

同样，将扰动量加入变量当中，于是有

$$\boldsymbol{v} = \boldsymbol{v}', \quad \boldsymbol{J} = \boldsymbol{J}', \quad \boldsymbol{E} = \boldsymbol{E}', \quad \boldsymbol{B} = \boldsymbol{B}_0 + \boldsymbol{B}', \quad p = p_0 + p', \quad \rho = \rho_0 + \rho'$$

代入控制方程中，可以得到：

$$\frac{\partial \rho'}{\partial t} + \rho_0 \nabla \cdot \boldsymbol{v}' = 0$$

$$\nabla \times (\nabla \times \boldsymbol{E}') = -\mu \frac{\partial \boldsymbol{J}'}{\partial t}$$

$$\rho_0 \frac{\partial \boldsymbol{v}'}{\partial t} = -\nabla p' + \boldsymbol{J}' \times \boldsymbol{B}_0$$

$$\boldsymbol{E}' + \boldsymbol{v}' \times \boldsymbol{B}_0 = 0$$

现在假设考虑的波是平面波，并且考虑波动参数在 $\boldsymbol{x}$ 方向上的变化，其中 $\boldsymbol{x}$ 的选取可以是任意的，$\boldsymbol{k}$ 表示波数，其方向是波的传播方向，此时有

$$\boldsymbol{v}'(\boldsymbol{x}, t) = \boldsymbol{v}' e^{i\boldsymbol{k}\cdot\boldsymbol{x} - i\omega t} \equiv \boldsymbol{v}'\tilde{\varphi}$$

同理：

$$\boldsymbol{J}'(\boldsymbol{x},t)=\boldsymbol{J}'\tilde{\varphi},\quad \boldsymbol{E}'(\boldsymbol{x},t)=\boldsymbol{E}'\tilde{\varphi},\quad p'(\boldsymbol{x},t)=p'\tilde{\varphi},\quad \rho'(\boldsymbol{x},t)=\rho'\tilde{\varphi}$$

式中，$\tilde{\varphi}=\mathrm{e}^{\mathrm{i}\boldsymbol{k}\cdot\boldsymbol{x}-\mathrm{i}\omega t}$，表示微小扰动波。代入 Maxwell 方程组：

$$\nabla\times[\nabla\times(\boldsymbol{E}'\tilde{\varphi})]=\nabla[\nabla\cdot(\boldsymbol{E}'\tilde{\varphi})]-\nabla^2(\boldsymbol{E}'\tilde{\varphi})=-\mu\frac{\partial(\boldsymbol{J}'\tilde{\varphi})}{\partial t}$$

整理得

$$\nabla[\tilde{\varphi}\nabla\cdot\boldsymbol{E}'+\boldsymbol{E}'\nabla\tilde{\varphi}]-\nabla^2(\boldsymbol{E}'\tilde{\varphi})=-\mu\frac{\partial(\boldsymbol{J}'\tilde{\varphi})}{\partial t}$$

考虑到：

$$\nabla\tilde{\varphi}=\nabla\mathrm{e}^{\mathrm{i}k\cdot x-\mathrm{i}\omega t}=\tilde{\varphi}\nabla(\mathrm{i}\boldsymbol{k}\cdot\boldsymbol{x}-\mathrm{i}\omega t)$$

以及

$$\nabla(\boldsymbol{k}\cdot\boldsymbol{x})=(\boldsymbol{k}\cdot\nabla)\boldsymbol{x}+(\boldsymbol{x}\cdot\nabla)\boldsymbol{k}+\boldsymbol{k}\times(\nabla\times\boldsymbol{x})+\boldsymbol{x}\times(\nabla\times\boldsymbol{k})=k\cdot\frac{\mathrm{d}}{\mathrm{d}x}x\boldsymbol{i}=\boldsymbol{i}k=\boldsymbol{k}$$

因此，有

$$\nabla(\boldsymbol{E}'\tilde{\varphi}\cdot\mathrm{i}\boldsymbol{k})-\boldsymbol{E}'\tilde{\varphi}(\mathrm{i}k)^2=\mathrm{i}\omega\mu\boldsymbol{J}'\tilde{\varphi}$$

对上式作进一步变形可以得到：

$$\mathrm{i}\boldsymbol{k}(\boldsymbol{E}'\tilde{\varphi}\cdot\mathrm{i}\boldsymbol{k})+k^2\boldsymbol{E}'\tilde{\varphi}=\mathrm{i}\omega\mu\boldsymbol{J}'\tilde{\varphi}$$

化简上式，有

$$-\boldsymbol{k}(\boldsymbol{E}'\cdot\boldsymbol{k})+k^2\boldsymbol{E}'=\mathrm{i}\omega\mu\boldsymbol{J}'$$

再次将扰动量代入动量方程中，可以得到：

$$\rho_0\frac{\partial}{\partial t}(\boldsymbol{v}'\tilde{\varphi})=-\nabla(p'\tilde{\varphi})+(\boldsymbol{J}'\tilde{\varphi})\times\boldsymbol{B}_0$$

$$\rho_0(-\mathrm{i}\omega)\boldsymbol{v}'\tilde{\varphi}=-\mathrm{i}\boldsymbol{k}p'\tilde{\varphi}+\tilde{\varphi}\boldsymbol{J}'\times\boldsymbol{B}_0$$

$$-\mathrm{i}\omega\rho_0\boldsymbol{v}'=-\mathrm{i}\boldsymbol{k}p'+\boldsymbol{J}'\times\boldsymbol{B}_0$$

因此，得到了 $\boldsymbol{v}'$ 关于 $\boldsymbol{J}'$ 和 p' 的函数，即 $\boldsymbol{v}'=f(\boldsymbol{J}',p')$，希望把 p' 替换掉，使得 $\boldsymbol{v}'$ 仅仅是 $\boldsymbol{J}'$ 的函数。为了达到这个目标，首先利用 Ohm 定理，将扰动量代入 Ohm 定律中：

$$\boldsymbol{E}'\tilde{\varphi}+(\boldsymbol{v}'\tilde{\varphi})\times\boldsymbol{B}_0=0$$

整理得

$$\boldsymbol{E}'+\boldsymbol{v}'\times\boldsymbol{B}_0=0$$

同时，结合等熵关系：

$$p\rho^{-\gamma}=\text{常数}$$

对等式两边同时求梯度:

$$\rho^{-\gamma}\nabla p - p\gamma\rho^{-\gamma-1}\nabla\rho = 0$$

整理得到:

$$\rho\nabla p = \gamma p\nabla\rho$$

之后将扰动量代入上式,可得

$$(\rho_0 + \rho')\nabla(p_0 + p') = \gamma(p_0 + p')\nabla(\rho_0 + \rho')$$

整理后得到:

$$\frac{\nabla p'}{p_0} = \gamma\frac{\nabla\rho'}{\rho_0}$$

接下来利用连续性方程,将扰动量代入可得

$$\frac{\partial(\rho'\tilde{\varphi})}{\partial t} = -\rho_0\nabla\cdot(\boldsymbol{v}'\tilde{\varphi})$$

对上式作变形可以得到:

$$-\mathrm{i}\omega\rho'\tilde{\varphi} = -\rho_0\boldsymbol{v}'\cdot(\mathrm{i}\boldsymbol{k})\tilde{\varphi}$$

化简上式,便可得到如下关系式:

$$\rho' = \rho_0\frac{\boldsymbol{v}'\cdot\boldsymbol{k}}{\omega}$$

这是一个不随时间和空间变化得标量,对 ρ' 求梯度可以得到:

$$\nabla\rho' = \rho'\mathrm{i}\boldsymbol{k}\tilde{\varphi} = \mathrm{i}\boldsymbol{k}\rho_0\frac{\boldsymbol{v}'\cdot\boldsymbol{k}}{\omega}\tilde{\varphi}$$

并且由于

$$\nabla p' = \gamma\frac{p_0}{\rho_0}\nabla\rho'$$

可以得到:

$$\mathrm{i}\boldsymbol{k}p'\tilde{\varphi} = \gamma\frac{p_0}{\rho_0}\mathrm{i}\boldsymbol{k}\rho_0\frac{\boldsymbol{v}'\cdot\boldsymbol{k}}{\omega}\tilde{\varphi}$$

整理上式可得

$$\mathrm{i}\boldsymbol{k}p' = \mathrm{i}\gamma p_0\frac{\boldsymbol{k}(\boldsymbol{v}'\cdot\boldsymbol{k})}{\omega}$$

现在,可以将 p' 的表达式代入动量方程:

$$-\mathrm{i}\omega\rho_0\boldsymbol{v}' = -\mathrm{i}\boldsymbol{k}p' + \boldsymbol{J}'\times\boldsymbol{B}_0$$

由此可以得到：

$$\mathrm{i}\omega\rho_0\boldsymbol{v}' = \mathrm{i}\gamma p_0 \frac{\boldsymbol{k}(\boldsymbol{v}'\cdot\boldsymbol{k})}{\omega} - \boldsymbol{J}'\times\boldsymbol{B}_0$$

化简得

$$\boldsymbol{v}' = \frac{\gamma p_0}{\rho_0}\frac{\boldsymbol{k}(\boldsymbol{v}'\cdot\boldsymbol{k})}{\omega^2} + \mathrm{i}\frac{\boldsymbol{J}'\times\boldsymbol{B}_0}{\omega\rho_0} = c_s^2\frac{\boldsymbol{k}(\boldsymbol{v}'\cdot\boldsymbol{k})}{\omega^2} + \mathrm{i}\frac{\boldsymbol{J}'\times\boldsymbol{B}_0}{\omega\rho_0}$$

其中，

$$c_s^2 = \frac{\gamma p_0}{\rho_0}$$

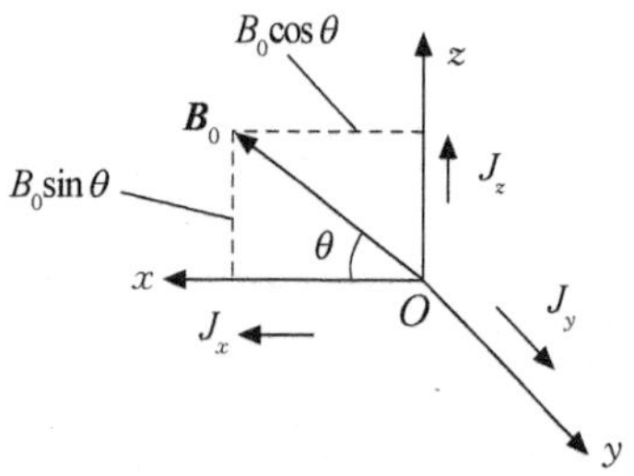

图 8.9　沿 x 方向传播的波矢图

作为第一个例子，选择一个沿 x 方向的波矢 $\boldsymbol{k}$（$\boldsymbol{k}$ 的方向是波的传播方向），如图 8.9 所示。因此，从前面得到的扰动速度的关系式可以得到：

$$\boldsymbol{v}' = \frac{c_s^2\boldsymbol{k}_x(kv_x)}{\omega^2} + \mathrm{i}\frac{\boldsymbol{J}'\times\boldsymbol{B}_0}{\omega\rho_0}$$

在 x 方向有

$$v_x = \frac{c_s^2k^2v_x}{\omega^2} + \frac{\mathrm{i}}{\omega\rho_0}J_yB_0\sin\theta$$

整理得

$$v_x\left(1-\frac{c_s^2k^2}{\omega^2}\right) = \frac{\mathrm{i}}{\omega\rho_0}J_yB_0\sin\theta$$

最终可以得到：

$$v_x = \frac{\mathrm{i}B_0}{\omega\rho_0}\frac{J_y\sin\theta}{1-\dfrac{c_s^2k^2}{\omega^2}}$$

同样地，可以得到扰动速度在另外两个方向的分量：

$$v_y = \frac{\mathrm{i}B_0}{\omega\rho_0}(J_z\cos\theta - J_x\sin\theta)$$

$$v_z = -\frac{\mathrm{i}B_0}{\omega\rho_0}J_y\cos\theta$$

由 Maxwell 方程组：

$$k^2\boldsymbol{E}' - \boldsymbol{k}(\boldsymbol{k}\cdot\boldsymbol{E}') = \mathrm{i}\omega\mu\boldsymbol{J}'$$

对于本例的情况：

$$k^2\boldsymbol{E}' - \boldsymbol{k}(kE_x) = \mathrm{i}\omega\mu J'$$

对上式在三个方向上的分量分别求解。

（1）x 方向：$k^2E_x - k^2E_x = \mathrm{i}\omega\mu J_x = 0$，因此有 $J_x = 0$。

（2）y 方向：$k^2E_y = \mathrm{i}\omega\mu J_y$，因此有 $E_y = \dfrac{\mathrm{i}\omega\mu J_y}{k^2}$。

（3）z 方向：$k^2E_z = \mathrm{i}\omega\mu J_z$，因此有 $E_z = \dfrac{\mathrm{i}\omega\mu J_z}{k^2}$。

同样地，将 Ohm 定律 $\boldsymbol{E}' + \boldsymbol{v}' \times \boldsymbol{B}_0 = 0$ 分别投影到三个方向上：

（1）x 方向：

$$E_x + v_yB_z - v_zB_y = 0$$

$\boldsymbol{B}_0$ 在 zOx 平面内（图 8.9），因此 $B_y = 0$，有

$$E_x + v_yB_0\sin\theta = 0$$

式中，θ 表示 $\boldsymbol{B}_0$ 与 x 方向的夹角，如图 8.9 所示。

（2）y 方向：

$$E_y - v_xB_z + v_zB_x = 0$$

将前面得到的 E_y、B_z、B_x 的表达式代入，可以得到：

$$\frac{\mathrm{i}\omega\mu J_y}{k^2} - v_xB_0\sin\theta + v_zB_0\cos\theta = 0$$

再将 v_x、v_y、v_z 的表达式代入上式：

$$\frac{\mathrm{i}\omega\mu J_y}{k^2} - \left(\frac{\mathrm{i}B_0}{\omega\rho_0}\frac{J_y\sin\theta}{1-\dfrac{c_s^2k^2}{\omega^2}}\right)B_0\sin\theta + \left(-\frac{\mathrm{i}B_0}{\omega\rho_0}J_y\cos\theta\right)B_0\cos\theta = 0$$

整理可得

$$\left[\frac{\omega\mu}{k^2} - \frac{B_0^2}{\omega\rho_0}\left(\frac{\sin^2\theta}{1-\dfrac{c_s^2k^2}{\omega^2}} + \cos^2\theta\right)\right]J_y = 0$$

（3）z 方向：

$$E_z + v_xB_y - v_yB_x = 0$$

同理，将上面得到的 E_z、v_x、v_y、B_x、B_y 的表达式代入上式，可得

$$\frac{i\omega\mu J_z}{k^2} - \frac{iB_0}{\omega\rho_0}(J_z\cos\theta - J_x\sin\theta)B_0\cos\theta = 0$$

考虑到 $J_x = 0$，整理上式得到：

$$\left(\frac{\omega\mu}{k^2} - \frac{B_0^2}{\omega\rho_0}\cos^2\theta\right)J_z = 0$$

首先，考察 z 方向上得到的关系式，由上式可以得到：

$$\frac{\omega}{k^2} - \frac{B_0^2}{\omega\mu\rho_0}\cos^2\theta = 0$$

由于：

$$\frac{B_0^2}{\mu\rho_0} = V_A^2$$

式中，V_A 表示 Alfven 速度，将其代入等式中，可以得到：

$$\frac{\omega}{k} = \pm V_A\cos\theta$$

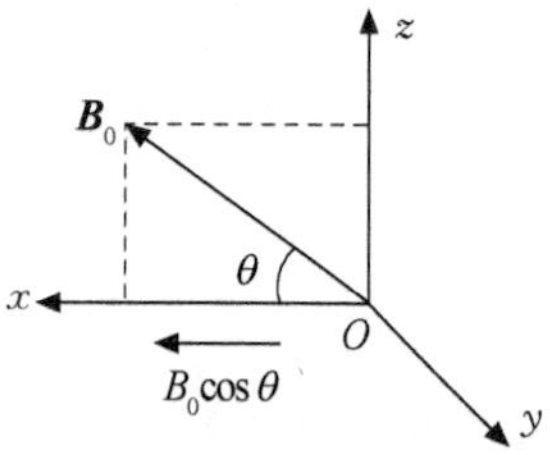

图 8.10　矢量关系示意图

这样，就得到了**斜 Alfven 波**相速度的表达式，其中 θ 表示磁场方向与波传播方向的夹角，即 $\boldsymbol{B}_0$ 与 $\boldsymbol{k}$ 的夹角。另外，注意到 $\cos\theta \leqslant 1$，因此斜 Alfven 波的速度不大于 V_A。现在重新回顾波传播过程中物理量的几何关系，如图 8.10 所示（注意在本图中波矢方向沿 x 方向）。

注意到斜 Alfven 速度为

$$V_A\cos\theta = \frac{(B_0\cos\theta)}{(\mu\rho)^{1/2}}$$

式中，$B_0\cos\theta$ 表示磁场 $\boldsymbol{B}_0$ 在波传播方向上的分量，可以得到如下结论。

当 $\theta = 90°$ 时，$\cos\theta = 0$，此时有

$$\frac{\omega}{k} = V_A\cos\theta = \frac{(B_0\cos\theta)}{(\mu\rho)^{1/2}} = 0$$

也就是说，当波传播方向垂直于磁场方向时，波的相速度为零，此时波不能传播。

当 $\theta = 0°$ 时，$\cos\theta = 1$，此时有

$$\frac{\omega}{k} = V_A\cos\theta = \frac{(B_0\cos\theta)}{(\mu\rho)^{1/2}} = V_A$$

也就是说，当波传播方向平行于磁场方向时，波的相速度为 Alfven 速度。如果取磁场 $\boldsymbol{B}_0$ 的方向为 x 方向，可以得到波的传播方向为任意方向时波的传播速度 $v_{波} = \omega/k$，如图 8.11 所示，其中箭头表示波矢的方向（波的传播方向），箭头的长度代表速度的大小。从

图中可以看到，当波矢方向平行于磁场方向时，波的传播速度最快，此时波变成了之前章节中提到过的磁扰动波，这种波称为 **Alfven 波**；而当波矢方向与磁场方向有一定夹角时，波变为斜 Alfven 波，波速小于 Alfven 速度；波在垂直于磁场方向上不能传播。另外，注意到有如下关系式：

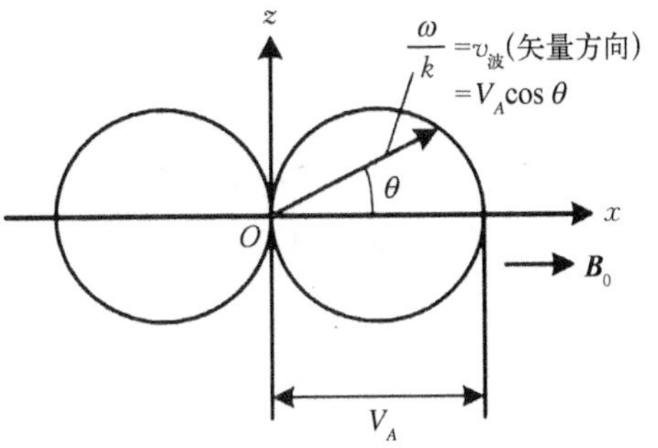

图 8.11　斜 Alfven 波传播示意图（在 zOx 平面上的投影）

$$E_z - v_y B_x = 0$$

当 B_x 存在时，E_z、v_y 均存在，这两个分量均与 B_x 垂直。

下面考察 y 方向上得到的关系式，根据上面的讨论可得

$$\frac{\omega}{k^2} - \frac{B_0^2}{\omega\mu\rho_0}\left(\frac{\sin^2\theta}{1-\frac{c_s^2k^2}{\omega^2}}+\cos^2\theta\right)=0 \rightarrow \frac{\omega^2}{k^2} - V_A^2\left(\frac{\sin^2\theta}{1-\frac{c_s^2k^2}{\omega^2}}+\cos^2\theta\right)=0$$

对上式作变形可得

$$\frac{\omega^2}{k^2}\left(1-\frac{c_s^2k^2}{\omega^2}\right) - V_A^2\sin^2\theta - V_A^2\left(1-\frac{c_s^2k^2}{\omega^2}\right)\cos^2\theta = 0$$

整理得到：

$$\frac{\omega^2}{k^2} - c_s^2 - V_A^2\sin^2\theta - V_A^2\cos^2\theta + V_A^2\frac{c_s^2k^2}{\omega^2}\cos^2\theta = 0$$

进而可得

$$\frac{\omega^4}{k^4} - \frac{\omega^2}{k^2}(c_s^2+V_A^2) + c_s^2V_A^2\cos^2\theta = 0$$

将 $\frac{\omega^2}{k^2}$ 作为变量求解上式，可以得到：

$$\frac{\omega^2}{k^2} = \frac{1}{2}(c_s^2+V_A^2) \pm\left[\frac{(c_s^2+V_A^2)^2}{4} - c_s^2V_A^2\cos^2\theta\right]^{1/2}$$

或者写为

$$\frac{\omega^2}{k^2} = \frac{1}{2}(c_s^2+V_A^2)\left\{1 \pm\left[1-\frac{4c_s^2V_A^2\cos^2\theta}{(c_s^2+V_A^2)^2}\right]^{1/2}\right\}$$

对于 $\frac{c_sV_A\cos\theta}{c_s^2+V_A^2}\ll 1$，$c_s \ll V_A$ 或者 $c_s \gg V_A$，$\cos\theta \ll 1$ 的情况，可以得到：

$$\frac{\omega^2}{k^2}=\frac{1}{2}(c_s^2+V_A^2)\left\{1\pm\left[1-\frac{2c_s^2V_A^2\cos^2\theta}{(c_s^2+V_A^2)^2}\right]\right\}$$

式中,“±”分别表示了两种不同的传播模式。

当上式取“+”号时,有

$$\frac{\omega^2}{k^2}\Big|_+=\frac{1}{2}(c_s^2+V_A^2)\left\{1+\left[1-\frac{2c_s^2V_A^2\cos^2\theta}{(c_s^2+V_A^2)^2}\right]\right\}=V_A^2+c_s^2$$

此时,波的相速度 $\frac{\omega}{k}=\sqrt{V_A^2+c_s^2}>V_A$, 这种波称为“快波”。

当上式取“-”号时,有

$$\frac{\omega^2}{k^2}\Big|_-=\frac{1}{2}(c_s^2+V_A^2)\frac{2c_s^2V_A^2\cos^2\theta}{(c_s^2+V_A^2)^2}=\frac{c_s^2V_A^2\cos^2\theta}{c_s^2+V_A^2}=V_A^2\frac{\cos^2\theta}{1+\frac{V_A^2}{c_s^2}}$$

此时,波的相速度 $\frac{\omega}{k}=V_A\cos\theta\left(1+\frac{V_A^2}{c_s^2}\right)^{-\frac{1}{2}}<V_A$, 这种波称为“慢波”。

当 $\theta=0$ 时,可以得到两个解: $\frac{\omega^2}{k^2}=V_A^2$ 或 $\frac{\omega^2}{k^2}=c_s^2$, 这说明在沿磁场的 $\theta=0$ 方向上,波的模式变为 Alfven 波和声波。同时,由于斜 Alfven 波的相速度 $\frac{\omega}{k}=V_A\cos\theta$ 处于快波与慢波之间(请读者自己证明),也称为“中间波”。

另外,根据之前的讨论,快波和慢波需要满足关系式 $E_y-v_xB_z+v_zB_x=0$, 其中第二项含有 v_x 项,它表示流体元扰动速度在 x 方向上的分量,由于波动传播方向沿 x 轴,第二项表示波含有纵波成分;同理,第三项含有 v_z 项,表示波含有横波成分。因此,快波与慢波通常既不是纵波也不是横波,而是两者的一个叠加。但是也有例外的情况:

(1) 对于 $B_z=0$ 的情况,不存在 v_x 项,此时为横波;

(2) 对于 $B_x=0$ 的情况,即 $\cos\theta=0$ 时, v_z 项不存在,此时为纵波。

快波与慢波具有如此复杂的性质,究其根本原因,还是因为产生波的回复力的复杂性。由上面的讨论可知,Alfven 波是横波,其回复力来自磁场扰动时产生的磁张力;声波是纵波,其回复力来自局部密度的变化导致的压强变化(热压力);而快波与慢波正是磁张力与热压力共同作用的结果,因而它通常既有横波分量,也有纵波分量。这也就很好地理解了为什么在平行于磁场的方向上,快波与慢波退化成了 Alfven 波与声波。而在垂直于磁场方向上,Alfven 波(准确来说应该是斜 Alfven 波)不能传播,与此同时,热压力与流体元在磁场中运动产生的洛伦兹力共同承担了回复力的作用,因而在垂直于磁场的方向上只有一种波动可以传播(在下面将进行讨论,只有快波可以传播)。

现在考虑当波矢 $\boldsymbol{k}$ 与磁场 $\boldsymbol{B}_0$ 成任意夹角时波的传播情况,为此作一些近似假设。由上面的讨论可知,对于快波的相速度,有

$$\frac{\omega^2}{k^2}\bigg|_{+}=V_A^2+c_s^2$$

对于慢波的相速度，有

$$\frac{\omega^2}{k^2}\bigg|_{-}=\frac{c_s^2V_A^2\cos^2\theta}{c_s^2+V_A^2}$$

可以看到，快波的相速度与 θ 无关，因此在任何方向上，其相速度都不变，包括在垂直于磁方向上；而慢波的相速度受 θ 的影响，在垂直于磁场方向，传播速度为零，即不能传播。但是，上述结论是在 $\frac{c_sV_A\cos\theta}{c_s^2+V_A^2}\ll 1$ 的前提下得出的（读者可以查看前面的讨论），即作 $c_s\ll V_A$ 或 $V_A\ll c_s$ 或 $\cos\theta\ll 1$ 的假设，那么这样假设的物理意义是什么？读者不妨自己先思考一下（答案见习题）。这些波的相速度关系如图 8.12 所示，称为弗里德里希（Friedrich）图[15]。

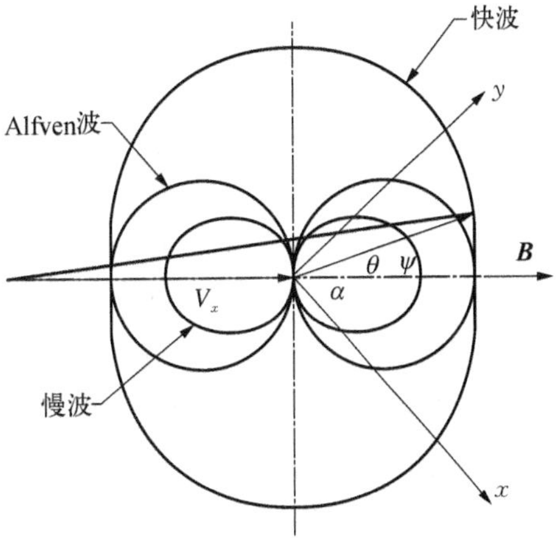

图 8.12　快波、慢波与中间波（Alfven 波）相图[16]

对于这些等离子体波，可以作以下总结。

（1）对于快波和慢波，$\frac{\omega}{k}=f(c_s, V_A)$，因此它们在某种程度上是声速和 Alfven 速度的结合（如前所述），这些波统称为磁声波。

（2）对于快波，$v_{快}=\sqrt{c_s^2+V_A^2}$，快波在任何方向上均可以传播，无论垂直于磁场方向还是平行于磁场方向。

（3）当 $\boldsymbol{k}\parallel\boldsymbol{B}_0$ 时，实际上存在三种波动模式（快波、中间波、慢波），其中两种波动模式耦合成了一种模式，因此这种情况下只有两种相速度。

那么，这些波是什么？波的传播又是指什么？Alfven 波的传播速度介于快波与慢波之间且为横波，其在传播过程中伴随着密度的扰动，它与激波的形成有着何种关系呢？磁声波的传播过程涉及密度的变化，因此理论上，这些波的密度扰动可以变得很大，从而形成具有横波和纵波分量的激波。

有关等离子体波特性的这些问题在所有等离子体高速流中都有着至关重要的影响。在一般的流体力学中，物理过程相对简单：流体的流动行为在亚声速流中与超声速流中有着很大的不同，在流体速度跨越声速的位置处则会出现一个奇异的极限状态（激波间断面）。因此，在等离子体中，如果扰动的传播拥有不同的特征速度（类似于流体中有不同的声速），则确定由波动引起的可定义的临界条件是一个重要的考虑因素。事实上，在试图解释来自多种等离子体装置的实验结果时，已经对临界速度的许多可能性进行了考量。然而，为了在任何条件下都能得到准确的临界速度，必须小心细致地考虑到所有特殊波动模式的传播方向与磁场方向之间可能的关系，只有这样才可能对临界速度进行正确的分析，并较好地预测实验行为。然而，很少有实验证实了依据场和等离子体流动特性得出的临界速度，这个问题接下来将会作进一步讨论，并且在下一章中将对相关实验的数据进行讨论。

8.8.2　激波的形成与等离子体流动效应

通常，等离子体是在高温气体中产生的，这些气体具有很高的能量和焓值。高焓值是空间飞行器中高速流撞击产生的等离子体源的特性。空间飞行器的大气再入过程是最先遇到的涉及高超声速流和强激波的实际物理过程，想要控制飞行器的再入过程，必须理解这种等离子体的流动。

另外，太阳风在地球磁层周围产生的弓激波也可以作为一个很好的体现流体与电磁现象复杂性的例子。一些相关应用将在稍后的章节中给出，现在讨论在等离子体中激波形成的物理问题，并对激波关系的基本分析做出概述。

1. 一般流体流动中的激波

压力扰动以声速传播，强烈的局部压缩会激发波，这些波的振幅会持续变大，形成激波，直到黏性和导热作用在冲击波处建立平衡为止[17]。当流体通过激波时，压力、温度、密度会增大，速度会减小。由于一般的激波都呈现一维流动结构，这对于我们研究激波的输运过程和流动行为是很理想的。由于激波具有较弱的不连续性，在激波位置处，速度与温度都具有很高的梯度，并且接近于极限值。在稳态一维流动中，由压差和惯性引起的陡波将被由黏性和热传导引起的耗散作用平衡掉。在图 8.13 (a)中，激波以速度 v_s 从②区域向①区域传播，在通过①区域时，使得①区域中的气体性质向②区域转变。在图 8.13(b)中，超声速流 ($v_1 > c_s$，其中 c_s 为声速)从右向左经过激波，在长度 δ 上，速度由 v_1 降为 v_2。通过定性分析，可以得到：

$$\frac{\mathrm{d}v}{\mathrm{d}x} \to \frac{\Delta v}{0} \to \infty, \quad \tau = \mu \frac{\mathrm{d}v}{\mathrm{d}x} \to \infty$$

$$\frac{\mathrm{d}T}{\mathrm{d}x} \to \frac{\Delta T}{0} \to \infty, \quad q = K \frac{\mathrm{d}T}{\mathrm{d}x} \to \infty$$

式中，τ 为切应力；q 为热通流量。

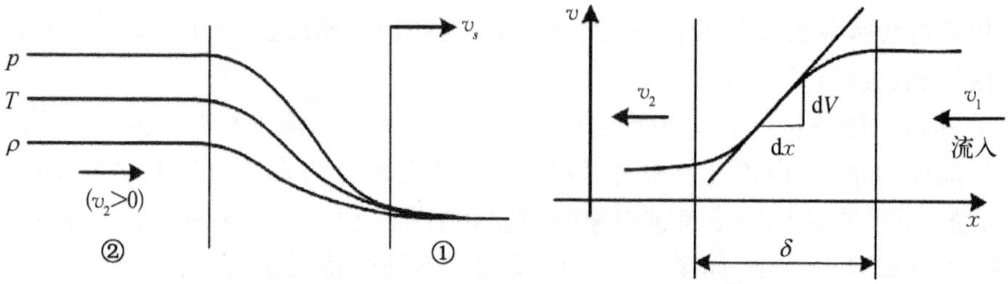

(a) 激波的传播(速度为 v_s)　　(b) 跨越激波的流动

图 8.13　激波两侧流动参数的变化

激波结构是由压差 $\Delta p = \frac{\dot{m}}{S}\Delta v$ 驱动的，激波厚度定义为 $\delta \equiv \frac{|v_2 - v_1|}{(\mathrm{d}v/\mathrm{d}x)_{\max}}$，激波中的

压力梯度可用如下式子表示：

$$\frac{\mathrm{d}p}{\mathrm{d}x}=\rho v^{*}\left(\frac{\mathrm{d}v}{\mathrm{d}x}\right)$$

式中，v^{*} 表示波速。

由应力产生的黏性耗散为

$$\frac{\mathrm{d}\tau}{\mathrm{d}x}=\frac{\mathrm{d}}{\mathrm{d}x}\left(\mu\frac{\mathrm{d}v}{\mathrm{d}x}\right)$$

同时，有 $\tau_{xx}=\mu\frac{\mathrm{d}v_x}{\mathrm{d}x}$，由压差和黏性耗散相平衡，可以得到：

$$\rho v^{*}\left(\frac{\mathrm{d}v}{\mathrm{d}x}\right)=\mu\frac{\mathrm{d}}{\mathrm{d}x}\left(\frac{\mathrm{d}v}{\mathrm{d}x}\right)$$

将上式在激波区域内积分，可以得到激波厚度：

$$\delta=\frac{\mu}{\rho v^{*}}$$

或者写为

$$\frac{\rho v^{*}\delta}{\mu}=1$$

根据气体动力学理论：$\mu=\frac{1}{2}mn\bar{c}\lambda$，其中 λ 为平均自由程，$\bar{c}\approx c_s$（声速），因此可得

$$\delta=\frac{c_s\lambda}{2v^{*}}=\frac{1}{2}\frac{\lambda}{Ma^{*}}$$

因此，激波的厚度大约是平均自由程的量级。

2. 等离子体中的激波与磁场对激波的影响

已经注意到在有磁场存在的等离子体中有三种类型的波，这些波类似于流体波并有可能演化成为激波。在有磁场存在的等离子体介质(之后统称"磁等离子体")中，需要明晰以下问题：① 激波的传播速度及激波两侧流体运动的速度是多少？② 跨越激波时等离子体流动参数是如何变化的？

为了简单起见，在以下的讨论中考虑一维流动的情况：

$$f(x)\neq 0,\quad f(y)=f(z)=0$$

1) 磁流体激波方程

采用如图 8.14 所示的正交坐标系，激波上游的来流垂直于激波面，跨越激波

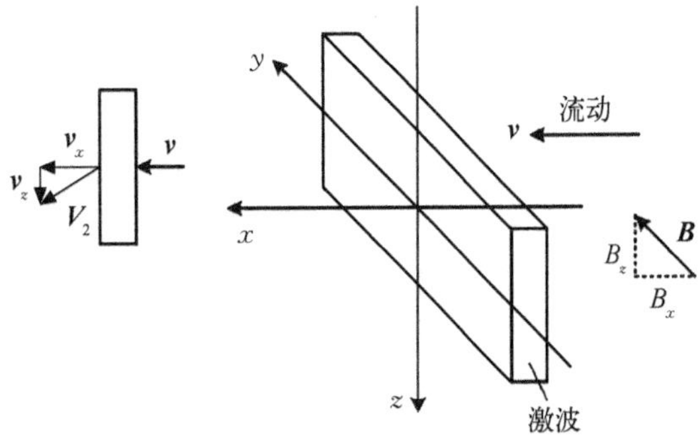

图 8.14　激波参考系与激波间断面两侧流动示意图

后，激波下游的流动可能同时具备平行于激波面与垂直于激波面的分量；激波上游的磁场通常在垂直于激波面或平行于激波面方向，而下游的磁场可能具有任意的方向。

在这种情况下，控制流动的基本方程包括等离子体动力学方程和 Maxwell 方程组，根据之前的知识可得如下方程。

连续方程：

$$\frac{\partial \rho}{\partial t} + \nabla \cdot (\rho \boldsymbol{v}) = 0$$

动量方程：

$$\rho \frac{\mathrm{D}\boldsymbol{v}}{\mathrm{D}t} = -\nabla p + \boldsymbol{J} \times \boldsymbol{B}$$

Maxwell 方程组：

$$\nabla \times \boldsymbol{B} = \mu \boldsymbol{J}$$

$$\nabla \times \boldsymbol{E} = -\frac{\partial \boldsymbol{B}}{\partial t}$$

Ohm 定律：

$$\frac{\boldsymbol{J}}{\sigma} = \boldsymbol{E} + \boldsymbol{v} \times \boldsymbol{B}$$

由于黏性耗散效应的存在，动量方程在激波内是无效的，但在激波的两侧是适用的。

在这里，使用激波计算的标准步骤[11,18]。首先，依据 Maxwell 方程组，对于稳态流动，有

$$\nabla \times \boldsymbol{E} = -\frac{\partial \boldsymbol{B}}{\partial t} = 0$$

或者写为

$$\boldsymbol{e}_y\left(-\frac{\partial E_z}{\partial x}\right) + \boldsymbol{e}_z\left(\frac{\partial E_y}{\partial x}\right) = 0$$

式中，$\boldsymbol{e}_y$、$\boldsymbol{e}_z$ 分别表示 y 方向与 z 方向上的单位矢量。

由上式可得

$$\frac{\partial E_z}{\partial x} = 0, \quad \frac{\partial E_y}{\partial x} = 0$$

根据一维情况下的 Ampere 定律有

$$-\frac{\partial B_z}{\partial x} = \mu J_y, \quad \frac{\partial B_y}{\partial x} = \mu J_z$$

以及根据 $\nabla \cdot \boldsymbol{B} = 0$，有

$$\frac{\partial B_x}{\partial x} = 0$$

$\left(为什么不是\frac{\partial B_x}{\partial x} + \frac{\partial B_y}{\partial y} + \frac{\partial B_z}{\partial z} = 0?\ 请读者先自己思考,答案见习题\right)$

连续性方程:

$$\frac{\partial \rho}{\partial t} + \nabla \cdot (\rho \boldsymbol{v}) = 0$$

对于稳态流动,有

$$\frac{\mathrm{d}(\rho v_x)}{\mathrm{d}x} = 0$$

在激波的求解中,常通过对上式积分来得到激波两侧物理量的跳变关系。

可以将动量方程写为

$$\frac{\partial \boldsymbol{G}}{\partial t} = -\nabla \cdot \overline{\overline{\boldsymbol{\Pi}}}$$

式中,$\boldsymbol{G} = \rho \boldsymbol{v} + \boldsymbol{E} \times \boldsymbol{B}$;$\overline{\overline{\boldsymbol{\Pi}}}$ 为张量,其表达式为

$$\overline{\overline{\boldsymbol{\Pi}}} = \Pi_{ij} = \rho v_i v_j + p\delta_{ij} - \frac{1}{\mu_0} T_{ij}$$

式中,$T_{ij} = B_i B_j - \frac{1}{2}\delta_{ij} B^2$,对于稳态流动,$\frac{\mathrm{d}\Pi_{xy}}{\mathrm{d}x} = 0$。

能量守恒方程可以写为

$$\frac{\partial W}{\partial t} = -\nabla \cdot \boldsymbol{S}$$

式中,W 表示总能量;$\boldsymbol{S}$ 表示总能量矢量。

$$W = \frac{3}{2} n k_B T + \frac{1}{2}\rho v^2 + \frac{1}{2}(E^2 + B^2)$$

$$\boldsymbol{S} = \frac{\boldsymbol{E} \times \boldsymbol{B}}{\mu} + \boldsymbol{p} \cdot \boldsymbol{v} + \boldsymbol{v}\left(\frac{3}{2} n k_B T + \frac{1}{2}\rho v^2\right)$$

$\boldsymbol{S}$ 为能流矢量,类似于电动力学中的 Poynting 矢量(第 7 章),其中 $\boldsymbol{p} = p\delta_{ij}$。由于流体流过激波的过程是绝热不可逆过程,传导热流为 $\boldsymbol{Q} = 0$。对于稳态流动,有

$$\frac{\mathrm{d}S_x}{\mathrm{d}x} = 0$$

在求解过程中,通常假设激波上游的参数已知,根据上面的分析,可以求解出跨越激波的流体流动特性的变化:

$$\frac{dB_x}{dx}=0\Rightarrow B_{x1}=B_{x2}$$

这表明磁场在垂直于激波面的方向上不变,同时

$$\frac{dE_y}{dx}=\frac{d}{dx}(v_zB_x-v_xB_z)=0\Rightarrow(v_zB_x-v_xB_z)_1=(v_zB_x-v_xB_z)_2$$

$$\frac{dE_z}{dx}=\frac{d}{dx}(v_xB_y-v_yB_x)=0\Rightarrow(v_xB_y-v_yB_x)_1=(v_xB_y-v_yB_x)_2$$

式中,下标“1”“2”分别表示上、下游区域的流动特性。

接下来,有

$$\frac{d(\rho v_x)}{dx}=0\Rightarrow(\rho v_x)_1=(\rho v_x)_2$$

以及根据如下公式:

$$\frac{d\Pi_{xx}}{dx}=0$$

可以得到:

$$\left[\rho v_x^2+p-\frac{1}{\mu_0}\left(B_x^2-\frac{1}{2}B^2\right)\right]_1=\left[\rho v_x^2+p-\frac{1}{\mu_0}\left(B_x^2-\frac{1}{2}B^2\right)\right]_2$$

$$\left[\rho v_x^2+p+\frac{1}{\mu_0}\left(\frac{1}{2}B_y^2+\frac{1}{2}B_z^2\right)\right]_1=\left[\rho v_x^2+p+\frac{1}{\mu_0}\left(\frac{1}{2}B_y^2+\frac{1}{2}B_z^2\right)\right]_2$$

另外:

$$\frac{d\Pi_{xy}}{dx}=0\Rightarrow\left(\rho v_xv_y-\frac{B_xB_y}{\mu_0}\right)_1=\left(\rho v_xv_y-\frac{B_xB_y}{\mu_0}\right)_2$$

$$\frac{d\Pi_{xz}}{dx}=0\Rightarrow\left(\rho v_xv_z-\frac{B_xB_z}{\mu_0}\right)_1=\left(\rho v_xv_z-\frac{B_xB_z}{\mu_0}\right)_2$$

以及根据如下公式:

$$\frac{dS_x}{dx}=0$$

有

$$\left[\frac{1}{\mu}(E_yB_z-E_zB_y)+pv_x+v_x\left(\frac{3}{2}nk_BT+\frac{1}{2}\rho v^2\right)\right]_1$$
$$=\left[\frac{1}{\mu}(E_yB_z-E_zB_y)+pv_x+v_x\left(\frac{3}{2}nk_BT+\frac{1}{2}\rho v^2\right)\right]_2$$

由于每个粒子平均携带的能量为 $\frac{1}{2}m\bar{v}^2 = \frac{3}{2}k_B T$，单位体积内等离子体携带的能量为 $\frac{3}{2}nk_B T$，可以得到单位质量等离子体携带的能量为

$$I = \frac{E}{m} = \frac{1}{2}\bar{v}^2 = \frac{3}{2}\frac{nk_B T}{\rho}$$

可得

$$I\rho = \frac{3}{2}nk_B T = \frac{3}{2}p$$

如果每个粒子只有整体做随机运动的能量(即每个粒子只有三个自由度)，那么定容比热容为

$$c_V = \frac{3}{2}R$$

同时，有

$$I\rho = \frac{pc_V}{R} = \frac{pc_V}{c_p - c_V} = \frac{p}{\gamma - 1}$$

根据 Ohm 定律：

$$\frac{\boldsymbol{J}}{\sigma} = \boldsymbol{E} + \boldsymbol{v} \times \boldsymbol{B}$$

假设激波两侧没有电流流过，因此上式左侧项为零，得到：

$$\boldsymbol{E} = -\boldsymbol{v} \times \boldsymbol{B}$$

将上式写成分量形式：

$$\begin{cases} E_y = -(-v_x B_z + v_z B_x) = v_x B_z - v_z B_x \\ E_z = -(v_x B_y - v_y B_x) = -v_x B_y + v_y B_x \end{cases}$$

对上式作变形可以得到：

$$\begin{cases} E_y B_z = v_x B_z^2 - v_z B_x B_z \\ E_z B_y = -v_x B_y^2 + v_y B_x B_y \end{cases}$$

结合以上公式可得

$$E_y B_z - E_z B_y = v_x B_z^2 - v_z B_x B_z + v_x B_y^2 - v_y B_x B_y = v_x(B_y^2 + B_z^2) - B_x(v_y B_y + v_z B_z)$$

将上式代入能量方程中，最终可得

$$\begin{cases}\text{LHS} = \left[\dfrac{v_x}{\mu}(B_y^2 + B_z^2) - \dfrac{B_x}{\mu}(v_y B_y + v_z B_z) + p v_x + v_x \rho I + \dfrac{1}{2}\rho v^2 v_x\right]_1 \\ \text{RHS} = \left[\dfrac{v_x}{\mu}(B_y^2 + B_z^2) - \dfrac{B_x}{\mu}(v_y B_y + v_z B_z) + p v_x + v_x \rho I + \dfrac{1}{2}\rho v^2 v_x\right]_2\end{cases}$$

$$\text{LHS} = \text{RHS}$$

现在，对于上游①区域中给出的流动初始条件，有 8 个方程和 8 个变量，8 个方程如前所述，8 个变量为

$$\boldsymbol{B}(B_x, B_y, B_z), \boldsymbol{v}(v_x, v_y, v_z), p, \rho$$

利用气体动力学中的兰金-于戈尼奥激波条件（Rankine-Hugoniot shock condition）可以得到：

$$(I_2 - I_1) = \frac{1}{2}(p_1 + p_2)\left(\frac{1}{\rho_1} - \frac{1}{\rho_2}\right)$$

该式的含义是流体元在跨越激波前后内能的变化量等于外界对流体元做的功。将内能表达式代入上式并整理得到：

$$\frac{1}{\gamma - 1}\left(\frac{p_2}{\rho_2} - \frac{p_1}{\rho_1}\right) + \frac{1}{2}(p_1 + p_2)\left(\frac{1}{\rho_2} - \frac{1}{\rho_1}\right) = 0$$

为了便于书写，可以将上面的关系式表示为

$$(p_2, \rho_2) = f(p_1, \rho_1)$$

可以证明在磁流体激波中存在以下平衡关系[11]：

$$(I_2 - I_1) + \frac{1}{2}(p_1 + p_2)\left(\frac{1}{\rho_2} - \frac{1}{\rho_1}\right) + \frac{1}{4\mu}(B_2^2 - B_1^2)\left(\frac{1}{\rho_2} - \frac{1}{\rho_1}\right) = 0$$

上述平衡关系清楚地揭示了在磁流体中磁场的存在对激波的影响。当磁场为零时，上述方程退化为一般流体中的激波关系；同样地，如果激波两侧的磁场均垂直于激波面，即 $B_1 = B_{1x}$、$B_2 = B_{2x}$，从 Maxwell 方程组得到如下关系：

$$\frac{\mathrm{d}B_x}{\mathrm{d}x} = 0 \Rightarrow B_{x1} = B_{x2}$$

由此可得，$B_1 = B_2$，磁流体激波平衡关系同样退化为一般流体中的激波关系。下面可以看到，磁场在跨越磁流体激波后方向可能会发生变化，这也是磁流体激波的一个独特特性。

上述方程说明当激波传播方向与上游磁场方向平行时，激波下游物理参数在等离子体中会出现与一般流体中不同的情况。在一般的流体中，激波在形成过程中会逐渐变陡，

直至黏性与导热等作用引起的耗散与激波幅值的增长相平衡，因此有 $S_2 \geqslant S_1$。在磁流体激波中同样有 $p_2 \geqslant p_1$，这说明激波是压缩波。

2）激波的传播方向与磁场方向相平行

在这种情况下，激波上游的磁场方向和等离子体流动方向平行，均垂直于激波面，如图 8.15 所示。

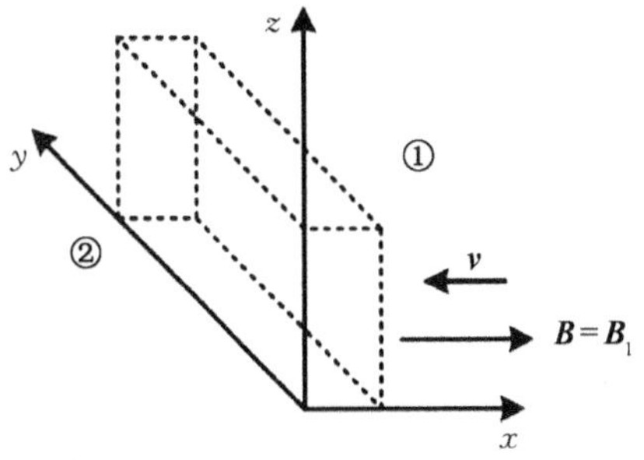

图 8.15　激波面、磁场方向与流动方向示意图

令激波面落在 yOz 平面上，对于磁场与流体元流动速度，有

$$\boldsymbol{B}_1 = B_1\boldsymbol{i} + 0\boldsymbol{j} + 0\boldsymbol{k},\quad \boldsymbol{B}_2 = B_x\boldsymbol{i} + B_y\boldsymbol{j} + 0\boldsymbol{k}$$

以及

$$\boldsymbol{v}_1 = v_1\boldsymbol{i} + 0\boldsymbol{j} + 0\boldsymbol{k},\quad \boldsymbol{v}_2 = v_x\boldsymbol{i} + v_y\boldsymbol{j} + v_z\boldsymbol{k}$$

在 x、y 方向，有

$$B_{x2} = B_{x1}\quad 或\quad B_x = B_1$$

以及由如下公式：

$$v_{x1}B_{y1} - v_{y1}B_{x1} = v_{x2}B_{y2} - v_{y2}B_{x2}$$

将 $\boldsymbol{v}_1$、$\boldsymbol{B}_1$ 代入可得

$$0 = v_xB_y - v_yB_x \Rightarrow v_xB_y = v_yB_x$$

根据动量方程得

$$\rho_1 v_{x1}v_{y1} - \frac{B_{x1}B_{y1}}{\mu} = \rho_2 v_{x2}v_{y2} - \frac{B_{x2}B_{y2}}{\mu}$$

将 $\boldsymbol{v}_1$、$\boldsymbol{B}_1$ 代入可得

$$0 = \rho_2 v_x v_y - \frac{B_1B_y}{\mu}$$

结合之前的公式，将 v_{y1} 代入上式，有

$$\rho_2 v_x\left(\frac{v_xB_y}{B_1}\right) - \frac{B_1B_y}{\mu} = 0$$

整理得到：

$$\left(v_x^2 - \frac{B_1^2}{\mu\rho_2}\right)B_y = 0$$

对于这个方程，有两个可能的解：$B_y = 0$、$v_x^2 = \dfrac{B_1^2}{\mu\rho_2}$，下面逐个进行讨论。

(1) 第一种可能的解：$B_y = B_{y2} = 0$。

此时，有

$$\boldsymbol{B}_2 = B_{x2}\boldsymbol{i} + 0\boldsymbol{j} + 0\boldsymbol{k} = B_{x1}\boldsymbol{i} + 0\boldsymbol{j} + 0\boldsymbol{k} = \boldsymbol{B}_1$$

利用动量方程中的 $\dfrac{\mathrm{d}\Pi_{xy}}{\mathrm{d}x} = 0$，可得

$$0 = \rho_2 v_x v_y - \frac{B_1 B_y}{\mu} = \rho_2 v_x v_y$$

又因为

$$\rho_2 v_x \neq 0 \Rightarrow v_y = 0$$

再利用动量方程中的 $\dfrac{\mathrm{d}\Pi_{xz}}{\mathrm{d}x} = 0$，有

$$0 = \rho_2 v_{x2} v_{z2} - \frac{B_{x2} B_{z2}}{\mu} = \rho_2 v_{x2} v_{z2}$$

又由于

$$\rho_2 v_{x2} \neq 0 \quad \Rightarrow v_z = 0, \quad \boldsymbol{v}_2 = v_x \boldsymbol{i}$$

总结上面的结论,可得如下方程,用来描述激波两侧物理量间的关系。

连续性方程:

$$(\rho v_x)_1 = (\rho v_x)_2$$

x 方向动量方程:

$$(\rho v_x^2 + p)_1 = (\rho v_x^2 + p)_2$$

能量方程:

$$\left(p v_x + \rho v_x I + \frac{1}{2}\rho v^2 v_x\right)_1 = \left(p v_x + \rho v_x I + \frac{1}{2}\rho v^2 v_x\right)_2$$

这些方程与一般流体中的激波方程相同,同时还可以得到:

$$v_2 < v_1, \quad p_2 > p_1$$

(2) 第二种可能的解: $B_y \neq 0$, $v_x^2 = \dfrac{B_1^2}{\mu \rho_2}$。

因为 $B_{x1} = B_{x2} = B_1$,所以$\boldsymbol{B}_2 = B_1 \boldsymbol{i} + B_y \boldsymbol{j} + 0\boldsymbol{k}$, 与情况(1)中的方法相同,考虑:

$$\rho_1 v_{x1} v_{y1} - \frac{B_{x1} B_{y1}}{\mu} = \rho_2 v_{x2} v_{y2} - \frac{B_{x2} B_{y2}}{\mu}$$

由 $v_{y1} = 0$、$B_{y1} = 0$, 代入上式可以得到:

$$0 = \rho_2 v_x v_y - \frac{B_1 B_y}{\mu}$$

考虑到 $\rho_2 v_x = \rho_1 v_1$，整理上式最终可得

$$v_y = \frac{B_1 B_y}{\mu \rho_2 v_x} = \frac{B_1 B_y}{\mu \rho_1 v_1} = f(B_y) \neq 0$$

为了求解 B_y，作如下考虑，由 x 方向动量方程：

$$\rho_1 v_{x1}^2 + p_1 = \rho_2 v_{x2}^2 + p_2 + \frac{1}{\mu}\frac{B_{y2}^2}{2}$$

以及能量方程：

$$p_1 v_{x1} + \rho_1 v_{x1} I_1 + \frac{1}{2}\rho_1 v_{x1}^3 = \frac{v_{x2} B_y^2}{\mu} - \frac{v_{y2} B_x B_y}{\mu} + p_2 v_{x2} + \rho_2 v_{x2} I_2 + \frac{1}{2}\rho_2 v_2^2 v_{x2}$$

或者依据 ρI 的表达式将上式写为

$$v_1\left(p_1 + \frac{p_1}{\gamma - 1}\right) + \frac{1}{2}\rho_1 v_1^3 = v_x\left(p_2 + \frac{p_2}{\gamma - 1}\right) + \frac{v_x B_y^2}{\mu} - \frac{v_y B_x B_y}{\mu} + \frac{1}{2}\rho_2 v_2^2 v_x$$

将等式两边同时除以 $\rho_2 v_x = \rho_1 v_1$，整理得到：

$$\frac{\gamma p_1}{(\gamma - 1)\rho_1} + \frac{1}{2}v_1^2 = \frac{\gamma p_2}{(\gamma - 1)\rho_2} + \frac{B_y^2}{\mu \rho_2} - \frac{v_y B_x B_y}{\mu \rho_2 v_x} + \frac{1}{2}(v_x^2 + v_y^2)$$

从动量方程中可以解出 p_2：

$$p_2 = \rho_1 v_1^2 + p_1 - \rho_2 v_x^2 - \frac{1}{\mu}\frac{B_y^2}{2}$$

代入能量方程中，并结合 $\rho_1 v_1 = \rho_2 v_x$、$v_x^2 = \dfrac{B_1^2}{\mu \rho_2}$、$v_y = \dfrac{B_1 B_y}{\mu \rho_1 v_1}$，可以得到：

$$B_y^2 = 2\left(\frac{\rho_2}{\rho_1} - 1\right) B_1^2 \left[\frac{(\gamma + 1) - \dfrac{\rho_2}{\rho_1}(\gamma - 1)}{2} - \frac{\mu \gamma p_1}{B_1^2}\right]$$

整理得到：

$$B_y = \pm\left[2\left(\frac{\rho_2}{\rho_1} - 1\right) B_1^2\right]^{1/2} \left[\frac{(\gamma + 1) - \dfrac{\rho_2}{\rho_1}(\gamma - 1)}{2} - \frac{\mu \gamma p_1}{B_1^2}\right]^{1/2}$$

B_y 为实数，并要求：

$$\left[\frac{(\gamma + 1) - \dfrac{\rho_2}{\rho_1}(\gamma - 1)}{2} - \frac{\mu \gamma p_1}{B_1^2}\right] > 0$$

因而：

$$\frac{(\gamma+1)-\frac{\rho_2}{\rho_1}(\gamma-1)}{2}>\frac{\mu\gamma p_1}{B_1^2}=\frac{c_s^2}{V_A^2}$$

同时，B_y 为实数，还要求：

$$\frac{\rho_2}{\rho_1}-1>0\Rightarrow\frac{\rho_2}{\rho_1}>1$$

考虑到比热比 $\gamma=\frac{c_p}{c_V}>1$，便可以考虑 $\frac{(\gamma+1)-\frac{\rho_2}{\rho_1}(\gamma-1)}{2}$ 的大小，有

$$\frac{(\gamma+1)-\frac{\rho_2}{\rho_1}(\gamma-1)}{2}=\frac{1+\frac{\rho_2}{\rho_1}-\left(\frac{\rho_2}{\rho_1}-1\right)\gamma}{2}=f(\gamma)$$

其目的是把上式看作 γ 的函数 $f(\gamma)$，由于 $-\left(\frac{\rho_2}{\rho_1}-1\right)<0$，$f(\gamma)$ 关于 γ 递减，又由于 $\gamma>1$，当 $\gamma\to1$ 时，$f(\gamma)$ 有最大值，可得

$$\frac{(\gamma+1)-\frac{\rho_2}{\rho_1}(\gamma-1)}{2}=\frac{1+\frac{\rho_2}{\rho_1}-\left(\frac{\rho_2}{\rho_1}-1\right)\gamma}{2}<1$$

结合：

$$\frac{(\gamma+1)-\frac{\rho_2}{\rho_1}(\gamma-1)}{2}>\frac{c_s^2}{V_A^2}$$

有

$$\frac{c_s^2}{V_A^2}<1\Rightarrow c_s<V_A$$

因此，得到一个很重要的结论：若使方程有解（即 $B_y\neq0$），Alfven 速度必须大于声速。另外，考虑到：

$$v_x^2=\frac{B_1^2}{\mu\rho_2}$$

以及

$$\rho_1v_1=\rho_2v_{x2}=\rho_2v_x$$

有

$$v_1^2=\left(\frac{\rho_2}{\rho_1}\right)^2 v_x^2=\frac{B_1^2}{\mu\rho_1}\frac{\rho_2}{\rho_1}=V_A\frac{\rho_2}{\rho_1}>V_A^2$$

因而,对于激波,有如下关系:

$$v_1^2>V_A^2>c_s^2$$

在数学上得到的结果可以在物理上表述如下:

$$\boldsymbol{B}_1=B_{x1}\boldsymbol{i}+0\boldsymbol{j}+0\boldsymbol{k},\quad \boldsymbol{B}_2=B_{x2}\boldsymbol{i}+B_{y2}\boldsymbol{j}+0\boldsymbol{k}$$

以及

$$\boldsymbol{v}_1=v_{x1}\boldsymbol{i}+0\boldsymbol{j}+0\boldsymbol{k},\quad \boldsymbol{v}_2=v_{x2}\boldsymbol{i}+v_{y2}\boldsymbol{j}+0\boldsymbol{k}$$

这表明速度方向和磁场方向在从①区域到②区域过程中均发生了变化,具体图像如图 8.16 所示。在这种情况下,垂直于激波面的磁场与流体速度在经过激波面后转向,这类激波称为“旋转激波”,而这类激波间断面称为“旋转间断面”。注意到,在物理上,这种情况的出现必须伴随着电流的存在,这是因为磁场的方向发生了变化,若磁场变化方向为 y 方向(图 8.16),则在间断面处必会产生一个 z 方向的电流密度:$J_z=\frac{\partial B_y}{\partial x}$,这个电流密度必然是由激波外部的物理场结构或 Maxwell 应力导致的。下面将会看到,在适当的物理条件和几何条件下,存在着另外一种垂直于磁场方向传播的激波。

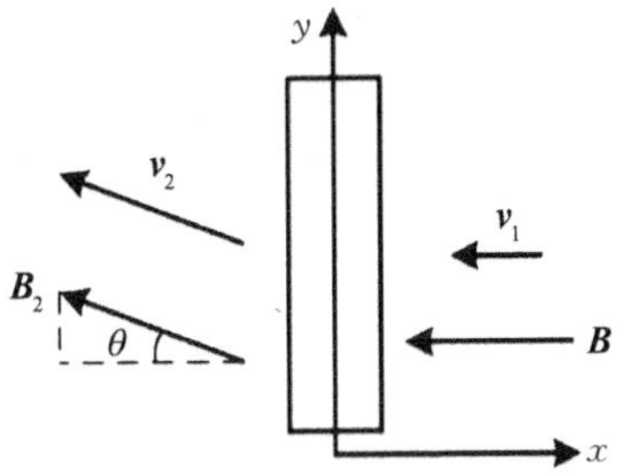

图 8.16　磁场与流动跨越激波时的“旋转”

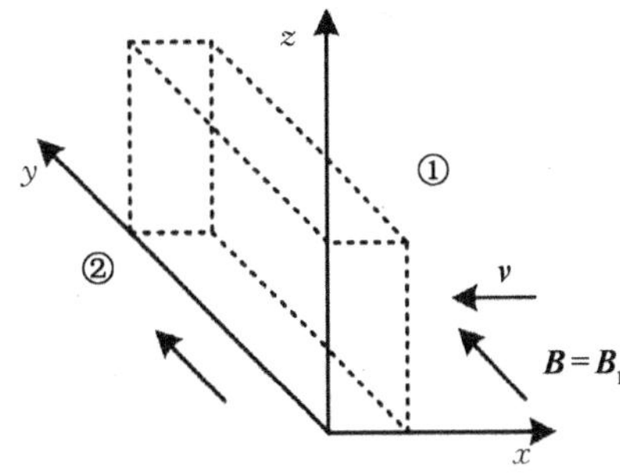

图 8.17　垂直于磁场方向运动的激波结构

3) 垂直于磁场方向运动的激波

在本例中,各物理参量的方向如图 8.17 所示,其中激波位于坐标原点处,磁场方向平行于激波面方向。

取上游磁场,沿 y 轴方向有

$$\boldsymbol{B}_1=\boldsymbol{B}_y=0\boldsymbol{i}+B\boldsymbol{j}+0\boldsymbol{k}$$

考虑到 $B_{x1}=B_{x2}$,因此假设下游磁场为

$$\boldsymbol{B}_2=0\boldsymbol{i}+B_y\boldsymbol{j}+B_z\boldsymbol{k}$$

同时,假设上游流体流动速度为

$$\boldsymbol{v}_1 = v_1\boldsymbol{i} + 0\boldsymbol{j} + 0\boldsymbol{k}$$

下游流体流动速度为

$$\boldsymbol{v}_2 = v_x\boldsymbol{i} + v_y\boldsymbol{j} + v_z\boldsymbol{k}$$

由连续性方程: $\rho_1 v_{x1} = \rho_2 v_{x2}$, 将 $\boldsymbol{v}_1$、$\boldsymbol{v}_2$ 代入可得 $\rho_1 v_1 = \rho_2 v_x$, 因此:

$$v_x = \frac{\rho_1}{\rho_2}v_1 \equiv \frac{1}{\alpha}v_1$$

式中,定义 $\alpha \equiv \dfrac{\rho_2}{\rho_1}$。

依据之前得到的激波方程,还可得如下公式:

$$(v_x B_z - v_z B_x)_1 = 0 = v_x B_z - v_z B_x$$

考虑到 $B_x = 0$, 有

$$B_z = 0$$

以及

$$\left(\rho v_x v_y - \frac{B_x B_y}{\mu}\right)_1 = 0 = \rho v_x v_y - \frac{B_x B_y}{\mu}$$

$$\left(\rho v_x v_z - \frac{B_x B_z}{\mu}\right)_1 = 0 = \rho v_x v_z - \frac{B_x B_z}{\mu}$$

同理,考虑到 $B_x = 0$, 且 $v_x \neq 0$, 有

$$v_y = 0, \quad v_z = 0$$

同时,有

$$(v_x B_y - v_y B_x)_1 = v_x B_y - v_y B_x$$

利用 $B_x = 0$, 可以得到:

$$v_1 B_1 = v_x B_y \Rightarrow B_y = \frac{v_1}{v_x}B_1 = \alpha B_1$$

因此,最终可得到

$$\boldsymbol{v}_2 = \frac{v_1}{\alpha}\boldsymbol{i} + 0\boldsymbol{j} + 0\boldsymbol{k}, \quad \boldsymbol{B}_2 = 0\boldsymbol{i} + \alpha B_1\boldsymbol{j} + 0\boldsymbol{k}$$

下面,将动量方程与能量方程相结合,首先由动量方程可以得到:

$$\rho_1 v_1^2 + p_1 + \frac{B_1^2}{2\mu} = \rho_2 v_2^2 + p_2 + \frac{B_2^2}{2\mu}$$

将 $|\boldsymbol{v}_2|$、$|\boldsymbol{B}_2|$ 代入上述方程中,可得

$$\rho_1 v_1^2 + p_1 + \frac{B_1^2}{2\mu} = \frac{\rho_1 v_1^2}{\alpha} + p_2 + \frac{\alpha^2 B_1^2}{2\mu}$$

等式两边同时除以 p_1,得到:

$$\frac{\rho_1 v_1^2}{p_1} + 1 + \frac{B_1^2}{2\mu p_1} = \frac{\rho_1 v_1^2}{\alpha p_1} + \frac{p_2}{p_1} + \frac{\alpha^2 B_1^2}{2\mu p_1}$$

考虑到如下公式:

$$\frac{\rho_1}{p_1} = \frac{\gamma}{c_s^2},\quad \beta = \frac{p}{B_0^2/2\mu} = \frac{1}{Q},\quad R = \frac{p_2}{p_1}$$

因此可以得到:

$$\gamma Ma_1^2\left(1 - \frac{1}{\alpha}\right) = (R - 1) + Q(\alpha^2 - 1)$$

式中,$Ma_1 = v_1^2/c_s^2$。

对于能量方程,同样有

$$\frac{\gamma p_1}{(\gamma - 1)\rho_1} + \frac{v_1^2}{2} + \frac{B_1^2}{\mu\rho_1} = \frac{\gamma p_2}{(\gamma - 1)\rho_2} + \frac{v_2^2}{2} + \frac{B_2^2}{\mu\rho_2} = \frac{\gamma p_2}{(\gamma - 1)\rho_2} + \frac{v_1^2}{2\alpha^2} + \frac{\alpha^2 B_1^2}{\mu\rho_2}$$

等式两边同时乘以 $2\rho_1/p_1$,有

$$\frac{2\gamma}{(\gamma - 1)} + \frac{\rho_1}{p_1}v_1^2 + \frac{2B_1^2}{\mu p_1} = \frac{2\gamma p_2\rho_1}{(\gamma - 1)\rho_2 p_1} + \frac{\rho_1}{p_1}\frac{v_1^2}{\alpha^2} + \frac{2\rho_1}{p_1}\frac{\alpha^2 B_1^2}{\mu\rho_2}$$

整理得

$$\frac{2\gamma}{(\gamma - 1)} + \gamma Ma_1^2 + 4Q = \frac{2\gamma}{\gamma - 1}\frac{R}{\alpha} + \frac{\gamma Ma_1^2}{\alpha^2} + 4\alpha Q$$

或者写为

$$\gamma Ma_1^2\left(1 - \frac{1}{\alpha^2}\right) = \frac{2\gamma}{\gamma - 1}\left(\frac{R}{\alpha} - 1\right) + 4Q(\alpha - 1)$$

联立动量方程和能量方程得到的式子,消去 R 可以得到:

$$Q(2 - \gamma)\alpha^2 + \left[\gamma(Q + 1) + \frac{1}{2}\gamma(\gamma - 1)Ma^2\right]\alpha - \frac{1}{2}\gamma(\gamma + 1)Ma^2 = 0$$

这是一个以 α 为未知参量的二次方程,其有如下形式:$a\alpha^2 + b\alpha + c = 0$,由于 $\alpha = \frac{\rho_2}{\rho_1} > 0$,对于 $\alpha > 0$ 的解,有

$$\alpha = \frac{-b+\sqrt{b^2-4ac}}{2a}$$

考虑到:

$$\frac{ac}{b^2} \sim \frac{Ma^2}{Ma^4} = Ma^{-2}$$

当流动马赫数 $Ma \gg 1$ 时,可以对解作 Taylor 展开并取一阶量:

$$\alpha = \frac{-b+b\sqrt{1-\dfrac{4ac}{b^2}}}{2a} \approx \frac{-b+b\left(1-\dfrac{2ac}{b^2}\right)}{2a} = \frac{-\dfrac{2ac}{b}}{2a} = -\frac{c}{b}$$

考虑到:

$$b = \left[\gamma(Q+1)+\frac{1}{2}\gamma(\gamma-1)Ma^2\right], \quad c = -\frac{1}{2}\gamma(\gamma+1)Ma^2$$

因此,有

$$\alpha = -\frac{c}{b} = \frac{\dfrac{1}{2}\gamma(\gamma+1)Ma^2}{\gamma(Q+1)+\dfrac{1}{2}\gamma(\gamma-1)Ma^2}$$

对于 $\alpha > 1$, 有

$$\frac{1}{2}\gamma(\gamma+1)Ma^2 > \gamma(Q+1)+\frac{1}{2}\gamma(\gamma-1)Ma^2$$

比热比 $\gamma = \dfrac{c_V+c_p}{c_p} = 1+c_V/c_p$, 而由热力学可知, $c_V < c_p$, 因而 $1.0 < \gamma < 2.0$, 故整理上述不等式可得

$$\gamma Ma^2 > \gamma(Q+1) \approx 2(Q+1)$$

将 Ma、γ、Q 参量的表达式代回上式,有

$$\frac{\rho_1}{p_1}v_1^2 > \frac{\gamma B_1^2}{\mu p_1}+\gamma > \frac{B_1^2}{\mu p_1}+\gamma$$

因此,整理上式可得

$$v_1^2 > \frac{B_1^2}{\mu_1\rho_1}+\gamma\frac{p_1}{\rho_1} = V_A^2+c_s^2$$

结合上一节得到的结论:

$$v_{快} = \sqrt{c_s^2+V_A^2}$$

可以看到，激波上游流体流动速度 $v_1 > v_{快}$，即流体流动速度大于快波速度，结合一般流体力学中的激波形成条件 $v_1 > c_s$，因此在这里，快波的地位等同于一般流体中的声波。

综上，根据以上结论不难发现，磁等离子体激波与一般流体激波有很多相似之处，在磁等离子体中，用流动参数和电磁场参数代替一般流体中的流动参数，具体如下。

压强：

$$p \Leftrightarrow p + \frac{B^2}{2\mu}$$

马赫数：

$$Ma = \frac{v_1}{c_s} \Leftrightarrow Ma^* = \frac{v_1}{\sqrt{c_s^2 + V_A^2}}$$

内能：

$$\varepsilon = \frac{p}{(\gamma - 1)\rho} \Leftrightarrow \varepsilon^* = \varepsilon + \frac{B^2}{2\mu p}$$

比热比：

$$\gamma \Leftrightarrow \gamma^* = \frac{\varepsilon}{\varepsilon^*}\gamma + 2\left(1 - \frac{\varepsilon}{\varepsilon^*}\right)$$

根据之前的讨论，也得到了激波下游的磁场：

$$B_x = B_1, \quad B_y = \alpha B_1, \quad B_z = 0$$

8.8.3　激波的结构

已经注意到，激波形成的原因是巨大压差驱动的压缩波的叠加，当不断叠加的压缩波与耗散作用相平衡时，激波也就稳定地形成了。在一般流体中，耗散作用是由粒子间的碰撞引起的，因此平衡发生的尺度与分子平均自由程的尺度相当，这也代表了激波的厚度。通过一维模型来研究流体与等离子体中的激波是一种很好的简化问题的方法，而这种方法对于研究粒子演化过程及气体输运现象并不适用，实验研究为人们理解真实气体激波现象的复杂性提供了重要参考。在激波与激波结构中发生的过程与分子输运过程有关。对激波中心区域的研究可以揭示激波两侧流体与场性质的巨大差异，对激波前后区域边界过渡区域发生的过程的理解也有助于对低密度和有化学反应的流动中激波结构的研究。在涉及粒子电离的激波过程中，电磁场的影响是至关重要的，有时也会使问题变得十分复杂[19]。

在一般的流体中，激波幅值逐渐变大，直至压差驱动力与黏性耗散作用相平衡。而在等离子体中，电流导致的焦耳热提供了另外一种耗散作用，这使得过程变得更为复杂。为了便于分析及方便理解激波产生过程中的物理行为，往往假设等离子体是完全电离的。下面将进行一些数量级的估计，以此来确定由电流导致的焦耳热所产生的影响。

整个激波区域内的能量耗散率可用粒子速度 v_1 来估计,假定激波厚度为 δ, 单位体积流体跨越激波耗散的能量为 ΔE, 则能量耗散率为

$$\frac{\Delta E}{\Delta t}=\frac{\Delta E}{\delta/v_1}\sim\frac{J^2}{\sigma}=\frac{1}{\sigma}\frac{(\nabla\times B)^2}{\mu^2}=\frac{\Delta B^2}{\sigma\mu^2\delta^2}$$

因此激波厚度为

$$\delta\sim\frac{\Delta B^2}{\sigma\mu^2 v_1\Delta E}$$

如果假定 $\Delta E\approx\frac{1}{2}\rho_1 v_1^2$(仅作为对数量级的估计),可以得到:

$$\delta\sim\left(\frac{2\Delta B^2}{\sigma\mu^2\rho_1 v_1^3}\right)\sim\left(\Delta B^2,\ \frac{1}{\sigma},\ \frac{1}{v^3}\right)$$

结合磁雷诺数 $R_m=\mu\sigma LU$, 有

$$R_m=\mu\sigma LU\rightarrow\mu\sigma\delta v_1\Rightarrow\delta\sim\frac{R_m}{\mu\sigma v_1}$$

由此可以看到,在等离子体介质中,等离子体所包含的特殊性质,如电导率、磁场效应等会对激波产生直接影响。

8.8.4 等离子体激波物理的拓展回顾

在有电磁场存在的等离子体介质中,激波的存在对等离子体平衡、稳定性、能量平衡和能量沉积等有着重要的影响。等离子体激波的研究对许多实际应用是很有帮助的,对这一问题的理论与实验研究已经持续了很长时间,特别是已经出版了许多关于这类问题的专著,这些专著为理解等离子激波的发生过程及复杂性提供了框架,其中具有代表性的见文献[19]~[22]。由于等离子体激波在地面等离子体实验和空间等离子体中有着重要的地位,本书将对有关等离子体激波的实验与理论进行简要的一般性讨论。

等离子体激波可分为两种不同的类型:碰撞激波和无碰撞激波,这两种激波与电磁力的引入和输运过程产生的耗散相关。当耗散的主要来源为粒子间的碰撞与粒子迁移时,无论电磁场是否对等离子体产生影响,平均自由程都是一个很重要的空间尺度。当等离子体中的耗散主要与微观不稳定性相关,而不是与黏性作用相关时,称为无碰撞激波。

无论对于哪一种激波,其内部都可能会分为几个不同的相互作用层,这些相互作用层分别由不同的机制主导。等离子体激波发生在已经电离的介质中,同样地,强激波会导致气体中大量的能量沉积,因此激波的一部分可能会产生自发电离,这也是等离子体激波的一个独特方面。Gross[23]讨论了电离化学反应对等离子体激波的影响。在激波中,电子流体和离子流体可能具有不同的特性和独特的流体行为,包括不同的马赫数,这会导致复杂的物理现象,具体情况则取决于各个参数数量级的相对大小。

在无碰撞激波中,耗散作用的主要来源不是粒子间的碰撞,因此激波的尺寸可以比碰撞平均自由程大得多或小得多。Chu 等[20]将无碰撞激波描述为一个过渡区域,这个区域

中等离子体波与波能量密度对激波的形成起到了至关重要的作用。Krall[24]对无碰撞激波的物理学现状进行了简明的回顾。从概念上讲，最容易想到这些激波是等离子体（微观）波动不稳定性所产生的耗散导致的，不同的等离子体波会导致不同类型的无碰撞激波[24]，无碰撞激波可描述为层流、湍流和准层流的混合激波，认为 Vlasov 方程（无碰撞的 Boltzmann 方程）是正确地描述等离子体的方程[21,22]。

已经有研究人员采用多种理论模型对等离子体激波现象做出了解释，这些模型有助于对物理过程的理解，然而我们最感兴趣的是那些已经经过实验验证的结果。20 世纪 60~70 年代，基于可靠的实验分析，英国 Culham 实验室和美国哥伦比亚大学都实施了许多实验研究计划。这些研究计划所得到的数据具有很高的价值，实验数据通常都伴随着相关理论的回顾，无论是定性理解还是定量分析，这些数据都有助于我们理解等离子体激波。一些研究实例可以帮助我们将物理现象和理论与实验数据相结合，在下面的综述中将列举一些这样的例子。

对于等离子体激波的研究大都是在线性、环形或者径向电磁激波管的放电过程中进行的，在这些情况下，腔室内充满气体，有时气体被预电离，有时气体会附加垂直于流动方向或平行于流动方向的磁场。腔室内的电磁活塞向前驱动压缩区域，并产生具有强密度梯度和电磁场梯度的等离子体激波，碰撞与无碰撞等离子体激波都是以这种方式产生并加以研究的。

Gross[23,25]报道了一系列等离子体波实验，图 8.18 展示一个针对碰撞激波的研究结果，其中下角标 1 表示上游物理量，B_x 是垂直于激波面方向的磁场，b_1 表示上游的 Alfven 速度，括号内数字表示电离百分比。

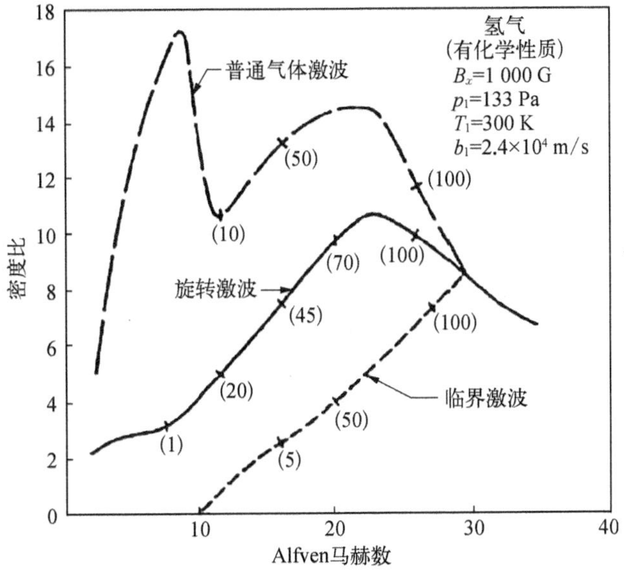

图 8.18　等离子体中三种激波的密度比随 Alfven 马赫数的变化

实验测量了三种激波的数据：普通气体激波、旋转激波和“临界”激波，其中“临界”激波的定义是激波下游流体流速是声速的激波（Chapman – Jouguet 解的临界值）。从图

8.18 中可以看到,在这三种情况下,激波上下游的密度比(及相关参数)有着很大不同。应特别注意,旋转激波在 $Ma_A = 1.0$ 处的起始情况,旋转激波是磁流体激波,其出现并不仅仅依赖于当流速等于 Alfven 速度的情况。

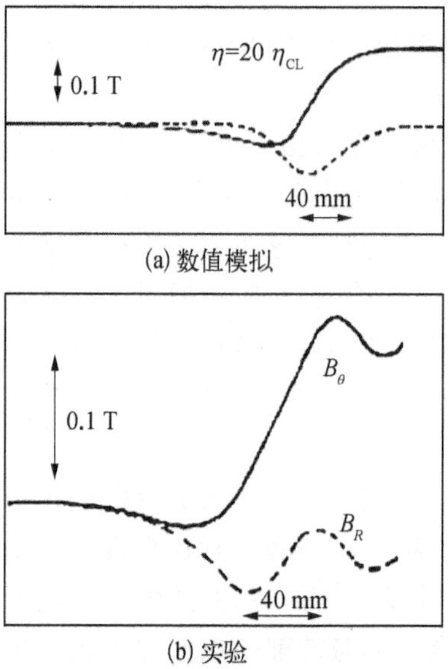

图 8.19 关于旋转激波磁场分布的实验与数值模拟结果的对比[26]

通过另一组具有圆柱环形放电腔的实验,对碰撞旋转激波的行为进行了研究[26]。通过对激波进行全面的诊断,特别是对激波上下游区域磁场分量的测量,观测到了理想的旋转行为。通过改变附加(轴向)磁场的大小,可以改变激波上游流动的 Alfven 马赫数,实验结果如图 8.19 所示。为了使理论结果与实验结果相符合,在理论模型中人为增强了(×20)碰撞输运作用(黏性作用)。通过这种操作,使理论与实验结果得到了很好的吻合,这为等离子体激波结构中存在增强的输运(非经典的)提供了证据。

关于无碰撞激波也有许多实验研究,早期的结果由 Paul[27] 进行了整理和回顾,并提出了有关微观不稳定性的理论讨论。在上述工作的拓展工作中,Paul 增加了一个特殊的实验结果[28]。在测量激波两侧跳变参数的同时,在这个工作中得到的数据和分析还支持了这样一种结论,即电子加热的增强是激波过程的不稳定性导致的,而非碰撞过程。磁场和等离子体每种组分的温度数据与评估分析如图 8.20 和图 8.21 所示。

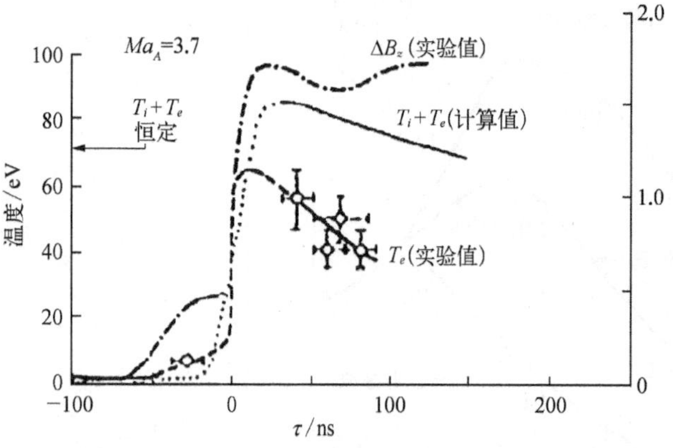

图 8.20 $Ma_A = 3.7$ 时无碰撞激波中温度的变化[28]

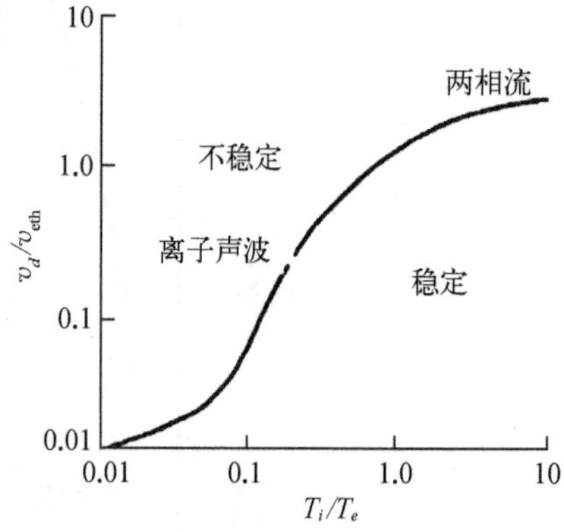

图 8.21 离子与电子组分在漂移速度不稳定性导致的加热过程中的温度比变化关系[28,29]

参照图 8.20,其中 $Ma_A = 3.7$,可以看到测量得到的 T_e 要低于能量守恒关系得到的预测值,因此可以推断 T_i 显著增大。当仅使用经典加热机制去解释实验数据时,会发现理论结果与实验结果是不相符的。图 8.21 显示了理论估计结果,这个结果预测了与实验相关的不稳定性(离子声波不稳定性与双流不稳定性)的产生。作为对这个现象的一个补充，$Ma = 2.5$ 的数据并没有表现出离子加热的增强。

参考文献

[1] Shercliff J A. A Textbook of Magnetohydrodynamics. New York: Pergamon, 1965.

[2] Wylie C R. Advanced Engineering Mathematics. New York: McGraw-Hill, 1966.

[3] Spitzer L. Physics of Fully Ionized Gases. 2nd ed. New York: Interscience, 1962.

[4] Chen F F. Introduction to Plasma Physics and Controlled Fusion. 2nd ed. New York: Plenum, 1984.

[5] Braginskii S I. Transport processes in plasmas. Reviews of Plasma Physics, 1965.

[6] Liewer, Paulett C. Measurements of microturbulence in tokamaks and comparisons with theories of turbulence and anomalous transport. Nuclear Fusion, 2011, 25(5): 543.

[7] Papadopoulos K. Microinstabilities and anomalous transport in collisionless shocks. American Geophysical Union, 1985, 34: 59-90.

[8] Connor J W, Wilson H R. Survey of theories of anomalous transport. Physics of Plasma and Controlled Fusion, 1994, 36: 719-795.

[9] Klages R, Radons G, Sokolov M. Anomalous Transport: Foundations and Applications. New York: Wiley, 2008.

[10] Cowling T G. Magnetohydrodynamics. New York: Interscience, 1957.

[11] Boyd T J M, Sanderson J J. Plasma Dynamics. New York: Barnes and Noble, 1969.

[12] Jackson J D. Classical Electrodynamics. New York: Wiley, 1963.

[13] Karamcheti K. Principles of Ideal-fluid Aerodynamics. New York: Wiley, 1966.

[14] Chandrasekhar S. Plasma physics. Chicago: University of Chicago, 1960.

[15] Jeffrey A. Magnetohydrodynamics. New York: Interscience, 1966.

[16] Anderson E. Magnetohydrodynamic Shock Waves. Cambridge: Massachusetts Institute of Technology, 1963.

[17] Courant R, Friedrichs K O. Supersonic Flow and Shock Waves. New York: Interscience, 1948.

[18] Sutton G W, Sherman A. Engineering Magnetohydrodynamics. New York: McGraw-Hill, 1965.

[19] Liberman M A, Velikovich A L. Physics of Shock Waves in Gases and Plasmas. Berlin: Springer, 1986.

[20] Chu C K, Gross R A. Shock Waves in Plasma Physics//Advances in Plasma Physics. New York: Wiley, 1969.

[21] Tidman D A, Krall N A. Shock Waves in Collisionless Plasmas. New York: Interscience, 1971.

[22] Balogh A, Treumann R A. Physics of Collisionless Shocks. New York: Springer, 2013.

[23] Gross R A. Strong ionizing shock waves. Reviews of Modern Physics, 1965, 37: 724-743.

[24] Krall N A. What do we really know about collisionless shocks? Advances in Space Research, 1997, 20: 715-724.

[25] Gross R A. Ionizing switch-on shock waves. Physic of Fluid, 1966, 9: 1033-1035.

[26] Craig A D, Paul J W M. Observation of "switch-on" shocks in a magnetized plasma. Journal of Plasma Physic, 1973, 9(2): 161-186.

[27] Paul J W M. Review of experimental studies of collisionless shocks propagating perpendicular to a

magnetic field. Culham Laboratory, UK-AEA Report CLM-P220.

[28] Paul J W M. Collisionless shock waves. Berlin: Springer, 1970.

[29] Stringer T E. Electrostatic instabilities in current-carrying and counter-streaming plasmas. Journal of the British Nuclear Energy Society, 1964, 6: 267.

习　题

8.1 **(抗磁性电流)** 如习题 8.1 图所示，在圆柱形轴对称等离子体中，磁场强度 $\boldsymbol{B}$ 沿轴向是均匀的，等离子体压强随半径 r 逐渐减小，设压强梯度为 ∇p 且不随 r 发生变化，试根据磁流体平衡计算由压强梯度引起的抗磁性电流的大小。

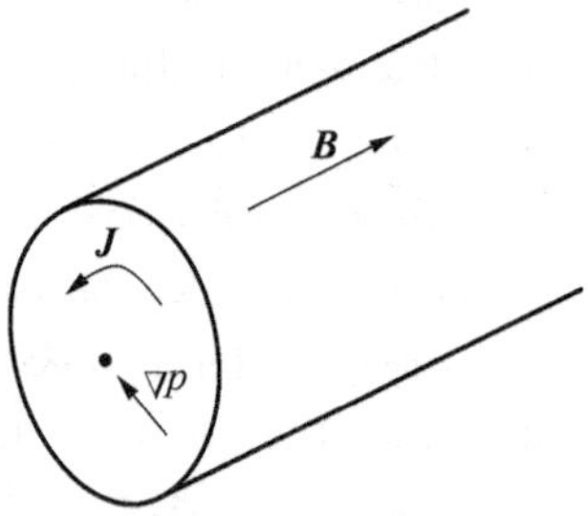

习题 8.1 图

8.2 **(双极扩散)** 请描述双极扩散的成因；当等离子体中存在磁场时，请简述平行于磁场方向的双极扩散与垂直于磁场方向的双极扩散有何不同？

8.3 **(弛豫时间)** 一种粒子从初始非平衡状态达到平衡态（即内部温度处处相等）的时间称为弛豫时间，粒子弛豫时间越短，说明粒子达到平衡态的速度越快。请结合本章能量平衡一节中的公式说明，在等离子体内部，电子弛豫时间小于离子弛豫时间，假设所有离子均为一价离子。这也解释了为何在许多等离子体过程中，电子等温而离子不等温。（提示：考虑温度为 T_1、T_2 的两团电子相撞的弛豫时间与温度为 T_1、T_2 的两团离子相撞的弛豫时间，两种情况的库仑对数相等）

8.4 **(磁扩散与磁冻结)** 如本章中所述，磁感应方程可以写为

$$\frac{\partial \boldsymbol{B}}{\partial t} = \eta_m \nabla^2 \boldsymbol{B} + \nabla \times (\boldsymbol{v} \times \boldsymbol{B})$$

式中，$\eta_m = \dfrac{1}{\mu_0 \sigma}$，为磁黏滞系数，等式右侧第一项为磁扩散项，第二项为对流项。设所考虑等离子体的特征速度和特征长度分别为 U、L，请思考以下问题。

(1) 利用第 7 章磁流体约化一节中的方法证明等式右侧两项之比满足：

$$\frac{|\nabla \times (\boldsymbol{v} \times \boldsymbol{B})|}{|\eta_m \nabla^2 \boldsymbol{B}|} \approx \frac{UL}{\eta_m} = R_m$$

其中，$R_m = UL\mu_0\sigma$，为磁雷诺数。

(2) 请据此说明磁雷诺数的第三种物理含义，并说明当雷诺数较大或较小时发生的情况。

8.5 **(基本概念)** 请简要叙述相速度和群速度的含义，并从物理含义的角度说明为何群速度不能超过光速。

8.6 **(截止频率)** 在冷等离子体中，电磁波的色散关系为

$$\omega^2 = \omega_{pe}^2 + c^2k^2$$

由于 $c^2k^2 \geqslant 0$，电磁波的频率 $\omega \geqslant \omega_{pe}$，因而将 ω_{pe} 称为等离子体的截止频率，当电磁波频率低于截止频率时，电磁波在等离子体内不能传播。事实上，当电磁波频率低于截止频率时，波在等离子体中并不是完全不能传播。现在考虑一束频率为 $\omega = \frac{1}{2}\omega_{pe}$ 的沿 x 方向传播的平面波射入等离子体，利用色散关系将波矢 $\boldsymbol{k}$ 解出（所得的解为一对共轭复数），并将解代入平面波振幅 $A = A_0 e^{i(kx-\omega t)}$ 中，试看能得到什么结果？并分析结果的物理含义。

8.7 **（声波与离子声波）** 在非电离的中性原子组成的气体中，声速的表达式为：$c_s = \sqrt{\frac{\gamma p_0}{\rho_0}}$，当气体温度为零时，声速为零，声波便不再传播；而在等离子体中，离子声速的表达式为 $c_{si} = \sqrt{\frac{k_B T_e + \gamma k_B T_i}{m_i}}$，当离子温度为零时，声波依然可以传播。

(1) 请说明等离子体中的离子声波与中性气体中的声波有何区别（提示：可从回复力的角度进行说明），并解释为何会有本题中所述的这种现象。

(2) 若等离子体中存在磁场，请思考离子声波平行于磁场传播和垂直于磁场方向传播有何区别。

8.8 **（Alfven 波）** 在讨论中性气体中的声波时，需要考虑流体的可压缩性，在不可压缩流体中，声波的速度会变为无穷大；而讨论 Alfven 速度时，却是在不可压缩流体中讨论的，请简要论述为何在 Alfven 波中可以不用考虑流体的可压缩性。

8.9 **（磁声波）** 在讨论磁声波中快波与慢波的色散关系时，作如下假设：$c_s \ll V_A$，$V_A \ll c_s$，请思考这两种假设的物理含义分别是什么。

8.10 **（磁边界条件）** 考虑如习题 8.10 图所示的一束激波，激波面的法向沿 x 方向，磁场在激波面处发生间断，请证明，无论激波面两侧物理量如何分布，激波面两侧磁场强度的法向分量始终满足：

$$B_{x1} = B_{x2}$$

式中，下角标 1、2 分别表示激波上、下游。

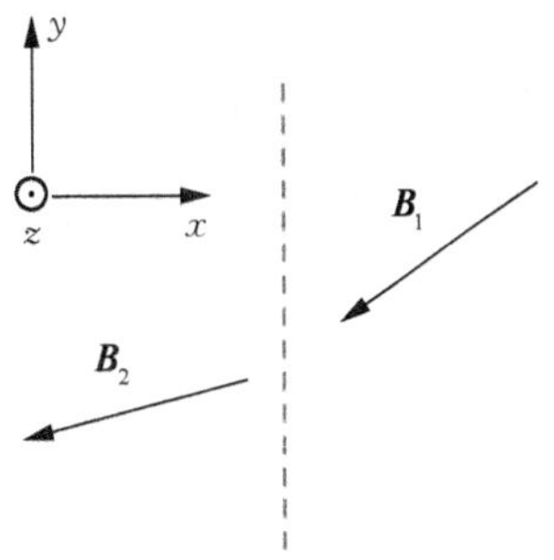

习题 8.10 图

第 9 章 等离子体的动理学行为分析导论

9.1 等离子体的动理学描述

等离子体行为的描述的普遍关注点在于不同粒子在碰撞中的动理学相互作用和对电磁场的响应。已证明,连续体的集体描述提供了最直观的表示,然而,一些活动的现象及其结果只能通过物理定律表达的能量和速度等几个组分的分布函数来理解,这一点在理解受波动及其不稳定性关系强烈影响的传输过程中最为明显。为了建立更精确的等离子体行为物理模型,有必要采用动理学和统计分析的方法对等离子体进行更详细的分析。在本章中,将定义此类分析的基本方法,并将其应用于一些简单的问题,这些问题提供了直接的但不同于连续介质方法的动理学分析的新结果。这种方法是定义和量化非线性行为的强大工具,在等离子体理论中得到了广泛应用。

使用流体描述等离子体时,不区分流体微团内不同热运动速度的粒子所起的作用,即认为每种成分(电子、离子、原子)在空间上每一点都是符合 Maxwell 分布的(处于热平衡态)。在这种假设下,可以使用单一标量(温度)来表明热运动速度的概率密度分布形态。但是在高温等离子体中,粒子间的碰撞不频繁,偏离热平衡分布的等离子体将维持很长的时间,流体模型无法胜任对这种状态的描述,为此可以引入动理学方法。

动理学模型是基于速度的相空间分布函数 $f(\boldsymbol{r},\ \boldsymbol{v},\ t)$,其中 $\boldsymbol{r}$ 为位置矢量、$\boldsymbol{v}$ 为速度矢量、t 为时间。则在 t 时刻,在空间点 r 处,速度分量落在 $\boldsymbol{v}+\delta\boldsymbol{v}$ 范围内的粒子数密度为 f,对所有的速度积分可得密度:

$$n(\boldsymbol{r},\ t)=\int_{-\infty}^{+\infty} f(\boldsymbol{r},\ \boldsymbol{v},\ t)\mathrm{d}\boldsymbol{v}$$

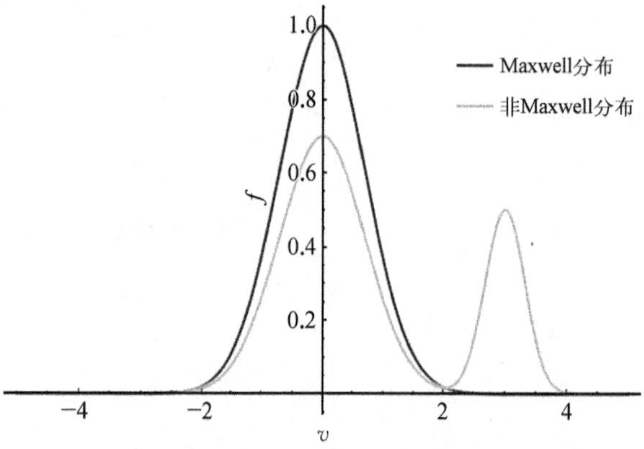

图 9.1　热力学平衡态(Maxwell 分布)和非平衡态(非 Maxwell 分布)

动理学模型的优点在于可以描述处于非热力学平衡态的粒子。如图 9.1 所示,图中横坐标为速度,纵坐标为分布函数,曲线与横轴围成的面积代表密度。黑线表示处于 Maxwell 态的分布,灰线为偏离 Maxwell 态的一种分布。流体模型无法区分这两种速度分布的粒子,而动理学模型则可以考察出非 Maxwell 态分布的影响。

9.2　关于粒子密度分布函数的 Boltzmann 方程和 Vlasov 方程[1]

动理学方程是一个描述非平衡状态的热力学系统统计行为的偏微分方程，它是经典粒子牛顿力学运动模型在粒子密度分布函数 $f(\boldsymbol{r},\ \boldsymbol{v},\ t)$ 描述体系下的一种表达，其中 $\boldsymbol{r}$ 为位置矢量、$\boldsymbol{v}$ 为速度矢量、t 是时间。粒子数密度可通过对概率密度函数的积分获得：

$$n(\boldsymbol{r},\ t) = \int_{-\infty}^{+\infty} f(\boldsymbol{r},\ \boldsymbol{v},\ t)\,\mathrm{d}\boldsymbol{v}$$

宏观运动速度为

$$\boldsymbol{u}(\boldsymbol{r},\ t) = \frac{1}{n}\int \boldsymbol{v} f \mathrm{d}^3\boldsymbol{v}$$

为了推导粒子的动量和力关系，采用更高的力矩来表示速度空间中控制体积中的粒子通量：

$$\int f\dot{\boldsymbol{x}} \cdot \mathrm{d}S = \int f\boldsymbol{v} \cdot \mathrm{d}S,\quad \int f\dot{\boldsymbol{v}} \cdot \mathrm{d}S_v = \int f\boldsymbol{a} \cdot \mathrm{d}S_v$$

分布函数的变化率就是这些净变化的总和，在相空间上的积分可以表示等离子体中粒子的位置、速度和受力的关系。Boltzmann 方程是一个非平衡统计物理方程，它提供了动理学模型的基础，公式表达如下：

$$\frac{\partial f}{\partial t} + \boldsymbol{v} \cdot \nabla f + \frac{\boldsymbol{F}}{m} \cdot \frac{\partial f}{\partial \boldsymbol{v}} = \left(\frac{\partial f}{\partial t}\right)_c$$

方程左边第一项是概率密度的当地导数，第二项是坐标空间随流导数，第三项是速度相空间的随流导数，其中 $\boldsymbol{F}$ 是作用在粒子上的力。方程右边代表碰撞引起的分布函数变化率。根据对碰撞项的不同处理方法，完整的动理学方程有不同的名称，其中最为著名的是 Boltzmann 方程和 Fokker－Planck 方程。

如果没有碰撞，等离子体受到的电磁力为洛伦兹力和静电力，则方程变为

$$\frac{\partial f}{\partial t} + \boldsymbol{v} \cdot \nabla f + \frac{q}{m}(\boldsymbol{E} + \boldsymbol{v} \times \boldsymbol{B}) \cdot \frac{\partial f}{\partial \boldsymbol{v}} = 0$$

这个方程为弗拉索夫（Vlasov）方程，是完整的动理学方程在无碰撞条件下的形式，专门用于研究等离子体波及其对等离子体行为的影响。由于 Vlasov 方程形式较为简单，且在一些情形，如聚变高温等离子体，或者密度较低的等离子体中（空间等离子体、等离子体

1　本节中，采用了与第 2 章不同的分布函数的标准用法定义。本节应用 f 定义在 t 时刻、位置 r 处、速度为 v 的递增存在的粒子数密度；在第 2 章中，定义 f 为 t 时刻、粒子在 $\boldsymbol{r}$ 处速度为 $\boldsymbol{v}$ 的发生概率。两者是一致的，区别在于概率是简单的数密度除以该点的总数密度。

推进中的羽流等离子体等),碰撞可忽略,故 Vlasov 方程在等离子体物理学中具有十分广泛的应用。

对于磁场较小时非磁化等离子体,用下标代表粒子组分: $\alpha = e, i$(电子、离子)。对于每组成分,Vlasov 方程的线化形式为

$$\frac{\partial f_\alpha}{\partial t} + \boldsymbol{v} \cdot \nabla f_\alpha + \frac{q_\alpha}{m_\alpha} \boldsymbol{E} \cdot \frac{\partial f_\alpha}{\partial \boldsymbol{v}} = 0$$

$$\nabla \cdot \boldsymbol{E} = \frac{1}{\varepsilon_0} \sum_\alpha q_\alpha n_\alpha = \frac{1}{\varepsilon_0} \sum_\alpha q_\alpha \int f_\alpha \mathrm{d}\boldsymbol{v}$$

考察该方程的物理意义,当无碰撞时,在粒子运动轨道上 $\mathrm{d}f/\mathrm{d}t = 0$, 即 $f=$ 常数。因此在相空间中粒子是沿着 f 等线运动,所以从相空间的形貌图上很容易读出粒子的运动轨迹。表 9.1 整理了描述等离子体的 MHD 方程、完整的动理学方程和 Vlasov 方程之间的对比。

表 9.1 等离子体描述方程对比

模型		方程	热平衡	碰撞
流体		MHD 方程	Maxwell 热平衡	有
动理学	直接动理学描述	完整的动理学方程	非热平衡	有
		Vlasov 方程	非热平衡	无
	PIC/+MCC, DSMC	Newton-Lorentz 方程	非热平衡	无/有

注: PIC 表示粒子网格;MCC 表示蒙特卡洛;DSMC 表示直接蒙特卡洛。

9.3 Vlasov 方程与 MHD 方程的关系

理论上讲,不考虑碰撞的等离子体的任何输运过程都可以用 Vlasov 方程描述。通过对 Vlasov 方程取不同速度阶矩可得到流体的质量方程、动量方程和能量方程。

首先考察分布函数在不同阶矩下的表达,分布函数的零阶矩、一阶矩、二阶矩分别与密度 n、宏观速度 $\boldsymbol{v}$、应力张量 $\boldsymbol{\Pi}$ 有关。

零阶:

$$\int f(\boldsymbol{r}, \boldsymbol{v}, t) \mathrm{d}^3\boldsymbol{v} = n(\boldsymbol{r}, t)$$

一阶:

$$\int f(\boldsymbol{r}, \boldsymbol{v}, t) \boldsymbol{v} \mathrm{d}^3\boldsymbol{v} = n(\boldsymbol{r}, t) \boldsymbol{v}(\boldsymbol{r}, t)$$

二阶:

$$\int f(\boldsymbol{r}, \boldsymbol{v}, t) \boldsymbol{v}\boldsymbol{v} \mathrm{d}^3\boldsymbol{v} = \frac{\boldsymbol{\Pi}(\boldsymbol{r}, t)}{m}$$

记住上面这些规则，对整个 Vlasov 方程零阶取矩，得到：

$$\int \frac{\partial f}{\partial t}\mathrm{d}^3\boldsymbol{v} + \int \boldsymbol{v}\cdot\nabla f\mathrm{d}^3\boldsymbol{v} + \int \frac{\boldsymbol{F}}{m}\cdot\frac{\partial f}{\partial \boldsymbol{v}}\mathrm{d}^3\boldsymbol{v} = \int\left(\frac{\partial f}{\partial t}\right)_c \mathrm{d}^3\boldsymbol{v}$$

交换积分和求导的顺序，再利用分布函数的取矩规则，可以得到前两项化简后的表达：

$$\int \frac{\partial f}{\partial t}\mathrm{d}^3\boldsymbol{v} = \frac{\partial n}{\partial t}$$

$$\int \boldsymbol{v}\cdot\nabla f\mathrm{d}^3\boldsymbol{v} = \int \nabla\cdot(\boldsymbol{v}f)\mathrm{d}^3\boldsymbol{v} = \nabla\cdot\int \boldsymbol{v}f\mathrm{d}^3\boldsymbol{v} = \nabla\cdot(n\boldsymbol{v})$$

而对于力项，有

$$\int \frac{\boldsymbol{F}}{m}\cdot\frac{\partial f}{\partial \boldsymbol{v}}\mathrm{d}^3\boldsymbol{v} = \frac{1}{m}\int \frac{\partial}{\partial \boldsymbol{v}}\cdot\boldsymbol{F}f\mathrm{d}^3\boldsymbol{v} = \frac{1}{m}\oint_{S_v}\boldsymbol{F}f\mathrm{d}\boldsymbol{S}_v$$

式中，S_v 是速度空间的面元，理论上要延伸到无穷远。可以证明，当受力仅为电磁力即 $\boldsymbol{F} = \boldsymbol{E} + \boldsymbol{v}\times\boldsymbol{B}$ 时，该围道面积分为 0(见习题)。

综上所述，得到：

$$\frac{\partial n}{\partial t} + \nabla\cdot(n\boldsymbol{v}) = 0$$

用密度 ρ 取代数密度 n，便得到 MHD 方程中的质量守恒律：

$$\frac{\partial \rho}{\partial t} + \nabla\cdot(\rho\boldsymbol{v}) = 0$$

采用相似的手段，对 Vlasov 方程分别去一阶矩和二阶矩，可以得到 MHD 方程中的动量方程和能量方程：

$$\frac{\partial \rho\boldsymbol{v}}{\partial t} + \nabla\cdot(\rho\boldsymbol{v}\boldsymbol{v}) = -\nabla p + \boldsymbol{J}\times\boldsymbol{B}$$

$$\frac{\partial p}{\partial t} + \boldsymbol{v}\cdot\nabla p + \gamma p\nabla\cdot\boldsymbol{v} = 0$$

9.4　等离子体波动行为的动理学分析

在第 5 章中，在确定等离子体的基本特征时，确定了冷等离子体中电子振荡的固有频率。随后，在第 8 章中，基于连续介质流体方程和 Maxwell 方程，介绍了波在等离子体中的发生和行为，该分析确定了等离子体中几种不同类型的波，并强调了介质中物理连续介质性质的变化。

现在考虑等离子体介质的动理学替代描述和相关分析，以提供有关等离子体动理学的更详细信息。这个重要的例子确定了在动理学分析中应用的独特程序,特别是基本的电子等离子体波运动,预测了比物理连续分析更广泛和复杂的结果。

首先从动理学的角度对热等离子体中波的传播进行简要的分析,然后论证它与冷等离子体的区别。重点将强调当等离子体的 Vlasov 方程用于分析波的行为时出现的预测结果,结果包括在前面章节中使用磁流体动力学等离子体模型时不明显的影响。

要考虑的具体问题是等离子体中只允许电子运动的波动行为,因为离子具有更大的惯性且假定为静止。这里采用无碰撞的 Vlasov 方程。认为等离子体是接近平衡,允许小扰动,并假定不存在外加磁场。下面的叙述是基于文献[1]中波运动动理学分析的一个基本要素的总结。

需要考虑 Vlasov 方程和 Maxwell 方程,其中关于电子分布函数的 Vlason 方程如下:

$$\frac{\partial f(\boldsymbol{r},\ \boldsymbol{v},\ t)}{\partial t} + \boldsymbol{v} \cdot \nabla f(\boldsymbol{r},\ \boldsymbol{v},\ t) - \left\{ -\frac{e}{m_e}[\boldsymbol{E}(\boldsymbol{r},\ t) + \boldsymbol{v} \times \boldsymbol{B}(\boldsymbol{r},\ t)] + \frac{\boldsymbol{F}_{\text{ext}}}{m_e} \right\} \cdot \nabla_v f(\boldsymbol{r},\ \boldsymbol{v},\ t) = 0$$

式中,$\boldsymbol{F}_{\text{ext}}$ 表示其他外力。 而 Maxwell 方程为

$$\nabla \cdot \boldsymbol{E}(\boldsymbol{r},\ t) = \frac{\rho(\boldsymbol{r},\ t)}{\varepsilon_0}$$

$$\nabla \cdot \boldsymbol{B}(\boldsymbol{r},\ t) = 0$$

$$\nabla \times \boldsymbol{E}(\boldsymbol{r},\ t) = -\frac{\partial \boldsymbol{B}(\boldsymbol{r},\ t)}{\partial t}$$

$$\nabla \times \boldsymbol{B}(\boldsymbol{r},\ t) = \mu_0 \boldsymbol{J}(\boldsymbol{r},\ t) + \frac{1}{c^2}\frac{\partial \boldsymbol{E}(\boldsymbol{r},\ t)}{\partial t}$$

电荷密度和电流密度分别为

$$\rho(\boldsymbol{r},\ t) = \sum_\alpha q_\alpha n_\alpha(\boldsymbol{r},\ t) = \sum_\alpha q_\alpha \int f_\alpha(\boldsymbol{r},\ \boldsymbol{v},\ t)\mathrm{d}^3\boldsymbol{v}$$

$$\boldsymbol{J}(\boldsymbol{r},\ t) = \sum_\alpha q_\alpha n_\alpha(\boldsymbol{r},\ t) u_\alpha(\boldsymbol{r},\ t) = \sum_\alpha q_\alpha \int \boldsymbol{v} f_\alpha(\boldsymbol{r},\ \boldsymbol{v},\ t)\mathrm{d}^3\boldsymbol{v}$$

对于偏离平衡态的小扰动,电子的密度分布函数可以写成

$$f(\boldsymbol{r},\ \boldsymbol{v},\ t) = f_0(\boldsymbol{v}) + f_1(\boldsymbol{r},\ \boldsymbol{v},\ t), \quad |f_1| \ll f_0$$

式中,f_1 代表施加在平衡态上的分布函数扰动,扰动后的电荷密度为

$$\rho(\boldsymbol{r},\ t) = en_0 - e\int f(\boldsymbol{r},\ \boldsymbol{v},\ t)\mathrm{d}^3\boldsymbol{v}$$

扰动的电流密度为

$$\boldsymbol{J}(\boldsymbol{r},\ t) = -\mathrm{e}\int \boldsymbol{v} f(\boldsymbol{r},\ \boldsymbol{v},\ t)\mathrm{d}^3\boldsymbol{v}$$

代入 Vlasov 方程并且省略高阶项，可以得到：

$$\frac{\partial f_1(\boldsymbol{r},\boldsymbol{v},t)}{\partial t}+\boldsymbol{v}\cdot\nabla f_1(\boldsymbol{r},\boldsymbol{v},t)+\left\{-\frac{e}{m_e}[\boldsymbol{E}(\boldsymbol{r},t)+\boldsymbol{v}\times\boldsymbol{B}(\boldsymbol{r},t)]+\frac{\boldsymbol{F}_{\text{ext}}}{m_e}\right\}\cdot\nabla_v f_0(\boldsymbol{v})=0$$

为了简化方程的求解，定义关于时间和空间的简谐波动函数如下：

$$f_1(\boldsymbol{r},\boldsymbol{v},t)=f_1(\boldsymbol{v})\exp(\mathrm{i}\boldsymbol{k}\cdot\boldsymbol{r}-\mathrm{i}\omega t)$$

代入线性化后的 Vlasov 方程中可得

$$-\mathrm{i}\omega f_1(\boldsymbol{v})+\mathrm{i}\boldsymbol{k}\cdot\boldsymbol{v}f_1(\boldsymbol{v})-\frac{e}{m_e}\boldsymbol{E}\cdot\nabla_v f_0(\boldsymbol{v})=0$$

得到解：

$$f_1(\boldsymbol{v})=\frac{\mathrm{i}e}{m_e}\frac{\boldsymbol{E}\cdot\nabla_v f_0(\boldsymbol{v})}{\omega-\boldsymbol{k}\cdot\boldsymbol{v}}$$

如果指定扰动仅存在于 x 方向上，则进一步化简可得

$$f_1(\boldsymbol{v})=\frac{\mathrm{i}e}{m_e}\frac{\boldsymbol{E}\cdot\nabla_v f_0(\boldsymbol{v})}{\omega-kv_x}$$

将上一个方程代入电流密度的定义和关系式中，得到电场的纵向分量与纵向电流密度的关系：

$$\mu_0 J_x-\frac{\mathrm{i}\omega}{c^2}E_x=0$$

由于已经确定了波是周期性的和谐波，波的泛函行为已经包含在频率 ω 和波数 k 的关系中，这种关系称为色散关系。将此方程与电流密度积分关系进行化简，得到函数式：

$$1=\frac{\omega_{pe}^2}{n_0k^2}\int\frac{f_0(\boldsymbol{v})}{(v_x-\omega/k)^2}\mathrm{d}^3\boldsymbol{v}$$

在冷等离子体中，可以假定：

$$f_0(\boldsymbol{v})=n_0\delta(v_x)\delta(v_y)\delta(v_z)$$

式中，$\delta(x)$ 为狄拉克(Dirac)函数，进一步代入色散关系中得到：

$$\omega^2=\omega_{pe}^2$$

这与根据物理概念和平衡推导出的结果相同。

9.4.1　复杂等离子体中的电子波

1. 情形 1：$v_x<\omega/k$

在色散关系中，取某些项的极限值并完成积分的计算，可以预测叠加波的解。首先，被积函数的分母可以展开成如下级数：$(1-\varepsilon)^{-2}=1+2\varepsilon+3\varepsilon^2+\cdots$，其中小参数 $\varepsilon=$

kv_x/ω。这里,考虑当 $v_x < \omega/k$ 时,可以写成如下形式:

$$\frac{\omega_{pe}^2}{\omega^2}\left(1 + 2\frac{k}{\omega} < v_x > + 3\frac{k^2}{\omega^2} < v_x^2 >_0 + \cdots\right)$$

既然平均速度与温度相关,可以把上述结果写为

$$\omega^2 = \omega_{pe}^2 + 3k^2\frac{k_B T_e}{m_e}$$

通过 Debye 长度的定义,可以将色散关系进一步写为

$$\omega^2 = \omega_{pe}^2(1 + 3k^2\lambda_D^2)$$

这就是 Bohm-Gross 色散关系。

2. 情形 2: Maxwell 分布函数

这种情况下色散关系的解对解释高能量等离子体行为和朗道(Landau)阻尼中一些异常的能量转移具有重要意义。静止等离子体的 Maxwell 分布可以写为

$$f_0(\boldsymbol{v}) = n_0\left(\frac{m_e}{2\pi k_B T_e}\right)^{3/2}\exp\left(-\frac{m_e v^2}{2k_B T_e}\right)$$

代入并化简,色散关系可以写为

$$k^2 = -\omega_{pe}^2\frac{m_e}{k_B T_e}\frac{1}{\sqrt{\pi}}\int_{-\infty}^{+\infty}\frac{q\exp(-q^2)}{q - C}\mathrm{d}q$$

式中, $q = f(v_x, T_e)$; $C = f(T_e, \omega/k)$; k_B 为玻尔兹曼常量。

解的形式为

$$\frac{\omega_{pe}^2}{\omega^2} = 1 + 3k^2\lambda_D^2\left(\frac{\omega}{\omega_{pe}}\right)^2 - \frac{\mathrm{i}\sqrt{\pi}}{k^3\lambda_D^3}\frac{\omega_{pe}^3}{\omega^3}\exp\left[-\frac{1}{2k^2\lambda_D^2}\left(\frac{\omega}{\omega_{pe}}\right)^2\right]$$

最重要的是要注意它有实部和虚部,实部对应于先前确定的 Bohm-Gross 色散关系;虚部是非线性耗散效应的代表,称为朗道阻尼。

9.4.2 电磁场横波

这里以电磁场横波为例进行分析,试图把色散关系的解与变量 J_y、E_y、B_z 关联起来[1]。由 Maxwell 方程可知

$$E_y = \frac{\mathrm{i}\omega}{\varepsilon_0(k^2c^2 - \omega^2)}J_y$$

和

$$E_y = \frac{\omega_{pe}^2\omega}{n_0(\omega^2 - k^2c^2)}E_y\int_v\frac{v_y}{(kv_x - \omega)}\frac{\partial f_0(v)}{\partial v_y}\mathrm{d}^3v$$

计算上述积分得到：

$$k^2c^2 - \omega^2 = \frac{\omega_{pe}^2\omega}{n_0 k}\int_v \frac{f_0(v)}{(v_x - \omega/k)}\mathrm{d}^3v$$

对于前面推导的冷等离子体分布函数，确定了一个针对电磁场横波的色散关系：

$$k^2c^2 = \omega^2 - \omega_{pe}^2$$

9.5　粒子碰撞模型

等离子体中的粒子碰撞在宏观上对流体的行为起着至关重要的作用。然而，在 Boltzmann 方程中加入碰撞项会给方程的数学处理带来复杂性，即使对于包含碰撞函数的最简单模型也是如此。在本节中，将对碰撞模型进行一般性描述。

要考虑的最简单的碰撞是电子和离子之间的二元碰撞。对于等离子体，库仑碰撞中带电粒子的长程相互作用是最重要的模型。第 4 章介绍了带电粒子的库仑势，当我们把动理学原理应用于带电粒子的相互作用时，可以作如下分析。对于两个质量分别为 m、m_1 和电荷量为 q、q_1 的粒子，它们之间最近的距离定义为碰撞半径 r，而这里对应的电势 $\varphi(r)$ 是无穷远处相对动能的两倍，可以得到：

$$b_0 = \frac{qq_1}{4\pi\varepsilon_0 \mu g^2}$$

根据能量守恒定律，散射角可以写为

$$\chi(b,\ g) = \pi - 2\int_{r_m}^{\infty} \frac{b}{r^2}\left[1 - \frac{b^2}{r^2} - \frac{2\varphi(r)}{\mu g^2}\right]^{-1/2}\mathrm{d}r$$

式中，b 为恰好不发生碰撞时的最近的距离，进一步可将散射角写为

$$\tan\left(\frac{1}{2}\chi\right) = \frac{b_0}{b}$$

注意到这里的 $\chi = \pi/2,\ b = b_0$。

Boltzmann 方程右端的碰撞算子可以由不同的模型来提供，这里主要介绍三种常用的模型：Boltzmann 积分、Krook 碰撞算子、Fokker - Planck 碰撞算子[2]。

9.5.1　Boltzmann 碰撞积分

Boltzmann 碰撞积分是最著名的碰撞模型，采用 Boltzmann 碰撞积分的动理学方程称为 Boltzmann 方程，这个碰撞模型基于以下假设：

（1）所有的碰撞都是两体碰撞；

（2）相撞的离子在碰撞前后都做自由运动；

（3）两种不同类型的离子之前的碰撞次数仅与其各自的分布函数有关。

在上述假设下，动理学方程中的碰撞项可表达为

$$\left(\frac{\partial f_1}{\partial t}\right)_c = \int [f_i(1')f_j(2') - f_i(1)f_j(2)] \mid \boldsymbol{v}_1 - \boldsymbol{v}_2 \mid \frac{\mathrm{d}\sigma}{\mathrm{d}\Omega}\mathrm{d}\Omega\mathrm{d}\boldsymbol{v}$$

式中，f 为分布函数；$\boldsymbol{v}$ 为速度；1 和 2 分别为两个碰撞粒子在相撞前的状态，1′ 和 2′表示两个粒子相撞后的状态；$\frac{\mathrm{d}\sigma}{\mathrm{d}\Omega}$ 为微分碰撞截面；$\mathrm{d}\Omega$ 为碰撞发生时的立体角微元。

图 9.2 路德维希·玻尔兹曼[3]

9.5.2 Krook 碰撞算子

Krook 碰撞模型的核心思想是根据量纲分析直接把 Boltzmann［路德维希·玻尔兹曼（Ludwig Eduard Boltzmann，1844~1906 年，见图 9.2）］方程的右端的碰撞项简写为

$$\left(\frac{\partial f}{\partial t}\right)_c = -\frac{f}{\tau}$$

式中，τ 是一个有时间量纲的特征常数，一般取为平均碰撞时间。一般来说，这个常数与速度分布有关，但在这个模型中近似将其取为常数。

因此，Krook 碰撞算子又称为弛豫时间近似。在该模型下，Boltzmann 方程变为齐次形式，求解变得简单。

9.5.3 Fokker - Planck 碰撞项

Fokker - Planck 碰撞模型为粒子间的弱相互作用的分析奠定了基础。一般来说，它比 Krook 碰撞算子更加准确。采取这种碰撞模型的 Boltzmann 方程称为 Fokker - Planck 方程。该模型基于两个假设：

（1）马尔可夫近似，碰撞使分布函数变化的概率和历史无关。

（2）每次碰撞引起的粒子速度改变足够小。

以上两条假设只适用于带有电子和中性粒子的弱电离等离子体或带有弱相互作用库仑碰撞的等离子体。在上述假设之下，碰撞项可以推导为 Fokker - Planck 方程：

$$\left(\frac{\partial f}{\partial t}\right)_c = -\frac{\partial}{\partial \boldsymbol{v}}(f\langle \Delta \boldsymbol{v}\rangle_{\text{ave}}) + \frac{1}{2}\frac{\partial^2}{\partial \boldsymbol{v}\boldsymbol{v}}:(f\langle \Delta\boldsymbol{v}\Delta\boldsymbol{v}\rangle_{\text{ave}})$$

式中，$\langle \Delta\boldsymbol{v}\rangle_{\text{ave}}$ 是动理学在速度空间上的摩擦系数，表示碰撞是粒子的运动速度减慢的效果；而 $\langle \Delta\boldsymbol{v}\Delta\boldsymbol{v}\rangle_{\text{ave}}$ 为粒子空间扩散系数，表示速度分布因碰撞在速度空间的弥漫。Bittencourt[1] 对上式中的二阶导数项进行了更详细推导，但这里仅给出结果，如下所示：

$$\frac{1}{2}\sum_{ij}\frac{\partial^2}{\partial v_i \partial v_j}(f_\alpha < \Delta v_i \Delta v_j >_{\text{ave}})$$

式中，α 代表不同的粒子组分；i、j 代表特定的坐标方向；Δv_i 为碰撞导致的速度变化。

对于电子和静止离子间的库仑碰撞，Fokker－Planck 碰撞项中的系数具有如下形式：

$$\langle \Delta v_z \rangle_{\text{ave}} = \frac{n_0 \theta}{g^2}$$

$$\langle \Delta v_z^2 \rangle_{\text{ave}} = \frac{n_0 \theta}{g \ln \Lambda}$$

$$\langle \Delta v_x^2 \rangle_{\text{ave}} = \langle \Delta v_y^2 \rangle_{\text{ave}} = \frac{n_0 \theta}{g}$$

式中，g 和 θ 的定义如下：

$$\theta = \frac{Z^2 e^4 \ln \Lambda}{4\pi \varepsilon_0^2 \mu^2}$$

$$\langle g \rangle_{\text{ave}} = \left(\frac{8k}{\pi}\right)^{1/2} \left(\frac{T_1}{m_1} + \frac{T_2}{m_2}\right)^{1/2}$$

此外，相对速度为

$$u_c = \frac{\lambda_D}{b_0} = \Lambda$$

参考文献

[1] Bittencourt. Fundamentals of Plasma Physics. 3rd ed. Berlin: Springer, 2004.

[2] 胡希伟. 等离子体理论基础. 北京：北京大学出版社，2006.

[3] Wikipedia. Ludwig Eduard Boltzmann. https://zh.wikipedia.org/wiki/%E8%B7%AF%E5%BE%B7%E7%BB%B4%E5%B8%8C%C2%B7%E7%8E%BB%E5%B0%94%E5%85%B9%E6%9B%BC.

习　题

9.1 **（基本概念）** 请举例说明，什么情况下等离子体不符合 Maxwell 分布，应该用动理学描述？

9.2 **（基本概念）** 请举例说明，什么样的等离子体应用装置中要采用完整的动理学方程；什么样的等离子体应用装置中，可以采用 Vlasov 方程？

9.3 请证明，为何从 Vlasov 方程推导出 MHD 质量守恒方程时，电磁力项取零阶矩后为 0。

第 10 章 等离子体的数值仿真及应用概述

10.1 引　　言

随着计算机技术的快速发展,采用数值仿真方法研究等离子体得到更多的重视,准确的仿真计算结果可以更好地从细节上捕捉和描述等离子体及其在电磁场中的行为,并与等离子体的实验研究互为补充和验证。

针对特定的等离子体行为过程,数值仿真前,首先需要建立能够精准反映其行为过程的物理和数学模型,这是数值仿真的出发点;进而寻求高效率、高准确度的计算方法,对所建数学模型进行求解,这些方法包括坐标系建立、复杂数学方程的离散和求解、边界条件处理等;之后可以开始编制程序,并进行计算;最后,通过绘图将计算结果以图像的形式展现出来。一般可以通过实验测量的数据和理论的数据来验证数值仿真结果的正确性和准确性。

由于等离子体介质的连续性质不同,参照流体分类方法,可以根据克努森数 Kn (Knudsen number,其定义为粒子的平均自由程 λ 和物体的特征尺度 L 之比:$Kn=\lambda/L$) 将等离子体分为连续流 ($Kn < 0.01$)、过渡流($0.01 < Kn < 0.5$) 和自由分子流($Kn > 0.5$)。 对于连续流等离子体,可以使用磁流体动力学(MHD)方程来研究等离子体的行为,对于过渡流和自由分子流等离子体,可以采用粒子方法或混合粒子方法(流体-粒子混合)并结合蒙特卡洛方法来进行研究。另外,基于 Boltzmann 方程和 Vlasov 方程,即非平衡统计物理方程的动理学仿真方法的研究也得到了越来越广泛的应用。

本章将对典型的等离子体数值仿真方法予以介绍。

10.2 MHD 仿真

10.2.1 MHD 模型处理方法

在第 7 章和第 8 章中,已经详细介绍过 MHD 模型的相关内容,这里不再赘述。本节主要介绍在仿真过程中对于单流体模型的处理方法。根据仿真对象的不同,为了简化计算或者针对某一特定现象,研究人员常常会对 MHD 方程作一定修改,例如,在大气压电弧等离子体炬的仿真中,通常忽略广义 Ohm 定律中的 Hall 项和电子压力梯度项[1,2],通过求解电流守恒方程和广义 Ohm 定律来得到电磁场的信息。又例如,在某些特定的问题中需要计算等离子体的组分，这时候就要使用考虑电离-复合反应的 MHD 模型。

这里主要介绍三种常用的处理方式，包括两种电磁场的求解方式和一种等离子体组分的求解方式。

1. 电荷守恒方程结合广义 Ohm 定律

该种处理方式通常用在不考虑 Hall 效应的电磁场求解中[1,2]。对于考虑 Hall 效应的等离子体仿真，电导率不再是标量，使用该处理方式会增加求解的复杂程度。该种处理方式通过将电荷守恒方程 $\nabla \cdot \boldsymbol{J} = 0$ 代入广义 Ohm 定律 $\boldsymbol{J} = \sigma(-\nabla\varphi + \boldsymbol{v} \times \boldsymbol{B})$ 中得到 Possion 方程：

$$\nabla \cdot \sigma(-\nabla\varphi + \boldsymbol{v} \times \boldsymbol{B}) = 0$$

通过 Possion 方程可以求得电势 φ，再将电势 φ 代入广义 Ohm 定律 $\boldsymbol{J} = \sigma(-\nabla\varphi + \boldsymbol{v} \times \boldsymbol{B})$ 可以求得电流密度 $\boldsymbol{J}$，最后将电流密度 $\boldsymbol{J}$ 代入 Ampere 定律 $\nabla \times \boldsymbol{B} = \mu_0 \boldsymbol{J}$ 得到磁场 $\boldsymbol{B}$。

2. Ampere 定律结合广义 Ohm 定律

该种处理方式是将 Ampere 定律代入广义 Ohm 定律，再通过 Faraday 定律将方程化简为电磁感应方程来对电磁场进行求解，具体推导详见第 7 章。电磁感应方程可以表示为如下形式：

$$\frac{\partial \boldsymbol{B}}{\partial t} - \nabla \times (\boldsymbol{v} \times \boldsymbol{B}) = -\nabla \times \left[\frac{1}{\mu_0 \sigma}\nabla \times \boldsymbol{B} + \frac{1}{\mu_0 e n_e}(\nabla \times \boldsymbol{B}) \times \boldsymbol{B}\right]$$

式中，n_e 代表电子数密度。

通过电磁感应方程得到 $\boldsymbol{B}$ 后，代入 Ampere 定律和广义 Ohm 定律即可得到电流密度 $\boldsymbol{J}$ 和电场 $\boldsymbol{E}$。

使用该模型求解电磁场时，$\nabla \cdot \boldsymbol{B} = 0$ 这一约束得不到体现，在求解过程中，数值散度的积累将会导致计算结果发散，因此需要使用数值清散度的方法来保证磁场的散度为零，如八波法清散度[3]。

3. 电离-复合 MHD 模型

电离-复合 MHD 模型用于求解等离子体中不同组分的密度，该模型在单流体 MHD 方程中加入了不同组分的连续性方程，各组分连续性方程表示为

$$\frac{\partial n_i}{\partial t} + \nabla \cdot (n_i \boldsymbol{v}) = \dot{n}_i$$

式中，n_i 代表粒子数密度，下标 i 代表粒子种类（0, 1, 2, 3, …分别代表原子、一价离子、二价离子、三价离子…）。

电子密度则根据准中性约束 $n_e = \sum_i n_i$ 求得。

根据文献[4]和[5]，$\dot{n}_i$ 可以表示为

$$\dot{n}_i = k_{f,\,i} n_{i-1} n_e - k_{b,\,i} n_i n_e^2 - (k_{f,\,i+1} n_i n_e - k_{b,\,i+1} n_{i+1} n_e^2)$$

式中，$k_{f,\,i}$ 和 $k_{b,\,i}$ 分别为正向反应系数和逆向反应系数，可以表示为

$$k_{f,i} = 6.7 \times 10^{-7} \sum_{j=1}^{N} \frac{a_j q_j}{T_e^{3/2}} \left[\frac{1}{P_j/T_e} \int_{P_j/T_e}^{\infty} \frac{e^{-x}}{x} dx - \frac{b_j \exp(c_j)}{P_j/T_e + c_j} \int_{P_j/T_e + c_j}^{\infty} \frac{e^{-y}}{y} dy \right]$$

$$k_{b,i} = \frac{1}{K} k_{f,i}$$

式中，P_j 为电子在第 j 支壳层的结合能，对于最外层电子，P_1 就是电离能；a_j、b_j 和 c_j 是通过实验和理论得到的常数；K 为平衡数，可以表示为

$$K = \frac{n_{i+1} n_e}{n_i} = 2 \frac{(2\pi m_e k_B T)^{1.5}}{h^3} \exp\left(-\frac{e\varepsilon_1}{k_B T}\right) \frac{Q_i}{Q_a}$$

式中，h 为普朗克常量；ε_1 为原子的第一电离能；Q_a 和 Q_i 分别为原子和离子的配分函数。

文献[6]在对自身场磁等离子体推力器(self-field magnetoplasmadynamic thruster, SF－MPDT)的仿真中计算了氩气组分的分布，气压为 10 000 Pa 时，氩气组分随电子温度的变化曲线如图 10.1 所示。

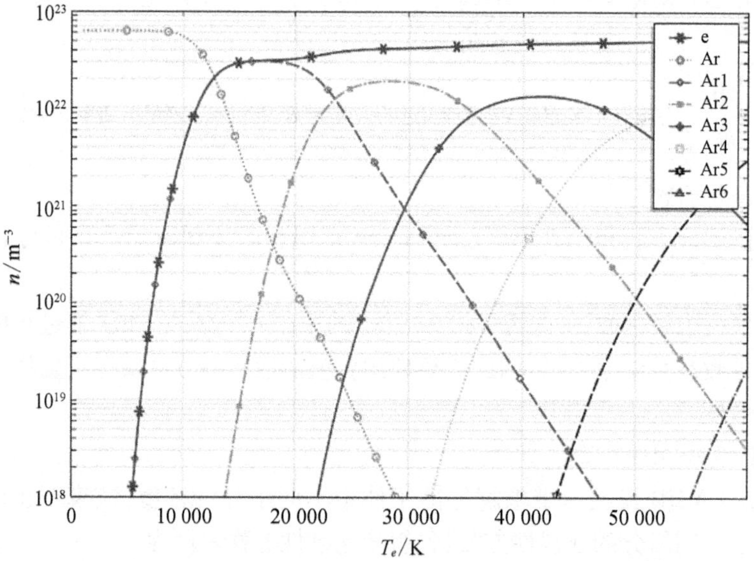

图 10.1　气压为 10 000 Pa 时氩气组分随电子温度的变化曲线

10.2.2　MHD 的求解方法

1. 网格与时间步长

为了获得 MHD 偏微分方程的数值解，需要对方程在空间和时间上进行离散，即在计算域空间上划分网格并确定时间步长。

为了保证计算过程中的收敛性，计算中所采用的时间步和所划分的网格大小之间要满足柯朗-弗里德里希斯-列维(Courant－Friedrichs－Lewy，CFL)条件[7]。下面以二维磁流体动量方程的简化形式二维对流方程为例进行分析：

$$\frac{\partial \boldsymbol{U}}{\partial t}+u\frac{\partial \boldsymbol{U}}{\partial x}+v\frac{\partial \boldsymbol{U}}{\partial y}=0$$

令 $x_j=j\Delta x$, $y_l=l\Delta y$ 并且用 $\boldsymbol{U}_{j,l}^n$ 表示 $\boldsymbol{U}(x_j, y_l, t^n)$，$\boldsymbol{U}$ 表示守恒物理量。假设 x 和 y 方向上都有 N 个区域，那么采用显示中心差分蛙跳格式，可以将上式表示为

$$\boldsymbol{U}_{j,l}^{n+1}-\boldsymbol{U}_{j,l}^{n-1}+\frac{u\Delta t}{\Delta x}(\boldsymbol{U}_{j+1,l}^n-\boldsymbol{U}_{j-1,l}^n)+\frac{u\Delta t}{\Delta y}(\boldsymbol{U}_{j,l+1}^n-\boldsymbol{U}_{j,l-1}^n)=0$$

为了检查数值稳定性，对 j 和 l 作有限傅里叶变换后并代入上式，有

$$\boldsymbol{U}_{j,l}^n\rightarrow\tilde{\boldsymbol{U}}_{k,m}r^n\exp(-2\pi ikj/N-2\pi iml/N)$$

$$r-\frac{1}{r}+2iS_x\sin\theta_k+2iS_y\sin\theta_m=0$$

式中，$S_x=u\Delta t/\Delta x$；$S_y=\dfrac{v\Delta t}{\Delta y}$；$\theta_k=-2\pi k/N$；$\theta_m=-2\pi m/N$。

这是 r 的一个二次方程：

$$r^2+2ibr-1=0$$

式中，$b=S_x\sin\theta_k+S_y\sin\theta_m$。

那么判据 $|r|\leqslant 1$ 等价于在任意 θ_k 和 θ_m 下 $|b|\leqslant 1$，那么 CFL 条件可以表示为

$$\Delta t\leqslant\frac{1}{|u|/\Delta x+|v|/\Delta y}$$

2. 离散格式

以第 8 章中的单流体 MHD 模型的控制方程组为例，其由质量守恒方程、动量守恒方程、能量守恒方程、广义 Ohm 定律、Ampere 定律和 Faraday 定律组成，经过推导可以得到以下守恒形式：

$$\begin{cases}\dfrac{\partial\rho}{\partial t}+\nabla\cdot(\rho\boldsymbol{v})=0\\[2ex]\dfrac{\partial\rho\boldsymbol{v}}{\partial t}+\nabla\cdot\left[\rho\boldsymbol{v}\boldsymbol{v}+\left(p+\dfrac{B^2}{2\mu_0}\right)\boldsymbol{I}-\boldsymbol{B}\boldsymbol{B}\right]=0\\[2ex]\dfrac{\partial\rho e_t}{\partial t}+\nabla\cdot[(\rho e_t+p)\boldsymbol{v}-\boldsymbol{v}\cdot\boldsymbol{B}\boldsymbol{B}]=0\\[2ex]\dfrac{\partial\boldsymbol{B}}{\partial t}+\nabla\cdot(\boldsymbol{v}\boldsymbol{B}-\boldsymbol{B}\boldsymbol{v})=0\end{cases}$$

式中，e_t 为单位体积的总能量，包括单位体积的内能、动能和磁能，$e_t=e+\dfrac{v^2}{2}+\dfrac{B^2}{2\mu_0\rho}$；$\boldsymbol{I}$ 为单位矩阵。

简单考虑一维 MHD 模型，控制方程组的守恒形式可以写为

$$\frac{\partial \boldsymbol{U}}{\partial t}+\frac{\partial \boldsymbol{F}}{\partial x}=0$$

其中，

$$\boldsymbol{U}=\begin{bmatrix}\rho\\ \rho u\\ \rho v\\ \rho w\\ B_y\\ B_z\\ \rho e_t\end{bmatrix},\quad \boldsymbol{F}=\begin{bmatrix}\rho u\\ \rho u^2+p+\dfrac{-B_x^2+B_y^2+B_z^2}{2\mu_0}\\ \rho uv-\dfrac{B_xB_y}{\mu_0}\\ \rho uw-\dfrac{B_xB_z}{\mu_0}\\ uB_y-vB_x\\ uB_z-wB_x\\ \left(\rho e_t+p+\dfrac{B_x^2+B_y^2+B_z^2}{2\mu_0}\right)u-\dfrac{B_x}{\mu_0}(uB_x+vB_y+wB_z)\end{bmatrix}$$

式中，u、v、w 及 B_x、B_y、B_z 分别是速度和磁场在 x、y、z 方向上的大小。

以上一维 MHD 守恒方程组属于双曲型偏微分方程组[8]，求解双曲型 MHD 方程系统，大体可以划分为 4 种方法[7]。

（1）显式空间中心差分方法：Lax－Friedrichs 格式、Lax－Wendroff 方法、MacCormack 方法、蛙跳算法、梯形蛙跳算法；

（2）显式迎风格式：Beam-Warming 迎风格式、CIR 格式。

（3）通量限制器方法，又称为总变差减小（total variation diminishing，TVD）方法。

（4）隐式方法：θ 隐式方法、交替方向隐式（alternating direction implict，ADI）方法、部分隐式 MHD 方法、退化 MHD 方法、半隐式方法、无 Jacobi 的 Newton－Krylov 方法。

为方便读者理解，下面主要介绍常用的 Lax－Friedrichs 格式。Lax－Friedrichs 格式由求解非守恒形式的双曲型方程的前向时间中心空间（forward time central space，FTCS）方法发展而来，即时间向前差分、空间中心差分。

$$\boldsymbol{U}_j^{n+1}=\boldsymbol{U}_j^n-\frac{\Delta t}{2\Delta x}(\boldsymbol{F}_{j+1}^n-\boldsymbol{F}_{j-1}^n)$$

对于双曲系统，矩阵 $\boldsymbol{A}=\partial F/\partial U$ 具有实数特征值 λ_A，将 $\boldsymbol{A}$ 代入上述差分公式，得到非守恒形式的差分公式如下：

$$\boldsymbol{U}_j^{n+1}=\boldsymbol{U}_j^n-\frac{\Delta t}{2\Delta x}\boldsymbol{A}\cdot(\boldsymbol{U}_{j+1}^n-\boldsymbol{U}_{j-1}^n)$$

因为 von Neumann（冯·诺依曼）稳定性分析是线性的，对上式进行稳定性分析，结果与守恒形式的差分格式相同，其放大系数为[7]

$$r = 1 - \mathrm{i}\frac{\Delta t}{\Delta x}\lambda_A \sin\theta_k$$

式中，θ_k 为 von Neumann 稳定性分析中代入的参数。由该式可知，无论时空步长 Δt 和 Δx 如何取值，放大系数 r 的模始终大于 1，所以对于任意的双曲系统，FTCS 方法无条件不稳定。

但是只需要做一些小修改，就可以将上述 FTCS 格式变成稳定的差分格式。在上述 FTCS 公式中，将上一步的时间项替换为其相邻网格的平均值，得到：

$$\boldsymbol{U}_j^{n+1} = \frac{\boldsymbol{U}_{j-1}^n + \boldsymbol{U}_{j+1}^n}{2} - \frac{\Delta t}{2\Delta x}(\boldsymbol{F}_{j+1}^n - \boldsymbol{F}_{j-1}^n)$$

对于双曲系统，矩阵 $\boldsymbol{A} = \partial F/\partial U$ 具有实数特征值 λ_A，将 $\boldsymbol{A}$ 代入上述差分公式，得到非守恒形式的差分公式：

$$\boldsymbol{U}_j^{n+1} = \boldsymbol{U}_j^n - \frac{\Delta t}{2\Delta x}\boldsymbol{A}\cdot(\boldsymbol{U}_{j+1}^n - \boldsymbol{U}_{j-1}^n)$$

因为 von Neumann 稳定性分析是线性的，对上式进行稳定性分析，其结果与守恒形式的差分格式是相同的，经过分析，这就是 Lax－Friedrichs 格式，其放大系数 r 的表达式为

$$r = \cos\theta_k - \mathrm{i}\frac{\Delta t}{\Delta x}\lambda_A \sin\theta_k$$

为符合稳定性条件，必须满足 $|r| \leqslant 1$，上式可以看作一个椭圆参数方程，该椭圆在 $\theta \in (0, 2\pi)$ 的范围内不能超过单位圆的范围，因此稳定性条件为

$$\Delta t \leqslant \frac{\Delta x}{|\lambda_A|}$$

该条件恰好是 CFL 条件[9]，也是用显示差分方法求解双曲问题的典型稳定性准则。

Lax－Friedrichs 格式易于编程实现且具有高可靠性，在早期双曲系统的求解中非常流行，然而其截断误差阶数较低，在时间步长趋于 0 时会存在不稳定性问题，因此逐渐被其他更加高阶、更加复杂的方法所取代。

10.2.3　边界条件设置和计算结果示例

正确的边界条件设置是成功求解微分方程(组)不可或缺的。MHD 仿真中的边界条件比较复杂，主要包括流动边界条件和电磁场边界条件两大类。边界条件的设置有两种方式，一种是根据所使用的数值方法和边界种类来推导边界上的特殊公式；另一种更加简单直观的方法称为幽灵网格(ghost cells)技术，将计算域在每个边界扩展出去一层或几层网格，这些网格称为幽灵网格。在每个时间步开始时，按特定的规则将幽灵网格上的物理量赋值，这些值既取决于边界条件，也可能与计算域中的解有关[10]。这里推荐并介绍幽灵网格的边界条件设置方法，为简单起见，本节内容未涉及声波的边界条件。

1. 流场边界条件设置

如图 10.2 所示，图中展示了一个两边延伸出两层幽灵网格的一维网格，这些幽灵网

格的赋值提供了计算边界网格(如 Q_1 和 Q_N)时所需要的临近网格上的值。假设所求解的问题的计算域就是$[a, b]$,计算域被分成 N 个网格,$x_1=a$, $x_{N+1}=b$, $\Delta x=(b-a)/N$。如果使用的差分格式使得通量 $F_{i-1/2}^n$ 只依赖于 Q_{i-1}^n 和 Q_i^n,那么在网格边界就只需要一层幽灵网格。当然,如果数值方法需要更多的样本点,那么边界可能需要两层,甚至更多的幽灵网格,这里讨论只需两层幽灵网格的情况。

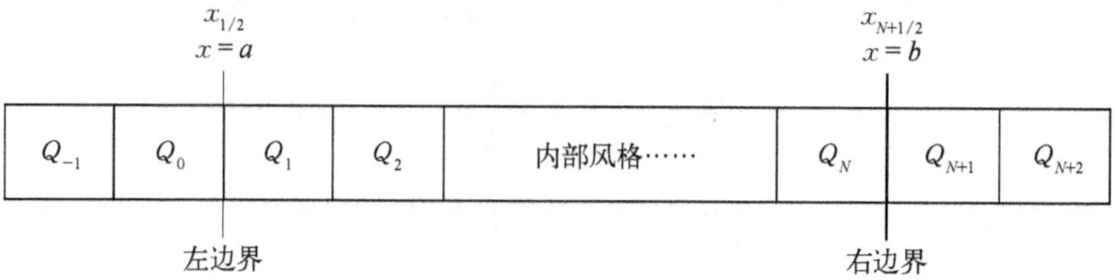

图 10.2 计算域$[a, b]$扩展幽灵网格示意图

1) 周期边界条件

周期性边界条件(periodic boundary conditions,PBC)是边界条件的一种,反映的是如何利用边界条件替代所选部分(系统)受到周边(环境)的影响,可以看作如果去掉周边环境,保持该系统不变的附加条件,也可以看作由部分的性质来推广表达全局的性质。

如图 10.2 所示,周期边界条件 $f(a, t)=f(b, t)$ 较容易设置,在计算时,需要知道 Q_1 左边网格的值和 Q_2 右边网格的值,由周期性可知,位于 $x\in[a, b]$ 内的 n 个网格上的值 $Q_1 \sim Q_N$ 应该在 x 方向不断重复,因此 Q_0 和 Q_{-1} 的值应该分别与 Q_N 和 Q_{N-1} 相等,Q_{N+1} 和 Q_{N+2} 的值应该分别与 Q_1 和 Q_2 的值相等。如果与图 10.2 一样使用的是五点差分格式,则边界需要两层幽灵网格,那么只需要在每次计算通量之前作如下设置即可:

$$Q_{-1}^n=Q_{N-1}^n,\quad Q_0^n=Q_N^n,\quad Q_{N+1}^n=Q_1^n,\quad Q_{N+2}^n=Q_2^n$$

2) 流动出口边界条件

如图 10.2 所示,假设流动出口边界条件设置在 $x=b$。如果所采用的离散格式为迎风格式(其为单边差分格式),那么在计算 Q_i^{n+1} 的值时就只需要使用 $Q_j^n(j\leqslant i)$,即第 n 步中 Q_i 左边的点,那么在右边界就不用施加任何边界条件。$x=b$ 右侧的幽灵网格可以设为任意值,因为它们不会对计算产生影响。但是如果使用的不是单边格式,如 Lax-Wendroff 格式,在求解 Q_i^{n+1} 需要用到 Q_{i+1}^{n+1},除非在右边界单独使用迎风格式,否则必须设置流动出口边界条件。

自然地,可以想到将计算域内侧网格上的值外插,赋值给幽灵网格,最简单的形式为零阶外插:

$$Q_{N+1}^n=Q_N^n,\quad Q_{N+2}^n=Q_N^n$$

这样可以粗略地等同于在边界上更新 Q_{N+1}^n 时退化为迎风格式[7]。如果要更加精确地等同于迎风格式,则应该使用一阶外插:

$$Q_{N+1}^n=Q_N^n+(Q_N^n-Q_{N-1}^n)=2Q_N^n-Q_{N-1}^n$$

3）流动入口边界条件

如图 10.2 所示,考虑求解 x 在$[a, b]$上的对流方程,并且平均速度 $\bar{v} > 0$, 在 $x = a$ 处设置入口边界条件 $q(a, t) = h_0(t)$, $h_0(t)$ 为已知分布。

由上述分析可知,需要为幽灵网格 Q_0^n, 甚至 Q_{-1}^n 找到合理的值,从而在计算时可以直接调用入口边界并且达到设置上述边界条件的目的。对于对流方程,可以根据精确解来设置合理的赋值,网格 Q_0^n 上的值为精确解 $q(x, t_n)$ 在网格范围 $[a - \Delta x, a]$ 内的平均值:

$$Q_0^n = \frac{1}{\Delta x}\int_{a-\Delta x}^{a} q(x, t_n)\,\mathrm{d}x$$

但是仿真的计算域并不包含 $x < a$ 的区域,上式中 $q(x, t_n)$ 在 $x \in [a - \Delta x, a]$ 时的值不能直接调用,但是可以使用特征线法利用计算域内的解来求得

$$\begin{aligned} q(x, t_n) &= q\left(a, t_n + \frac{a - x}{\bar{v}}\right) \\ &= h_0\left(t_n + \frac{a - x}{\bar{v}}\right) \end{aligned}$$

将上式代入 Q_0^n 的表达式,得

$$Q_0^n = \frac{1}{\Delta x}\int_{a-\Delta x}^{a} h_0\left(t_n + \frac{a - x}{\bar{v}}\right)\mathrm{d}x$$

令 $\tau = t_n + \dfrac{a - x}{\bar{v}}$, 代入上式进行换元,得

$$Q_0^n = \frac{\bar{v}}{\Delta x}\int_{t_n}^{t_n+\Delta x/\bar{v}} h_0(\tau)\,\mathrm{d}\tau$$

使用二阶中值定理对上述积分进行近似,便可得到幽灵网格 Q_0^n 的赋值:

$$Q_0^n = h_0\left(t_n + \frac{\Delta x}{2\bar{v}}\right)$$

同理可得

$$Q_{-1}^n = h_0\left(t_n + \frac{3\Delta x}{2\bar{v}}\right)$$

4）固体壁面边界

关于速度的固体壁面边界大致分为无滑移边界和滑移边界两种。仍然用图 10.2 中所示的一维网格举例,假设要在 $x = a$ 设置固体壁面边界条件, 并且用 u_i 代表图 10.2 中标号为 i 的网格上的流体速度。

无滑移边界条件可以设置为

$$\begin{cases} u_0^n = -u_1^n \\ u_{-1}^n = -u_2^n \end{cases}$$

滑移边界条件设置为

$$\begin{cases} u_0^n = u_1^n \\ u_{-1}^n = u_2^n \end{cases}$$

2. 电磁场边界条件设置

1）电势的边界条件

当 MHD 方程采用电荷守恒方程结合广义 Ohm 定律的处理方式时，需要指定电势的边界条件。

根据 10.2.1 节所述，这种处理方式将广义 Ohm 定律化为 Poisson 方程，如果不考虑电导率随空间的变化，电势可以表示为

$$\nabla^2\varphi = \nabla\cdot(\boldsymbol{v}\times\boldsymbol{B})$$

在二维轴对称坐标下，Poisson 方程可以表示为

$$\frac{\partial^2\varphi}{\partial r^2} + \frac{1}{r}\frac{\partial\varphi}{\partial r} + \frac{\partial^2\varphi}{\partial z^2} = s$$

式中，$s = \nabla\cdot(\boldsymbol{v}\times\boldsymbol{B})$。

Poisson 方程为椭圆形方程，求解方法很多，这里为了说明边界条件，采用收敛速度快、稳定性较好的动态交替方向隐式（dynamic alternating direction implicit，DADI）迭代法来进行求解，该方法要求在 Poisson 方程中加入虚拟时间项，加入并整理后的 Poisson 方程为

$$\frac{\partial\varphi}{\partial t} = \nabla^2(\varepsilon\varphi) - s$$

采用均匀正交网格，如图 10.3 所示的离散化场域，并采用二阶精度的五点差分格式，$\nabla^2(\varepsilon\varphi)$ 可以差分为

$$\nabla^2(\varepsilon\varphi) = a'_{E,i}\varphi_{i+1,j} + a'_{P,i}\varphi_{i,j} + a'_{W,i}\varphi_{i-1,j} + a'_{N,j}\varphi_{i,j+1} + a'_{P,j}\varphi_{i,j} + a'_{S,j}\varphi_{i,j-1}$$

其中，ADI 迭代法中的各个系数为

$$a'_{E,i} = \frac{2\varepsilon}{\Delta z_{i,j}(\Delta z_{i,j} + \Delta z_{i-1,j})}$$

$$a'_{W,i} = \frac{2\varepsilon}{\Delta z_{i-1,j}(\Delta z_{i,j} + \Delta z_{i-1,j})}$$

$$a'_{P,i} = -(a'_{E,i} + a'_{W,i})$$

$$a'_{N,j} = \frac{2r_{i,j+1/2}\varepsilon}{(\Delta r)_j^2\Delta r_{j+1/2}}$$

$$a'_{S,j} = \frac{2r_{i,j-1/2}\varepsilon}{(\Delta r)_j^2\Delta r_{j-1/2}}$$

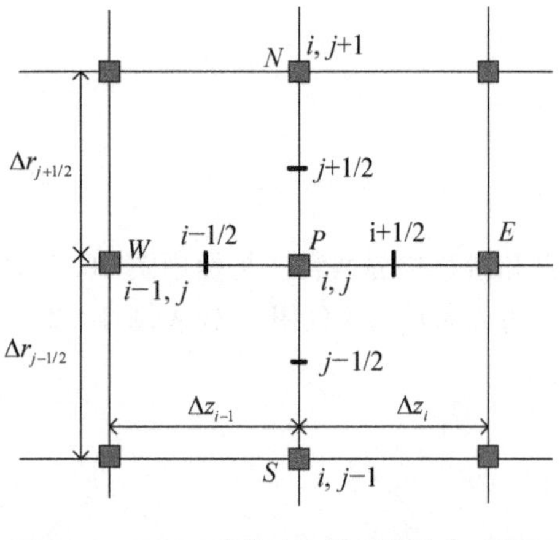

图 10.3　DADI 迭代法中的网格差分示意图

$$a'_{P,j} = -\left(a'_{N,j} + a'_{S,j}\right)$$

把 $\nabla^2(\varepsilon\varphi)$ 的展开式代入加入虚拟时间项之后的 Poisson 方程，可得到：

$$\left[\frac{\varphi_{i,j}^{k+1} - \varphi_{i,j}^{k}}{\Delta t_f}\right] = a'_{E,i}\varphi_{i+1,j} + a'_{P,i}\varphi_{i,j} + a'_{W,i}\varphi_{i-1,j} + a'_{N,j}\varphi_{i,j+1} + a'_{P,j}\varphi_{i,j} + a'_{S,j}\varphi_{i,j-1} - s_{i,j}$$

式中，Δt_f 为 DADI 迭代法中的虚拟时间项。

边界条件的设置主要依靠上述 a' 系数和幽灵网格的赋值来完成。通过上面的推导得到差分形式的电势表达式后，下面可以通过设置 ADI 系数的方式给定不同的电势的边界条件，如定值边界、开放边界和对称轴边界条件。

电场的定值边界，只需将毗邻边界的幽灵网格的值设置为定值或已知分布，再将边界上的系数 $a'_{N,j}$、$a'_{S,j}$、$a'_{E,i}$、$a'_{W,i}$ 按照上述公式进行设置即可。

对于开放边界，只需要将对应边界外法向的 ADI 系数置为 0，幽灵网格的赋值便可以任意给定，对边界没有任何作用。例如，如果计算域的右边界是开放边界，则右边界的幽灵网格赋值没有作用，将右边界的 ADI 系数 $a'_{E,i}$ 设置为 0 即可。

对于对称轴边界，有两种设置方式，首先假设对称轴为水平方向，外法线方向为 $a'_{S,j}$。

（1）每一次进行 ADI 循环之前，将幽灵网格的值设置为与对称轴内侧的一层网格的值一致，再将 $a'_{N,j}$ 赋值给 $a'_{S,j}$、$a'_{E,i}$ 和 $a'_{W,i}$ 按照上述公式计算即可。

（2）如果是正交均匀网格，那么可以采取更简单的设置方法，此时有 $a'_{N,j} + a'_{S,j} = 2$，直接令 $a'_{N,j} = 2$、$a'_{S,j} = 0$，此时幽灵网格可取任意值，其赋值对边界没有影响。

2）磁场的边界条件

（1）MHD 方程中采用电荷守恒方程结合广义 Ohm 定律的处理方式。

当 MHD 方程中采用电荷守恒方程结合广义 Ohm 定律的处理方式时，通常使用磁矢势 $\boldsymbol{A}$ 来求解磁场。矢势 $\boldsymbol{A}$ 与电流密度 $\boldsymbol{J}$ 的关系为

$$\begin{cases}\nabla^2 A_x = -\mu_0 J_x \\ \nabla^2 A_y = -\mu_0 J_y \\ \nabla^2 A_z = -\mu_0 J_z\end{cases} \quad \text{或} \quad \begin{cases}\nabla^2 A_r = -\mu_0 J_r \\ \nabla^2 A_\theta - \dfrac{A_\theta}{r^2} = -\mu_0 J_\theta \\ \nabla^2 A_z = -\mu_0 J_z\end{cases}$$

使用矢势来求解磁场的好处是能够天然保证 $\boldsymbol{B}$ 的无散度条件 $\nabla \cdot \boldsymbol{B} = 0$，而如果使用其他方式求解，则需要在计算过程中处理由于计算而产生的 $\boldsymbol{B}$ 的散度。

从上式可以看出，$\boldsymbol{A}$ 的每一个分量都与等离子体电流密度 $\boldsymbol{J}$ 的分量构成一个 Poisson 方程，可以采用与求解电场类似的 DADI 迭代法进行求解。磁力线必须保证闭合，磁场求解无法设置开放边界条件。因此，求解时应保证磁场计算域比实际的计算域大一些，使得最终的磁场仿真结果可以忽略边界造成的影响。

假设计算域足够大，则外边界处的磁场可认为趋向于 0，矢势此时可以设置为定值边界：

$$A_i = 0 \quad (i = x, y, z)$$

对于 A_θ，对称轴处仍应该采用定值边界：

$$A_\theta = 0$$

定值边界的值都通过幽灵网格来设置,幽灵网格上的矢势始终设为0,不随计算循环而改变,ADI 系数全部通过前述公式进行计算得到。

文献[1]采用电荷守恒方程结合广义 Ohm 定律的处理方式来对大气压电弧等离子体炬进行了仿真,其采用矢势 $\boldsymbol{A}$ 的形式来求解磁场,图 10.4 为电弧等离子体炬温度仿真结果。

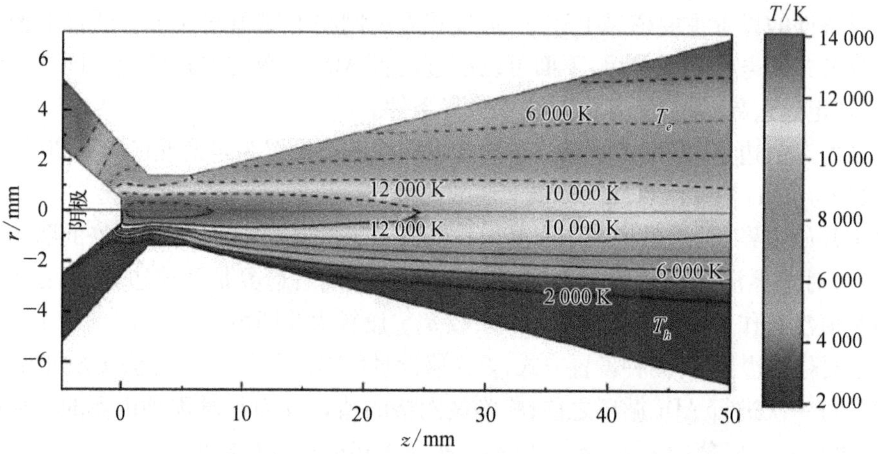

图 10.4 电弧等离子体炬温度仿真结果[1]

(2) MHD 方程中采用 Ampere 定律结合广义 Ohm 定律的处理方式。

当 MHD 方程中采用 Ampere 定律结合广义 Ohm 定律的处理方式时,通常使用磁感应方程求 $\boldsymbol{B}$。电流和电场均可以由磁场表示,因此只用指定磁场的边界条件即可求得整个电磁场的信息。电磁感应方程依然是 Possion 方程的形式,因此具体求解过程可以参考电势的求解。

文献[11]采用 Ampere 定律结合广义 Ohm 定律的处理方式来对附加场磁等离子体推力器(applied-field magnetoplasmadynamic thruster, AF - MPDT)进行仿真,其采用了 Biot-Savart 定律来确定径向和轴向磁场的边界条件。仿真计算出的 AF - MPDT 电流分布如图 10.5 和图 10.6 所示。

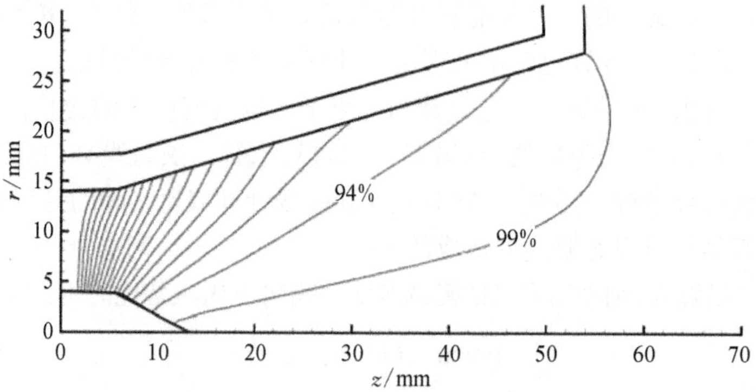

图 10.5 AF - MPDT(无附加磁场)的电流分布[11]

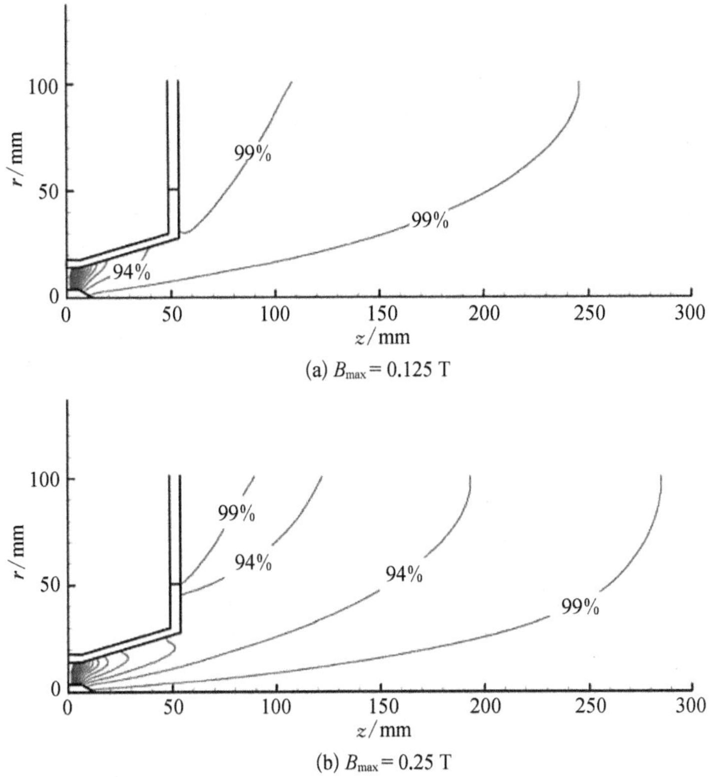

图 10.6　AF－MPDT(有附加磁场)的电流分布[11]

10.3　粒子网格仿真

有别于 MHD 方法将等离子体看作连续的流体介质,粒子模拟方法使用计算机来模拟大量单个微观粒子(电子、离子和原子),对这些粒子的运动进行跟踪计算,并基于统计学的理论处理这些微观粒子,从而得到等离子体特性和运动规律。

从原则上讲,这种方法模拟了最齐全的等离子体运动,且物理假设少,可以非常好地反映等离子体的运动;但是粒子方法对高密度等离子体的追踪需要大量的计算资源,计算时间很长。

目前,粒子模拟通常使用粒子网格单元(particle in cell,PIC)与粒子碰撞相结合的方法来实现。

10.3.1　PIC 方法及粒子碰撞概述

采用粒子模拟方法对等离子体仿真时,需要追踪等离子体中粒子的运动,并将粒子之间的相互作用处理为粒子之间的不同种类的相互碰撞。同时,粒子模拟方法通过将物理时间划分为离散化的仿真时间步长,对每个时间步长内粒子的运动和碰撞进行模拟。

PIC 方法首先由 Birdsall[12] 提出,他使用 Euler 法将整个计算域分成有限个网格,通过求解网格内的粒子的受力情况和运动方程来模拟粒子的运动。

在 PIC 方法中,每个网格中不同种类的粒子都可以用离散化质点表示。这些粒子的信息,如质量、电荷量、位置、速度、加速度等都记录在计算机中,并且随着时间步长的推进,不断地对其进行迭代计算。在一个 PIC 时间步长内,有两种过程:① 将上一时间步长结束时网格点上的电磁场信息分配到网格中的粒子上,从而求解粒子的受力和运动情况,在计算域中推动粒子;② 粒子达到新位置后,将粒子电荷量离散到相邻的网格点上,通过求解 Maxwell 方程组得到新的电磁场分布,从而在步长结束时计算出下一时间步长初始时粒子受到的电磁场。

等离子体内粒子的碰撞过程可以使用不同的数值方法来进行模拟,主要方法包括蒙特卡洛碰撞(Monte Carlo collision, MCC)方法和直接模拟蒙特卡洛(direct simulation of Monte Carlo, DSMC)方法。MCC 和 DSMC 方法都基于随机变量和随机抽样,其理论基础都是概率论和统计方法中的中心极限定理,只是在数值处理方法上有所不同,将在后续详细描述。

参照 10.1 节中对 Kn 的定义,对于不同连续程度的等离子体,需要在仿真中考虑等离子体内部粒子间相互作用程度的大小。当粒子之间的相互作用足够小 ($Kn > 1$) 时[13],可以将等离子体处理为无碰撞 PIC 模型;反之,等离子体中粒子间的相互碰撞不能忽略。对于有碰撞的等离子体 PIC 仿真,可采用 PIC/MCC 或 PIC/DSMC 方法。

在整体仿真开始前,需要确定静态物理量和初始条件,如时间和空间步长的确定、初始电磁场分布、初始粒子分布、边界条件的设定等,这些计算和设定将在之后的部分(10.3.2 节和 10.3.5 节)进行详细说明。粒子间的碰撞处理将在 10.3.4 节进行详细说明,PIC/DSMC 与 PIC/MCC 方法只在碰撞处理中有所不同,因此都以 PIC/MCC 方法为例进行说明。PIC/MCC 方法的整体仿真过程如图 10.7 所示。

同样,对于无碰撞等离子体,其粒子追踪的仿真部分与考虑碰撞的等离子体完全一致,只是在仿真过程中不需要碰撞部分的处理。

10.3.2 时间步长和网格划分

时间步长和网格划分对 PIC 仿真的准确性影响很大。与 MHD 方法中采用有限差分(或有限体积)方法求解偏微分方程的 CFL 条件不同,PIC 方法的时间步长和网格划分需要考虑等离子体的微观参量。

其中,时间步长的选择取决于等离子体的特征时间。等离子体存在粒子的振荡和回旋效应,而电子的特征时间明显小于离子和原子,因此考虑电子的振荡频率 ω_{pe} 和电子回旋频率 ω_e:

$$\omega_{pe} = \sqrt{\frac{n_e e^2}{\gamma^2 \varepsilon_0 m_e}}$$

$$\omega_e = \frac{eB}{m_e}$$

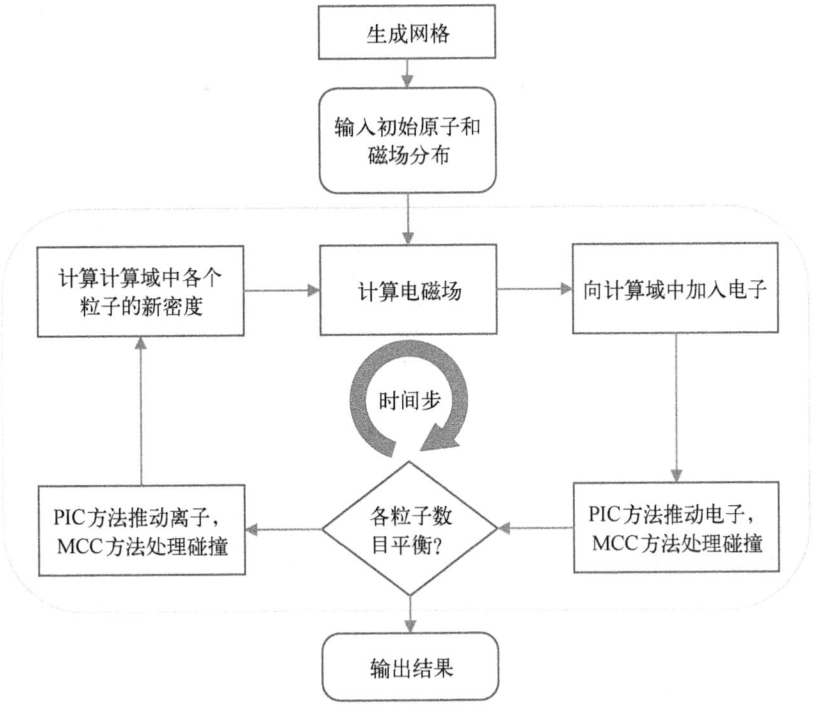

图 10.7　PIC/MCC 方法的整体仿真过程

为保证计算精度，一般应使得时间步长 Δt 满足如下条件[14]：

$$\Delta t \leqslant \min(0.2\omega_{pe}^{-1},\ 0.35\omega_{e}^{-1})$$

与 MHD 类似，PIC 方法中一般可以采用均匀正交网格分解的形式来对网格划分，其他类型的分解还有非均匀网格和非结构化网格[15]。PIC 网格划分的细度需小于等离子体的特征长度，这样方可保证物理过程的真实性和仿真过程的稳定性。对于不同种类的等离子体，最主要的特征长度为德拜长度 λ_D：

$$\lambda_D = \sqrt{\frac{\varepsilon_0 T_e}{e^2 n_e}}$$

一般地，应使得空间网格长度 Δx 满足如下条件：

$$\Delta x \leqslant \frac{\lambda_D}{0.3}$$

10.3.3　粒子的受力与运动

根据是否带电，可以将等离子体中的粒子分为带电粒子、中性粒子两种类型。中性粒子为原子，带电粒子包括一价离子、二价离子、原初电子、二次电子等。粒子运动通过求解经典的 Newton-Lorentz 方程[16]得到，从而实现对粒子运动的追踪：

$$m_i \frac{\mathrm{d}\boldsymbol{v}_i}{\mathrm{d}t} = q_i[\boldsymbol{E} + \boldsymbol{v}_i \times \boldsymbol{B}]$$

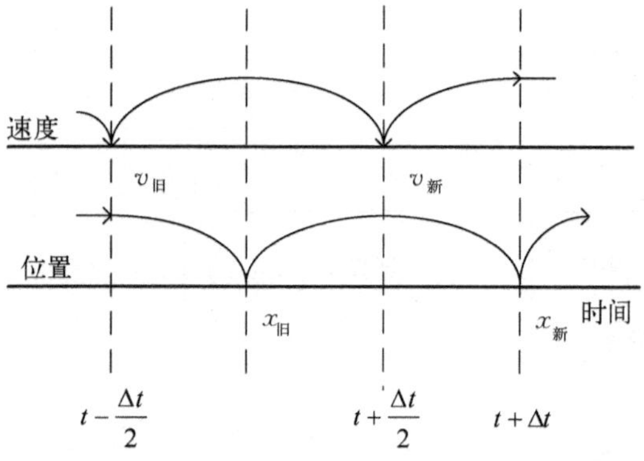

图 10.8　跳蛙格式推动粒子的算法示意图

式中，m_i 为粒子质量；$\boldsymbol{v}_i$ 为粒子速度；q_i 为粒子带电量；$\boldsymbol{E}$ 为电场强度；$\boldsymbol{B}$ 为磁感应强度。

PIC/MCC 中粒子受到的力直接来自电磁场产生的电场力与磁场力，电场和磁场的求解方法参见 10.2.3 节。

带电粒子的运动求解可以采用 Boris 的蛙跳算法[15,17]，该算法是求解电磁场中粒子运动方程的一种有效方式，其原理简单，具有显示格式下的二阶精度。蛙跳格式推动粒子的算法示意图如图 10.8 所示。

对上述 Newton-Lorentz 方程进行离散，有

$$\frac{\boldsymbol{v}_i^{n+1/2} - \boldsymbol{v}_i^{n-1/2}}{\Delta t} = \frac{q_i}{m_i}\left[E^n + \frac{\boldsymbol{v}_i^{n+1/2} + \boldsymbol{v}_i^{n-1/2}}{2} \times \boldsymbol{B}^n\right]$$

$$\boldsymbol{v}_i^{n-1/2} = \boldsymbol{v}_i^- - \frac{q_i \boldsymbol{E}^n \Delta t}{2m_i}$$

$$\boldsymbol{v}_i^{n+1/2} = \boldsymbol{v}_i^+ + \frac{q_i \boldsymbol{E}^n \Delta t}{2m_i}$$

可以得到：

$$\frac{\boldsymbol{v}_i^+ - \boldsymbol{v}_i^-}{\Delta t} = \frac{q_i}{2m_i}(\boldsymbol{v}_i^+ + \boldsymbol{v}_i^-) \times \boldsymbol{B}^n$$

其中，

$$\boldsymbol{v}_i' = \boldsymbol{v}_i^- + \boldsymbol{v}_i^- \times \boldsymbol{t}_i$$

$$\boldsymbol{v}_i^+ = \boldsymbol{v}_i^- + \boldsymbol{v}_i' \times \boldsymbol{s}_i$$

在上面两个式子中：

$$\boldsymbol{t}_i = \frac{q_i \boldsymbol{B}^n \Delta t}{2m_i}$$

$$\boldsymbol{s}_i = \frac{2\boldsymbol{t}_i}{1 + \boldsymbol{t}_i^2}$$

位置更新进而可表示为

$$\boldsymbol{x}_i^{n+1} = \boldsymbol{x}_i^n + \boldsymbol{v}_i^{n+1/2}\Delta t$$

需要说明的是，由于粒子的位置和速度是随时间变化的，对于二维轴对称圆柱坐标系，在 n 和 $n+1$ 时刻，粒子的位置矢量可分别表示为[16]

$$\boldsymbol{r}^n = r^n \boldsymbol{i}_r^n + z^n \boldsymbol{i}_z^n$$

$$\boldsymbol{r}^{n+1} = (r^n + v_r \Delta t)\boldsymbol{i}_r^n + (v_\theta \Delta t)\boldsymbol{i}_\theta^n + (z^n + v_z \Delta t)\boldsymbol{i}_z^n$$

式中，$\boldsymbol{r}$ 代表粒子的位置矢量；$\boldsymbol{i}$ 代表方位矢量；下标 r、θ 和 z 分别代表粒子径向、周向和轴向位置。

若考虑粒子在方位角 θ 方向的速度，则每一步坐标系均需绕轴 $\boldsymbol{i}_z$ 方向转动，此时 $\boldsymbol{i}_r^n \neq \boldsymbol{i}_r^{n+1}$ 且 $\boldsymbol{i}_\theta^n \neq \boldsymbol{i}_\theta^{n+1}$。对粒子而言，其径向位置需要进行变换，得到新坐标系下的径向坐标，如图 10.9 所示。

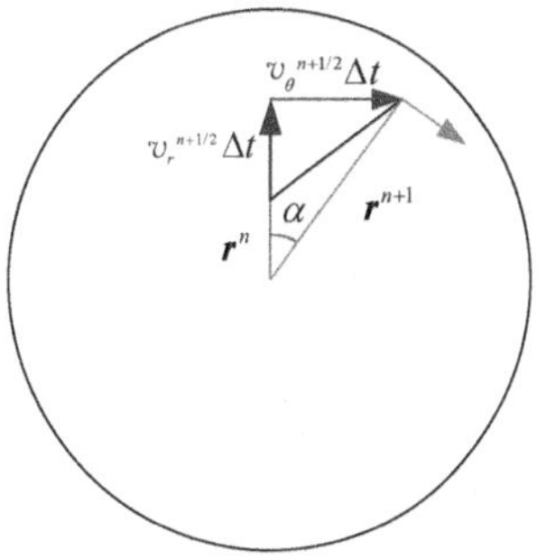

图 10.9　考虑方位角方向速度时的坐标旋转示意图

考虑方位角速度，进行坐标旋转后粒子的位置矢量可表示为

$$\boldsymbol{r}^{n+1} = \sqrt{x_1^2 + y_1^2}\,\boldsymbol{i}_r^{n+1} + (z^n + v_z \Delta t)\boldsymbol{i}_z^{n+1}$$

粒子在新坐标系下的位置更新完成后，可以确定新坐标系下粒子的速度。设在方位角 θ 方向的旋转角度为 α，如果 $r^{n+1} = 0$，则 $\cos\alpha = 1$、$\sin\alpha = 0$；如果 $r^{n+1} \neq 0$，则 $\cos\alpha = x_1 r^{n+1}$、$\sin\alpha = y_1/r^{n+1}$，新坐标系下的粒子速度在三个方向的分量可表示为

$$\begin{bmatrix} v_{r,新}^{n+1/2} \\ v_{z,新}^{n+1/2} \\ v_{\theta,新}^{n+1/2} \end{bmatrix} = \begin{bmatrix} v_{r,旧}^{n+1/2}\cos\alpha + v_{\theta,旧}^{n+1/2}\sin\alpha \\ v_{z,旧}^{n+1/2} \\ -v_{r,旧}^{n+1/2}\sin\alpha + v_{\theta,旧}^{n+1/2}\cos\alpha \end{bmatrix}$$

10.3.4　等离子体碰撞/无碰撞处理

1. 基于平均自由程分析的碰撞类型选取

等离子体装置中存在很多种形式的碰撞，在实际的粒子仿真过程中，如果将所有碰撞类型全部考虑在内，模型的复杂度会大大增加，计算量也会非常巨大。可以通过分析平均自由程的方法，估算粒子之间发生碰撞的概率，并确定实际仿真过程中考虑哪些种类的粒子碰撞。

平均自由程为两次碰撞之间粒子所走过的平均距离，表征粒子之间发生碰撞的概率（详细分析见第 2 章）。假设类型 1 和类型 2 两种粒子之间发生碰撞，其数密度分别为 n_1 和 n_2，速度分别为 v_1 和 v_2，相对速度为 v_{1-2}，碰撞截面为 σ_{1-2}，类型 1 粒子与类型 2 粒子发生碰撞的频率可表示为

$$\nu_{12} = n_1 v_{1-2} \sigma_{1-2}$$

类型 1 粒子与类型 2 粒子之间的平均自由程 λ_{12} 表达式可以分为以下几种情况。

(1) 若 $v_1 \gg v_2$，则取 $v_{1-2} \approx v_1$：

$$\lambda_{12} = \frac{v_1}{\nu_{12}} \approx \frac{v_1}{n_2 v_1 \sigma_{1-2}} = \frac{1}{n_2 \sigma_{1-2}}$$

(2) 若 $v_1 \approx v_2$，则取 $v_{1-2} \approx v_1$：

$$\lambda_{12} = \frac{1}{n_2 \sigma_{1-2}}$$

(3) 若 $v_1 \ll v_2$，则取 $v_{1-2} \approx v_2$：

$$\lambda_{12} = \frac{v_1}{\nu_{12}} \approx \frac{v_1}{n_2 v_2 \sigma_{1-2}}$$

在等离子体装置中，需要考虑的粒子种类包括原子、电子和离子，其中离子一般只考虑一价离子和二价离子。以 Xe 等离子体为例，可能发生的碰撞类型如表 10.1 所示。

表 10.1　Xe 粒子碰撞类型

碰撞粒子	碰撞类型
电子-原子	弹性碰撞：$e + Xe \to e^- + Xe$
	激发碰撞：$e + Xe \to e + Xe^*$
	电离碰撞：$e + Xe \to 2e^- + Xe^+$
电子-一价离子	激发碰撞：$e + Xe^+ \to e + Xe^{+*}$
	电离碰撞：$e + Xe^+ \to 2e^- + Xe^{++}$
	三体复合碰撞：$2e^- + Xe^+ \to e + Xe$
电子-二价离子	激发碰撞：$e + Xe^{++} \to e + Xe^{++*}$
	三体复合碰撞：$2e^- + Xe^{++} \to e + Xe^+$
一价离子-原子	弹性碰撞：$Xe^+ + Xe \to Xe^+ + Xe$
	电荷交换碰撞：$Xe^+ + Xe \to Xe + Xe^+$
二价离子-原子	弹性碰撞：$Xe^{++} + Xe \to Xe^{++} + Xe$
	电荷交换碰撞：$Xe^{++} + Xe \to Xe + Xe^{++}$
原子-原子	弹性碰撞：$Xe + Xe \to Xe + Xe$

2. 使用 MCC/DSMC 方法处理碰撞

如前所述，为了模拟碰撞过程，通常采用 DSMC[18,19] 或 MCC[20] 方法来处理。DSMC 方法与 MCC 方法最大的不同在于选取碰撞的区域不同：DSMC 方法是在每一个网格上通过选取粒子碰撞对来模拟粒子之间的碰撞；MCC 方法是在整个计算域当中来选取粒子碰撞对。DSMC 方法的精度较高，但收敛所需要的时间大约是 MCC 方法的 3 倍。因此，需要根据计算机的计算能力、仿真时间成本等因素，根据实际情况选取碰撞模拟方式。这里重点介绍 PIC/MCC 方法在等离子体模拟中的算法实现,其具体的算法流程如下。

（1）选取碰撞对。碰撞模拟开始时,选取两个粒子作为碰撞对。在 MCC 方法中,将质量小、速度大的粒子称为入射粒子,质量大、速度小的粒子称为目标粒子。

（2）确定碰撞类型。对于不同的粒子种类,相互之间的碰撞作用是不同的。以 Xe 电子和原子为例,其可能的碰撞主要包括以下几种。

弹性碰撞:

$$e + Xe \rightarrow e + Xe$$

激发碰撞:

$$e + Xe \rightarrow e + Xe^*$$

电离碰撞:

$$e + Xe \rightarrow e + Xe^+ + e$$

碰撞截面面积与粒子的入射能量相关,实际应用中通常将测得的离散实验数据拟合后,建立碰撞截面面积与入射能量的函数。图 10.10 给出了电子–原子碰撞截面面积与电子入射能量的关系[21]。根据碰撞截面面积,可计算粒子发生三种碰撞的概率。

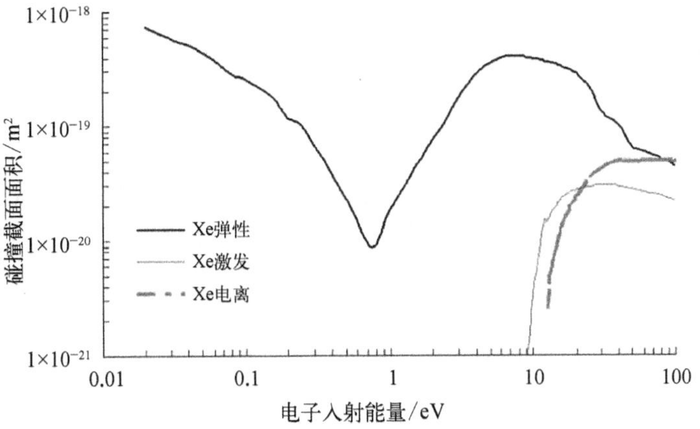

图 10.10　Xe 电子–原子碰撞截面面积与电子入射能量关系[21]

（3）选定碰撞类型。在时间 Δt 内,入射粒子和目标粒子的碰撞概率可表示为[16]

$$p = 1 - \exp[-n_t v_{\text{inc}} \sigma_T(\varepsilon_{\text{inc}}) \times \Delta t]$$

式中,n_t 表示目标粒子的数密度;v_{inc} 表示入射粒子的速度;$\sigma_T(\varepsilon_{\text{inc}})$ 表示粒子之间的碰撞截面;ε_{inc} 代表入射粒子的能量。

根据不同碰撞的概率大小将[0, 1]分解成若干段区间,各段区间的长度与发生对应碰撞的概率大小成正比。通过随机数发生器产生一系列介于[0, 1]的均匀分布的随机数,将这些随机数与碰撞概率进行比较,可以判断粒子是否发生碰撞;若发生碰撞,则根据随机数落在不同碰撞类型的概率区间来判断发生的碰撞类型,举例如下。

假设一个碰撞对可能发生的 n 种不同类型的碰撞，其碰撞概率分别为 P_1, P_2, …, P_n，产生的随机数 $R_n \in [0, 1]$，则

$$\begin{cases} \text{发生碰撞类型 } 1, & 0 < R_n \leqslant P_1 \\ \text{发生碰撞类型 } 2, & P_1 < R_n \leqslant P_1 + P_2 \\ \cdots & \\ \text{发生碰撞类型 } n, & \sum_{i=1}^{n-1} P_i < R_n \leqslant \sum_{i=1}^{n} P_i \\ \text{不发生碰撞}, & R_n > \sum_{i=1}^{n} P_i \end{cases}$$

(4) 碰撞后的能量和速度处理：在判断碰撞对会发生碰撞并确定碰撞类型之后，在对应的碰撞类型下，通过求解能量和动量守恒方程来决定粒子碰撞后的能量和速度。

值得注意的是，如果每个时间步长对所有粒子都进行碰撞模拟，计算量将会很大。通常在仿真中采用 Birdsall 和 Vahedi 等提出的空碰撞(null collision)方法[12,20]，通过减少实际碰撞对的选取来提高计算效率。

10.3.5 边界条件和粒子入射条件

1. 边界条件

对于不同的等离子体环境和应用装置，具有不同种类的粒子边界条件和电势边界条件，主要的边界条件处理方法包括以下几种。

1) 阳极边界

对于存在电极的等离子体放电过程，阳极的电势条件一般设定为固定电势值；对于到达阳极边界的粒子，原子轰击到阳极上作漫反射处理，而电子和离子则作吸收处理[21]。

2) 阴极边界

对应上述的阳极边界条件，阴极的电势条件一般设为 0 电势或者是固定负值电势；对于到达阴极的各种粒子，原子作漫反射处理，电子作镜面反射处理，离子作吸收处理[22]。

3) 自由边界(真空边界)

参考文献[23]，此类边界的两侧分别为计算域和真空环境。电势一般作为第二类边界条件或者是固定 0 电势进行处理；对于越过真空边界的各种粒子，有两种处理方式。

(1) 所有的粒子一旦越过真空边界即视为越过计算域，执行删除粒子的操作，即越过真空边界的粒子都不再进行粒子跟踪计算。

(2) 原子和离子参照方法(1)进行处理，但是对于电子，某些低能电子难以逾越等离子体中的电势壁垒，从而会产生一部分反流，低能电子的返回判据需要根据电子能量和无电流条件进行计算[24]。

4) 金属边界

金属电势边界一般作为固定电势，或者是计算累积的净电荷量之后采用电容模型进行计算[25]：

$$\varphi = \frac{(n_i - n_e)e}{C}$$

式中,C 是设定的电容常数。

对于粒子边界条件,与阳极边界条件一致。实际上,阳极边界条件就是金属边界条件的一种。

5）非金属边界

非金属边界处理较为复杂,以陶瓷边界(如 Hall 推力器)为例进行描述[26]。电势边界需要考虑到净电荷量对表面周围电场的影响;在达到陶瓷边界时,原子采用漫反射处理,离子则被边界吸收且电荷量积累在边界上。电子的情况较为复杂,根据二次电子发射模型,其碰撞到陶瓷壁面上可能有四种情况：当电子入射速度很低时,会被壁面吸收(事件 1)或者弹性反射(事件 2);当电子的入射速度很高时,有机会进入陶瓷内部的晶格,可能会从陶瓷内部轰击出一个(事件 3)或者两个(事件 4)新的电子。四个事件的概率分别为

$$\begin{cases} P_1(E_{\text{inc}}) = 0.5\exp(E_{\text{inc}}^2/X_0^2) \\ P_2(E_{\text{inc}}) = 0.5\exp(E_{\text{inc}}^2/X_1^2) \\ P_3(E_{\text{inc}}) = 1 - \exp(-E_{\text{inc}}^2/X_2^2) \\ P_4(E_{\text{inc}}) = 1 - P_1(E_{\text{inc}}) - P_2(E_{\text{inc}}) - P_3(E_{\text{inc}}) \end{cases}$$

式中,E_{inc} 为电子入射能量;X_0、X_1 和 X_2 为事件概率系数,其数值参见文献[26]。

6）对称轴边界

仿真采用二维轴对称模型时,计算域中存在对称轴边界。电势条件作第二类电势边界条件处理;在此种边界条件下,所有粒子均作镜面反射处理[23]。

2. 粒子入射条件

粒子的入射主要有原子入射、电子入射。一般情况下,离子是由后续的电离反应产生的,不考虑在入射的范围。

初始状态下,对于每个粒子,应当给定位置和速度分布。对于入射的粒子处理常作 Maxwell 分布处理[27]。

粒子速度绝对值大小 $|v|$ 为

$$|v| = v_t\sqrt{-\ln R_1}$$

式中,$v_t = \sqrt{k_B T_s / m_s}$,其中 k_B 为 Boltzmann 常量,T_s 为粒子的温度,m_s 为粒子的质量;R_1 为 0~1 之间的随机数。

粒子的各方向速度分量通过方位角 ψ 和散射角 χ 确定：

$$\begin{cases} v_r = |v| \sin\psi \cos\chi \\ v_\theta = |v| \sin\psi \sin\chi \\ v_z = |v| \cos\psi \end{cases}$$

10.3.6 加速方法的应用

采用 PIC 方法对等离子体进行数值仿真时,无须对物理模型作过多的假设,具有更加符合物理实际的优势。但对于计算域大、密度较高的等离子体,由于将所有组分都作为粒子来处理,其计算量巨大[15,21]。以 Hall 推力器为例,从点火到放电稳定一般需要几十,甚至上百毫秒的时间,考虑到特征时间,时间步长一般需要小于 10^{-12} s,这样就带来了上百万步,甚至更多的迭代步数。另外,随着电离程度的增大,从点火到最终到达稳态的过程中,等离子数密度也在不断增加,计算机的内存系统和计算负载的压力都大大增加。因此,人们提出了不同的方法来加快收敛速度,以期更快地获得稳态结果,并在等离子体空间推进装置仿真中得到了广泛的应用,但加速方法的使用会引起物理过程的失真,需要综合考虑等离子体行为特性和具体仿真条件谨慎使用。

目前,加快收敛速度的方法主要包括减小重粒子质量、增大真空介电常数、自相似方法[15,28]。

1. 减小重粒子质量

相比电子,认为离子和原子是重粒子。通过人为减小重粒子质量,其运动速度会增加,从而减少了放电达到稳定所需要的时间,加速了收敛。然而,重粒子质量改变的同时也会引起其他物理量的变化,为了维持等离子体的基本特性不变,需要维持等离子体的回旋频率不变,故需要对相关参数进行调整[21]。在磁场方面,需要对磁场进行修正,但重粒子质量的减小对电子的回旋频率没有影响,故磁场修正只针对离子。在碰撞处理方面,凡是涉及重粒子参与的碰撞,其碰撞截面均要进行修正处理。表 10.2 列出了重粒子质量减小时等离子体参数的变化情况。

表 10.2 减小重粒子质量引起的等离子体参数变化

物理量	符号	变化系数
重粒子质量	m	f
重粒子速度	v	$\sqrt{1/f}$
质量流率	$\dot{m}$	$\sqrt{f}$
碰撞截面	σ_t	$\sqrt{1/f}$
磁场	B	$\sqrt{1/f}$

减小重粒子质量的主要效果是减少重粒子运动的时间。对于空间等离子体推力器装置,一般认为从点火到放电稳定的真实时间与最慢粒子(原子)通过整个放电通道时间大致相等。当重粒子质量减小 f 倍时,总时间也会减少 f 倍,所以计算收益为

$$t_{\text{all}} = \frac{1}{f} t_{\text{all}}^*$$

式中,t_{all}^* 表示不采用此加速方法所需要的计算时间。

研究表明,减小重粒子质量会显著降低等离子体粒子数密度,继而导致电势和电流参

数出现误差[29]。

2. 增大真空介电常数

增大真空介电常数主要目的是增大时间步长与空间步长,减少迭代次数,加快收敛速度。如 10.3.2 节所述,德拜长度 λ_D 受电子数密度 n_e、电子温度 T_e 的影响,等离子体振荡频率受电子数密度 n_e 的影响,而空间步长由德拜长度 λ_D 决定,时间步长由等离子体振荡频率 ω_{pe} 决定。在电子数密度大的地方,时间步长与空间步长会很小,导致计算量非常大。

Szabo[15] 提出在 Hall 推力器上增大真空介电常数的做法。在计算时间上,增大真空介电常数带来的计算量减小来自两方面:一方面,λ_D 增大,从而增大空间步长;另一方面,ω_{pe} 减小,从而增大时间步长。

若真空介电常数增大系数为 γ^2,则时间步长与空间步长相应变为原来的 γ 倍。具体来说,由于 λ_D 增大为原来的 γ 倍,对于二维问题,网格数可以减少到原来的 $1/\gamma^2$ 倍,而时间步长增大为原来的 γ 倍。因此,对于二维轴对称模型,增大真空介电常数的加速效果为

$$t_{\text{all}} = \frac{1}{\gamma^3} t_{\text{all}}^*$$

研究表明,增大介电常数会使等离子体鞘层增厚,当鞘层扩张至影响到电磁场特定分布时,等离子体电势和数密度分布会受到较大影响,从而改变相关参数[29]。因此,在使用该方法时,要注意鞘层对仿真区域的影响程度。特别地,当主要的几何结构或是电磁场构型受到鞘层影响时,增大真空介电常数的方法将会显著影响精确性,此时不能使用该方法。

3. 自相似方法

与流体仿真的自相似思想一致,等离子体也可采用类似的方法进行仿真。Taccogna 等的自相似方法[28,30]是通过保证一些重要的物理参数(如克努森数 Kn 等)不变,通过一个比例因子 $\xi \in (0, 1]$ 来缩小计算域尺寸。计算完成后,将得到的物理参数通过相似理论还原到真实的体系中。与其他方法相比,自相似方法可使得计算域内部主要的物理过程变化较小,从而减少仿真结果失真的问题。

要估算自相似方法减少的计算量,需要在两个方面进行分析,即计算网格数的减少和迭代步数的减少。

当真实物理计算域按比例缩小之后,如果原始的网格大小不变,那么对于二维轴对称模型,网格数将减少为原来的 ξ^{-1} 倍。另外,减小计算域尺寸可使得等离子振荡频率 ω_{pe} 增加到原来的 $\xi^{-1/2}$ 倍。当特征时间取决于等离子体振荡时间时,时间步长将减小为原来的 $\xi^{-1/2}$ 倍,由于整体的收敛时间减少为原来的 ξ^{-1} 倍,迭代步数减少为原来的 $\xi^{-1/2}$ 倍。当特征时间取决于等离子体的回旋频率时,减小计算域尺寸后,回旋频率 ω_{ce} 增加到原来的 ξ^{-1} 倍,故收敛步数没有发生改变。

设定收益系数为 X, 其为迭代步数减少量与网格数减少量的乘积,则有

$$X = \begin{cases} \xi^{-3/2}, & \xi > \dfrac{\varepsilon_0 B^2}{n_e m_e} \\ \xi^{-1}, & \xi < \dfrac{\varepsilon_0 B^2}{n_e m_e} \end{cases}$$

系数 ξ 的选取与 $\frac{\varepsilon_0 B^2}{n_e m_e}$ 有关[22],其中:当 $\xi > \frac{\varepsilon_0 B^2}{n_e m_e}$ 时,电子的振荡频率大于回旋频率,时间步长由电子的振荡频率决定;当 $\xi < \frac{\varepsilon_0 B^2}{n_e m_e}$ 时,电子的回旋频率大于振荡频率,时间步长由电子的回旋频率决定。

本方法带来的计算收益是有限的,原因有两个方面:第一,为了保证物理问题不失真,依然需要保持推力器的特征长度远远大于德拜长度,故自相似比例系数 ξ 不能太小;第二,当回旋频率大于振荡频率 $\left(\xi < \frac{\varepsilon_0 B^2}{n_e m_e}\right)$ 时,自相似带来的迭代步数减少就不存在了,只剩下空间网格数上的收益,也就是说,若假设步数收益和空间网格数收益分别为 X_{step} 和 X_{scale},则总收益 $X = X_{\text{scale}} \times X_{\text{step}}$。由之前的分析可知,$X_{\text{scale}} \equiv \xi^{-1}$,而 X_{step} 的计算收益计算式为

$$X_{\text{step}} = \begin{cases} \xi^{-1/2}, & \xi > \dfrac{\varepsilon_0 B^2}{n_e m_e} \\ 1, & \xi < \dfrac{\varepsilon_0 B^2}{n_e m_e} \end{cases}$$

因此,在选取自相似参数时,为了增大计算收益并保证准确性,应使振荡频率为特征时间参数,故 ξ 应当大于但尽可能接近 $\frac{\varepsilon_0 B^2}{n_e m_e}$。一般地,为了保证仿真的准确性,$\xi$ 不小于 0.02[28]。

另外,研究表明[29]:采用自相似方法会同时使等离子体鞘层厚度增加并降低粒子数密度,与减小重粒子质量的方法相比,电流值仅略微减小。基于以上的分析可知,自相似模型带来的误差最小,但是带来的加速收益也是最低的。

10.3.7 仿真程序的验证和应用算例

此部分前两个算例验证源自文献[14],采用无量纲化计算方法,取电子质量 m_e 为质量基准量,元电荷 e 为带电量参考量,电子温度 T_e 为温度基准,n_{i0} 为离子数密度基准,德拜长度 λ_D 作为长度基准。对应地,速度基准为电子热运动速度 $v_{te} = \sqrt{T_e/m_e}$,时间基准为电子振荡特征时间 $\omega_{pe0}^{-1} = \sqrt{\varepsilon_0 m_e / e^2 n_{i0}}$。

1. 静电场 DADI 测试

假设电场 φ 分布满足周期函数:

$$\varphi(z,\ r) = 0.5\cos\left(\frac{\pi z}{L_z}\right) + 0.5\cos\left(\frac{\pi r}{L_r}\right) + C$$

式中,C 为常数;L_z 为沿 z 向网格固定间距;L_r 为沿 r 向网格固定间距,此处取间距皆为 20 个网格步长。

那么，根据 Poisson 方程，理论上，电荷密度分布函数为

$$\rho(z,\ r) = 0.5\varepsilon_0\left[\left(\frac{\pi}{L_z}\right)^2\cos\left(\frac{\pi z}{L_z}\right)+\left(\frac{\pi r}{L_r}\right)^2\cos\left(\frac{\pi r}{L_z}\right)+\left(\frac{\pi r}{L_r}\right)\sin\left(\frac{\pi r}{L_r}\right)\right]$$

理论电势结果如图 10.11(a)所示。

在静电场 DADI 测试代码中输入理论电荷密度 ρ 分布，且给定边界满足 Dirichlet 定值条件，通过迭代计算所得的电势分布 φ 如图 10.11(b)所示：$\max|\varphi| = 1$ V，空间上电势交替变化周期与输入的电荷密度变化周期一致。比较理论电势与计算电势绝对差值[图 10.11(c)]可以看出，采用 DADI 方法求解得到的电势函数值与理论值最大误差为 0.25%，故数值解与理论解相吻合良好。

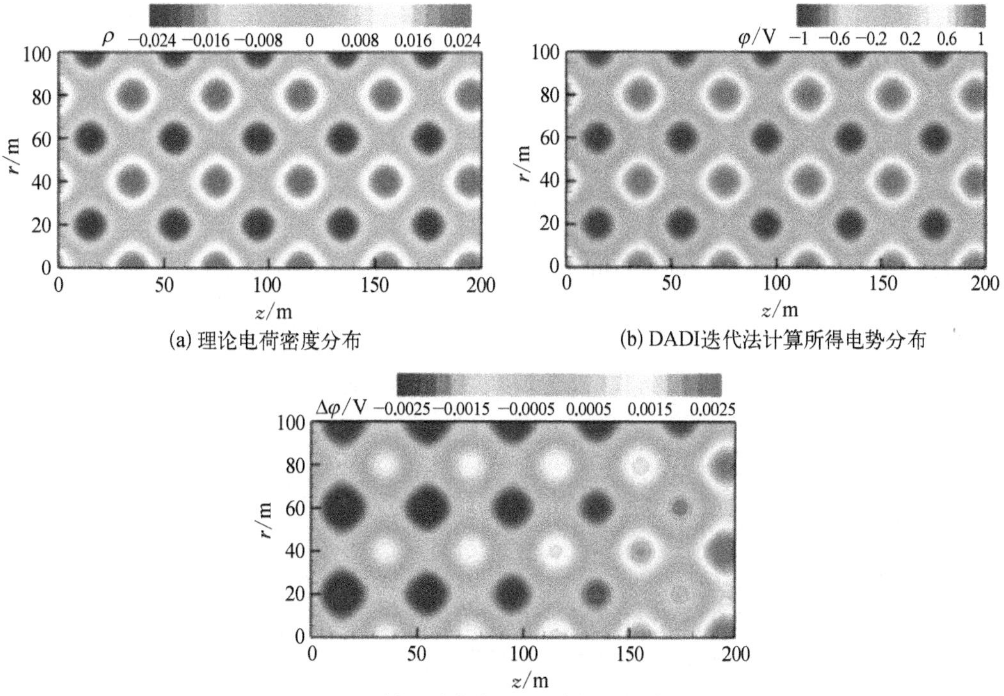

(a) 理论电荷密度分布　(b) DADI迭代法计算所得电势分布　(c) 计算电势与理论电势分布差

图 10.11　静电场 DADI 求解测试[14]

2. 电子 $\boldsymbol{E}\times\boldsymbol{B}$ 漂移运动测试

取计算网格步长 $\Delta z = \Delta r = 1$ m，时间步长 $\Delta t = 0.05$ s。假设单个电子以 $v_{ze} = 1$ 入射到角向均匀磁场 $B_\theta = 0.1$ T 中，并增加轴向均匀电场 $E_z = 0.01$ V/m。则该电子回旋运动导向中心将发生 $\boldsymbol{E}\times\boldsymbol{B}$ 漂移，由理论分析可知，漂移速度沿 r 负向，且 $v = 0.1$ m/s。电子完成一个周期回旋运动，周期为 $\dfrac{2\pi m_e}{eB_\theta} \approx 1\,256\Delta t$，导向中心移动距离应为 $v\times\dfrac{2\pi m_e}{eB_\theta} = 2\pi$ 个网格大小。

如图 10.12 所示，算例采用二维轴对称模型。图 10.12(a)表示 1 500 个时间步长 Δt 内的漂移轨迹，分析可得，电子运动受到正 z 向电场作用，右半圈运动半径略微减小，左半

圈运动半径略微增大，并且仿真得到的一个回旋周期大约是 1 250Δt，与理论值 1 256Δt 十分接近。图 10.12(b)表示 3 000 个时间步长 Δt 内的漂移运动轨迹，分析可得，仅从 z 向来看，电子回旋运动平均半径仍接近 $r_L=\frac{m_e v_{ze}}{eB_\theta}=10$ 个网格大小。但从 r 向来看，电子回旋中心明显下移，一个运动周期内移动的平均距离约为 6.2 个网格大小，与理论分析值 2π 十分接近。

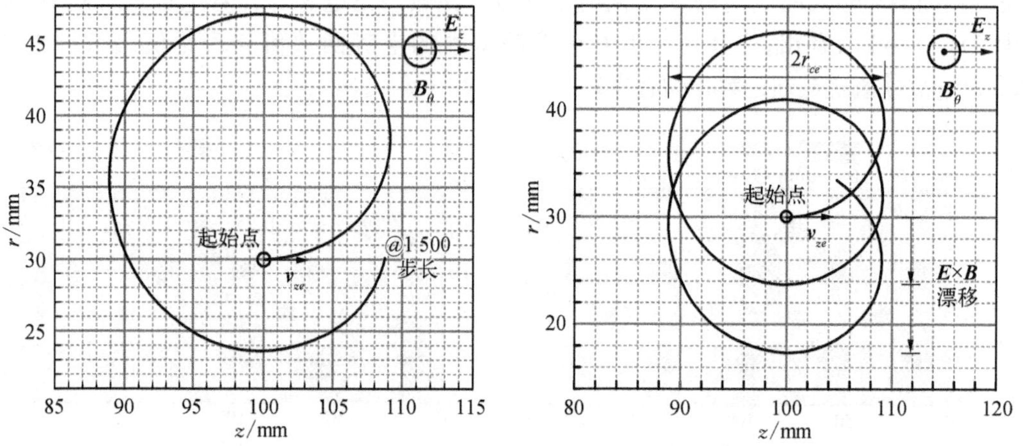

(a) 1 500Δt内的电子$\boldsymbol{E}\times\boldsymbol{B}$漂移轨迹　　(b) 3 000$\Delta t$内的电子$\boldsymbol{E}\times\boldsymbol{B}$漂移轨迹

图 10.12　电子 $\boldsymbol{E}\times\boldsymbol{B}$ 漂移运动验证[14]

3. PIC 方法仿真应用算例

文献[31]采用 PIC/MCC 方法，对加利福尼亚大学的微型离子推力器放电室[13,32]进行了仿真计算，并与其实验测量结果进行了对比。

图 10.13(a)为实验得到的放电室稳态等离子体数密度分布图，而图 10.13(b)是使用 PIC/MCC 方法建模仿真得到的等离子体数密度结果。从图中可以看出，等离子体数密度分布趋势符合良好，但是在边缘的红框内部分存在着明显的密度下降趋势，这是因为采用增大介电常数的加速方法导致电子鞘层加厚，整体密度下降。

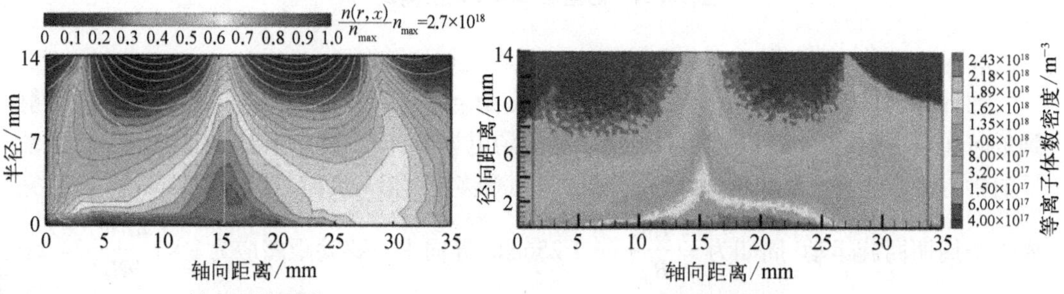

(a) 实验结果[32]　　(b) 仿真结果[31]

图 10.13　微型离子推力器放电室稳态等离子体数密度分布(单位：m^{-3})

10.4　粒子–流体混合仿真

10.4.1　概述

等离子体仿真的流体方法通常假设所有粒子的分布处于平衡状态[33]，无法模拟粒子运动的微观行为。PIC 方法可以描述粒子的实际分布，是最精确的等离子体模拟方法，但 PIC 方法在时间步长和空间步长上有严格的限制，计算量巨大，为了加快收敛速度而采用的加速方法又会引起物理过程的失真[34]。粒子–流体混合（混合 PIC）方法结合了流体方法和 PIC 方法的优势，将原子和离子视为粒子，使用 PIC 方法和 DSMC/MCC 方法分别模拟这些重粒子的运动过程和碰撞反应。同时，将电子视为流体，假设电子满足 Maxwell 分布，对电子的流体方程组进行求解。相比 PIC 方法，混合 PIC 方法更加快速，相比流体方法，可以自洽得到重粒子的能量分布，对稀薄等离子体有更好的适用性[35]。

10.4.2　粒子–流体混合模型和仿真方法

在没有空间电荷限制的等离子体区域中，可以假设等离子体流遵循准中性原则，电子数密度取自重粒子 PIC 模型中的离子数密度。在准中性原则假设下，通过电子的流动运输建立电子的漂移扩散模型，可以得到自洽的电场。具体做法是，结合广义 Ohm 定律和电流守恒定律，推导出关于电势的 Possion 方程：

$$\nabla \cdot n_e \sigma_e \nabla \varphi = \nabla \cdot [n_e \boldsymbol{v}_i + \mu_e \nabla(n_e T_e)]$$

式中，$\boldsymbol{v}_i$ 为离子速度。

对于无磁场区域，电子的电导率 σ_e 满足各项同性：

$$\sigma_e = \frac{e}{m_e \nu_e}$$

对于磁场中的电子，电导率沿着磁力线的平行方向和垂直于磁力线的方向可分别分解为

$$\sigma_{e,\parallel} = \frac{e}{m_e \nu_e}$$

$$\sigma_{e,\perp} = \frac{1}{1+\Omega_e^2}\frac{e}{m_e \nu_e}$$

$$\Omega_e = \frac{eB}{m_e \nu_e}$$

式中，ν_e 为电子的总碰撞频率，包括与原子的碰撞、与离子的碰撞、电离反应碰撞等，其计算中所需的重粒子的温度、数密度，均在 PIC 模型的粒子网格信息中获取，电子温度则通过第 7 章所述的电子能量守恒方程求解，如下：

$$\frac{\partial}{\partial t}\left[\rho_e\left(\frac{1}{2}v_e^2 + e_{me}\right)\right] + \frac{\partial}{\partial x^j}\left[\rho_e\left(\frac{1}{2}v_e^2 + e_{me}\right)v_e^j\right] = -\frac{\partial(v_e^j p_e)}{\partial x^j} + \frac{\partial(v_e^i \tau_e^{ij})}{\partial x^j} + \frac{\partial Q_e^i}{\partial x^j} + \varepsilon_e$$

上述方程是一种典型的混合 PIC 模型。当考虑等离子体与壁面的相互作用时，准中性假设在等离子体靠近壁面的鞘层区域内并不成立，意味着需要建立鞘层模型，描述电子在鞘层边界处的输运。考虑电子从等离子体区进入鞘层的速度满足 Maxwell 分布，通过鞘层边界的电子电流密度计算如下：

$$\boldsymbol{J}_e \cdot \boldsymbol{n} = \frac{1}{4} e n_e \sqrt{\frac{8k_B T_e}{\pi m_e}} \exp\left(-\frac{\varphi_{sh}}{T_e}\right)$$

式中，$\boldsymbol{n}$ 为壁面的法向；φ_{sh} 表示鞘层的势垒。

根据等离子体对壁面的作用效应，热发射、二次发射和粒子溅射对鞘层边界的电子电流的影响也可能需要考虑进去。通过计算电子离开等离子体区的平均能量，得到电子在鞘层边界的电子热通量：

$$q_{sh} = \frac{1}{4} e n_e \sqrt{\frac{8k_B T_e}{\pi m_e}} \exp\left(-\frac{\varphi_{sh}}{T_e}\right) (2T_e + \varphi_{sh})$$

利用以上电子电流和电子热通量的表达式，可以设置鞘层处的边界条件。

由广义 Ohm 定律、电流守恒定律、电子能量守恒方程共同组成电子流体方程组，采用有限体积法离散化后，求解得出的电子速度、空间电场分布和电子温度，传递到 PIC 模型的网格中，并分配到网格中的重粒子上，进而模拟重粒子的运动和碰撞。

混合 PIC 方法的计算流程如图 10.14 所示：① 对等离子体区域划分并生成网格，要求网格的空间尺度小于粒子碰撞的平均自由程；② 设置等离子体的初始参数，如给定初始的电子温度、电子数密度、电磁场分布、原子和离子的粒子信息；③ 求解电子流体方程

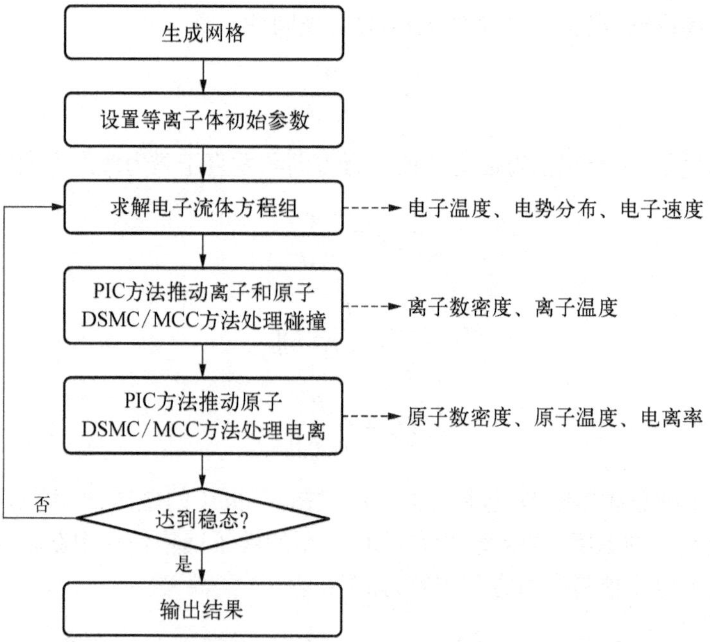

图 10.14 混合 PIC 模型的计算流程

组,得到电子温度分布、电势分布和电子速度分布;④ 将电子流体方程组更新的空间电场分配到网格中的粒子上,利用 PIC 方法推动离子和原子,同时利用 DSMC/MCC 方法处理粒子间的各类碰撞反应和原子的电离反应,再将重粒子的信息离散到相邻的网格节点上,得到离子数密度、离子温度、原子数密度、原子温度和电离率;⑤ 将 PIC 模型更新的重粒子信息反馈到电子流体求解部分,如此重复迭代,直至等离子体系统达到稳态。

混合 PIC 方法不仅适用于粒子分布接近平衡的高密度等离子体,也适用于各向同性速率较慢的稀薄等离子体。Kubota 等[36,37]利用三维混合 PIC 方法,在离子的时间和空间尺度上对微波中和器放电产生的等离子体进行了数值模拟,其中一价离子和二价离子沿通道对称轴的数密度分布如图 10.15 所示,图中指出了二价离子主要产生在孔区内部,并在放电通道内沿径向扩散,而大量一价离子产生在放电通道和孔区内。对于稀薄的空心阴极等离子体羽流区,Boyd 等[38]建立了二维轴对称的混合 PIC-DSMC 模型,从微观尺度分析了离子能量分布(图 10.16),分析得出:提高羽流出口处的电子和离子温度会拓宽离子的能量分布,而触持极下游的势垒诱发了离子的能量高峰。

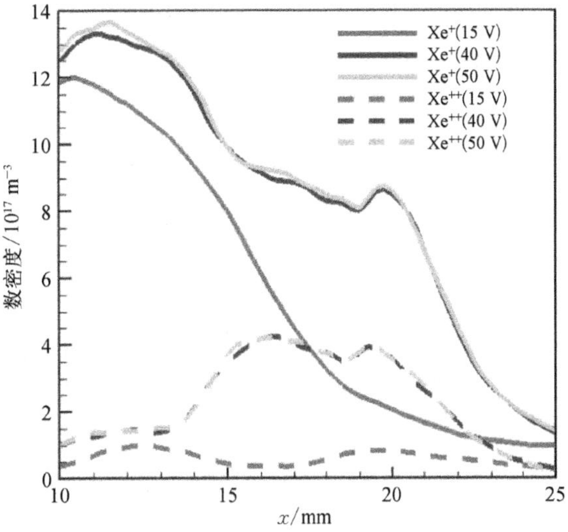

图 10.15　一价离子和二价离子沿对称轴的数密度分布[37]

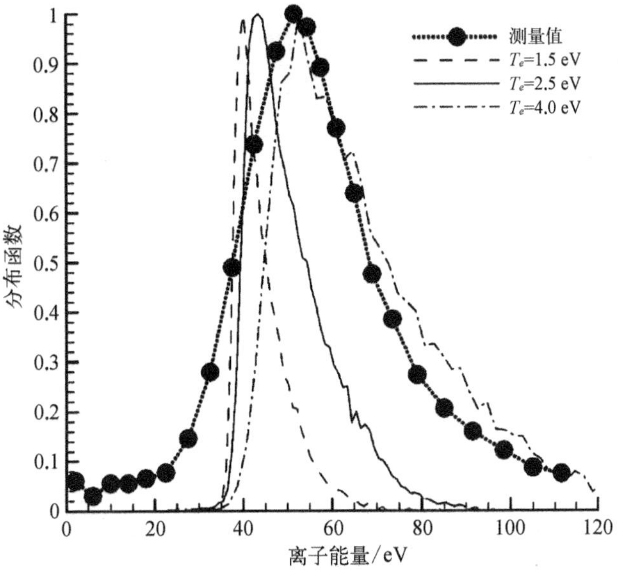

图 10.16　不同初始电子温度下空心阴极出口处的离子能量分布[38]

针对不同的模拟对象,混合 PIC 方法也有不同的方案。例如,用于空间推进的离子推力器放电室中的粒子由中性原子、二次电子、原初电子和离子组成。原初电子经过阴极鞘层的加速后,具有极高的能量,处于高度非平衡态,而二次电子和离子组成的等离子体能量较低,基本处于平衡态[39]。Wirz 等[40]使用 PIC 方法对原初电子进行了模拟,等离子体使用流体模型进行处理,模拟了原初电子的运动轨迹,如图 10.17 所示,原初电子从空心阴极中发射出来,被磁场束缚在尖端,在栅极处发生反射,通过弹性碰撞发生散射,并沉积在阳极表面,与预期的轨迹相当吻合。Maolin 等[41]在离子推力器栅极腐蚀的混合 PIC 仿真中,考虑到存在空间电荷积累,没有采用准中性假设,而是通过 Boltzmann 分布求出电子数密度:

$$n_e = \begin{cases} n_{e,\mathrm{ref}} \exp\left(\dfrac{\varphi - \varphi_{\mathrm{ref}}}{T_{e,\mathrm{ref}}}\right), & \varphi \leqslant \varphi_{\mathrm{ref}} \\ n_{e,\mathrm{ref}}\left(1 + \dfrac{\varphi - \varphi_{\mathrm{ref}}}{T_{e,\mathrm{ref}}}\right), & \varphi > \varphi_{\mathrm{ref}} \end{cases}$$

式中,$n_{e,\mathrm{ref}}$、φ_{ref}、$T_{e,\mathrm{ref}}$ 分别为等离子体参考点的电子数密度、电势、电子温度。

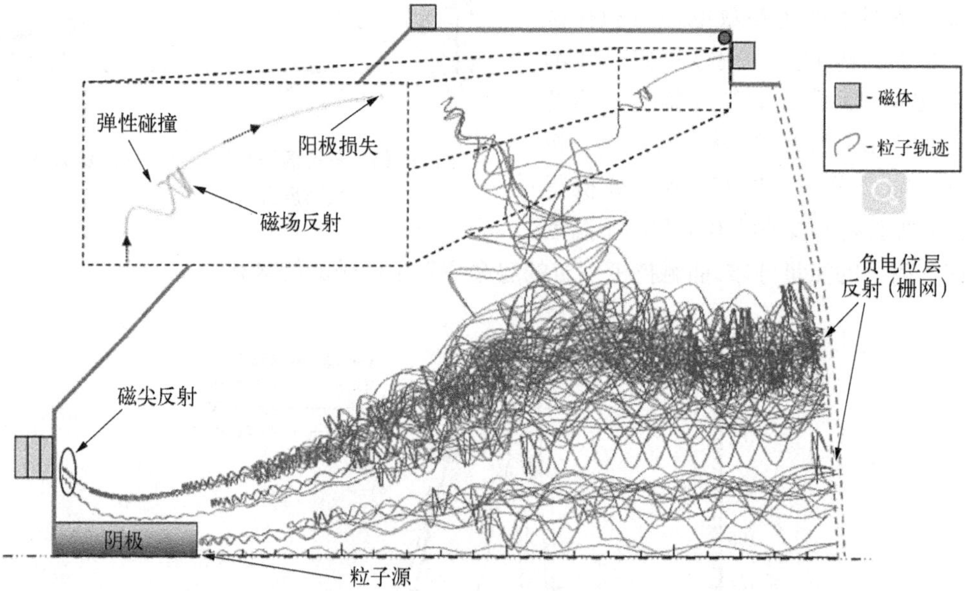

图 10.17 NSTAR 离子推力器放电室中原初电子的模拟运动轨迹[40]

然后通过栅极上的空间电荷分布求解 Poisson 方程,更新电势:

$$\nabla^2 \varphi = -\frac{e}{\varepsilon_0}(n_i - n_e)$$

使用该模型进行仿真,得到了由电荷交换碰撞引起的栅极电流密度在加速栅上的分布(图 10.18)。针对离子推力器中电荷交换碰撞对栅极的腐蚀效应,对氪(Kr)和氙(Xe)分别作为推进剂的工况进行了对比,验证了 Kr 离子的电荷交换碰撞截面小于 Xe 离子。

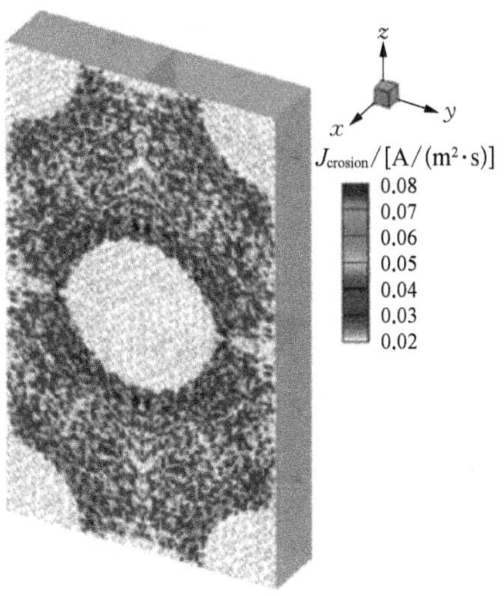

(a) 以Kr为推进剂

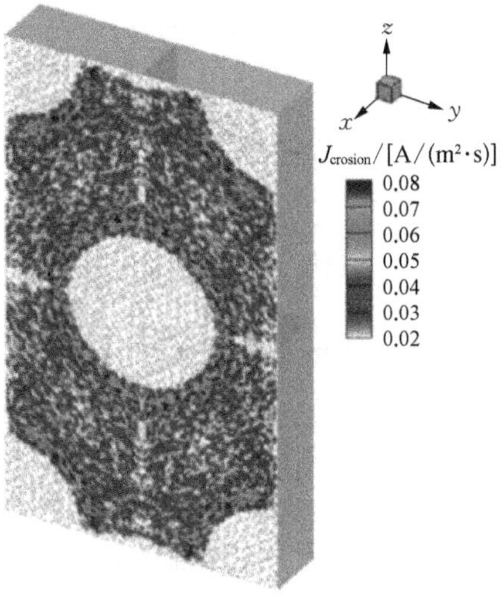

(b) 以Xe为推进剂

图 10.18　加速栅上电荷交换碰撞引起的电流密度分布[41]

10.5　动理学仿真手段

实际上，前述的 PIC/MCC 和 DSMC 方法也属于动理学仿真的手段之一，另外还有基于 Vlasov 方程（或 Boltzmann 方程）的直接动理学（direct kinetics，DK）仿真。

如 10.3 节所述，PIC/MCC 和 DSMC 方法称为粒子模拟方法，已经广泛应用于等离子体的非平衡态的研究中，适用于多种复杂形状的边界条件，呈现出较好的鲁棒性[42]。但粒子模拟方法是以等离子体组分的大颗粒微团为基本单元的仿真，不可避免地面临数值噪声问题，且无法识别电子速度分布的高能尾迹[43]。与此同时，粒子模拟方法中运动方程的离散化带来的非物理机制的加热会增加所仿真的系统的能量，而这种“凭空多出”的能量是非物理真实的。

DK 仿真是从 Boltzmann 方程或无碰撞的 Vlasov 方程出发，直接求解偏微分方程。对于简单边界条件的低维情形，可利用数学手段获得线性化的解析解（如朗道阻尼的推导[44]）。而对于复杂情形，则需要采用数值方法求解该偏微分方程。除此之外，目前也有混合直接动理学仿真模型，即用流体方程描述电子行为，用 Vlasov 方程描述离子行为，开展混合仿真（h－DK）[45]。混合模型一般适用于电子热平衡而离子非热平衡的等离子体，与普通的 DK 仿真相比，可以节省计算时间。

表 10.3 对比了不同粒子仿真方法的适用情况和优缺点。不同于粒子模拟方法中直接求解 Newton 第二定律，直接动理学仿真的主要技术难点在于偏微分方程的求解，尤其是在高维、复杂边界的情形下。Boltzmann 方程为非齐次偏微分方程，无碰撞的 Vlasov 方程为齐次偏微分方程。值得欣慰的是，目前针对偏微分方程数值求解的方法较为丰富，可以充分借鉴。

表 10.3 动理学仿真模型

仿真模型	分 支	物 理 基 础	数学基础	优 点	缺 点
粒子模拟方法	PIC	针对大颗粒等离子体微团的 Newton 第二定律	代数方程	对复杂边界、工况的适用性强	存在数值噪声
	MCC、DSMC				
直接动理学仿真	DK	完整的动理学方程或无碰撞的 Vlasov 方程	偏微分方程	连续性好、噪声低	高维求解困难、守恒性受限于数值格式
	h - DK				

采用数值手段进行直接动理学模拟的关键在于数值求解偏微分方程(Vlasov 方程或 Boltzmann 方程)。对于无碰撞的 Vlasov 方程,目前已经发展了两类主要求解方案: 基于相空间分裂的半拉格朗日方案和无分裂的欧拉方程型网格方案。对于考虑碰撞的完整的动理学方程,需要额外对碰撞项进行处理,处理方法参见 9.5 节内容。

10.5.1 基于相空间分裂的半拉格朗日型方程方案

Vlasov 方程是在速度-位置的相空间上建立起的偏微分方程。因此,对于一般的 n 维问题,Vlasov 方程将会是 $2n$ 维的(位置 n 维、速度 n 维)。为了处理这种高维带来的困难,有一种求解思路是把原始的 Vlasov 方程分离成两部分[46],即

$$\frac{\partial f}{\partial t}+\boldsymbol{v}\cdot\nabla f+\frac{\boldsymbol{F}}{m}\cdot\frac{\partial f}{\partial \boldsymbol{v}}=0\Rightarrow\begin{cases}\dfrac{\partial f}{\partial t}+\boldsymbol{v}\cdot\nabla f=0\\[2mm]\dfrac{\partial f}{\partial t}+\dfrac{\boldsymbol{F}}{m}\cdot\dfrac{\partial f}{\partial \boldsymbol{v}}=0\end{cases}$$

分离后,第一行为时间-空间方程,第二行是时间-速度方程,每个方程关于时间变量是双曲型的偏微分方程。分离后采用有限差分法,用高阶插值函数(如三次样条)处理的偏微分算子,对于两个方程均采用时间推进的方法,具体步骤如下。

(1) 求解时间-空间方程: $\dfrac{\partial f}{\partial t}+\boldsymbol{v}\cdot\nabla f=0$, 时间推进 $\Delta t/2$。

(2) 求解 Possion 方程: $\Delta\varphi=-\rho/\varepsilon$, 利用上一步得到的密度,获得电场 E。

(3) 求解时间-速度方程: $\dfrac{\partial f}{\partial t}+\dfrac{\boldsymbol{F}}{m}\cdot\dfrac{\partial f}{\partial \boldsymbol{v}}=0$, 利用上一步的电场,时间推进 Δt。

(4) 返回第(1)步。

该方案的主要优点是: 通过分裂相空间降低维度,大大节省了计算时间。但如此处理也导致物理上本来同时发生的过程被强行分成两个时间步,容易失去速度空间的对称特性。

这里给出一个经典线性朗道阻尼的算例[46]。在这个算例中,采用相空间分裂的方法,并在每一个计算步中采用高阶有限差分格式:

$$\frac{1}{3}U'_{i-1}+U'_i+U'_{i+1}=\frac{1}{36\Delta x}(U_{i-2}-28U_{i-1}+28U_{i+1}-U_{i+2})$$

图 10.19 展示了电场随时间的计算结果，其中直线为从色散关系解析得到的结果，曲线为仿真计算的结果。

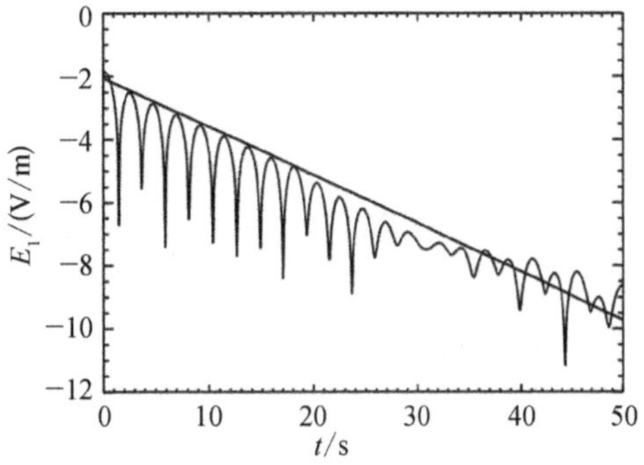

图 10.19　线性朗道阻尼的电场时变特性[46]

10.5.2　无分裂的欧拉方程型网格方案

该方案不对相空间作分裂处理，而借用计算流体力学（computational fluid dynamics，CFD）中对高维情况的处理方法。为了处理数值求解过程中的间断，需要将 Vlasov 方程转化成守恒形式再进行数值求解。

此处省略推导过程，给出守恒形式的 Vlasov 方程[47]：

$$
\begin{cases}
\nabla = \left\{\dfrac{\partial}{\partial \boldsymbol{r}},\ \dfrac{\partial}{\partial \boldsymbol{v}}\right\} \\
\boldsymbol{U} = \left\{\boldsymbol{v},\ \dfrac{\boldsymbol{F}}{m}\right\} \\
\dfrac{\partial f}{\partial t} + \nabla \cdot (\boldsymbol{U} f) = 0
\end{cases}
$$

继而采用有限体积法进行求解（图 10.20），可自然保持这种守恒特性，图中 G 为网格侧边上的积分通量。鉴于 CFD 中针对此类守恒性偏微分方程的求解有一套完整的体系，此方案可以基于 CFD 方法展开数值计算。但为了保证计算稳定性，计算中不得不采取足够小的时间步长，这可能导致计算时间成本较高。

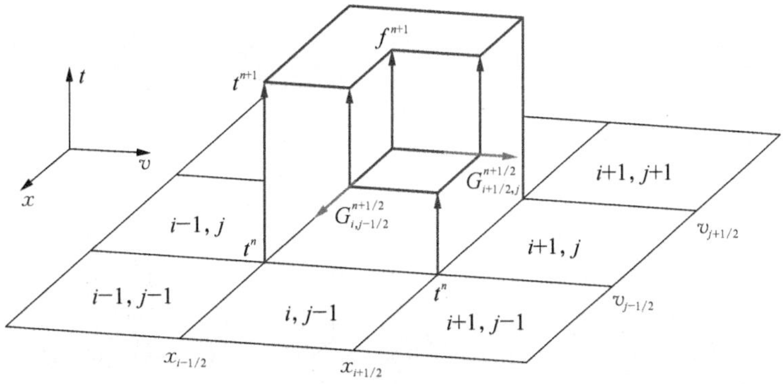

图 10.20　有限体积法网格[47]

例如，对 Hall 推力器放电通道的等离子体进行仿真[43]，求解考虑碰撞的 Boltzmann 方程，使用无分裂的守恒型有限体积法，采用迎风格式，为满足收敛条件，需要保证由网格步长构成的 Courant－Friedrichs－Lewy 数满足如下条件：

$$\max\left\{\frac{v\Delta t}{\Delta x},\ \frac{a\Delta t}{\Delta v}\right\} \leqslant 1$$

最终可以求得离子的速度概率密度分布，如图 10.21 所示。其中矩形为 PIC 离子方法给出的结果，实线为直接动理学仿真得到的结果，对比可见，直接动理学仿真得到的速度分布曲线更加平滑，噪声远小于 PIC 的结果。图 10.22 展示了仿真得到的粒子数密度在轴向上的分布随时间的变化云图，仿真结果反映了离子数密度在时间域上的振荡特性。

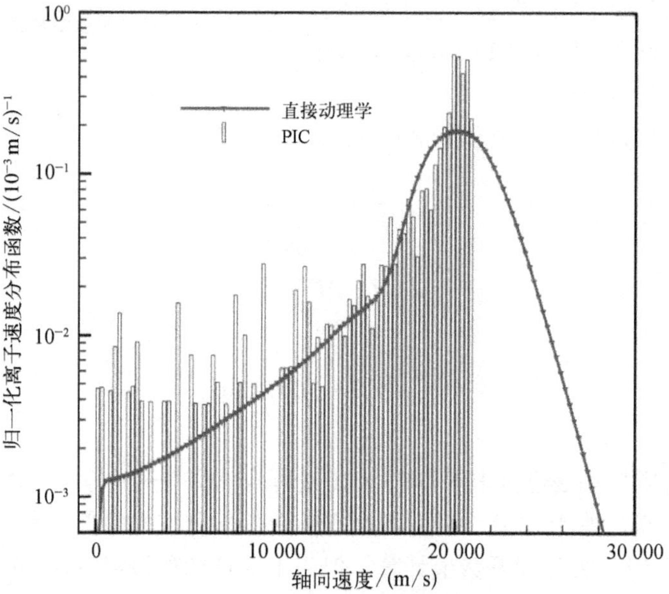

图 10.21　速度分布函数的仿真结果对比[43]

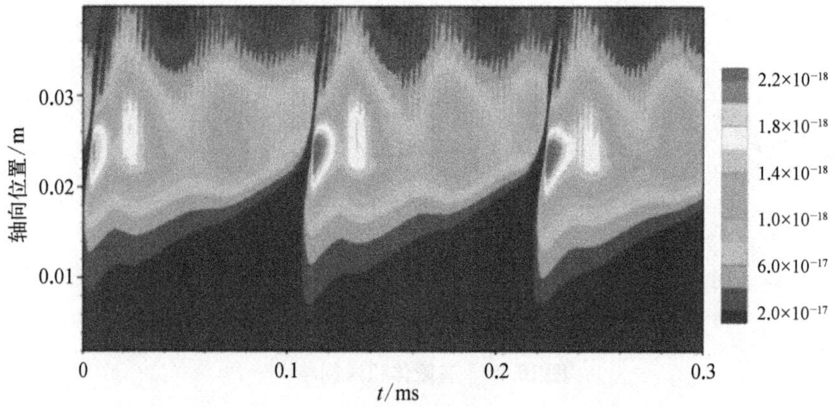

图 10.22　粒子数密度的时变特性[43]**（单位：m^{-3}）**

表 10.4 总结比较了这两类求解方案的技术要求和优缺点。

表 10.4　Vlasov 方程求解方案的技术要求和优缺点

方　案	方　程	技术要求	优　点	缺　点
相空间分裂	半拉格朗日型	交替时间步	降维、较快	无法保证对称性,物理过程同时性
无分裂守恒	欧拉型	有限体积	计算方法成熟	高维、较慢

参 考 文 献

[1] Sun J, Su S, Wang H, et al. Comparative analysis of the arc characteristics inside the converging-diverging and cylindrical plasma torches. Plasma Science and Technology, 2020, 22(3): 11.

[2] Huang R, Fukanuma H, Uesugi Y. Comparisons of two models for the simulation of a DC arc plasma torch. Journal of Thermal Spray Technology, 2013, 22(2-3): 183-19.

[3] Powell K G. An approximate riemann solver for magnetohydrodynamics. Upwind and High-Resolution Schemes, 1997: 570-583.

[4] Lotz W. Electron-impact ionization cross-sections and ionization rate coefficients for atoms and ions from hydrogen to calcium. Zeitschrift Für Physik, 1968, 216(3): 241-247.

[5] Lotz W. An empirical formula for the electron-impact ionization cross-section. Zeitschrift Für Physik, 1967, 206(2): 205-211.

[6] Heiermann J. A finite volume method for the solution of magnetoplasmadynamic conservation equations. Stuttgart: Universität Stuttgart, 2002.

[7] Jardin S. Computational Methods in Plasma Physics. Boca Raton: CRC Press, 2010.

[8] Le Veque R J. Finite Volume Methods for Hyperbolic Problems. Cambridge: Cambridge University Press, 2002.

[9] Courant R, Friedrichs K, Lewy H. On the partial difference equations of mathematical physics. IBM Journal of Research and Development, 1967, 11(2): 215-234.

[10] Gad-El-Hak M. The fluid mechanics of microdevices — the freeman scholar lecture. Journal of Fluids Engineering, 1999, 121(1): 5.

[11] Kubota K. Numerical study on plasma flowfield and performance of magnetoplasmadynamic thrusters. Tokyo: Tokyo Institute of Technology, 2009.

[12] Birdsall C K. Particle-in-cell charged-particle simulations, plus Monte Carlo collisions with neutral atoms, PIC-MCC. IEEE Transactions on Plasma Science, 1991, 19(2): 65-85.

[13] Wirz R E. Discharge Plasma Process of Ring-cusp Ion Thruster. Pasadena: Institute of California, 2005.

[14] 李敏. 磁喷管效应数值模拟研究. 北京: 北京航空航天大学,2019.

[15] Szabo J. Fully kinetic numerical modeling of a plasma thruster. Cambridge: MIT, 2001.

[16] Birdsall C K, Langdon A B. Plasma Physics via Computer Simulation. Boca Raton: CRC Press, 2004.

[17] 邵福球. 等离子体粒子模拟. 北京: 科学出版社,2002.

[18] Revathi J, Levin D A. CHAOS: An octree-based PIC-DSMC code for modeling of electron kinetic properties in a plasma plume using MPI-CUDA parallelization. Journal of Computational Physics, 2018, 373: 571-604.

[19] Serikov V V, Kawamoto S, Nanbu K. Particle-in-cell plus direct simulation Monte Carlo (PIC-DSMC) approach for self-consistent plasma-gas simulations. IEEE Transactions on Plasma Science, 1999, 27(5): 1389 - 1398.

[20] Vahedi V, Surendra M. A Monte Carlo collision model for the particle-in-cell method: applications to argon and oxygen discharges. Computer Physics Communications, 1995, 87(1-2): 179-198.

[21] Manalingam S. Particle based plasma simulation for an ion engine discharge chamber. Dayton: Wright State University, 2007.

[22] Liu H, Wu B, Yu D, et al. Particle-in-cell simulation of a Hall thruster. Journal of Physics D: Applied Physics, 2010, 43(16): 165202.

[23] Szabo J, Warner N, Martinez-sanchez M, et al. Full particle-in-cell simulation methodology for axisymmetric Hall effect thrusters. Journal of Propulsion and Power, 2014, 30(1): 197-208.

[24] Li M, Merino M, Ahedo E, et al. On electron boundary conditions in PIC plasma thruster plume simulations. Plasma Sources Science and Technology, 2019, 28(3): 034004.

[25] Fox J M. Parallelization of a particle-in-cell simulation modeling Hall-effect thrusters. Master Thesis at Massachusetts Institute of Technology, 2005(2003): 139.

[26] Yonejie D, Wuji P, Liqiu W, et al. Computer simulations of Hall thrusters without wall losses designed using two permanent magnetic rings. Journal of Physics D: Applied Physics, IOP Publishing, 2016, 49(46): 465001.

[27] 史肖霄.离子推力器放电室的粒子模拟.北京:北京航空航天大学,2015.

[28] Taccogan F, Longo S, Capitelli M, et al. Self-similarity in Hall plasma discharges: Applications to particle models. Physics of Plasmas, 2005, 12(5): 053502.

[29] Yuan T, Ren J, Zhou J, et al. The effects of numerical acceleration techniques on PIC-MCC simulations of ion thrusters. AIP Advances, 2020, 10(4): 045115.

[30] Taccogan F, Lnogo S, Capitelli M, et al. Particle-in-cell simulation of stationary plasma thruster. Contributions to Plasma Physics, 2007, 47(8-9): 635-656.

[31] Pan R, Ren J, Tang H, et al. Application of the view factor model on the particle-in-cell and Monte Carlo collision code. Physical Review E, 2020, 102(3): 033311.

[32] Mao HS. Plasma structure and behavior of miniature ring-cusp discharges. Los Angeles: University of California, 2013.

[33] Mikellides I G, Katz I, Dan M G, et al. Hollow cathode theory and experiment. II. A two-dimensional theoretical model of the emitter region. Journal of Applied Physics, 2005, 98(11): 2894.

[34] Boeuf, Jean-Pierre. Tutorial: physics and modeling of Hall thrusters. Journal of Applied Physics, 2017, 121(1): 1-24.

[35] Levchenko I. Perspectives, frontiers, and new horizons for plasma-based space electric propulsion. Physics of Plasmas, 2020, 27, 2: 020601.

[36] Kubota K, Watanabe H, Funaki I, et al. Three-dimensional hybrid-PIC simulation of microwave neutralizer, 2013.

[37] Kubota K, Watanabe H, Yamamoto N, et al. Numerical simulation of microwave neutralizer including ion's kinetic effects. Cleveland: 50th AIAA/ASME/SAE/ASEE Joint Propulsion Conference, 2014.

[38] Boyd I D, Crofton M W. Modeling the plasma plume of a hollow cathode. Journal of Applied Physics, 2004, 95, 7: 3285-3296.

[39] Wirz R, Goebel D, Marrese C, et al. Development of cathode technologies for a miniature ion thruster. Huntsville: 39th AIAA/ASME/SAE/ASEE Joint Propulsion Conference and Exhibit, 2003.

[40] Wirz R, Katz I. Plasma processes of DC ion thruster discharge chambers. Tucson: 41st AIAA/ASME/SAE/ASEE Joint Propulsion Conference and Exhibit, 2005.

[41] Maolin C, Anbang S U N, Chong C, et al. Particle simulation of grid system for krypton ion thrusters. Chinese Journal of Aeronautics, 2018, 31, 4: 719 - 726.

[42] Cagas P, Srinivasan B, Hakim A. Continuum kinetic study of magnetized sheaths for use in Hall thrusters. Salt Lake City: 52nd AIAA/SAE/ASEE Joint Propulsion Conference, 2016.

[43] Hara K, Boyd I D, Kolobov V I. One-dimensional hybrid-direct kinetic simulation of the discharge plasma in a Hall thruster. Physics of Plasmas, 2012, 19(11): 113508.

[44] Chen F F. Introduction to plasma physics and controlled fusion. Berlin: Springer, 1984.

[45] Kortshagen U, Heil B G. Kinetic two-dimensional modeling of inductively coupled plasmas based on a hybrid kinetic approach. IEEE Transactions on Plasma Science, 1999, 27(5): 1297 - 1309.

[46] Arber T D, Vann R G L. A critical comparison of eulerian-grid-based Vlasov solvers. Journal of Computational Physics, 2002, 180(1): 339 - 357.

[47] Elkina N V, Büchner J. A new conservative unsplit method for the solution of the Vlasov equation. Journal of Computational Physics, 2006, 213(2): 862 - 875.

习　题

10.1　MHD 方法仿真实践习题

这是一个典型的包含磁场的一维激波管问题的仿真计算,如习题 10.1 图所示。

一维激波管

习题 10.1 图

初始时刻,激波管左右两侧流体处于稳态,其参数(无量纲)分布为

$$B_x = 0.75\sqrt{4\pi}$$

$$\begin{cases}(\rho_L,\ u_L,\ p_L,\ B_{yL},\ B_{zL}) = (1,\ 0,\ 1,\ \sqrt{4\pi},\ 0)\\(\rho_R,\ u_R,\ p_R,\ B_{yR},\ B_{zR}) = (0.125,\ 0,\ 0.1,\ -\sqrt{4\pi},\ 0)\end{cases}$$

式中,B、ρ、u、p 分别代表磁场、密度、速度和压力;下标 L 和 R 代表左区和右区;下标 x、y、z 分别代表轴向(一维方向)、纸面方向和纵向。

(1) 写出一维 MHD 方程组的守恒形式。

(2) 利用 Lax - Friedrichs 差分格式确定格式参数,包括计算域、网格数(如 1 000)、格点、空间步长和时间步长等。

(3) 编写计算代码(语言不限),给出计算流程图(提示:真空磁导率 μ_0 可以取 10,比热比 γ 可按照单原子分子的比热比取 5/3)。

(4)计算稳态时(100 s 和 150 s)一维激波管中的参数 B_y、B_z、ρ、u、v、p 在轴向上的变化;对计算结果作图。

10.2 PIC 方法仿真实践习题

根据第 6 章的知识,解决单粒子在均匀电磁场中的运动问题。

如习题 10.2 图所示(坐标系与第 6 章坐标系一致),具有电势差的左右两个平板,它们相距 1 m 并且各自长度为 1 m,其中右平板为零电势面,左平板为固定电势 φ_{left},B_x 为方向沿纸面向外的磁场。若有一个电子在其间运动,解决下列问题。

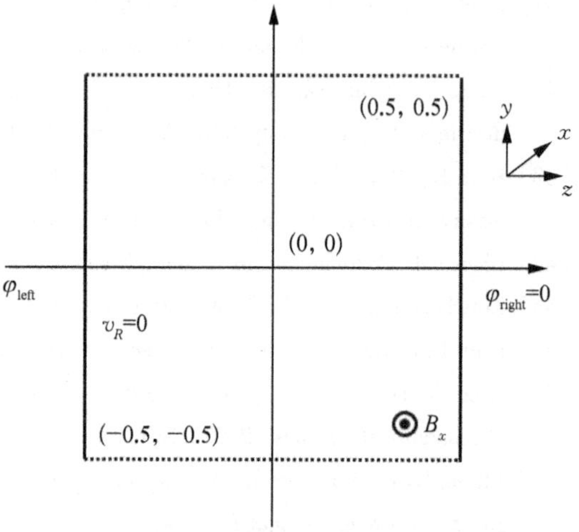

习题 10.2 图

(1) 当 $B_x=0$、$\varphi_{\text{left}}\neq 0$ 时,为了使电子可在两平板间做 z 向加速度为 $a_z=-1\ \text{m/s}^2$ 的分运动,求左平板的电势 φ_{left}。

(2) 当 $B_x\neq 0$、$\varphi_{\text{left}}=0$ 时,为使得电子以 2 m/s 速度垂直于 B_x 运动时的回旋半径为 1/4 m,求 B_x 的大小。

(3) 采用 PIC 方法分别求出下列问题的数值解。

① 在(1)的条件下,电子以 $v_y=1\ \text{m/s}$、$v_x=v_z=0$ 的初始速度从图示 $(y,z)=(0,-0.5)$ 处进入电场,计算其运动轨迹并同时给出理论解。

② 在(2)的条件下,电子以 $v_z=1\ \text{m/s}$、$v_x=v_y=0$ 的初始速度从图示 $(y,z)=(0,0)$ 处进入磁场,计算其运动轨迹并同时给出理论解。

③ 在(1)和(2)求得的 φ_{left} 和 B_x 都存在的情况下,电子以 $v_z=1\ \text{m/s}$、$v_x=v_y=0$ 的初始速度从图示 $(y,z)=(0,0)$ 处进入电磁场,求其四个周期内的 $\boldsymbol{E}\times\boldsymbol{B}$ 漂移轨迹,并求出漂移速度 v_E 和导向中心漂移距离 x_E 的大小。

编程要求:给出编写代码的思路,并说明 PIC 方法推动粒子的原理;将以上三个粒子的轨迹保存成“. txt”或“. dat”等格式的文本文件,并附上计算出的轨迹图和源代码。

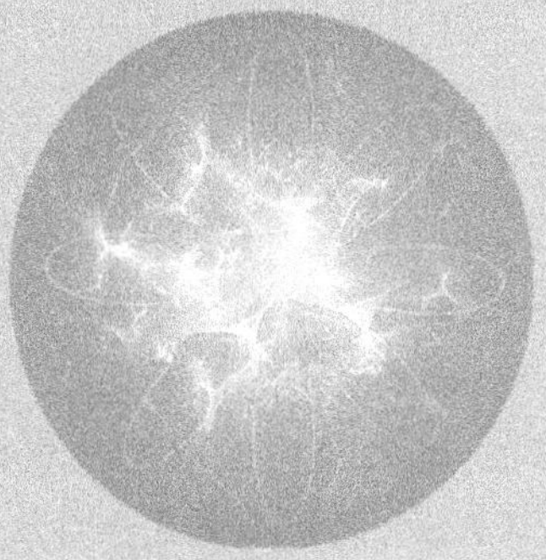

第三部分　等离子体物理应用

在前几章中，介绍了一些等离子体概念并进行了分析，以便更好地理解电离气体的独特行为及其在电场和磁场影响下的响应。然而归根结底，这些信息与其在特定问题上的应用有关，这些应用问题包括重要的物理设备或物理现象。电离气体可以由自然和人工产生，因此在装置和自然现象中，等离子体的应用范围很广。气体电离可以广泛应用于能源、航空航天设备和制造业中，知道如何控制等离子体过程，就能更好地对等离子体加以利用。对于特定的等离子体应用，需要更深入的理论分析，因此对等离子体和等离子体动理学进行了详细的调研和叙述。

需要强调的是，虽然电场和磁场的存在会对等离子体引入区域内的带电粒子产生影响，但是边界条件和与外部电路的连接同样不可或缺。如果需要某些磁场构型，则需要提供外部电流。例如，无限导电性的假设虽然很容易产生理论结果，但可能导致奇异点，与实验结果相悖。设备运行的关键是等离子体电流。同时要记住，基本动量交换项是 $\boldsymbol{J} \times \boldsymbol{B}$，基本能量项是 $\boldsymbol{J} \cdot \boldsymbol{E}$。

通常情况下，通过线圈在等离子体区域外部产生影响等离子体相互作用的磁场称为“附加场”。只要等离子体中有电流，就会产生磁场。通常，由等离子体中的电流产生的磁场称为“自身场”。在脉冲或非稳态装置中，等离子体中的电流通常高到足以产生强磁场。

第 11 章 等离子体加速与能量转换

11.1 引　　言

由于物理上和装置的三维特性,在许多装置和电磁场的结构中,相互作用在几何上是复杂的。这里先就一个问题进行分析,进而可以更清楚地看到方程耦合的性质和最终结果。

通过对等离子体在封闭通道中的流动施加可控的电场和磁场,可以为等离子体的加速或能量转换提供可能。在一维和二维流动模型中,可以更容易地研究相互作用的原理。事实上,黏性和其他等离子体相互作用的影响会引入相当大的复杂性,并且实际装置应用不能采用简单模型分析。

早期的研究中已认识到电磁场对流体的潜在影响,这些工作还研究了等离子体从亚声速流到超声速流的电磁加速问题,因为方程中电磁和流体耦合表现出明显的阻塞现象(流动中的速度限制)[1-3]。

11.2 稳态一维通道流动

这种情况下的物理问题很简单:一维(电离)等离子体流输入矩形通道中,并在流动过程中施加正交电场和磁场,以达到对输出流动或能量交换的预期效果。对这种结构的研究将有助于理解加速器和磁流体发电机中的等离子体行为。下述的建模分析比较简单,然而现实物理过程要复杂得多。实际上,下面的理想化分析并不能很好地模拟真实实验装置。

考虑如图 11.1 所示的几何模型,面积不变。

延续 Resler 等[1]的研究进展,计算入口速度为 v_0 时 x 方向的流动加速度。假设电导率是标量,所以 $\boldsymbol{J}$ 和 $\boldsymbol{E}$ 在同一方向上,反向电动势为 $\boldsymbol{v}\times\boldsymbol{B}$。假设电流产生的磁场比外加磁场小,由守恒方程和 Ohm 定律得

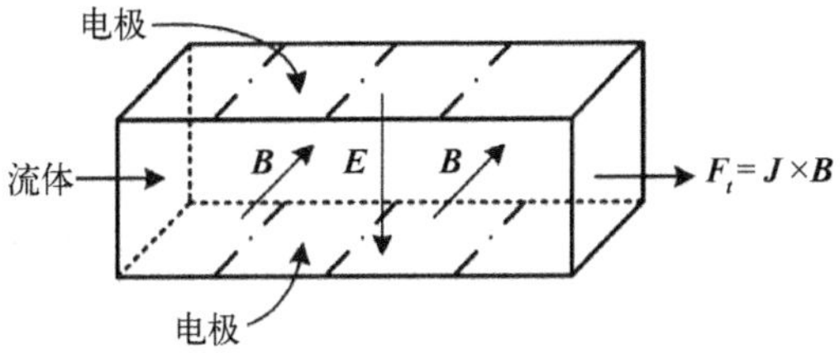

图 11.1　一维通道流动中电磁场及相互作用示意图

$$\rho v = 常数$$

$$\rho v\frac{\mathrm{d}v}{\mathrm{d}x} = -\frac{\mathrm{d}p}{\mathrm{d}x} + JB$$

$$\rho v \frac{\mathrm{d}}{\mathrm{d}x}\left(c_p T + \frac{v^2}{2}\right) = JE, \quad c_p \approx \text{常数}$$

$$J = \sigma(E - vB)$$

$$p = \rho RT$$

$$\sigma = \sigma(\rho, T)$$

以上共有6个方程和8个未知数,所以必须指定两个变量才能得到一个解,可以考虑流动过程中选择一个限制: ① 等熵;② 绝热;③ 等温;④ 恒定场。

等温假设允许所有增加的能量转换为动能,这是一个理想的极限条件,由此得

$$\frac{\mathrm{d}T}{\mathrm{d}x} = 0 \text{ 或 } T = 0$$

所以有

$$\rho v\left[\frac{\mathrm{d}}{\mathrm{d}x}\left(\frac{v^2}{2}\right)\right] = jE$$

可以用这种形式来得到能量的解析解[4]。

对于等温流动,结合能量和动量得到:

$$v = \frac{E}{B}\left(1 - \frac{RT}{v^2}\right)$$

式中, $RT = (c_s)^2$, c_s 为声速。

因此,解应当满足: $v > c_s$, 还可以看到流体与场的耦合关系,如 $v \sim \frac{E}{B}$。

为了得到更直接的解,令

$$JE = \text{常数}$$

设通道长度为 L,可得到解:

$$v^*(x) = \sqrt{1 + 2\frac{JEL}{\rho v_0^3}x^*}$$

其中,

$$v^* = \frac{v}{v_0}, \quad x^* = \frac{x}{L}$$

对于另一个解析解,将 $v \sim E/B$ 关系代入能量方程,得到:

$$\rho v^3 \frac{\mathrm{d}v}{\mathrm{d}x} = \sigma E^2 c_s^2$$

若假定 σE^2 沿通道长度为常数,则可积分得到:

$$v^* = \left[1 + 4\frac{\sigma E^2 L}{\rho v_0^3}\left(\frac{c_s}{v_0}\right)^2 x^*\right]^{1/4}$$

在这里，流体和场的强耦合特点是显而易见的。也可以将 σB^2 和 σEB 作为常数，从而求得解析解[4]。

JE 和 σB^2 为常数时的解析解如图 11.2 所示，图中，磁场作用的参数为

$$I \equiv \frac{\text{电磁力}}{\text{流动力}} = \frac{JB}{\rho\dfrac{v^2}{L}} = \frac{\sigma vB \cdot B}{\rho\dfrac{v^2}{L}} = \frac{\sigma B^2 L}{\rho v}$$

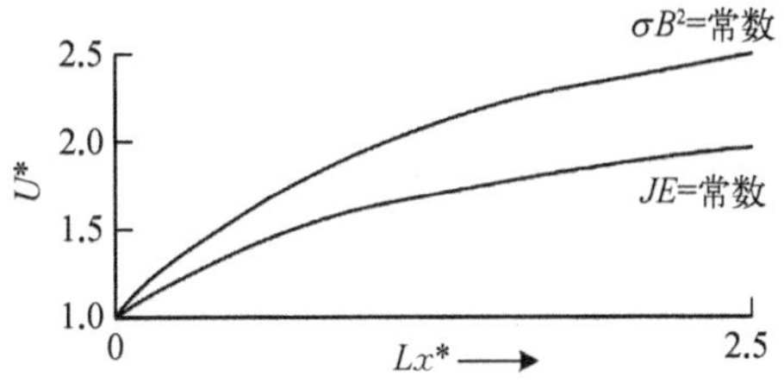

图 11.2　JE 或 σB^2 为常数时等温超声速流动中速度沿通道的变化[4]

对于 JE，当相互作用参数的值为 2.5 时，可预测速度增加为入口速度的 2.0 倍。第二个解是假设 σB^2 为常数的等温流动，可以看出有较高的加速度。在这两种情况下，直接将磁场应用于流体的优点是显而易见的，这表明电场和磁场对导电流体的流动存在影响。

在上述的近似解中可以看到力相互作用和求解电磁场的理论结果。然而，在标准的碰撞等离子体实验条件下，还没有获得这样的理论成果。在通道流动实验中遇到的最困难的问题与 Hall 电流有关，电离种子气体的装置需要增大电导率，但即使是将电极分段，也容易因 Hall 电流短路。由于黏性的边界层效应，流动也存在相当大的复杂度。下面将进一步探讨这个过程，因为它代表了等离子体相互作用中流体如何克服基本的电磁效应的机制。

11.3　黏性作用下的磁流体通道流动

当包含流体的黏性时，对封闭通道内等离子体流动的分析是一个更切实际的模型，但分析本身就很复杂，因为流动具有三维特征和二次流的成分。下面的分析包括了简化假设，以便分析考虑黏性的流动的主要机制。这里不考虑能量方程，并将耗散项和热项视为后边添加的影响。从二维角度考虑流动与边界的相互作用，但分析中必须包含一些三维项[5-7]，遵循 Boyd 等[7]列出的计算顺序。

此分析的基本方程式如前面所述，但将黏性包括在内，即

$$\frac{\partial \rho}{\partial t} + \nabla \cdot (\rho \boldsymbol{v}) = 0$$

$$\rho \frac{\mathrm{D}\boldsymbol{v}}{\mathrm{D}t} = -\nabla p + \boldsymbol{J} \times \boldsymbol{B} + \nabla \cdot \bar{\bar{\boldsymbol{\tau}}}$$

式中，$\bar{\bar{\boldsymbol{\tau}}}$ 为应力张量，可表示为

$$\nabla \cdot \bar{\bar{\boldsymbol{\tau}}} = \frac{\bar{\mu}}{3}\nabla(\nabla \cdot \boldsymbol{v}) + \bar{\mu}\nabla^2 \boldsymbol{v}$$

同时：

$$\boldsymbol{J}=\sigma(\boldsymbol{E}+\boldsymbol{v}\times\boldsymbol{B})$$

$$\nabla\times\boldsymbol{E}=-\frac{\partial\boldsymbol{B}}{\partial t}$$

$$\nabla\times\boldsymbol{B}=\mu\boldsymbol{J}$$

考虑不可压缩流以简化分析，这种类型的通道流体称为 Hartmann 流。取流动为 x 方向，外加磁场在 z 方向，如图 11.3 所示。

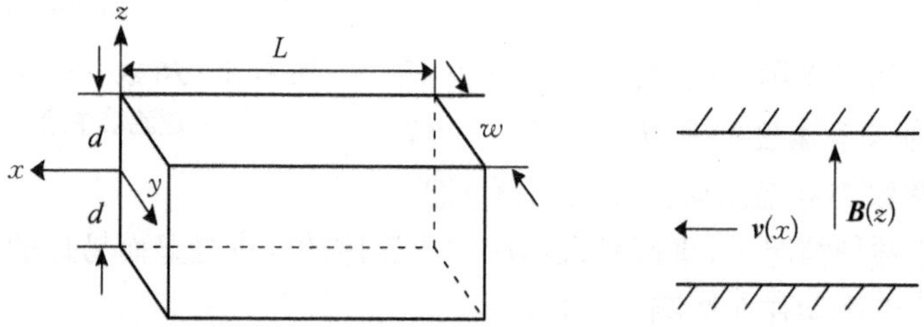

图 11.3　具有黏性相互作用的通道流动几何示意图

假设已知 $\mathrm{d}p/\mathrm{d}x$、σ 和 d，忽略边界效应 ($L\gg d$)，忽略二次流 ($w\gg d$)，取 $\{f(y)=0\}$，令 $v(x)$ 及 $\boldsymbol{v}\times\boldsymbol{B}=\boldsymbol{E}_y$，假设为稳定、不可压缩流体。

连续方程：

$$\nabla\cdot\boldsymbol{v}=0,\quad v=f(z),\quad \frac{\partial v}{\partial x}=0$$

动量守恒：

$$0=-\nabla p+\boldsymbol{J}\times\boldsymbol{B}+\bar{\mu}\nabla^2\boldsymbol{v}$$

x 方向的动量守恒：

$$\frac{\partial p}{\partial x}=(\boldsymbol{J}\times\boldsymbol{B})_x+\bar{\mu}\frac{\partial^2 v}{\partial z^2}$$

根据 Faraday 定律：

$$\boldsymbol{J}=\nabla\times\frac{\boldsymbol{B}}{\mu}$$

且

$$J_x=\frac{1}{\mu}\frac{\partial B_y}{\partial z},\quad J_y=\frac{1}{\mu}\frac{\partial B_x}{\partial z},\quad J_z=0$$

然后，结合单方向动量方程：

$$\frac{\partial p}{\partial x}=\frac{B_0}{\mu}\frac{\partial B_x}{\partial z}+\bar{\mu}\frac{\mathrm{d}^2 v}{\mathrm{d}z^2},\quad x\text{ 方向}$$

$$0=(\boldsymbol{J}_x\times\boldsymbol{B})_y+0,\quad y\text{ 方向}$$

忽略次级流动：

$$\frac{\mathrm{d}B_y}{\mathrm{d}z}=0,\quad J_x=0$$

$$\frac{\partial p}{\partial z}=(\boldsymbol{J}_y\times\boldsymbol{B}_x)_z+0,\quad z\text{ 方向}$$

及

$$\frac{\partial p}{\partial z}=-\frac{B_x}{\mu}\frac{\mathrm{d}B_x}{\mathrm{d}z}$$

结合：

$$\boldsymbol{J}=\boldsymbol{J}_y=\frac{1}{\mu}\frac{\partial B_x}{\partial z}\boldsymbol{y}$$

以及 Ohm 定律：

$$\frac{\boldsymbol{J}}{\sigma}=\frac{\boldsymbol{J}_y}{\sigma}=\boldsymbol{E}+\boldsymbol{v}_x\times\boldsymbol{B}_z$$

于是得

$$E_x=E_z=0$$

因为 $\boldsymbol{v}\times\boldsymbol{B}$ 无 y 方向分量，所以有

$$\frac{J_y}{\sigma}=\frac{1}{\mu\sigma}\frac{\partial B_x}{\partial z}=E_y-v_{(x)}B_{0(z)}$$

进一步，由 Ampere 定律：

$$\nabla\times\boldsymbol{E}=-\frac{\partial\boldsymbol{B}}{\partial t}=0$$

因此对于稳定流：

$$\nabla\times\boldsymbol{E}=\left(\frac{\partial E_y}{\partial z}\right)_x=0$$

且

$$E_y=\text{常数}\equiv E_0$$

再次考虑 x 方向的动量：

$$\frac{\partial p}{\partial x}=\frac{B_0}{\mu}\frac{\partial B_x}{\partial z}+\bar{\mu}\frac{d^2v}{dz^2}$$

将算符 $\frac{\partial}{\partial x}$ 作用于方程中，得到：

$$\frac{\partial^2 p}{\partial x^2}=\frac{B_0}{\mu}\frac{\partial}{\partial z}\left(\frac{\partial B_x}{\partial x}\right)+\bar{\mu}\frac{d^2}{dz^2}\left(\frac{\partial v}{\partial x}\right)=0$$

在 x 方向上积分：

$$\frac{\partial p}{\partial x}=\text{常数}\equiv -P_0+f(z)$$

对于 z 方向上的动量，应用 $\frac{\partial}{\partial x}$ 算符且交换操作顺序：

$$\frac{\partial}{\partial z}\left(\frac{\partial p}{\partial x}\right)=-\frac{B_x}{4\pi}\frac{d}{dz}\left(\frac{\partial B_x}{\partial x}\right)=0$$

因此可得

$$f(z)=0$$

且

$$\frac{\partial p}{\partial x}\equiv -P_0$$

再次积分得到：

$$p=-P_0x+P_1(z)+\text{常数}$$

假设

$$\text{常数}=0$$

例如，

$$p(x=0,\ z=0)=0$$

于是 x 方向的动量为

$$\frac{\partial p}{\partial x}=-P_0=\frac{B_0}{\mu}\frac{\partial B_x}{\partial z}+\bar{\mu}\frac{d^2v}{dz^2}$$

由 Ohm 定律已知 $\frac{\partial B_x}{\partial z}$，因此可以替换为

$$-P_0=\frac{B_0}{\mu}\mu\sigma(E_0-vB_0)+\bar{\mu}\frac{d^2v}{dz^2}$$

或

$$\frac{\mathrm{d}^2 v}{\mathrm{d}z^2} - \sigma\frac{B_0^2 v}{\bar{\mu}} = -\frac{P_0 + \sigma B_0 E_0}{\bar{\mu}}$$

其形式为

$$\frac{\mathrm{d}^2 v}{\mathrm{d}z^2} - A^2 v = -B - C$$

式中，$A = \frac{\sigma B_0^2}{\bar{\mu}}$；$B = \frac{P_0}{\bar{\mu}}$；$C = \frac{\sigma B_0 E_0}{\bar{\mu}}$。

该二阶常系数常微分方程可以用标准方法求解：

$$v = \frac{B + C}{A^2} - \frac{(B + C)/A^2}{\mathrm{e}^{Ad} + \mathrm{e}^{-Ad}}(\mathrm{e}^{Az} + \mathrm{e}^{-Az}) = \frac{B + C}{A^2}\left(1 - \frac{\mathrm{e}^{Az} + \mathrm{e}^{-Az}}{\mathrm{e}^{Ad} + \mathrm{e}^{-Ad}}\right)$$

替换合适的参数：

$$v = \frac{P_0 + \sigma B_0 E_0}{\sigma B_0^2}\left(1 - \frac{\mathrm{e}^{Az} + \mathrm{e}^{-Az}}{\mathrm{e}^{Ad} + \mathrm{e}^{-Ad}}\right) = \frac{P_0 + \sigma B_0 E_0}{\sigma B_0^2}\left[1 - \frac{\cosh(M_H z/d)}{\cosh M_H}\right]$$

式中，M_H 为 Hartmann 数：

$$M_H = Ad = B_0 d\left(\frac{\sigma}{\bar{\mu}}\right)^{1/2}$$

同样，在这个简化模型中，$v = f(z)$，由此得到了通道中速度的解，其是 z 和已知参数函数。具体来说，给出了 $\frac{\partial p}{\partial x} = -P_0$ 和 B_0、d、σ，但没有给出 E_0，E_0 是与速度垂直的电场，而且 $J_y \sim E_y$，因此它取决于系统所受的物理约束。

为说明 E_0 的重要性，可对 MHD 发电机的通道结构进行研究，其几何结构、电路和磁场的示意图如图 11.4 所示。

在这个应用中：

$$I = \left(\frac{\Delta V_l}{R_l}\right)_{\mathrm{ext}} = (J \cdot S_{\mathrm{el}})_{\mathrm{int}}$$

且

$$\text{功率} = (I \cdot R_l)_{\mathrm{ext}} = (J \cdot E_{\mathrm{el}})_{\mathrm{int}}$$

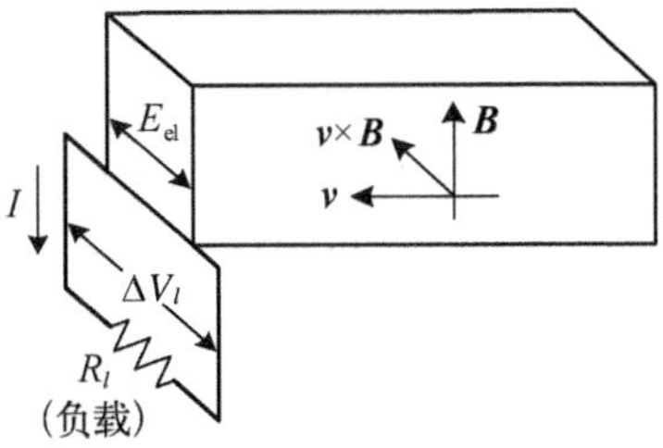

图 11.4　MHD 发电机的流场几何结构

这里：

$$\frac{\boldsymbol{J}}{\sigma} = \boldsymbol{E}_{\mathrm{el}} + \boldsymbol{v} \times \boldsymbol{B}$$

式中，$\boldsymbol{E}_{\mathrm{el}}$ 是电极之间测量的电场，与负载 R_l 有关，如

$$\begin{cases} R_l \to 0, & J \Rightarrow E_{\mathrm{el}} \to 0, \quad \text{无功率输出} \\ R_l \to \infty, & J = 0 \Rightarrow E_{\mathrm{el}} = -v \times B, \quad \text{无功率输出} \end{cases}$$

下面考虑 MPD 通道的其他情况。

继续分析和估算平均流速 v_0，且 v_0 是 E_0 的函数。使用上述结果：

$$v_0=\frac{1}{2d}\int_{-d}^{d}v\mathrm{d}z=\frac{P_0+\sigma B_0E_0}{2d\sigma B_0^2}\int_{-d}^{d}\left[1-\frac{\cosh(M_H z/d)}{\cosh M_H}\right]\mathrm{d}z$$

$$=\frac{P_0+\sigma B_0E_0}{2d\sigma B_0^2}\left[d-\frac{d}{M_H}\frac{\sinh\left(\frac{M_Hd}{d}\right)}{\cosh M_H}+d+\frac{d}{M_H}\frac{\sinh\left(-\frac{M_Hd}{d}\right)}{\cosh M_H}\right]$$

$$v_0=\frac{P_0+\sigma B_0E_0}{2d\sigma B_0^2}\left(2d-\frac{2d}{M_H}\frac{\sinh M_H}{\cosh M_H}\right)=\frac{P_0+\sigma B_0E_0}{\sigma B_0^2}\frac{1}{M_H}(M_H-\tanh M_H)$$

因此,可以解出 $E_0=f(v_0)$。

$$\sigma B_0^2M_Hv_0=(P_0+\sigma B_0E_0)(M_H-\tanh M_H)$$

且

$$E_0=\frac{\sigma B_0^2M_Hv_0-P_0(M_H-\tanh M_H)}{\sigma B_0(M_H-\tanh M_H)}$$

对于速度分布 $f(z)$，可以写作

$$v(z)=\left[\frac{P_0}{\sigma B_0^2}+\frac{1}{B_0}\frac{\sigma B_0^2M_Hv_0-P_0(M_H-\tan M_H)}{\sigma B_0(M_H-\tan M_H)}\right]\left[1-\frac{\cosh(M_H z/d)}{\cosh M_H}\right]$$

$$=\frac{M_Hv_0}{M_H-\tan M_H}\frac{1}{\cosh M_H}\left[\cosh M_H-\cosh\left(\frac{M_H z}{d}\right)\right]$$

因此

$$v(z)=M_Hv_0\frac{\cosh M_H-\cosh\left(\frac{M_H z}{d}\right)}{M_H\cosh M_H-\sinh M_H}$$

平均电流密度 J_0 也与平均流速有关,即

$$J_0=\frac{1}{2d}\int_{-d}^{d}J_y\mathrm{d}z=\sigma(E_0-v_0B_0)$$

因此

$$v_0\Rightarrow E_0,\ J_0 \text{ 或 } E_0,\ J_0\Rightarrow v_0$$

由于 J、E 与电极和负载有关$\Rightarrow v_0$ 与施加的 B_0 有关，$v_0=f(J_0,\ E_0,\ B_0)$。

为了分析速度剖面,首先应用小扰动分析来研究小 M_H 的函数形式,得到：

$$v(z)=\frac{\frac{3}{2}v_0\left(1-\frac{z^2}{d^2}\right)}{\frac{M_H^2}{2!}-\frac{M_H^2}{3!}}$$

其中，v 随着 M_H 的增大而减小。在 $M_H\to 0$ 的极限下，就恢复了普通流体力学的经典抛物线分布：

$$\lim_{M_H\to 0}v(z)=\frac{3}{2}v_0\left(1-\frac{z^2}{d^2}\right)$$

在图 11.5 中可以看到增加 M_H 的速度剖面的行为 ($M_{H_2}>M_{H_1}$)。

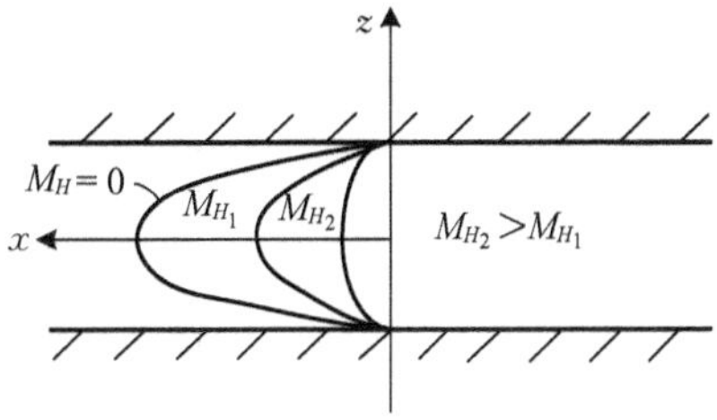

图 11.5　可变 Hartmann 数的速度分布 ($M_H\geqslant 0$)

还可以得到大 M_H 的函数形式，如

$$v(z)_{M_{H\,\mathrm{large}}}\approx v_0\frac{\cosh M_H-\cosh\left(\frac{M_H z}{d}\right)}{\cosh M_H-\frac{\sinh M_H}{M}}\to v_0\left[\frac{\cosh\left(\frac{M_H z}{d}\right)}{\cosh M_H}\right]$$

$$v(z)_{M_{H\,\mathrm{large}}}\approx v_0\left[1-\mathrm{e}^{-M_H\left(1-\frac{|z|}{d}\right)}\right]\approx 常数\ (z\approx d)$$

电流密度必须与流动特性一致，即 $\boldsymbol{J}\times\boldsymbol{B}\to J_y\times B_z$，力在 $+x$ 的方向，且 $B_z\approx$ 常数，$v=F(z)\Rightarrow v\times B_0=F_1(z)$，所以：

$$\frac{J_y}{\sigma}=E_0-vB_0=E_0-v_0B_0\frac{\cosh M_H-\cosh\left(\frac{M_H z}{d}\right)}{\cosh M_H-\frac{\sinh M_H}{M}}$$

式中，E_0 为 y 方向上的电场，由外部电流施加或与外部电路中的电流有关 (E_0 设置为常数)，电流密度分布(图 11.6)与 v 相似。

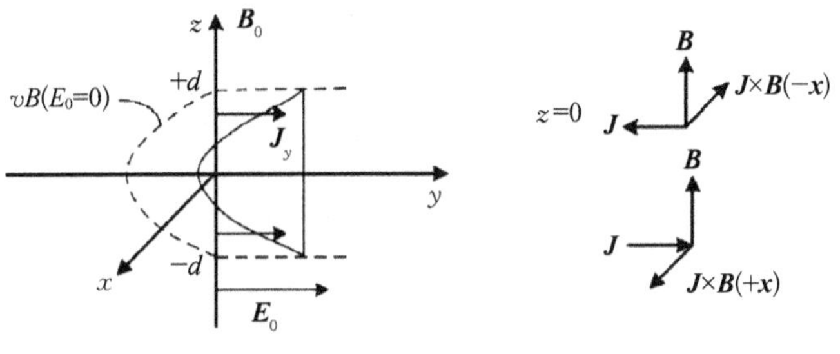

图 11.6　通道几何结构中的感应电流密度

现在考虑流动和电流对感应磁场 B_x(B_z = 常数、B_y = 0) 的影响，由 Maxwell 方程得

$$\frac{J_y}{\sigma}=\frac{1}{\mu\sigma}\frac{\partial B_x}{\partial z}$$

或

$$\mathrm{d}B_x(z)=\mu J_y(z)\,\mathrm{d}z$$

且

$$\frac{J_y}{\sigma}=E_0-v_0B_0\frac{\cosh M_H-\cosh\left(\frac{M_H z}{d}\right)}{\cosh M_H-\frac{\sinh M_H}{M_H}}$$

积分从 $x-y$ 平面开始计算磁场,因此:

$$B_x(z)-B_x(0)=\int_0^z \mathrm{d}B_x(z)=\mu\int_0^z J_y(z)\,\mathrm{d}z$$

这个积分可以精确地计算,但需要复杂的函数,而线性形式的近似值可以得到, $J_y\approx K_z$, 于是得

$$B_x(z)\approx\mu K\frac{z^2}{2}$$

假设平面对称,则函数形式示意图如图 11.7 所示。

通道流体解的应用: 基于上述分析,针对不同装置下的场有不同形式的函数关系。典型的通道中场和流动几何示意如图 11.8 所示。

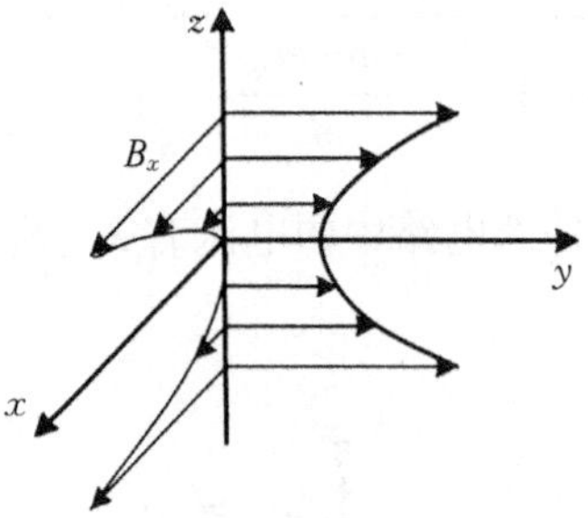

图 11.7　感应电流和磁场的变化

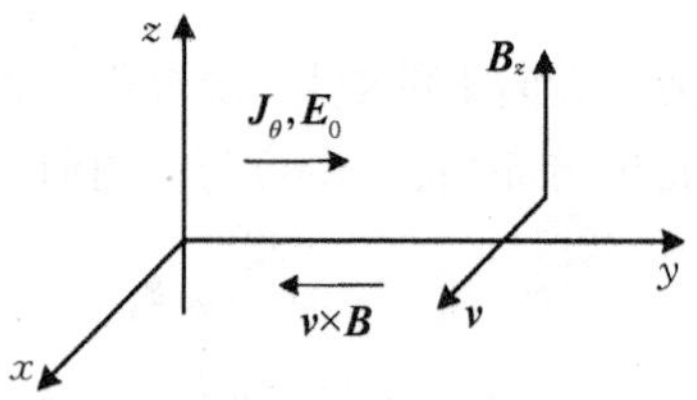

图 11.8　典型通道中的场和流动的几何示意图

(1) 无外加电场 ($E_0=0$) 且"自由的" ($R_l=0$) 电流。

此时,有

$$J=-\sigma v B_0=-J_y,\quad -\boldsymbol{J}_y\times\boldsymbol{B}_z=-\boldsymbol{F}_x$$

通道起电磁制动器的作用。

(2) 无外加电场 ($E_0=0$) 及 $J=0$。

此时,可得

$$J \times B = 0, \quad E_0 = vB$$

测量 E_0 和 B 以确定 v，通道起电磁流量计的作用。

（3）不施加 E_0，允许电流通过外部负载（R_l）。

于是

$$0 < E < vB, \quad \frac{J}{\sigma} = E - vB \Rightarrow P = I_{\text{ext}} R_l$$

这是一个 MHD 发电机。

（4）外加电场 E_0，并且 $E_0 > vB_0$。

则

$$\frac{J}{\sigma} = E_0 - vB_0 \Rightarrow \boldsymbol{J}_y \times \boldsymbol{B}_z = +\boldsymbol{F}_x$$

这是一个电磁等离子体加速器。

磁流体发电研究：如上所述，MHD 通道流动的基本分析为 MHD 流动加速器（最重要的是 MHD 发电）的研究计划奠定了基础。早期（1938 年）的研究是在美国完成的，在 20 世纪 60 年代和 70 年代，美国和苏联分别开始了实验研究。随后在 20 世纪 80 年代，日本、澳大利亚和意大利也进行了相关研究，这项技术的吸引力是发电厂可以使用相对较小尺寸的燃烧设备。

磁流体发电机可以是开式循环或闭式循环，前者更为简单。有三种常用的发电机方案和相关几何结构：Faraday 发电机、Hall 发电机和圆盘发电机[8]。美国国家航空航天局（National Aeronautics and Space Administration，NASA）开发了一种闭式循环 MHD 发生器[9]，组件及结构组成如图 11.9 所示。

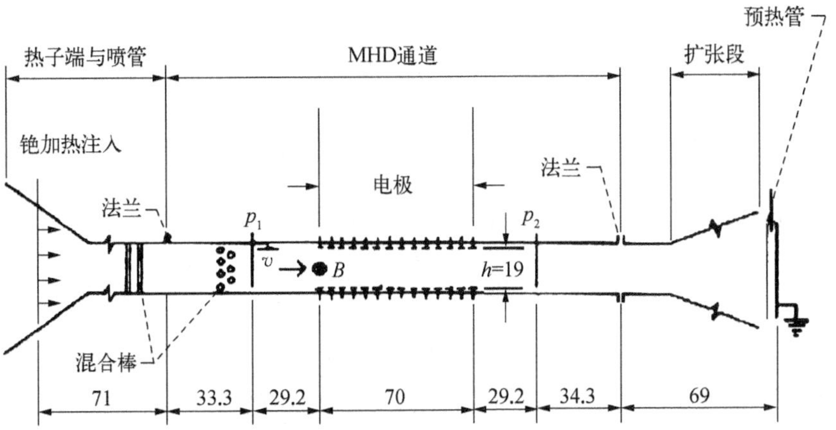

图 11.9　MHD 通道功率发生器结构和尺寸[9]（尺寸单位：cm）

该 MHD 发生器内含有 Faraday 通道（横向电压通过通道）和分段电极，分段电极用来减少 Hall 电流的影响。工质气体为氩气，流速为 1.5 kg/s，气压 2.5 为 atm，温度 2 000 K，马赫数为 0.25～0.32，B = 0.1 ～ 1.8 T。铯种子蒸气由入口区域注入，注入速率为

0.03%~0.10%。无负载条件下,Faraday 发电电压接近理想水平,Hall 电压不超过设计值。该系统按设计要求运行,功率和功率密度分别为 300 W 和 0.036 W/cm^3。然而在这种设备中,Hall 电流大大降低了效率,且可比设计和性能的燃煤开环式 MHD 发电机的研究也有报道[10]。

文献[11]阐述了对 Hall 型磁流体结构的研究,在这项工作中,将温度为 2 700 K 和马赫数为 2 的燃烧气体注入一个圆柱形 MHD 发生器室进行电离,在 Hall 结构中产生了入口和出口之间的驱动电势差和外部负载中的可测量电流。相关的计算结果与实验一致,如图 11.10 所示。

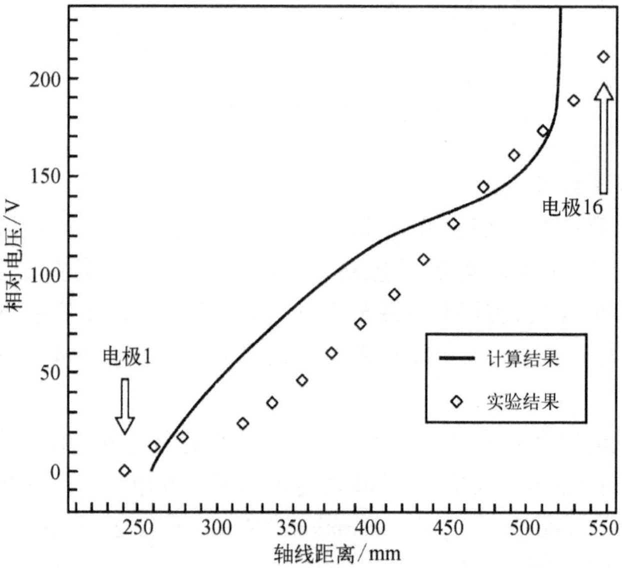

图 11.10　沿 MHD Hall 发生器通道的相对电压比较[11]

在运行期间装置产生的功率为 10.6 kW,分析表明,发电性能有进一步改进的空间。

11.4　超声速气体电磁加速的通道流动

在上述工作(11.2 节)中,介绍了稳态、一维、恒定面积、无黏流动中电磁场对电离气体的影响。注意到限制条件(T = 常数)表明:方程 $v = \dfrac{E}{B}\left(1 - \dfrac{RT}{v^2}\right)$ 中出现了一个奇点,这里采用 $v > c_s$ 来求解。从静态(或亚声速)开始加速,并跨越声速($Ma = 1$)的流动加速(或"阻塞"等离子体流动条件)是非常重要的,作进一步分析。声速的转变是一个独特而重要的考虑因素,它是预测等离子体流动行为的决定性因素。

在 Resler 等[1]的研究中,假定等离子体为理想气体,而通过声波条件的通道只可能通过"隧道"条件(符号为 v_1、v_2、v_3),该条件满足:v(声波) = v^3 = E/H。可见,对于这种独特的限制性条件,电磁场确实控制了流动行为,这种分析主要依赖于对流动的热力学考虑。在加速器和 MHD 发生器的其他工作中也得到了类似的结果[2,3,6],并且在不同的组合中得到了场条件的速度约束。由这些分析结果，根据假设得到了加速的独特流动和电场条件。但是现有的数据很少，无法与实验进行比较，这是此问题取得进展的主要障碍。

后来的工作中，通过求解状态方程，也包含高温气体的相关项，可以将方程的解与实验数据进行比较，特别是通过比较磁等离子体(magnetoplasmadynamic，MPD)推力器的实验数据，MPD 推力器在电极间放电电离，通过喷管膨胀加速到较高速度，采用这些数据可以考虑和评估此方面的通道流动理论。Lawless 等[12]作了一个这样的分析：基于上述(11.2 节)关于质量、动量和 Ohm 定律的方程的扩展，并添加了 Ampere 定律，如下所述。

质量方程：

$$\rho v = F = \rho^* c_s^*$$

式中，带有 * 标记的为声速条件，$a^2 = \dfrac{5}{3}\dfrac{k_B T}{m_A}$，$m_A$ 为原子质量。

动量方程：

$$p + Fv + \frac{B^2}{2\mu_0} = p^* + Fc_s^* + \frac{B^{*2}}{2\mu_0}$$

Ohm 和 Ampere 定律：

$$J = \sigma(E - vB) = -\frac{1}{\mu_0}\frac{\mathrm{d}B}{\mathrm{d}x}$$

能量方程：

$$h + \frac{v^2}{2} + \frac{EB}{\mu_0 F} = h^* + \frac{c_s^{*2}}{2} + \frac{EB^*}{\mu_0 F}$$

状态方程(完全电离等离子体)：

$$h = h(p, \rho) = \frac{5k_B T}{m_A} + \frac{\varepsilon_i}{m_A}$$

这个方程组允许在通道几何中有一个流动加速的相关解。

与一般流体力学一样，速度梯度表达式在 $Ma = 1$ 时是奇异的。在这种等离子体流动模型中，为了使流动连续，要求：

$$E = \rho^* c_s^* B^* \left.\frac{\partial h}{\partial p}\right|_{\rho^*} = \frac{5}{2} c_s^* B^*$$

这是一个必须满足的扼流条件，它与声速条件下非电离气体的扼流条件截然不同，因为它结合了气体反应和磁场参数的综合物理条件。

由“冻结流”(完全电离)的解析解可以求得

$$v = c_s^* \left[-\frac{\zeta}{2} \pm \frac{(\zeta^2 - 4\xi)^{1/2}}{2} \right]$$

式中,+表示超声速流动;-表示亚声速流动,并且

$$\zeta = \frac{5}{8} S^* \left(\frac{B}{B^{*2}} - 1 \right), \quad \xi = \frac{5}{4} S^* \left(1 - \frac{B}{B^*} \right) + 1$$

其中,

$$S^* = \frac{B^{*2}}{(\mu_0 \rho^* c_s^{*2})}$$

这是磁压和气体动力学压力的比值,这个分析的结果支持实验数据。由等离子体推力器实验得到的数据按比例缩放为 $I_D{}^2/\dot{m}$、放电电流的平方除以通过推力器的质量流量,上述分析结果表明:

$$(I_D{}^2/\dot{m}) \approx \frac{(w/h)\, c_s^*}{\mu_0} S^*$$

式中,w、h 分别表示横向流动的极宽度、单位质量焓。此结果同样表明 $c_s^* S^*$ 独立。

文献[13]中的工作包含了有限电离速率的影响,是通过数值计算方法解决的。基于该模型的分析与轴对称加速器在一组工作条件下的实验数据进行了比较,与观测到的趋势一致。

在讨论一维通道流动的简化分析时,需要注意的一点是,包含气体物理一致性模型的连续方程、能量添加和动量表达式确实可以预测实验中观察到的趋势。另外,流体和电磁方程的耦合产生的结果在物理行为上是独特的。一个值得注意的方面是,试图更精确地建立等离子体推力器工作机制模型等问题的尝试在物理学上会变得更加复杂,需要更先进的数学分析和数值计算。

11.5 等离子体相互作用在流动控制中的应用

利用气体放电在局部区域引入能量和力的固有能力对控制气体流动,特别是高速流动具有相当大的吸引力。早期的研究[14]探讨了在弱电离等离子体中减弱或分散激波的可能性,对高气压下放电(0.1~1 atm)的理解也有助于低温放电实验研究的应用[15]。

1. *激波分散*

激波在等离子体中传播的研究中[16,17]关注了放电产生的能量沉积和电磁力的作用。实验和计算研究证明,激波的衰减、加速和展宽是热能沉积的结果。

2. *流量控制*

高速气流中气体放电控制能量沉积的实验结果引起了人们对等离子体放电控制流场

的兴趣。Shin 等[18]研究了扩散和收缩局域放电对激波和边界层行为的影响,发现扩散放电有更好的控制效果。具体来说,等离子体放电对流量控制的有效性取决于压力增强的放电场的分散。

3. *局部流动激活*

高电压等离子体射流源的应用是一个极具潜力的发展领域。高压产生局部放电电弧,在对流的弱电离等离子体流中形成“射流和子弹”。Naraynaswamy 等[19]对局部电弧放电进行了研究,关注其对激波和边界层的影响。Samimy 等[20]也研究了局部电弧灯丝等离子体,用以确定对声学噪声抑制的可能影响,得到了噪声降低明显情况下的工作条件。

参 考 文 献

[1] Resler E, Sears W R. The prospects for magneto-aerodynamics. Journal of the Aerospace Sciences, 2012, 25(4): 235 - 245, 258.

[2] Resler Jr E L, Sears W R. Magneto-gasdynamic channel flow. Zeitschrift fur Angewandte Mathematik und Physik, 1958, 9: 509 - 518.

[3] Culick F E C. 1964. Compressible magnetogasdynamic channel flow. Zeitschrift fur Angewandte Mathematik und Physik, 1964, 15: 126 - 143.

[4] Jahn R G. Physics of Electric Propulsion. New York: McGraw-Hill, 1969.

[5] Shercliff J A. A Textbook of Magnetohydrodynamics. New York: Pergamon, 1965.

[6] Sutton G W, Sherman A. Engineering Magnetohydrodynamics. New York: McGraw-Hill, 1965.

[7] Boyd T J M, Sanderson J J. Introduction to Plasma Dynamics. New York: Barnes & Noble, 1969.

[8] Messerle H K. Magnetohydrodynamic Power Generation. New York: Wiley, 1995.

[9] Sovie R J, Nichols L D. Closed cycle MHD power generation experiments in the NASA Lewis facility. Cleveland: NASA TMX-71510, 1974.

[10] Galanga F L, Lineberry J T, Wu Y C L, et al. Experimental results of the UTSI coal-fired MHD generator. Journal of Energy, 1982, 6: 179 - 186.

[11] Merkle C J, Moeller T, Rhodes R, et al. Computational simulations of power extraction in MHD channel. San Antonio: 40th Plasma Dynamics and Lasers Conference, 2009.

[12] Lawless J L, SubramaniamV V. Theory of onset in magnetoplasmadynamic thrusters. AIAA Journal of Propulsion and Power, 1987, 3: 123 - 127.

[13] Subramaniam V, Lawless J L. Onset in magnetoplasmadynamic thrusters with finite-rate ionization. Journal of Propulsion and Power, 1988, 4(6): 526 - 532.

[14] Mishin G, Bedin A P, Yushchenkova N I, et al. Anomalous relaxation and instability of shock waves in plasmas. Soviet Physics Technical Physics, 1981, 26: 1363 - 1368.

[15] Becker K H, Kogelschatz U, Schoenbach KH, et al. Non-equilibrium air plasmas at atmospheric pressure. London: IOP, 2005.

[16] Macheret S O, IonikhY Z, Chemysheva N V, et al. Shock wave propagation and dispersion in glow discharge plasmas. Physic of Fluids, 2002, 13: 2693 - 2705.

[17] Merriman S, Ploenjes E, Palm P, et al. Shock wave control by nonequilibrium plasmas in cold

supersonic gas flows. AIAA Journal, 2001, 39: 1547 - 1552.

[18] Shin J, Narayanaswamy V, Raja L L, et al. Characterization of a direct current glow discharge plasma actuator in a low-pressure supersonic flow. AIAA Journal, 2007, 45: 1596 - 1605.

[19] Narayanaswamy V, Clemens N T, Raja L L. Investigation of a pulsed-plasma jet for shock/boundary layer control. Orlando: 48th AIAA Aerospace Sciences Meeting, 2010.

[20] Samimy M, Kim J H, Kastner J, et al. Active control of a Mach 0. 9 jet for noise mitigation using plasma actuators. AIAA Journal, 2007, 45: 890.

第 12 章 等离子体推力器

12.1 引　　言

人们对空间等离子体推进装置发展的关注超过了 50 多年[1]。空间推力器的推力表示为 $T = \dot{m}v_{ex}$，是推进剂质量流量和相对于火箭的排气速度的乘积。

高比冲的应用前景（$I_{sp} = v_{ex}/g$，其中 g 为重力加速度）提供了以往无法实现的深空任务的可能性，这一点在航天器任务方程中很容易看出：

$$\frac{m_f}{m_i} = e^{-\frac{\Delta v}{v_{ex}}}$$

式中，m_f 为最终质量，因为任务特征速度增量 Δv 受排气速度 v_{ex} 的强烈影响。

许多类型的推力器，特别是离子推力器、电弧推力器和脉冲等离子体推力器（pulsed plasma thruster，PPT），以及最近火热的 Hall 推力器，都有持续的研究计划，这些装置一直是研究主题[2,3]。本章试图阐述等离子体相互作用和流动现象等更一般的领域，将从基本观点概念上回顾这一主题，而不是试图描述推力器的工作细节，这些信息在其他文献中有很好的记录。针对本章的具体案例，本书的目的是提供基本的理解，以便读者为将来进一步开展详细的工作做准备，并研究感兴趣的课题。

12.2 影响等离子体动量和能量的电磁项

对于以产生空间推力为目标的装置系统，电磁场中等离子体的存在将导致其动量和能量的改变，推力器构型目标是利用这些相互作用以实现高比冲（排气速度）。为了便于理解，首先回顾相关的单流体等离子体流动方程。

动量方程：

$$\rho\left[\frac{\partial v}{\partial t} + (\boldsymbol{v} \cdot \nabla)\boldsymbol{v}\right] = -\nabla p + \nabla \cdot \bar{\bar{\boldsymbol{\tau}}} + \rho_e \boldsymbol{E} + \boldsymbol{J} \times \boldsymbol{B}$$

式中，$\bar{\bar{\boldsymbol{\tau}}}$ 是含各成分的黏性应力张量，$\tau_{ij} = \bar{\mu}\left(\frac{\partial v_i}{\partial x_j} + \frac{\partial v_j}{\partial x_i}\right) - \frac{2}{3}\bar{\mu}(\nabla \cdot v)\delta_{ij}$。

能量方程：

$$\rho \frac{\mathrm{D}}{\mathrm{D}t}(\bar{e}_m) = -\nabla \cdot pv + \nabla \cdot \boldsymbol{Q} + \nabla \cdot (\boldsymbol{v} \cdot \bar{\bar{\boldsymbol{\tau}}}) + \boldsymbol{J} \cdot \boldsymbol{E}$$

且

$$\bar{e}_m = e_m + \frac{v^2}{2}$$

对于热量方程：

$$e_m = c_V T$$

Ohm 定律：

$$\boldsymbol{J} = (\rho_e \boldsymbol{v} + \boldsymbol{J}_{\mathrm{cond}})$$

及

$$\boldsymbol{J}_{\mathrm{cond}} = \sigma(\boldsymbol{E} + \boldsymbol{v} \times \boldsymbol{B})$$

且 $\sigma = \sigma_{\parallel}, \sigma_{\perp}$（$\parallel$、$\perp$ 分别表示平行、垂直于磁场方向的分量），广义 Ohm 定律可以包括 Hall 效应和离子滑移。

因此

$$\boldsymbol{J} \cdot \boldsymbol{E} = \boldsymbol{v} \cdot (\rho_e \boldsymbol{E} + \boldsymbol{J}_e \times \boldsymbol{B}) + \frac{J_e^2}{\sigma} = \boldsymbol{v} \cdot (\boldsymbol{F}_{EM}) + \frac{J_e^2}{\sigma}$$

或

能量增加=做功+焦耳热

12.3 脉冲等离子体推力器

PPT（电磁加速——脉冲、非稳态）在许多方面都是独特的，它允许最强烈的电磁放电，是最早的用于航天器任务的电推进等离子体推力器类型，通过在短时间内（μs 级）施加有限能量（J）、固有的高电流及 $\boldsymbol{J} \times \boldsymbol{B}$ 来实现高功率（MW）。

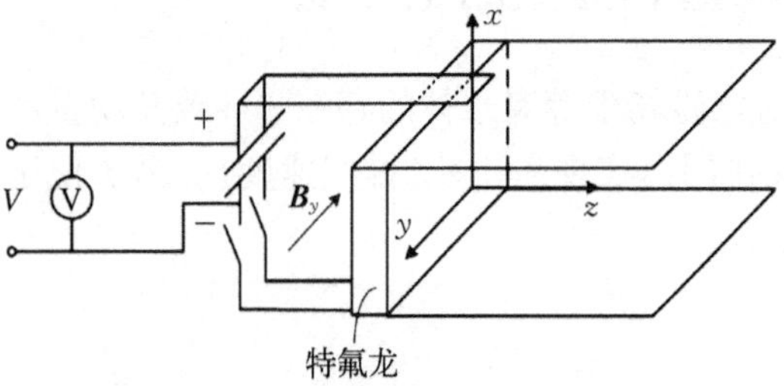

图 12.1 矩形脉冲等离子体推力器几何结构示意图

PPT 中的瞬变电磁项需要仔细考虑电学项和电路方程。矩形 PPT 的示意图如图 12.1 所示。电容放电产生的电流流动（I），在最小电感放电室边界处（特氟龙）形成电流片（J_x），电路回路中形成磁场（B_y），产生力项（$\boldsymbol{J} \times \boldsymbol{B}$）$_z$，该力沿电极方向（$z$）加速推进剂。

对 Jahn[2] 提出的 PPT 电路方程进行分析，放电电路中的电压可以表示为

$$V = IR + \Phi = IR + \frac{\mathrm{d}}{\mathrm{d}t}(LI) = IR + L\dot{I} + I\dot{L}$$

式中，V、I、R 分别为电路电压、电流和电阻；L 为电感；Φ 为电路的磁通量。

电容器放电电流的平衡功率为

$$P = IV = I^2R + LI\dot{I} + I^2\dot{L}$$

或

$$IV = I^2R + \frac{\mathrm{d}}{\mathrm{d}t}\left(\frac{1}{2}LI^2\right) + \frac{1}{2}I^2\dot{L}$$

因此，功率传递给了电阻耗散、磁场能量及通过电流片驱动推进剂质量加速所做的功。在这种脉冲装置中，电磁力分量是最重要的，因为它可以将质量驱动到所需的高排气速度（比冲）。电阻加热项将导致粒子的电热加速，而被加热的粒子作为推力分量的贡献是有限的。磁场项会导致周期性放电，直至最终耗散，但在后期，其放电强度较低，粒子加速一般是电热效应。PPT 可以具有各种几何形状（矩形、圆柱形），粒子在敞开或封闭的轨道通道中喷出。

对于空间推力器系统，推进剂的质量和能量对于给定的任务是关键性能参数。基本意义上，可以认为能量供应是一个独立的项（通过脉冲频率的变化），但对于任务完成最重要的是，使有限的推进剂达到最大的排气速度，这意味着最大电磁加速度是最理想的。

PPT 的性能优化取决于对加速度、加热和电场能量沉积项的理解。采用的矩形通道的尺寸物理量为 w（宽度）、h（高度）和 $l_{c,t}$（总长度）。电流 I 从 $t=0$ 开始，在初始 z 位置（$z=0$）产生电流片（x、y 平面中的 J_x），应用 Maxwell 方程：

$$\frac{1}{\mu_0}\oint \boldsymbol{B}\cdot \mathrm{d}\boldsymbol{s} = \int_A \boldsymbol{J}\cdot \boldsymbol{n}\mathrm{d}S$$

得出：

$$B_y = \frac{I\mu_0}{w}$$

应用该结果可得

$$\int_A \boldsymbol{B}\cdot \boldsymbol{n}\mathrm{d}S = \frac{I\mu_0}{w}\int_{z_0}^{z} h\mathrm{d}z = I\mu_0\frac{h}{w}z$$

以及

$$-\int_A \boldsymbol{B}\cdot \boldsymbol{n}\mathrm{d}S = -LI$$

因此

$$L = \mu_0\frac{h}{w}z$$

因为在最小电感处开始放电，所以在 $z=0$ 处形成电流，电流环内的磁场通过 $\boldsymbol{J}\times\boldsymbol{B}$ 加速电流片，并使等离子体在 z 方向加速。相互作用力为

$$f\left(\frac{F}{V}\right)=\boldsymbol{J}\times\boldsymbol{B}=\boldsymbol{J}_x\times\boldsymbol{B}_y\sim\frac{I^2\mu_0}{w^2z}$$

总的力为

$$F_z(z)=\int_{z=0}^{z}f_z(z)\,\mathrm{d}V=\int_{z=0}^{z}\frac{I^2\mu_0}{w^2z}wh\mathrm{d}z=I^2\mu_0\frac{h}{w}\ln z$$

电磁加速项的功率估计为

$$P=\left(\frac{1}{2}\dot{L}I^2\right)=\frac{1}{2}I^2\mu_0\frac{h}{w}\dot{z}$$

典型的 PPT 通过在初始放电期间通道背面烧蚀固体推进剂材料而减少质量，因此可以近似认为被加速的质量是恒定的(m)，因此

$$P=F_z\dot{z}=(m\ddot{z})\dot{z}=\frac{1}{2}I^2\mu_0\frac{h}{w}\dot{z}$$

对于恒流：

$$\dot{z}=\frac{1}{2}\frac{I^2}{m}\mu_0\frac{h}{w}z$$

这表示排气速度 $u_{\mathrm{ex}}\sim I^2$ 和 z，推力 $T\sim I^2$。通常，电容放电驱动 PPT 加速时，电流形式为 $I(t)=I_0\sin(\omega t)$，这便可以进行相对简单的分析，等离子体在电流的半周(反向)时间内排出。

PPT 的性能优化涉及等离子体产生和加速过程中的诸多因素，上面的一般描述只是强调能量沉积的组成部分，这里将进一步关注一些细节，以强调可能影响改进性能的因素。热能沉积(加热)作用于烧蚀、解离、原子激发和电离，以及辐射吸收，所有过程都需要进行分析。但事实上，在一个连续的非平衡等离子体中很难建模，尤其是对于焦耳项 (J^2/σ)。推进剂气体的原子和等离子体特性对初始电离和后续电流流动有很大影响，用于等离子体加速的能量沉积项 $(\boldsymbol{J}\times\boldsymbol{B})\cdot\boldsymbol{v}$，以及局部电流和场的相互作用，最终决定了效率和最终喷气速度。

固体聚四氟乙烯普遍用作 PPT 的推进剂烧蚀材料，其虽然在空间应用上的可靠性较高，但排气速度比较适中。基础研究表明，水可以作为改善放电和推进剂加速的替代物，研究又报道了聚四氟乙烯(特氟龙)和水的典型放电特性及推进剂加速实验结果[4]。对于能量为 30 J 电容器的放电电路，放电电流的变化过程如图 12.2 所示。

放电在 $z=0$ 时形成，并有两个有效的半周期。放电过程表明，推进剂等离子体特性导致电路参数存在较大差异，因此其能量沉积存在显著的差异。水的离子化、导电性和输运性质与特氟龙有明显的不同，在 1.1 μg/s 的水和 36 μg/s 的特氟龙的烧蚀下，图 12.3 中显示了能量为 30 J 的条件下，出口平面 2.54 cm 和 5.04 cm 处的 Langmuir 探针对两种推进剂的响应。从图 12.3 可以看出，用水作为推进剂时，等离子体信号的上升幅度更大，而且上升时间更快，这表明电磁加速更强。动量通量(动压)的测量结果如图 12.4 所示。

动压数据佐证了 Langmuir 探针测量的电子数密度反映的等离子体行为，同时也显示

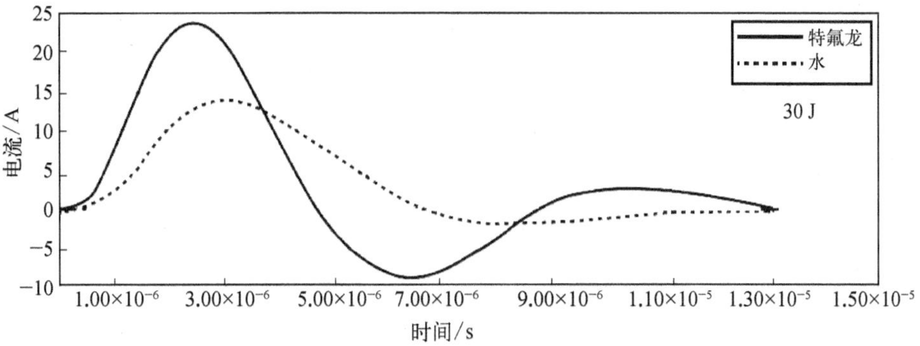

图 12.2　特氟龙和水作为推进剂的 PPT 放电曲线[4]

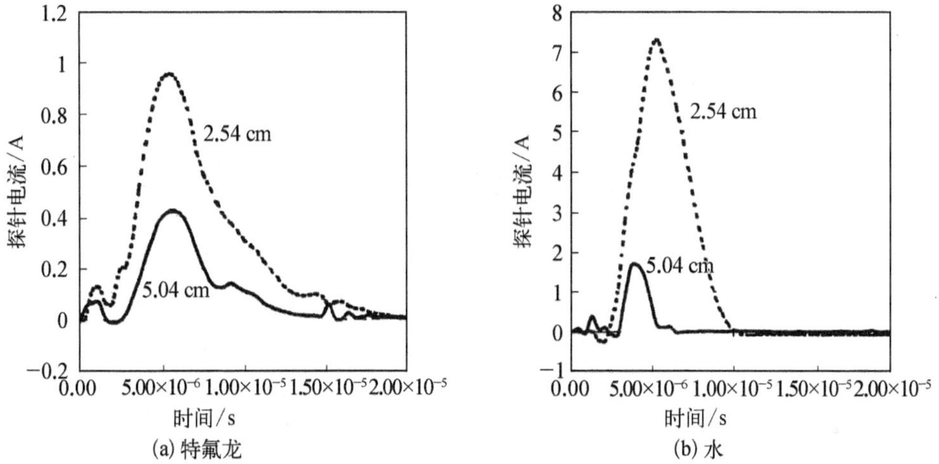

图 12.3　推力器出口下游 2.54 cm 和 5.04 cm 处特氟龙和水推进剂的恒定偏置 Langmuir 探针信号对比[4]

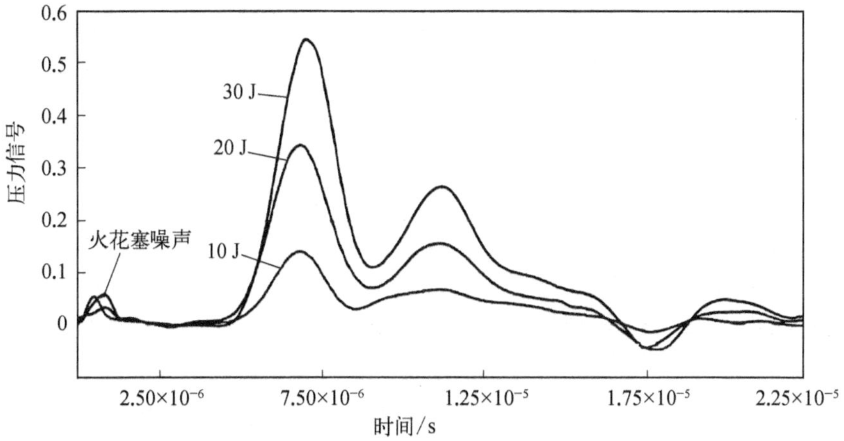

图 12.4　不同放电能量的特氟龙推进剂在推力器出口 5.1 cm 处的动压探针测量信号[4]

了不同电容器能量下等离子体质量流量演化过程存在显著差异。标定后测量得到的不同推进剂的 PPT 推力性能如表 12.1 所示，表 12.1 中给出了 NASA 格伦研究中心的推力架测量与标定后的本地探针测量数据的比较。探针测量表明，等离子体相互作用的细节，如电流密度、电离率和等离子体器件中的有效电路元件是理解和提升等离子体中能量传递和动量沉积的关键。

表 12.1　Teflon 和水作为推进剂的 PPT 推力器性能比较[4,5]

放电能量/J	脉冲单元 [μN-s]		脉冲单元压强探针 [μN-s]		质量单元 [μg/J]		比冲/s		效率/%	
	特氟龙	水	特氟龙	水	特氟龙	水	特氟龙	水	特氟龙	水
10	122	—	124	47	11.9	1.64	1 060	2 920	6.5	6.7
20	273	—	281	90	27.5	1.64	1 040	5 600	7.2	12.3
30	440	—	440	128	35.3	1.64	1 270	7 960	9.1	16.6

12.4　磁等离子体推力器和附加场磁等离子体推力器

Ducati 等首次报道了作为高性能空间推力器（电磁加速——稳态或准稳态）的 MPD 的电弧构型[6]。在一个相对标准的电弧喷射结构装置中应用低质量流量（0.1 g/s）的推进剂和高电流（>1 000 A），数据显示，其性能得到了巨大改善：由于电磁加速效应，装置达到了极高的排气速度（10^5 m/s）。实验性能上，MPD 显示出在空间推进方面的巨大潜力，大量的研究工作就此开展。理论上，高排气速度已经由电磁相互作用得到了解释[2]，强方位角磁场“自身场”（B_θ）的形成与具有轴向阴极和环绕阳极的标准轴对称构型有关，“吹气”（$J_r \times B_\theta$）和“泵浦”（$J_z \times B_\theta$）模式分别与自身场发生相互作用。虽然在 MPD 电弧中发现了异常高的排气速度，但与普通电弧射流一样，电极烧蚀和放电稳定性方面的严重问题是一直存在的。此外，由于电流为 kA 量级，电源需求为 MW 量级，这对将来的空间应用带来了问题，甚至在实验室测试上也存在困难。在实验室测试和未来可能的空间应用中，这个问题可以通过电容器中能量存储和使用 ms～s 级的周期性放电来解决。

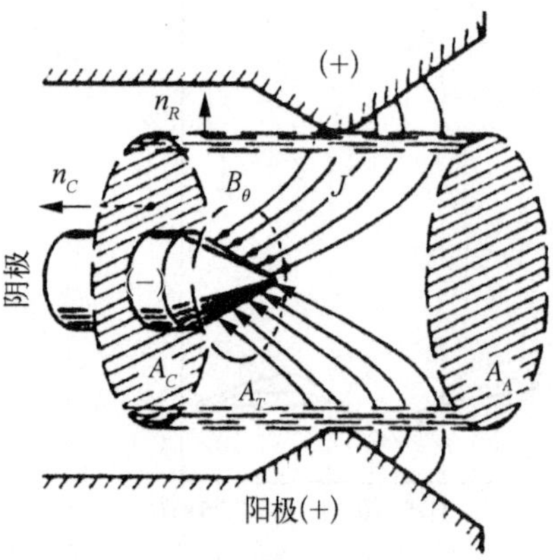

图 12.5　自身场 MPD 推力器的几何形状、电流和磁场[7]

1. 自身场 MPD

自身场 MPD 涉及的等离子体电流相互作用的机制是相当有趣的，这里进行概述。这些过程在 MHD 中的表示是复杂的，涉及输运模型（黏性、电导率和扩散），因此通常的研究重点着眼于测量等离子体放电装置运行的参数（如推力），并寻求参数关系。在文献[7]中对这些相互作用和问题进行了全面的讨论，自身场 MPD 推力器的示意图如图 12.5 所示。

同样,关键的相互作用项是 $J_r \times B_\theta$ 和 $J_z \times B_\theta$。推力的估算可通过对放电体积内的 $\boldsymbol{J} \times \boldsymbol{B}$ 积分得到,如下所示:

$$T = \iint_{r_C}^{r_A} f_z(z,\ r)\mathrm{d}V \approx \int_{r_C}^{r_A} \frac{I}{2\pi rL} \cdot \frac{I\mu_0}{2\pi r} \cdot 2\pi r^2 L\mathrm{d}r = I^2\left(\frac{\mu_0}{4\pi}\right)\ln\left(\frac{r_A}{r_C}\right)$$

式中,r_A 为阴极半径;r_C 为阳极半径。基本函数形式为

$$T \approx CIB_{\mathrm{sf}}$$

式中,C 为常数;sf 表示自身场。

包含内部通道和喷气区域的公式形式如下:

$$T = \left(\frac{\mu_0}{4\pi}\right)\left[\ln\left(\frac{r_A}{r_C}\right) + \frac{3}{4}\right] I^2$$

这是由 Maecker[8]最先推导出来的,也在文献[2]中提出,Tikhonov[9]后来给出了扩展的包含单流体方程的通道流动解。可以得到基本的无量纲推力系数的函数,即 $C_T = \left(\frac{4\pi}{\mu_0}\right)\left(\frac{T}{I^2}\right)$,公式与实验数据的比较如图 12.6 所示。

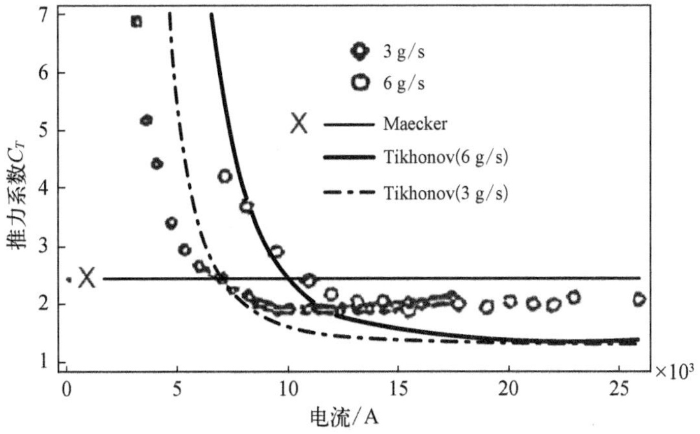

图 12.6　自身场 MPD 推力测量数据与理论公式比较[7]

从根本上说,采用电磁加速度的简单公式[2]确实计算出了较高电流(I>10 000 A)下相互作用的大小,数据显示电磁效应占主导地位。所提供的实验数据是质量流量 $\dot{m}$ = 3.6 g/s 且 I>2 000 A 时的全尺寸 MPD,文献[7]中对推力器的结构进行了综合评估,结果如图 12.7 所示。

较高电流下,推力主要由背板箍缩(p)和吹气(b)效应产生,在图中用角标表示(A－阳极;C－阴极;O－外部;I－内部;F－表面;T－尖端;BP－背板)。

如图 12.6 所示,在小于 10 000 A 的电流下,MPD 的行为不符合简单的电磁加速模型,过程显然更为复杂,似乎有两种工作模式:① 主导电磁模式;② 多重相互作用模式。

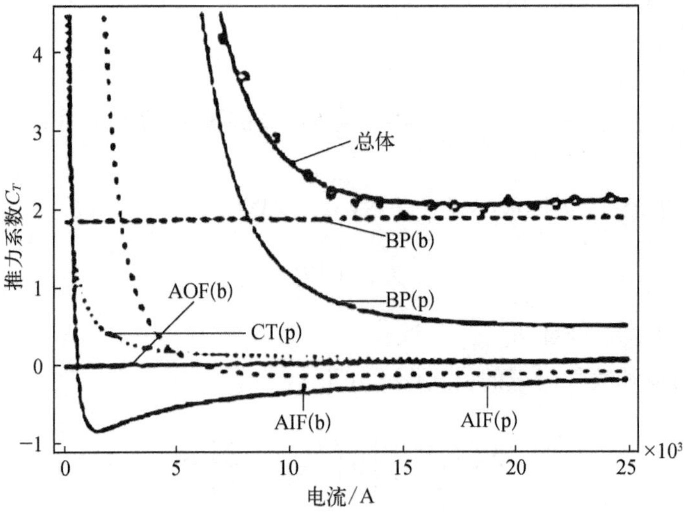

图 12.7　某一 MPD 推力器电磁推力计算分量的数据比较[7]

数据分析表明,较低的质量流量将会改变这个过渡点,与 $\left(\frac{I^2}{\dot{m}}\right)$ 的比值相关。利用无量纲变量的关系,文献[7]对低电流下、多重相互作用模式的行为进行了模拟,其中一个重要的变量是比例因子,表示为

$$\xi = \frac{I}{I_{Ci}}$$

其中,

$$I_{Ci} = \left[\frac{\dot{m}u_{Ci}}{(\mu_0/4\pi)C_T}\right]^{1/2}$$

并且

$$u_{Ci} = \left(\frac{2\varepsilon_i}{m_a}\right)^{1/2}$$

Alfven 临界速度定义为质量为 m_a 的原子动能等于电离能 ε_i 时的流动速度。这些变量没有通用的分析关系来拟合低电流数据,因此通过经验公式建模建立了一个跟踪数据变化趋势的关系,有关推力系数的表达式有以下形式:

$$C_T = \left(\frac{\nu}{\xi^4}\right)_{\text{low}\xi} + \left[\ln\left(\frac{r_A}{r_C} + \xi^2\right)\right]$$

考虑 ξ 较低和较高的情况,且 $\nu = \frac{\dot{m}}{\dot{m}^*}$,其中 $\dot{m}^*$ 是源自推力器特性的一个参数。

虽然自场 MPD 加速过程的理解方面已经取得了相当大的进展,但 MPD 行为的某些方面仍需要进一步研究,以实现其应用的可行性。与较高的电流和较低的质量流量(称为

“饥饿”)相关的是 onset 放电不稳定性,其与 $\left(\frac{I^2}{\dot{m}}\right)$ 的比率数值明显相关。这种行为以高频电压振荡为典型,一项工作表明[10],这与阳极点的形成和崩塌或干扰均匀加速过程的电流集中有关。另外,也已发现微不稳定性的发生[11],因为高电流是离子的加速源,而这些不稳定性是电流驱动的。

尽管人们对等离子体的形成和加速关系给予了很大的关注,但对于等离子体在喷气流体引导和膨胀过程中与磁场相互作用的消失,以及等离子体最终从推力器中喷射的问题,还没有很好地理解,这确实与膨胀或等离子体场通量输运的碰撞性质有关。一些报道的工作研究了这些问题的基本机制,其分析结果有助于对性能的预测[12,13]。

2. 附加场 MPD

将附加磁场应用于自身场 MPD 结构上(图 12.8)是一个明智的做法,附加场将有助于突破对自身场推力器性能的限制,如 onset 不稳定性,以实现更稳定的运行[14]。

由环绕阳极的圆柱形线圈在推力器的主体区域产生轴向磁场,并且在膨胀区域的出口处具有轴向 (B_z) 和径向 (B_r) 的磁场分量,这些磁场负责产生角向电流密度 J_θ,然后与磁场相互作用产生 Hall 力分量 ($J_\theta \times B_z$ 和 $J_\theta \times B_r$)。

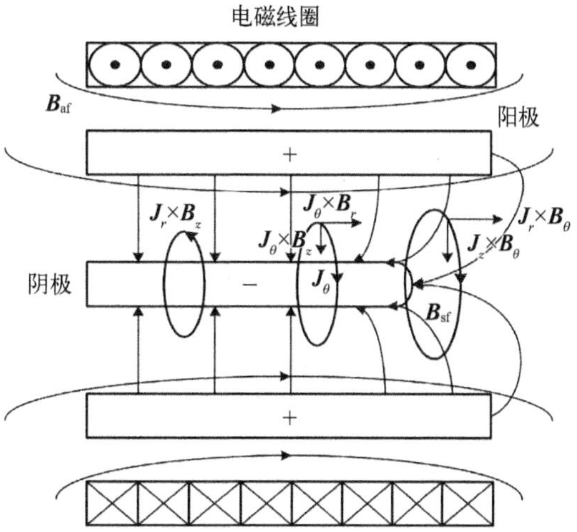

图 12.8　附加场 MPD 中的几何结构和磁场相互作用[15]

在传统构型的早期研究中,附加场 MPD 在性能上的改进是显而易见的[16],然而其工作机制的力的相互作用是比较复杂的,很难分析。实验研究是进行分析的主要基础,在 NASA 进行的一些具有高附加场的实验中,其推力显著高于自身场推力器的推力值[17]。该实验用磁场强度为 2.0 T 的超导磁体对脉冲大功率 MPD(3 g/s,5 ~ 20 kA)进行了测试,推力由羽流的当地动量(动压)估算。在推力较低的区域,推力近似呈线性变化 ($T \sim B$),但在较高的推力区域正比于磁场 B 的功率。径向分布的动态压力显示,等离子体沿磁场线发散,尽管没有直接测量推力。因此,与自身场 MPD 一样,附加场 MPD 在特定功率密度或场状态下的参数可能不会有普遍的性能特征。由于 MPD 的电源负担过重,研究的方向主要是低功率量级和低附加磁场。

继俄罗斯早期的研究结果报道之后,Blackstock 等[18]使用锂作为推进剂对低功率状态的附加场 MPD(25 kW)进行了研究,实验得到了非常高的排气速度和效率。推力器中的相互作用模型包括 $J_r \times B_z$ (附加场)引起的方位角速度 v_θ 涡旋运动,假设旋转是整体的,并全部转换为轴向推力。利用该模型计算的推力与放电电流和附加磁场强度成线性关系,如下所示:

$$T_{af} = f(r,\ \dot{m})(I \cdot B_{af})$$

在这些实验中，确实得到了推力随附加磁场强度呈线性增加的变化趋势，与其他人先前报道的结果一致，即推力随乘积 $(I \cdot B_{af})$ 呈线性变化。然而，鞘层和等离子体电压下降导致的功率沉积在实验数据中并没有体现，与推力器几何结构(阳极和阴极半径)的关系也与模型不兼容。模型显示，附加场 MPD 的推力与放电电流和磁场的关系与自身场 MPD 相似，只是增加了附加的磁场强度能够控制自身场的效应。因此，虽然模型在应用上得到了改进，但其物理关系仍有待研究。

NASA 的几个研究中心研究了附加场 MPD 的几何构型和功率的关系，以及推动推力器的应用发展。通过测量性能参数，Myers[19] 研究了 MPD 在较低功率范围(20～130 kW)下，与加速机制相关的推力器构型的几何变化。参照图 12.8 中推力器典型的几何结构，在改变阴极半径 r_c、阳极半径 r_a、阴极长度 L_c、阳极长度 L_a 情况下，评估了推力器的性能参数(功率、推力、效率)。实验发现，放电电压随附加磁场的增大而线性增加，输入功率随推力的增大而增大，推力器效率和排气速度也随附加磁场强度的增大而线性增加。实验数据表明，阳极的功率沉积吸收了 50%～80%的输入功率，是主要的功率损耗因素。阳极功率可以表示为

$$P_a = I_{se}\left(V_a + \frac{5k_B T_e}{2e} + \phi_e\right)$$

式中，I_{se} 为鞘层电子电流；V_a 为阳极处的压降；$\frac{5k_B T_e}{2e}$ 为电子传递的热能；ϕ_e 为阳极功函数。

由于几何结构的影响，电极半径对效率和比冲有明显的影响，这与自身场 MPD 中的行为不同。由于附加磁场的作用，在阳极电势下降区域，压降增加，这是对电极区电流变化(传导行为)的正常响应。

附加磁场效应在两个区域的过程中都是显著的：① 在推力器放电室内部；② 在膨胀区的发散场外部(羽流区)。在几乎所有的自身场 MPD 研究中，由螺线管线圈产生的磁场都穿透放电室并在出口附近产生扩张的几何位形。实际上，对整个设备性能参数的任何测量都考虑了这些相互作用的结果，这就掩盖了组件结构的贡献。此外，出口处的发散场具有类似于磁喷管的几何结构和功能。

为了分别讨论推力器放电室和膨胀区的影响，人们进行了一系列的实验验证。第一个实验[20]关注在放电室中没有附加磁场，但是在出口区域有线圈磁场的 MPD 的行为，非常有效地比较了自身场 MPD 和带有磁喷管的 MPD 在出口区域的特点。这项研究是在一个低功率、约 1/4 尺寸比例的标准推力器缩放装置中进行的，有较小的尺寸和较低的电流功率(约 1 000 A 和 100 kW)。尺寸比例缩放的原则是试图通过保持 $\dot{m}/A$ 和 $\boldsymbol{J} \times \boldsymbol{B}$，将等离子体力密度维持与“全尺寸”相同的相互作用。推力器放电室中单位体积的力为

$$\boldsymbol{J} \times \boldsymbol{B} \propto I^2 z$$

与电磁推力项相关的排气速度 U_{EM} 为

$$U_{EM} \propto \frac{I^2}{\dot{m}} \propto \frac{J^2}{(\dot{m}/S)} z^2 \propto \frac{JB}{(\dot{m}/S)} z$$

这表明几何尺寸的减小会在一定程度上影响力的相互作用和排气速度。阳极内径为 2.5 cm、阴极外径为 0.5 cm、长度为 1.25 cm,环绕阳极的螺线管线圈在阳极表面和推力室出口延伸 5 cm。电弧和附加场电路分别放电,其目的是避免磁场穿透电弧室,而是在推力器外形成扩张结构的引导构型,用于等离子体喷出 MPD。推力器的电流-电压数据显示,在放电室中无附加场的 MPD,有或无附加磁喷管时几乎没有区别。然而在膨胀区施加磁场后,推力器排气中的等离子体流量大小和径向分布都发生了显著的变化。通过动压法测量的推力显示,由于在喷出区域中施加了磁场,推力增加为 $T_{\mathrm{extaf}}=1.6T_{\mathrm{sf}}$。因此,在这个实验中,膨胀区加入附加磁场(磁喷管)后,推力有了明显的改善。

第二个实验研究了扩展磁场构型对附加场 MPD 的影响[21]。该推力器在常规的自身场 MPD 状态下工作,腔室中有螺线管磁场,但在喷出区域有两种不同的磁场几何构型。构型 A 的螺线管线圈延伸超过推力器出口平面 5 cm,并允许等离子体在典型的自身场中磁膨胀;构型 B 的螺线管线圈在推力器出口平面外延伸 10 cm,并且在排气区中的膨胀区之前保持轴向长度为 5 cm 的恒磁场。推力器的电流-电压数据显示,两种构型的功率沉积大致相同。根据排气中的动量(动压)测量计算推力大小,得 $T_{\mathrm{af\text{-}B}}=1.8T_{\mathrm{af\text{-}A}}$。因此,略微提升输入功率,使用延长的磁喷嘴构型 B 的推力将会大幅升高。通过对推力分量进行计算,发现涡旋效应产生的推力最大,且存在明显的电热分量。因此认为,排气中的扩展磁场(磁喷管)使得推力增大,然而导致这一现象的等离子体过程和相关加速机制仍有待研究。

在 NASA 对 MPD 推力器的持续研究中,Mikellides 等利用磁流体力学描述了自身场 MPD 中力的相互作用和等离子体行为,并对自身场 MPD 过程进行了计算建模[22,23],计算包含相关的反常效应(微不稳定性引起的电阻率)的输运系数的连续等离子体物理解。模拟的实验状态是一个低功率(100 kW)MPD(NASA,氩气,0~0.12 T)。分析结果表明,由于角向电流的存在,等离子体的旋转产生了强烈的影响,在 MHD 连续介质模型中,由于黏性耗散,这种能量转化为热推力。等离子体旋转速度与 IB 成正比,并且由于黏性耗散平衡而最终达到极限值。放电电压与电流(恒定磁场下)成线性关系,推力与附加磁场(恒电流下)成线性关系,这与现有的推力器实验结果一致。建模考虑了电极鞘层效应,但这仍然是一个待解决的问题,这种类型的 MHD 模型将物理行为与宏观输运性质联系起来。Tang 等[15]使用 PIC 模拟对自身场 MPD 的计算提供了可能的解决方法。

后来的 MHD 计算研究[22,23]给出了自身场 MPD 电压与推力的一般解析比例关系,指出推力为

$$T \approx R \cdot (\dot{m} I_D B)^{1/2}$$

式中,$R=r_A/r_C$;$\dot{m}$ 为质量流量;I_D 为放电电流;B 为阴极尖端的磁场强度。

虽然这是一种不同于先前提出的函数形式,但在所考虑的数据范围内是兼容的。因此,与 100 kW NASA 推力器数据进行比较,包括几何构型和磁场的影响,证明了这个模型在一定程度上的可靠性。

总而言之,自身场 MPD 推力器是一种具有独特性能和效率特性的空间等离子体推力

器，能够有效满足未来的任务需求。然而为了实现这一目标，需要理解推力器放电区域及磁膨胀场中粒子相互作用详细的物理机制。

12.5 离子推力器（静电加速）

离子推力器是一种静电加速的推进系统，由于喷气速度不受化学反应释放能量的限制，其独特之处在于可以达到极高的粒子喷出速度。在离子推力器中，推进剂通过具有独特几何形状的阴极放电电离，之后离子被等离子体中静电吸引，并通过外加的电位差加速至高速以产生推力。该原理意味着实现推力增量所需的推进剂总量相对较小，因此对于航天器而言，离子推力器具有延长寿命、增加有效载荷、降低成本的优势[24]，且其所需电功率不大，电能可以从太阳能、核能及其他能源中获得。综上，离子推力器具有高效率、高比冲、长寿命等优点，在航天器推进系统中得到了广泛的应用[25,26]。

1. 推力部件、几何构型和电势

最广泛使用的离子推力器概念是通过电子轰击方法产生离子。典型的（Kaufman型）离子推力器结构如图 12.9 所示，包括气体供给系统、空心阴极、放电室（通常用作阳极）、永磁体、离子光学系统和中和器等。

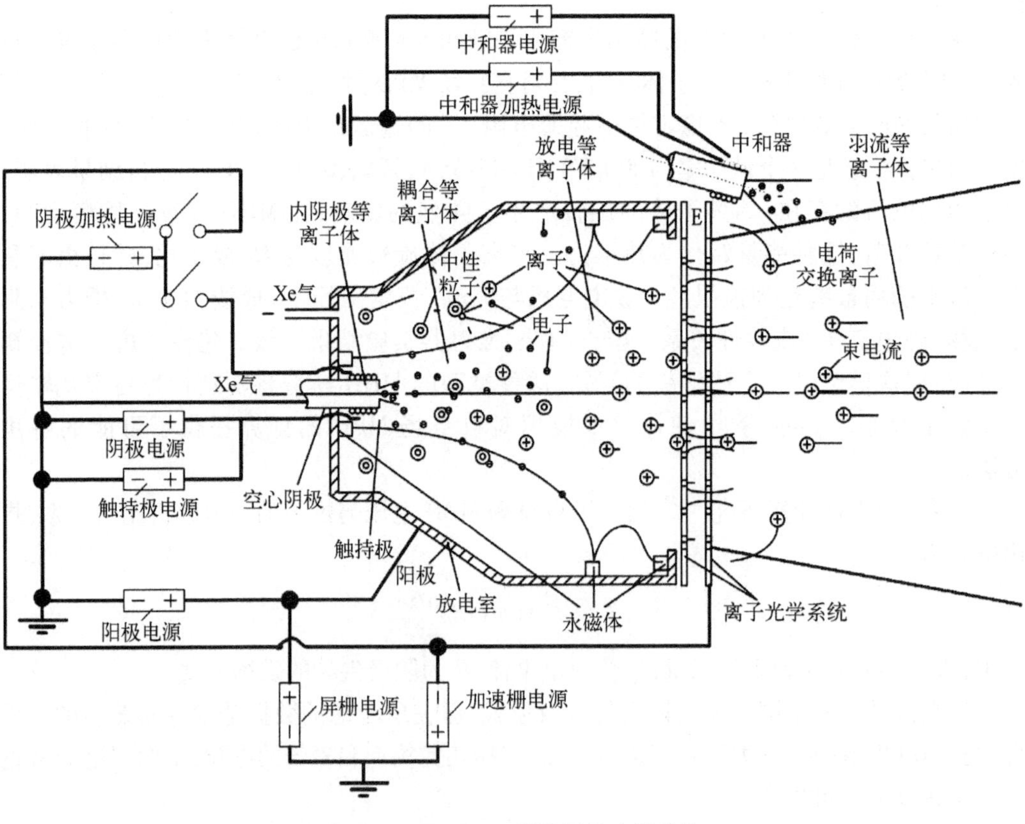

图 12.9　Kaufman 型离子推力器结构

离子推力器工作时，电子由空心阴极产生，这些电子进入放电室，通过轰击推进剂中的中性原子发生电离碰撞而产生离子。永磁体用于增加电子路径长度和提高碰撞速率，以产生更多的离子。之后，离子被离子光学系统抽取并加速，以达到非常高的速度并从推力器中喷出，最后被中和器发射的电子中和[27]。

推力器部件工作的电势具有以下典型值。

（1）阴极：+1 500 V。

（2）阳极/放电室：+1 490 V。

（3）内侧栅网：+1 000 V。

（4）外侧栅网：-250 V。

推力器工作状态下，等离子体可分为四种类型[28-30]。

（1）空心阴极内部的阴极等离子体。

（2）耦合等离子体，位于阴极的下游、主放电等离子体之前。

（3）放电等离子体，主要位于放电室内。

（4）羽流等离子体，位于离子光学系统之外。

多年来，离子推力器一直是人们深入研究的课题，采用这些装置已经成功地进行了飞行试验，有关此类装置的物理和工程的详细讨论可在文献[3]中找到，此处不再赘述。本节对离子推力器的讨论主要描述其工作原理和部件特性。

1）放电室

放电室内发生电离过程。中性推进剂气体（如 Xe 气）通过空心阴极送入放电室后，中性气体原子与空心阴极发射的初始电子碰撞。碰撞后，一些原子被电离，而初级电子被热化，最终被阳极收集。磁场的存在增强了电离过程，即使得电子在磁力线内做循环运动，从而延长电子滞留时间，增大电离碰撞概率[31]。

用等离子体离子产生成本 ε_P 和束流离子产生成本 ε_B 来衡量放电室内离子产生的效率，其中离子产生成本为

$$\varepsilon_P = \frac{(I_D - I_P)V_D}{I_P}$$

式中，I_P 表示放电室内的离子产生电流；I_D 和 V_D 分别表示放电电流和放电电压。

束流离子产生成本如下：

$$\varepsilon_B = \frac{(I_D - I_B)V_D}{I_B}$$

式中，I_B 表示离子电流。

束流离子产生成本与等离子体离子产生成本相关，表达式如下：

$$\varepsilon_B = \frac{\varepsilon_P}{f_B} + \frac{1 - f_B}{f_B}V_D$$

式中，$f_B = \dfrac{I_B}{I_P}$，是从放电室引出的离子比例。

另一个通常用于评估离子推力器放电室性能的重要参数是推进剂的利用率 η_P，表示为

$$\eta_P = \frac{I_B}{I_n}$$

式中，I_n 是供给放电室的总中性束流量。

束流离子产生成本可通过以下表达式进行估算[32]：

$$\varepsilon_B = \frac{\varepsilon_P^*}{f_B\{1 - \exp[-C_0\dot{m}(1-\eta_P)]\}} + C$$

式中，ε_P^* 为基准离子产生成本，是由特定推力器几何形状、磁场强度和推进剂(即电离和激发能)决定的函数；C_0 是依赖推进剂特性的参数，如温度和电离截面；C 为放电室的工作参数函数，主要是放电电压 V_D。

该表达式可以由恒定推进剂流量下 ε_B 和 η_P 之间的实验数据曲线图说明，见图 12.10。

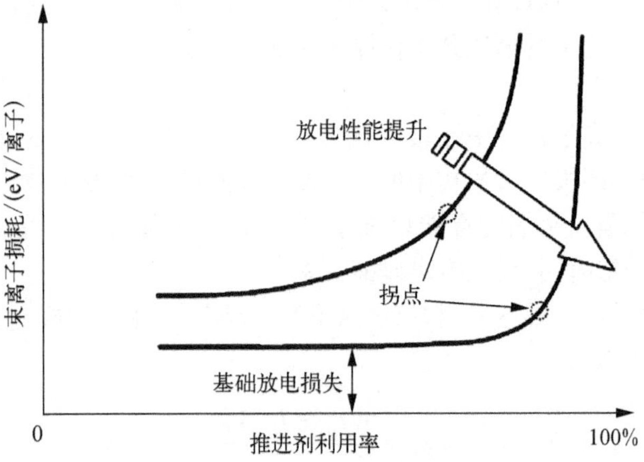

图 12.10　束流离子产生成本与推进剂利用率的关系[33]

图 12.10 中的曲线上有两个明显的特征“拐点”，这表明如果试图提高推进剂利用率来超过这个“拐点”，则必须增加额外的放电功率。对于传统的离子推力器，ε_B 通常接近 200 eV/离子，$\eta_P > 80\%$。

2）离子光学系统

离子光学系统是指离子推力器栅极的几何构型和物理过程。栅网位于放电室的出口侧，用来加速从放电室产生的离子以产生推力。在图 12.9 中显示了两个栅网，但是根据离子源的不同，可以使用三个或更多栅网。距离放电室等离子体最近的栅网称为屏蔽栅，下游栅网称为加速栅。通常情况下，屏蔽栅设置为较高的正电位(1 000 V，高于航天器公共线)，加速栅设置为负电位(100 V，低于航天器公共线)。

在离子光学系统中，离子被静电力加速到较高的排气速度，推力关系可以写为 $T \approx$

$\dot{m}_i v_i$，其中 $\dot{m}_i$ 表示离子质量流量，v_i 表示离子速度。离子排出速度可通过能量守恒计算：

$$qV_B = \frac{1}{2}m_i v_i^2$$

或

$$v_i = \sqrt{\frac{2qV_B}{m_i}}$$

式中，V_B 表示离子加速所通过的净电压；q 为离子电荷；m_i 为离子质量。

离子的质量流量与离子束电流 I_B 有关，表示为

$$\dot{m}_i = \frac{I_B m_i}{q}$$

根据上述方程，单原子电离的推进剂推力（$q = e$）可计算为

$$T = \sqrt{\frac{2m_i}{e}} I_B \sqrt{V_B}$$

可以看出，在推力器中，推力与离子束电流和加速电压的平方根成正比。

加速栅的主要功能是防止束流等离子体中的电子进入放电室，通过将加速栅设置为相对于下游等离子体电位的负电位来实现。电荷交换或电荷转移发生在束流中的离子与流经栅网及栅网下游的中性原子之间，束流中产生的电荷交换离子可以加速进入屏蔽层和栅网，由此造成的栅极腐蚀是目前人们相当感兴趣的课题[34]。

3）空间电荷限制电流

虽然离子推力器能够产生高速粒子和很高的比冲，但它对该过程中的电流有固有的限制，因此产生的推力大小有限，这个限制与可以存在并在栅极之间加速的粒子的数量有关。本质上讲，带电粒子会产生和破坏电场，因此在电场被中和之前可容纳的电极间隙内离子的数量是有限的，下面通过基本的定量分析求出此极限值。

离子加速栅网区域示意图如图 12.11 所示，将放电区域附近的栅网电势视为 φ_B，为了简单起见，取 $\varphi = 0$ 时的加速度梯度。

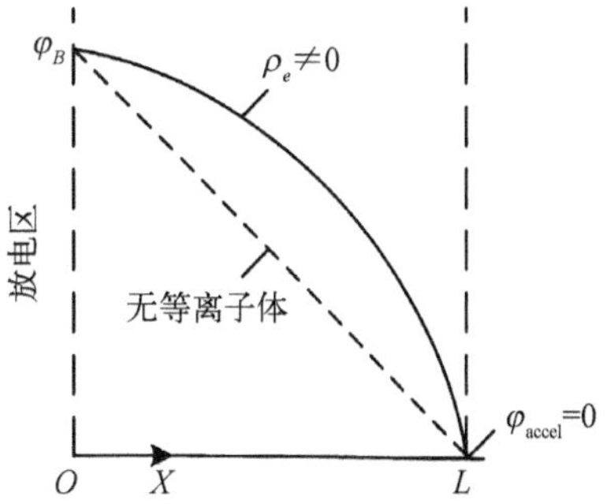

图 12.11　离子加速栅网区域示意图

回忆 Maxwell 方程：

$$\nabla^2 \varphi = \frac{\rho_e}{\varepsilon_0}$$

如果

$$\rho_e = 0, \quad \nabla^2 \varphi = 0$$

则

$$\nabla\varphi = \frac{\mathrm{d}\varphi}{\mathrm{d}x} = 常数$$

如果加速电压 $V_{\mathrm{accel}} = 0$，则加速电场为

$$E = \frac{\varphi_B}{L} = 常数$$

如果栅网区域中有离子，其将被加速到速度 v_+：

$$\frac{\mathrm{d}^2\varphi}{\mathrm{d}x^2} = \frac{\rho_e}{\varepsilon_0} = \frac{n_+ q}{\varepsilon_0}$$

则电流密度为

$$J_+ = \frac{I_B}{S_B} = v_+ n_+ q$$

式中，S_B 为束流离子横截面积。

能量方程把速度和电势联系起来：

$$q\varphi_B = q\varphi(x) + \frac{m_+ v_+^2(x)}{2}$$

以及

$$v_+^2(x) = \frac{2q[\varphi_B - \varphi(x)]}{m_+}$$

因此，在适当的边界条件下可以求解 $\varphi(x)$ 和 $v_+(x)$。

当 $x = 0$、$\frac{\mathrm{d}\varphi}{\mathrm{d}x} = 0$ 时，通过栅网的束流达到极限（$J_{\max}$），于是有

$$\varphi_B - \varphi(x) = \left[\frac{9}{4}\frac{J_{\max}}{\varepsilon_0(2q/m_+)^{1/2}}\right]^{2/3} x^{4/3}$$

进一步，在 $x = L$ 处取 $\varphi = 0$：

$$J_{\max} = \frac{4}{9}\varepsilon_0\left(\frac{2q}{m_+}\right)^{1/2}\frac{\varphi_B^{3/2}}{L^2}$$

该公式定义了通过双栅网系统的电荷限制电流或最大离子流，所以有

$$\frac{T}{S} = \frac{m_+}{q}J_+ v_+ = \frac{m_+}{q}\left(\frac{2q}{m_+}\varphi_B\right)^{1/2} J_+$$

以及

$$\left(\frac{T}{S}\right)_{\max} = \frac{8}{9}\varepsilon_0\left(\frac{\varphi_B}{L}\right)^2$$

4）束流中和器

离子推力器将正离子以相当大的速度从出口排出，因此必须补充数量相等的电子来避免与航天器产生电荷失衡。中和器通常位于放电室半径以外的地方，在空心阴极中和器中，额外的推进剂气体通过热电子发射体，如六硼化镧（LaB_6）或氧化物多孔钨（如钡钨）等加热发射体，发射体发射的电子通过一个正偏压电极（称为触持极）的小孔抽取出来，该方法已被证明是维持推力器电荷中性的有效技术。

12.6　Hall 推力器（静电及电磁加速）

Hall 推力器是利用正交的电磁场（$\boldsymbol{E}\times\boldsymbol{B}$）电离氙气等推进剂气体，并加速离子产生推力的同轴装置[3]。由于受到 Hall 效应的影响，放电时等离子体的粒子在正交电磁场中运动。图 12.12 给出了 Hall 推力器组成结构的示意图。

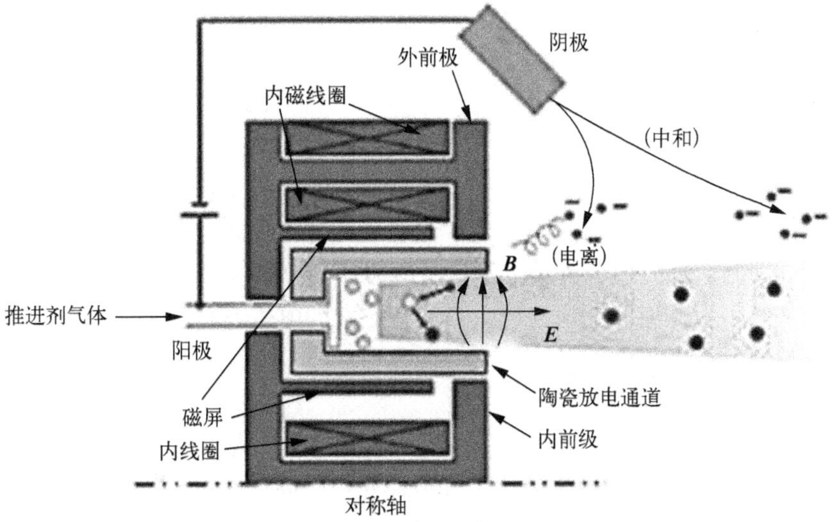

图 12.12　Hall 推力器结构示意图[35]

在环形放电室中，正交的电磁场可以有效地产生和加速等离子体。外加的电场主要在轴向上的阳极和阴极之间产生，阴极喷出的电子在通道口进入放电室。磁芯产生的附加磁场主要为径向分布，电子受到磁场的影响而产生回旋运动，从而在角向上产生闭合的 Hall 漂移电流。中性原子从阳极区的推进剂气体分配器中注入，电子与中性原子碰撞引起电离。由于离子的质量较小，离子基本不受磁场影响，轴向电场加速离子喷出以产生推力。

1. 粒子相互作用

在正交电磁场中，电子的角向运动会产生 Hall 电流，其漂移速度可由电场强度和磁场强度计算：

$$\boldsymbol{V}_E=\frac{\boldsymbol{E}\times\boldsymbol{B}}{B^2}$$

因此 Hall 电流密度为

$$J_{\mathrm{Hall}} = n_e q V_E$$

将通道横截面上的 Hall 电流密度进行积分，可以得到总 Hall 电流。

在放电通道中，等离子体是电中性的，因此离子电流密度不像离子推力器那样受到空间电荷效应的限制。Hall 推力器要求电子受到阻碍，而离子不应受磁场的影响，因此电子回旋半径 r_{ce} 必须比推力器的几何尺寸小得多，而离子回旋半径 r_{ci} 必须远大于推力器几何尺寸，即

$$r_{ce} \ll L \ll r_{ci}$$

式中，L 表示推力器的几何尺寸，如通道长度；r_{ce} 为电子回旋半径；r_{ci} 为离子回旋半径。

Hall 参数定义为

$$\Omega = \frac{\omega_e}{\nu_t}$$

其中，

$$\omega_e = \frac{eB}{m}$$

式中，ν_t 为电子碰撞的总频率。

$\Omega \gg 1$ 时，电子在经历碰撞之前完成了许多个周期的回旋运动；$\Omega \ll 1$ 时，电子仅完成了几个周期的回旋运动。加速通道中等离子体流动的分析一直是人们相当关注的问题，这些结果在文献中有详细的记录[36,37]。只有在一定的电子 Hall 参数范围内，Hall 推力器才能实现有效的运行[38,39]。

2. 推力器设计与性能

与离子推力器等电推进装置相比，Hall 推力器具有结构简单、无空间电荷限制等优点。Hall 推力器还具有其他显著的优点，如寿命长(10 000 h)、功率密度高(0.4~1.3 kW/kg)和比冲范围宽(1 000~2 000 s)等。Hall 推力器的效率和比冲略低于离子推力器，但是在给定功率下，其推力更高，而且其需要的电源个数比离子推力器少。

图 12.13　SPT－100 照片

目前使用的 Hall 推力器有两种：稳态等离子体推力器(stationary plasma thruster, SPT)和阳极层推力器(thruster with anode layer, TAL)。SPT(简称单级推力器)采用绝缘放电室，TAL 为两级推力器，采用金属放电室，中间的电极将其分为电离区和加速区。SPT 的研究更为深入[40,41]，在空间中的应用比 TAL 更为广泛。俄罗斯开发的 SPT－100 照片如图 12.13 所示。

3. Hall 推力器组件

Hall 推力器主要由四个部件组成：放电室、磁路、阳极（带有气体分配器）和空心阴极，典型的 Hall 推力器具有同轴圆柱形的放电室。

1）放电室

放电室也是加速通道，由固定在同一轴线上的两个半径不同的绝缘圆柱组成。通道壁面通常由陶瓷材料制成，如氮化硼（BN）或硼硅（$BN-SiO_2$）、氧化铝（Al_2O_3）和碳化硅（SiC）等。放电室的轴向长度和径向长度的比值通常大于 1。

2）磁路

Hall 推力器的磁路虽然复杂，但其基本构型是碳芯磁路，电流通过铁磁芯周围缠绕的线圈会在放电通道内产生磁场。Hall 推力器中，径向磁场 B_r 将充满环形通道的整个区域，磁极的几何结构确定后，通过改变电磁线圈的电流和匝数可以调整磁场的拓扑结构。图 12.14 给出了沿轴向放电通道的径向磁感应强度的典型分布，径向磁感应强度从通道后部壁开始沿轴向增加到最大值，到达通道出口处后逐渐减小。

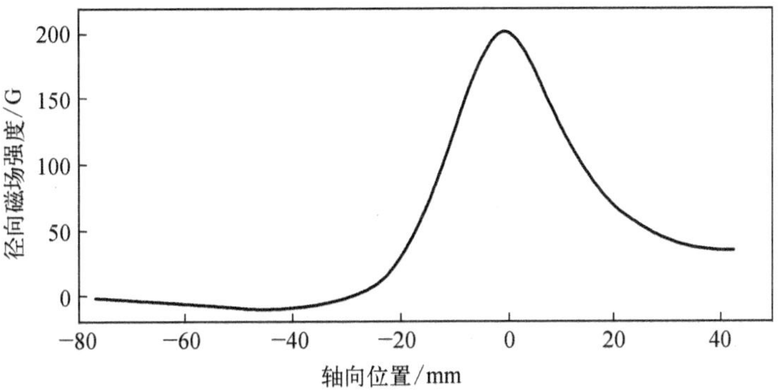

图 12.14　Hall 推力器沿轴向放电通道的径向磁场强度变化[42]

3）阳极

阳极位于放电通道的后壁，有两个功能：首先作为正极在通道中产生电场，其次是使中性气体进入放电通道。阳极电位一般为 100 V 量级，以便电离气体。为了使中性气体的角向分布更为均匀，需要在阳极开一系列等间距的孔。基于电离能和原子质量考虑，推进剂气体通常采用氙气，在功率供给充足的 Hall 推力器中，氪气放电也得到了越来越多的研究和应用。

4）空心阴极

空心阴极通常位于放电室外的半径位置。与离子推力器的中和器阴极一样，额外的推进剂气体通过六硼化镧（LaB_6）或钡钨发射体，发射体加热后发射的电子通过触持极的小孔抽取出来。空心阴极发射的电子分成两部分，一部分电子进入放电室电离中性原子，另一部分电子则向推力器下游运动，与放电室喷出的离子中和。

参考文献

[1] Choueiri E Y. A critical history of electric propulsion: the first 50 years (1906 – 1956). Journal of Propulsion and Power, 2012, 20(2): 193 – 205.

[2] Jahn R G. Physics of Electric Propulsion. New York: McGraw-Hill, 1969.

[3] Goebel D M, Katz I. Fundamentals of Electric Propulsion: Ion and Hall Thrusters. New York: Wiley, 2008.

[4] Scharlemann A, York T M. Pulsed plasma thruster using water propellant, Part I: investigation of thrust behavior and mechanism. AIAA-2003-5022, 2003.

[5] Scharlemann, Carsten A. Investigation of thrust mechanisms in a water fed pulsed plasma thruster [D]. Columbus: The Ohio State University, 2003.

[6] Ducati A C, Giannini G M, Muehlberger E. Experimental results in high specific impulse thermionic acceleration. AIAA Journal, 1964, 2: 1452 – 1454.

[7] Choueiri, Edgar. Scaling of thrust in self-field magnetoplasmadynamic thrusters. Journal of Propulsion and Power, 1998, 14(5): 744 – 753.

[8] Maecker H. Plasma jets in arcs in a process of self-induced magnetic compression. Zeitschrift für Physik, 1955, 141(1): 198 – 216.

[9] Tikhonov V B. Research of plasma processes in self-field and applied magnetic field thrusters. IEPC, 1993, 93: 76.

[10] Uribarri L, Choueiri E Y. Relationship between anode spots and onset voltage hash in magnetoplasmadynamic thrusters. AIAA Journal of Propulsion and Power, 2008, 24: 571 – 582.

[11] Choueiri E Y, Kelly A J, Jahn R. MPD thruster plasma instability studies. AIAA-87-1067, 1987.

[12] Ahedo E, Merino M. Two-dimensional supersonic plasma acceleration in a magnetic nozzle. Physics of Plasmas, 2010, 17: 073501.

[13] Hooper E B. Plasma detachment from a magnetic nozzle. AIAA Journal of Propulsion and Power, 1993, 9: 757 – 764.

[14] Seikel G R. Plasma physics of electric rockets — plasmas and magnetic fields in propulsion and power research. NASA SP-226, 1970.

[15] Tang H B, Cheng J, Liu C, et al. Study of applied magnetic field magnetoplasmadynamic thrusters with particle-in-cell code with Monte-Carlo collisions: II. investigation of acceleration mechanisms. Physics of Plasmas, 2012, 19: 073108.

[16] Bishop A R, Connolly D J, Seikel G R. Tests of permanent magnet and superconducting magnet MPD thrusters. AIAA Journal, 1971, 71: 696.

[17] Michels C J, York T M. Exhaust flow and propulsion characteristics of a pulsed MPD arc thruster. AIAA Journal, 1973, 11(5): 579 – 580.

[18] Blackstock A W, Fradkin D B, Liewer K W, et al. Experiments using a 25-kW hollow cathode lithium vapor MPD arcjet. AIAA Journal, 1970, 8(5): 886 – 894.

[19] Myers R M. Geometric scaling of applied-field magnetoplasmadynamic thrusters. Journal of Propulsion and Power, 1995, 11(2): 343 – 350.

[20] York T M, Zakrzewski C, Soulas G. Diagnostics and performance of a low-power MPD thruster with

applied magnetic nozzle. AIAA Journal of Propulsion and Power,1993,9: 553 - 560.

[21] York T M, Kamhawi H. Plasma expansion in a low-power MPD thruster with variable magnetic NOZZLE. AIAA-93-138, 1993.

[22] Mikellides P G, Turchi P J, Roderick N F. Applied-field magnetoplasmadynamic thrusters, Part 1: Numerical simulation using the MACH2 code. AIAA Journal of Propulsion and Power, 2000, 16: 887 - 893.

[23] Mikellides P G, Turchi P J. Applied-field magnetoplasmadynamic thrusters, Part 2: analytic expressions for thrust and voltage. AIAA Journal of Propulsion and Power,2000,16: 894 - 901.

[24] Wilbur P J, Rawlin V K, Beattie J R. Ion thruster development trends and status in the United States. AIAA Journal of Propulsion and Power, 2012, 14(5): 708 - 715.

[25] Anderson J R. Performance characteristics of the NSTAR ion thruster during an on-going long duration ground test. IEEE Aerospace Conference Proceedings, 2000, 4: 99 - 122.

[26] Soulas G C, Patterson M J. NEXT ion performance dispersion analyses. AIAA-2007-5213, 2007.

[27] Rovey J L, Gallimore A D. Dormant cathode erosion in a multiple-cathode gridded ion thruster. AIAA Journal of Propulsion and Power, 2008, 24: 1361 - 1368.

[28] Monterde M P, Haines M G, Dangor A E, et al. Kaufman type xenon ion thruster coupling plasma: langmuir probe measurements. Journal of Physics D-applied Physics, 1997, 30: 842 - 855.

[29] Milligan D J, Gabriel S B. Investigation of the baffle Annulus region of the UK25 ion thruster. AIAA-99-2440, 1999.

[30] Milligan D J, Gabriel S B. Generation of experimental plasma parameter maps around the baffle aperture of a Kaufman (UK-25) ion thrusters. Acta Astronautica, 2009, 64(9 - 10): 952 - 968.

[31] Herman D A, Gallimore A D. Discharge chamber plasma structure of a 30-cm NSTAR-type ion Engine. AIAA-2004-3794, 2004.

[32] Brophy J R, Wilbur P J. Simple performance model for ring and line cusp ion thrusters. AIAA Journal, 1984, 23(11): 1731 - 1736.

[33] Wirz R E. Discharge plasma processes of ring-cusp ion thrusters. Pasadena: California Institute of Technology, 2005.

[34] Boer T D. Measurements of electron density in the charge exchange plasma of an ion thruster. Journal of Propulsion and Power, 1997, 13(6): 783 - 788.

[35] Liu C. Influence of the magnetic field topology on Hall thruster discharge channel wall erosion. IEEE Transactions on Applied Superconductivity, 2012, 22(3): 4904105.

[36] Ahedo E, Martinez-Cerezo P, Martinez-Sanchez M. One-dimensional model of the plasma flow in a Hall thruster. Physics of Plasmas, 2001, 8(6): 3058 - 3068.

[37] Keidar M, Boyd I D, Beilis I I. Plasma flow and plasma-wall transition in Hall thruster channel. Physics of Plasmas, 2001, 8: 5315.

[38] Hofer R R, Jankovsky R S, Gallimore A D. High-specific impulse Hall thrusters, Part 1: influence of current density and magnetic field. Journal of Propulsion and Power, 2006, 22: 721.

[39] Hofer R R, Gallimore A D. High impulse Hall thrusters, Part 2: efficiency analysis. Journal of Propulsion and Power, 2006, 22: 732.

[40] Morozov A I, Savelyev V V. Fundamentals of stationary plasma thrusters//Reviews of Plasma Physics. New York: Springer, 2000.

[41] Shagayda A A, Gorshkov O A. Hall-thruster scaling laws. Journal of Propulsion and Power, 2013, 29(2): 466-474.

[42] Yu D R, Wu Z W, Han K. On the role of magnetic field intensity effects on the discharge characteristics of Hall thrusters. Acta Physica Sinica Chinese Edition, 2009, 58(4): 2535-2542.

第 13 章
磁压缩和加热

13.1 引　　言

脉冲磁场压缩和加热气体的研究应用已经超过了 60 多年[1]。由于脉冲电磁放电的影响已被证明在诱导原子及核能的过程中是有用的,其一直是核能、激光和空间推进领域的研究课题。虽然有许多几何和放电构型引起了人们的关注,但本章只介绍一种独特的构型:线性 θ 箍缩,采用这种几何构型,第一次在实验室中产生了接近热核等离子体,并得到了大量的实验理论验证[2]。这种脉冲装置能在很短的时间内加载非常高的功率,足以发生可供实验室研究的重要的原子间相互作用的过程。

13.2 动力学(θ)箍缩

线性 θ 箍缩的几何结构和电路如图 13.1(侧视图)所示,该装置的长度为 l。

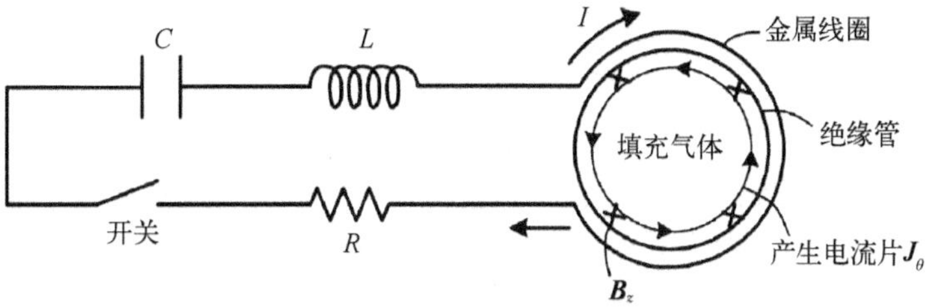

图 13.1　线性 θ 箍缩装置的几何和电路原理图

当开关闭合时,电容周期性放电,电流进入线圈,有

$$I = I_{\max}\sin(\omega t)$$

其中,

$$I_{\max} = \omega C V_{\max} = \omega Q$$

线圈中的角向电流将产生轴向磁场:

$$B_z = \frac{\mu_0 I}{l}$$

变化的磁场 $\dot{B}_z$ 在充气绝缘管内产生角向的电场 E_θ，在适当的电路参数下，该电场将足够大到电离气体，于是在充气绝缘管外半径 r_0 处会激发气体放电。根据 Maxwell 方程计算的电场如下：

$$\nabla \times \boldsymbol{E} = -\frac{\partial \boldsymbol{B}}{\partial t}$$

在柱坐标下：

$$\nabla \times \boldsymbol{E} = \left(\frac{1}{r}\frac{\partial E_z}{\partial \theta} - \frac{\partial E_\theta}{\partial z}\right)\boldsymbol{r} + \left(\frac{\partial E_r}{\partial z} - \frac{\partial E_z}{\partial r}\right)\boldsymbol{\theta} + \left[\frac{1}{r}\frac{\partial}{\partial r}(rE_\theta) - \frac{1}{r}\frac{\partial E_r}{\partial \theta}\right]z$$

在整个区域内积分：

$$\int_A (\nabla \times \boldsymbol{E}) \cdot \mathrm{d}S = -\frac{1}{\partial t}\int_A \boldsymbol{B} \cdot \mathrm{d}S$$

应用 Kelvin - Strokes 定理：

$$\oint \boldsymbol{E} \cdot \mathrm{d}\boldsymbol{s} = -\frac{1}{\partial t}\int_A \boldsymbol{B} \cdot \mathrm{d}S$$

于是可得

$$E_\theta(r) \cdot 2\pi r = \frac{1}{\partial t}\int_{A(r)} \boldsymbol{B} \cdot \mathrm{d}S = \frac{1}{\partial t}\int_0^r \frac{\mu_0 I}{l} 2\pi r \mathrm{d}r = \frac{\mu_0}{l}\frac{\partial I}{\partial t}\pi r^2$$

及

$$E_\theta(r) = \frac{\mu_0}{l}\frac{r}{2}\frac{\partial I}{\partial t}$$

最大的 E_θ 出现在放电管的外半径位置并形成 J_θ，电流片内的高电导率等离子体会隔离线圈电流产生的磁场。横跨电流片的相互作用可以表示为

$$\nabla \times \frac{\boldsymbol{B}}{\mu} = \boldsymbol{J}$$

在柱坐标系中：

$$\left(\frac{1}{r}\frac{\partial B_z}{\partial \theta} - \frac{\partial B_\theta}{\partial z}\right)\boldsymbol{r} + \left(\frac{\partial B_r}{\partial z} - \frac{\partial B_z}{\partial r}\right)\boldsymbol{\theta} + \left[\frac{1}{r}\frac{\partial}{\partial r}(rB_\theta) - \frac{1}{r}\frac{\partial B_r}{\partial \theta}\right]z = \mu \boldsymbol{J}_\theta$$

于是

$$-\frac{\partial B_z}{\partial r} = \mu J_\theta$$

或写为

$$\frac{\partial B_z}{\partial r}=\frac{\partial B_z}{\partial t}\left(\frac{\mathrm{d}t}{\mathrm{d}r}\right)=\frac{\dot{B}_z}{V_s}$$

式中，V_s 为电流片的速度。

于是可以计算：

$$\left(\frac{F}{V}\right)_r=J_\theta\times B_z=-\frac{B_z}{\mu}\frac{\partial B_z}{\partial r}=-\frac{\mathrm{d}}{\mathrm{d}r}\left(\frac{B_z^2}{2\mu}\right)$$

在电流片上，压强为

$$p_B=\int\frac{F}{V}\mathrm{d}r=-\frac{B_z^2}{2\mu}$$

目前，有几种模型来描述电流片内爆时放电管中电流片和气体的行为，其中一个模型假设电流片收集遇到的所有质量，使其电离并将其带向中心，该模型称为扫雪机模型[3]，其几何结构示意图如图 13.2(a)所示。

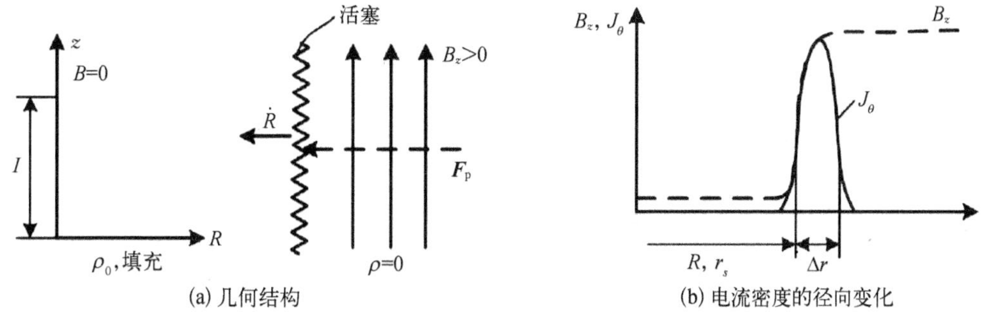

图 13.2　电流片内爆

力和质量的关系为

$$F_{\mathrm{p}}=\frac{\mathrm{d}}{\mathrm{d}t}[M(R)\dot{R}]$$

其中，

$$M(R)=\pi\rho_0(R_t^2-R^2)l$$

式中，R_t 为管的半径；l 为管的长度；R 为电流片半径；M 为单位长度扫过的质量。

于是

$$F_{\mathrm{p}}=pS=-\frac{B_z^2}{2\mu}2\pi Rl=\frac{\mathrm{d}}{\mathrm{d}t}[\pi\rho_0(R_t^2-R^2)l\dot{R}]$$

如果取 $\ddot{R}=0$，即无加速，可得电流片速度的近似值：

$$-\frac{B_z^2}{2\mu}\cdot 2\pi Rl=-\pi\rho_0 l\dot{R}\frac{\mathrm{d}R^2}{\mathrm{d}t}=-2\pi\rho_0 lR\dot{R}\frac{\mathrm{d}R}{\mathrm{d}t}$$

因此

$$\frac{B_z^2}{2\mu}=\rho_0\left(\frac{\mathrm{d}R}{\mathrm{d}t}\right)^2=\rho_0 V_s^2$$

取

$$B_z=B_{\max}$$

即可根据当前数据计算,且确定 $V_s(B_{\max})$。于是箍缩时间（$R\approx 0$, $t=t_p$）可由以下公式计算:

$$t_p\cong\frac{R_t}{V_s}$$

由实验中得到电流放电数据:

$$B\approx B_{\max}\sin(\omega t)$$

可得

$$\frac{\mathrm{d}B}{\mathrm{d}t}=B_{\max}\omega\cos(\omega t)$$

在 $t=0$, 可以取

$$B_z=\dot{B}t\approx B_{\max}\omega t$$

计算得

$$[V_s(t)]^2\approx\frac{(B_{\max}\omega t)^2}{2\mu\rho_0}$$

对箍缩时间的分析推导参见文献[4],内爆模型假设电流在厚度为 Δr 的薄电流片中流动,如图 13.2(b)所示,于是作用在电流片(活塞)上的合力为

$$F_R(r)=2\pi r_s l\int_{r_s}^{r_s+\Delta r}J_\theta(r)\otimes B_z(r)\,\mathrm{d}r$$

如上,表示电流片破裂的动量平衡:

$$F_R=\frac{\mathrm{d}}{\mathrm{d}t}[M(r)V_s]$$

此处:

$$M=\pi(R_t^2-r_s^2)\rho_0 l$$

并且:

$$\rho_0=n_0m_i,\quad V_s=\frac{\mathrm{d}r_s}{\mathrm{d}t}$$

式中，m_i 为离子质量，因此

$$2\pi r_s l \frac{B_z^2(r)}{8\pi} = -\frac{\mathrm{d}}{\mathrm{d}t}\left\{\left[\pi(R_t^2 - r_s{}^2)\rho_0\right]\frac{\mathrm{d}r}{\mathrm{d}t}l\right\}$$

而且

$$B_z \approx B_{\max}\omega t$$

$$\frac{r_s}{4}B_{\max}^2\omega^2 t^2 = -\frac{\mathrm{d}}{\mathrm{d}t}\left\{\left[(R_t^2 - r_s^2)\rho_0\right]\frac{\mathrm{d}r_s}{\mathrm{d}t}\right\}$$

如果定义：

$$X \equiv \frac{r_s}{R_t}, \quad \tau = t\left[\frac{B_{\max}^2\omega^2}{4R_t^2\rho_0}\right]^{1/2}$$

则方程可以写为

$$-\tau^2 X = \frac{\mathrm{d}}{\mathrm{d}t}\left[\{1 - X^2\}\frac{\mathrm{d}X}{\mathrm{d}t}\right]$$

有近似解：

$$X(\tau) = \left(1 - \frac{\tau^2}{\sqrt{12}}\right)$$

这提供了函数形式：

$$\frac{r_s}{R_t} \sim \left(1 - \frac{t^2 C}{\sqrt{12}}\right)$$

式中，C 为常数。
以及

$$V_s = \frac{\mathrm{d}r_s}{\mathrm{d}t} \sim t$$

于是在 $r = 0$ 时得到：

$$\tau = (12)^{1/4}$$

及

$$t_p = 1.86\left[\frac{4R_t^2\rho_0}{B_{\max}^2\omega^2}\right]^{1/2}$$

分析的结果与根据平均电流片速度计算箍缩时间的简单方法得出的函数类似，即

$$t_p \approx \frac{R_t}{V_s(\text{平均})} = \frac{R_t}{\dfrac{V_s(B_p) - V_s(0)}{2}} = \frac{R_t}{\dfrac{1}{2}\left[\dfrac{B_{\max}^2\omega^2 t_p^2}{2\mu\rho_0}\right]^{1/2}}$$

因此可得

$$t_p=\left[\frac{32\pi\rho_0R_t^2}{B_{\max}^2\omega^2}\right]^{1/4}=2.24\left[\frac{4R_t^2\rho_0}{B_{\max}^2\omega^2}\right]^{1/4}$$

现在,可以通过以下公式计算箍缩处等离子体的温度:

$$\frac{1}{2}MV_s^2=\left(\frac{3}{2}k_BT_i+\frac{3}{2}k_BT_e\right)n_0(\pi R_t^2l)$$

$$\frac{1}{2}n_0(\pi R_t^2l)m_iV_s^2=\frac{3}{2}k_B(T_i+T_e)n_0(\pi R_t^2l)$$

以及

$$m_iV_s^2=3k_B(T_i+T_e)$$

如果 $T_i=T_e=T_{\text{pinch}}$,则有

$$m_iV_s^2=6k_BT_{\text{pinch}}$$

箍缩处的数密度可通过压力平衡计算:

$$\left.\frac{B^2}{2\mu}\right|_{\text{pinch}}=n_ik_BT_i+n_ek_BT_e$$

且如果:

$$T_i=T_e=T,\quad n_i=n_e=n_p$$

则

$$\left.\frac{B^2}{2\mu}\right|_{\text{pinch}}=2n_pk_BT_{\text{pinch}}$$

箍缩处等离子体柱的半径 R_t 可由以下公式计算:

$$M=m_in_0(\pi R_t^2l)$$

以及

$$N=n_0(\pi R_t^2l)$$

因此

$$n_p=\frac{N}{V}=\frac{N}{\pi R_c^2l}$$

及

$$R_c^2=\frac{N}{\pi n_pl}$$

虽然模型比较基础,但结果显示了磁压缩和加热过程中发生的相互作用机制。上述估计假设了压缩和加热过程中无能量损失及边界效应。

可以使用一个概念模型来分析损失时间,该模型包括通过电子传输产生的能量损失和崩溃过程中两端能量损失的影响[5]。在横截面积为 S_p 和长度为 l_p 的约束等离子体柱内,粒子总数为

$$N(t) = nS_p l_p$$

因此

$$\frac{\mathrm{d}N}{\mathrm{d}t} = -2(S_{\mathrm{ex}} n\langle v\rangle)$$

式中,S_{ex} 表示边界位置的面积;$\langle v\rangle$ 表示流速。

如果 T=常数,则 $\langle v\rangle$ 为常数,于是

$$N(t) = N_0 \mathrm{e}^{-t/\tau}$$

其中,

$$\tau = \frac{S_p l_p}{2S_{\mathrm{ex}}\langle v\rangle} \sim l_p$$

损失速度与(随机热速度)声速有关:

$$\langle v\rangle \approx \left(\frac{2\gamma k_B T_i}{m_i}\right)^{1/2}$$

因此

$$\tau = \frac{l}{2}\cdot\frac{1}{\langle v\rangle}$$

式中,τ 是无热效应下损失初始值为 $1/e$ 的时间 $\left(N = \frac{N_0}{e}\right)$。

然而,如果 $T=f(t)$,由于电子输运到末端同时带来的热能损失,那么损失率和损失时间将发生改变。取 N_0 = 常数,则热损失的主要机制可作如下近似:对于长构型装置,T_e 接近 T_i,损失时间即电子传导时间,即

$$t_{\text{th-loss}}(\text{长构型}) = t_{\text{el-cond}}$$

对于短构型装置,输运仍然是电子的损失,但离子-电子平衡时间成为限制机制,热损失时间为

$$t_{\text{th-loss}}(\text{短构型}) = t_{i\text{-eeq}}$$

且

$$T_i = T_{i0}\mathrm{e}^{-\frac{t}{t_{\text{th-loss}}}}$$

那么,损失热能的同时,粒子损失(损失到 $1/e$)时间为

$$t_e = 2t_{\text{th-loss}} e^{\frac{1}{1-\tau/2t_{\text{th-loss}}}}$$

对于损失时间小于热损失时间的粒子：$t_e \to \tau$，简单模型中可取

$$T_i \approx T_{io} - K_t t$$

则

$$t_e = \frac{T_{io}}{K_t}\left\{1 - \left[1 - \frac{3}{2}\frac{K_t}{T_{io}}\tau\right]^{2/3}\right\}$$

式中，t_e 表示因同时的热能损失而导致的延长的粒子损失时间；K_t 为常数；T_{io} 为 $t = 0$ 时的离子温度。

一般来说，在线性 θ 箍缩装置内的粒子损失时间为

$$\tau = \left\{\left(\frac{l}{2}\right) \cdot (m_i/2k_B T_i)^{1/2}\right\}\chi$$

式中，χ 为边界损失因子，由于热运动损失，$\chi > 1$[6]。

Stover 等在实验和理论上对线性装置的损耗物理机制进行了综述[7]，并比较了多个装置的整体损耗行为，结果如图 13.3 所示，图中横坐标 β_A 表示等离子体动压除以轴向磁压的比值。

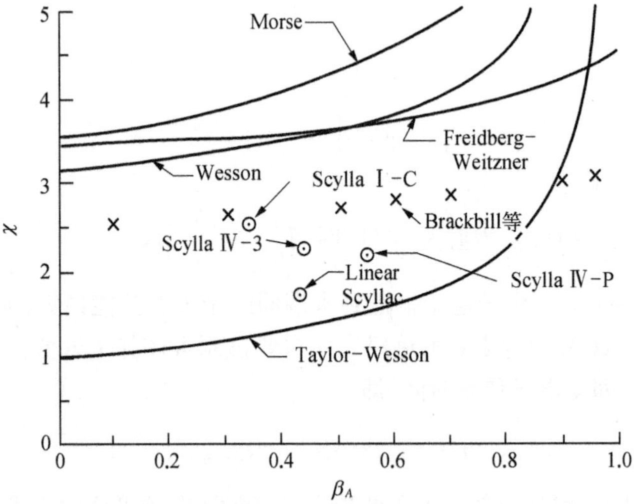

图 13.3　线性 θ 箍缩端部损耗的理论模型和实验数据比较[7]

在更高的温度和更长的设备中，研究人员进行了一系列的实验评估，从这些实验中预测等离子体损失的各种可用理论如图 13.3 所示，可见理论与实验并不完全一致。Stover 等[7]报告的工作给出了具有多组分温度和多组分输运的 MHD 模型的数值解，该模型在局部条件和损失机制方面与实验结果吻合较好。数值模拟结果表明：① 电子传导中的能量损失是重要的；② 经典的离子热传导模型在无碰撞条件下不准确；③ 磁场扩散效应在碰撞流动中起重要作用，而在无碰撞流动中作用不明显。

13.3 沿磁力线的等离子体流动(考虑碰撞)

线性 θ 箍缩的结构可以沿线圈方向产生轴向磁场 B_z。箍缩后等离子体约束在轴向上，径向方向力的平衡和边界损失要求对轴对称磁场 B_z 的等离子体流动和能量损失进行研究，这本质上是对“磁喷管”流动的研究。下面将讨论这种行为中的一些基本物理过程。

图 13.4 显示了一项旨在了解线性 θ 箍缩等离子体流动过程实验[8]中两端区域的结构和诊断示意图。

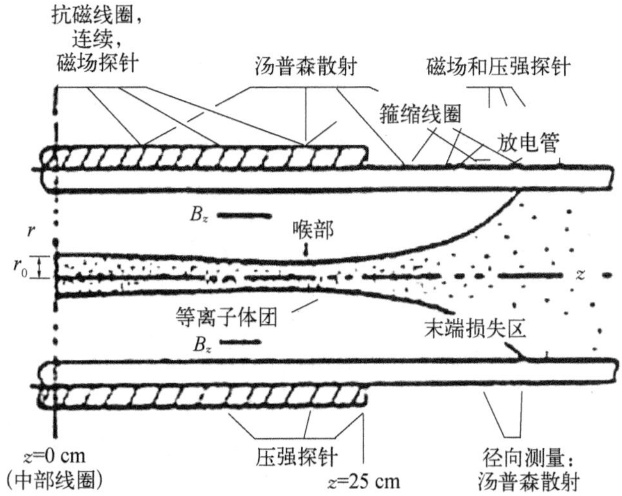

图 13.4 线性 θ 箍缩等离子体流动实验中两端区域能量损失研究示意图[8]

实验中采用的多种诊断方法重复测量的数据可以用来识别重要参数的物理机制和特性，图 13.5 给出了实验性能参数和实验中等离子体半径随轴向位置的变化情况。

内爆参数(实验)

内爆速度/10^4(m/s)	7.17±0.43
内爆时间/μs	0.80±0.03
电子温度/eV	20.70±3.3
电子数密度/10^{13} cm^{-3}	4.34±0.61
等离子体半径/cm	1.97±0.38

(a) 性能参数

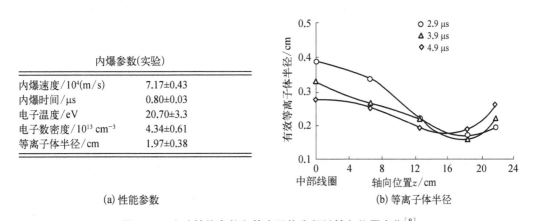

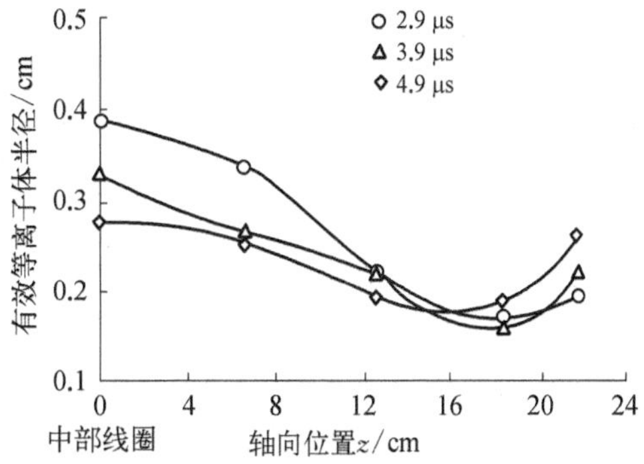

(b) 等离子体半径

图 13.5 实验性能参数和等离子体半径随轴向位置变化[8]

等离子体特性表明此为碰撞等离子体，物理平衡包括内部和外部磁场 B_{ex} 的磁场约束力与等离子体之间的径向压力平衡，即

$$\frac{B_{\mathrm{ex}}^2}{8\pi} = \frac{B_i^2(r)}{8\pi} + p(r)$$

喉部(最小半径位置)等离子体半径的实验值与非稳态预测的理论结果一致[9,10],即

$$r_{th} = r_{1/e}\left(\frac{1-\beta}{\gamma}\right)^{1/6}$$

式中,γ 为比热比,并且

$$r_{1/e}(\text{实验}) = \int_0^{\infty}\left\{1 - \left[1 - \frac{n(r)}{n_0}\beta_0\right]^{1/2}\right\}2\pi r\mathrm{d}r$$

式中,n_0、β_0 是轴线上的值。

喉部速度是一个重要的决定因素,认为其是质量损失率的极限值。等离子体流动分析中所涉及的特征速度为 Alfven 速度、尖端速度和声速:

$$V_A = \frac{B}{\sqrt{4\pi\rho}}, \quad V_c = \frac{V_A c_s}{\sqrt{V_A^2 + c_s^2}}$$

其中,

$$c_s = \left(\frac{\gamma p}{\rho}\right)^{1/2}$$

将尖端速度定义为构型中磁场定向的(磁声)喉部速度[11],声速是非等离子体流的极限速度。

将喉部速度的实验测量结果与图 13.6 中的计算结果进行了比较。

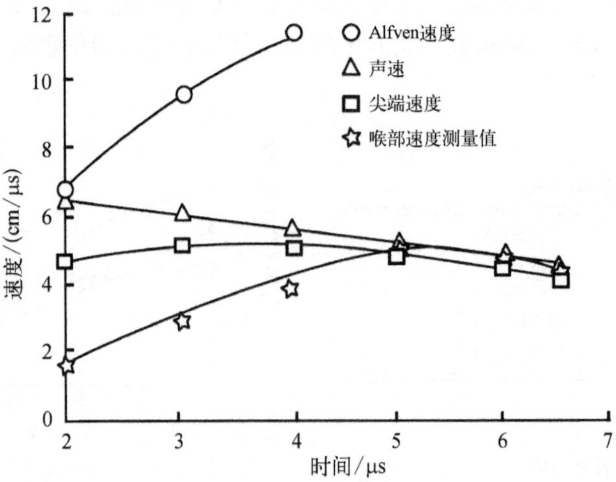

图 13.6 Alfven 速度、声速、尖端速度与喉部速度测量值对比

尖端速度被认为是最接近实验值,但根据流动特性,声速在之后的时间值也接近实验值。原则上,喉部速度最适合由磁声速(尖端速度)定义,这在实验中有所证实。

实验还研究了等离子体在发散磁力线中的膨胀过程。等离子体沿径向扩散进入磁场约束区域，该过程中等离子体主要发生碰撞扩散，因此粒子不能持续绕着磁力线旋转。而且，这些数据与等离子体外部的磁压力、流体加磁场压力之和之间的径向平衡一致，即（对于磁场 B，下标 e 表示外部，i 表示内部）：

$$\frac{B_e^2}{8\pi}(r > r_{\text{plasma}}) > nk(T_i + T_e) + \frac{B_i^2(r = 0)}{8\pi}$$

为了帮助理解该物理过程，York 等建立了一个数值模型来与实验进行对比[8]。实验采用经典的黏性、电阻率和热传导函数形式的双温等离子体模型来描述等离子体数密度和温度。在线圈内和膨胀区，Hall 参数分别为 $\omega\tau \approx 10^{-3}$ 和 10^{-4}。实验结果发现，初期电子热传导的能量损失比经典传导模型计算的能量损失高 10 倍左右，但在后期热损失符合经典模型预测。在确定的时间、不同的轴向位置测量了实验流速，并将实验值与计算出的流速和声速进行比较，如图 13.7 所示。

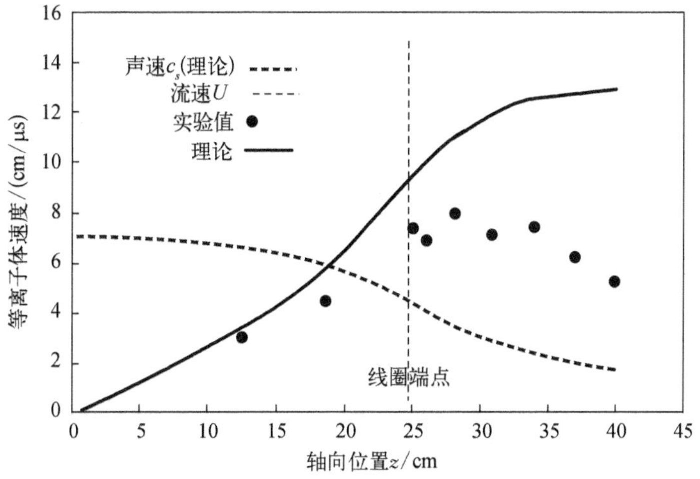

图 13.7　不同轴向位置处实验流速与计算流速和声速对比（6 μs）

从图 13.7 中可以看出，喉部及之前，流动速度的碰撞 MHD 模型理论值与实测值相吻合，喉部达到了磁声速条件，但喉部之后的膨胀区的流动不遵循与磁场线相关的计算。此外，在外磁场磁压力与流体和内磁场压力之和之间存在平衡。轴向磁场确实有助于等离子体的轴向流动。对于碰撞等离子体，可以得出这样的结论：在一个简单的场-等离子体结构中，确实在某种程度上发生了等离子体引导，但是在磁声速点之后，等离子体与磁场线的分离是一个更复杂的过程。

参 考 文 献

[1] International Atomic Energy Agency. Salzburg: Plasma Physics and Controlled Nuclear Fusion Research (Conference Proceedings), 1961.

[2] Quinn W E, Siemon R E. Linear magnetic fusion systems. Fusion Part B: Magnetic Confinement Part B,

2012: 1.

[3] Rosenbluth M. Infinite conductivity theory of the pinch. Los Alamos Scientific Laboratory Report, LA-1850, 1954.

[4] Artsimovich L A. Controlled Thermonuclear Reactions. New York: Gordon and Breach, 1964.

[5] York T M. Scaling of end loss times in linear theta pinches. Pennsylvania State University, USDOE Report C00-2040-1, 1977.

[6] McKenna K F, York T M. End loss from a collision dominated theta pinch plasma. Physics of Fluids, 1977, 20: 1556-1565.

[7] Stover E K, Klevans E H, York T M. Computer modeling of linear theta pinch machines. Physics of Fluids, 1978, 2: 2090-2102.

[8] York T M, Jacoby B A, Mikellides P. Plasma flow processes within magnetic nozzle configurations. Journal of Propulsion and Power, 1989, 8(5): 1023-1030.

[9] Wesson J A. Plasma flow in a theta pinch. Plasma Physics and Controlled Thermonuclear Research, 1966, 1: 233.

[10] Freidberg J P, Weitzner H. End loss from a linear theta pinch. Nuclear Fusion, 1975, 15: 217-223.

[11] Weitzner H. End loss from a theta pinch. Physics of Fluids, 1977, 20: 384-389.

第 14 章 波加热等离子体

14.1 引　　言

在前面的讨论中，已经注意到几种等离子体加热机制，如欧姆加热、磁压缩加热和激波加热。向等离子体中馈入能量是实现等离子体装置成功运行的关键，因此应根据不同装置特有的应用性对加热技术进行调整。

世界上最具挑战性的任务之一是实现可控核聚变。针对受控聚变装置，如托卡马克、磁镜、Z 箍缩和 θ 箍缩，已经应用了电子束、激光等加热技术，而在这里介绍的是等离子体波加热[如离子回旋共振加热(ion cyclotron resonance heating，ICRH)、电子回旋共振加热(electron cyclotron resonance heating，ECRH)、Alfven/磁声波加热]，而且这些技术已应用于线性和环形构型的托卡马克装置[1]。人们主要对受控聚变装置中的类氢气体放电感兴趣，但也有其他的波加热实验用在更高分子量的气体放电实验中。

14.2 等离子体波加热

已有关于等离子体波加热的一些综述可供参考[1-3]。这是一个详细涉及物理和工程的主题，鉴于其在许多应用中的重要性，本节将回顾一些基本物理关系，在后面章节将讨论几种等离子体波加热的具体应用。

等离子体波加热的一般过程包括几个组成部分：

(1) 源产生供等离子体波耦合的电磁波；

(2) 等离子体波能量向粒子能量的传递(吸收)；

(3) 吸能粒子的能量分布演化；

(4) 粒子通过碰撞将能量传递到等离子体其他组分。

图 14.1 以示意图的形式展示了这一过程。

我们主要关注的是等离子体波能量的传递过程。吸收是由一些(小部分)粒子与波的共振过程产生的，粒子间的碰撞将能量在共振粒子和其他粒子间重新分配。对于氢(氘)等气体，可以使用不同的等离子体波在不同吸收范围内加热等离子体，并且这些等离子体波对应不同的频率。表 14.1 列出了等离子体在不同频率下产生的波。

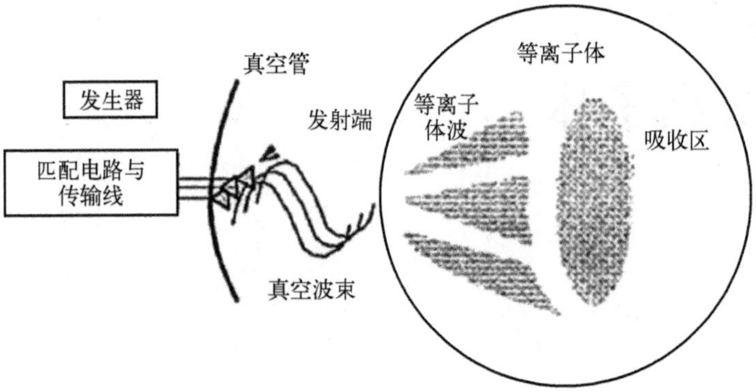

图 14.1 等离子体波加热过程示意图[2]

表 14.1 等离子体波和波加热特征

等离子体波种类	源频率/MHz	等离子体参数
Alfven 波	1.0	$V_A = 7\times10^6$ m/s
离子回旋共振	10	$\omega_i = 20$ MHz
低杂波	10^3	$\omega_{LH} = 3$ GHz
电子回旋共振	$>30\times10^3$	$\omega_e = 80$ GHz

由于等离子体波的机制通常涉及与磁场的相互作用,波对方向相对敏感。等离子体一般在圆柱形容器中,这些容器的轴是线性或环形的。波-等离子体在局部相互作用的二维平板模型如图 14.2 所示。波在 x 方向上发射,而等离子在 y(极向)和 z(环向)方向上是均匀的。

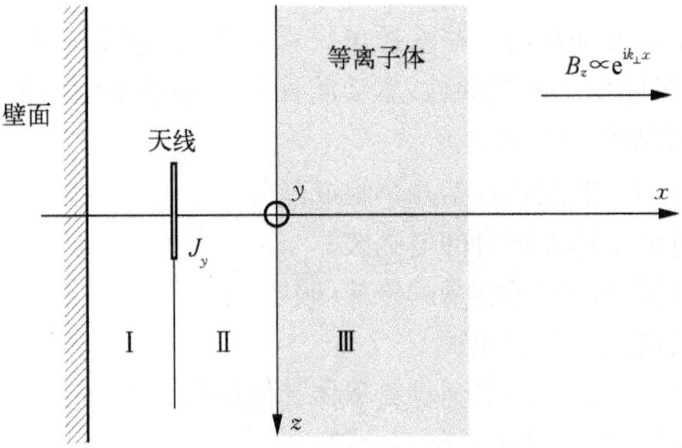

图 14.2 等离子体-波耦合模式[2]

14.3 无碰撞加热——Landau 阻尼

粒子间的能量传递过程通常发生在粒子碰撞中,(随机热)碰撞频率可以表示为

$$\nu = 2.9 \times 10^{-1/2} n \ln \lambda T^{-3/2}$$

这表明较低的密度和较高的温度将该过程转变为无碰撞行为。然而，对于频率为 ω 的振荡波，ω/ν 是由碰撞耗散（和能量传递）作用的特征参数。在等离子体的研究中，人们很早就认识到碰撞并非将能量从波传递到粒子的唯一途径。对于 MHz 频率波，碰撞引起的波耗散可以忽略不计[4]。此外，被激发的等离子体波可以在不发生碰撞的情况加速粒子并传递能量，只有存在波的共振时，吸收效应才会变得显著。在早期的等离子体波实验研究中，Stix 等[5]发现，当波的频率等于离子回旋频率（$\omega = \omega_i$）时，会发生强烈的吸收和等离子体加热。

Landau[6]在理论研究中发现了能量从波到等离子体的无碰撞传递，并称为 Landau 阻尼。Mouhot 等[7]将 Landau 阻尼称为“经典等离子体物理学中最著名的谜团”，他们将最初的线性分析扩展到非线性领域。这种能量传递的概念在等离子体动理学的许多应用领域具有相当重要的意义，特别是加热方面。Landau 阻尼既可以发生在电子波，也可以发生在离子波。

无碰撞等离子体的描述始于 Boltzmann 方程[6,8]。假设分布函数是平衡项和一阶扰动项之和，如下所示：

$$f(\boldsymbol{r}, \boldsymbol{v}, t) = f_0(\boldsymbol{v}) + f_1(\boldsymbol{r}, \boldsymbol{v}, t)$$

为了简化，假设背景电磁场 $\boldsymbol{B}_0$、$\boldsymbol{E}_0 \equiv 0$，线性 Vlasov（无碰撞 Boltzmann）方程为

$$\frac{\partial f_1}{\partial t} + \boldsymbol{v} \cdot \nabla f_1 - \frac{e}{m}\boldsymbol{E}_1 \cdot \frac{\partial f_0}{\partial \boldsymbol{v}} = 0$$

式中，$\boldsymbol{E}_1$ 是微扰电场。对应质量为 m、电荷为 Z 的粒子的解为

$$f_1 = -\frac{\mathrm{i}ZeE}{m(\omega - kv)} \cdot \frac{\partial f_0}{\partial \boldsymbol{v}}$$

根据分布函数，耗散功率可以表示为[2]

$$P_{\text{diss}} = \frac{1}{2} Re[E_1 \cdot J_1]$$

其中，

$$J_1 = Ze\int_{-\infty}^{+\infty} v f_1(v)\,\mathrm{d}v$$

于是

$$P_{\text{diss}} = \frac{Z^2 e^2 |E|^2}{2m}\int_{-\infty}^{+\infty} \mathrm{Im}\,\frac{v}{\omega - kv}\,\frac{\partial f_0}{\partial \boldsymbol{v}}\mathrm{d}v$$

这是电磁波功率的变化，当为负值时即传递给粒子功率。积分计算很困难，因为 ω 在 kv 处有奇异性，其中 v 为粒子速度。Landau[6]正确估算了这个积分，并对电子振荡进行了

分析，发现波的耗散能量与指数因子成正比。具体来说，该结果表明扰动波电场强度的值是(x 为传播方向)：

$$E(x)=\frac{E_0}{\varepsilon}\left[1-\exp\left\{\frac{\mathrm{i}}{\lambda_D}\left(\frac{\varepsilon}{3}\right)^{\frac{1}{2}}x-\frac{3}{2\lambda_D}\left(\frac{\pi}{2\varepsilon}\right)\exp^{-\frac{3x}{2\varepsilon}}\right\}\right]$$

式中，ε 为等离子体的介电常数；λ_D 为德拜长度；E_0 为初始电场强度。

在对电子等离子体振荡分析的更为物理的描述中，Chen[8] 对 Landau 阻尼效应的数学和物理图像进行了广泛的讨论。结果更简单，波的能量表示为

$$W_w=\frac{\varepsilon_0E_0^2}{2}$$

及

$$\frac{\mathrm{d}W_w}{\mathrm{d}t}=2[\mathrm{Im}\,\omega]W_w$$

其中，

$$[\mathrm{Im}\,\omega]=-(\pi)^{\frac{1}{2}}\omega_{pe}\left(\frac{\omega_{pe}}{kv_{\mathrm{th}}}\right)^3\exp\left(-\frac{1}{2k^2\lambda_D^2}\right)\exp\left(-\frac{3}{2}\right)$$

式中，ω_{pe} 为等离子体频率；v_{th} 为电子热速度；λ_D 为德拜长度。从这个表达式可以看出，对于较大的 $k\lambda_D$ 值，吸收将变得更加显著。

等离子体波无碰撞加热功率吸收过程的概念描述与力场中粒子分布的行为有关。波的能量吸收与粒子的速度分布函数有关，当粒子速度接近等离子体波的相速度时，一小群粒子或多或少地随波传播，靠近 Maxwell 分布高能侧的粒子发生能量传递。对于接近波相速度的粒子，速度较低的粒子比速度较高的粒子多，因此波的运动影响了能量的净传递。一旦能量传递到某些粒子上，就会继续传递到其他粒子上，并具有随机的组分能量分布，这种加热粒子随后还将能量传递到其他等离子体组分上。Landau 阻尼已有效应用到加热方式中，例如，在低杂波频率附近发射高功率、高频等离子体波[1,3]。

同上所述，在向等离子体传输能量时，离子回旋波共振是有效的。在大的相速度和弱阻尼条件下，离子回旋共振的色散关系为[8,9]

$$\frac{k^2c_s^2}{\omega^2}=\frac{\omega_p^2}{\Omega_i^2-\omega^2}$$

式中，ω_i 为离子回旋频率。

这种关系在 $\omega=\omega_i$ 处是奇异的，表明波发生了很强的吸收，这种吸收的物理过程与 Landau 阻尼及其他机制有关[3]。

14.4　空间推进装置中的等离子体波加热

随着对无碰撞等离子体波加热的理解，证明了等离子体约束装置可以进一步加热，以实现运行条件的升级。在磁镜装置中产生的等离子体显示出明确的无碰撞行为，并且处于波加热状态。多年来，人们一直在研究和报道串联磁镜中损耗区域的约束特性、加热、端部等离子体限制和等离子体膨胀[10]。近年来，轴对称磁约束构型中高能粒子的产生吸引了人们的注意力[11]，这种行为与端部开放式磁镜结构内粒子损失的固有特性和等离子体逃逸的物理性质有关。高速等离子体流逃逸的另一个潜在的重要应用是产生空间推力[12]。磁镜中约束的等离子体的温度在 keV 级别，因此逃逸粒子膨胀将产生 10^5 m/s 的速度，给予适当的气体流量，足以产生显著的推力，因此其为聚变反应堆驱动的深空推进系统提供了一个很有吸引力的概念。这里将对磁镜推力系统的基本过程，以及固有的等离子体波加热理论和已报告的实验结果进行综述。

14.4.1　可变比冲磁等离子体动力火箭的概念

利用人们在早期磁约束聚变研究中对轴对称串联磁镜的理论和实验认识[10]，Chang 等提出了一端开放磁镜推力器的概念[12,13]。推力器装置的原理示意图[可变比冲磁等离子体火箭(variable specific impulse magnetoplasma rocket, VASIMR)]如图 14.3 所示。

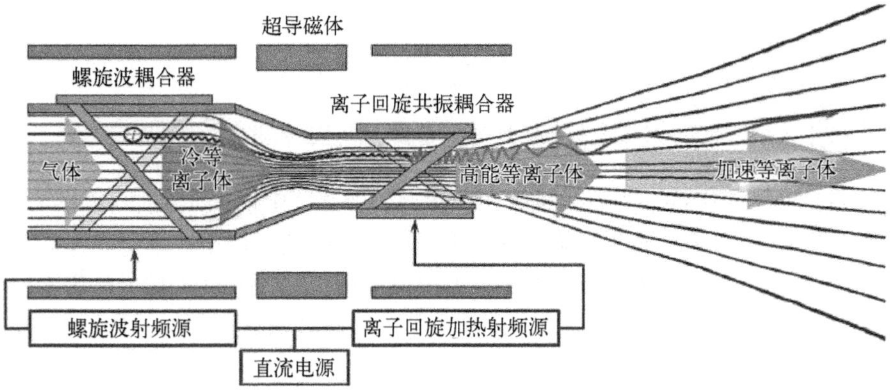

图 14.3　VASIMR 原理示意图

源等离子体由 ECRH[1,14] 产生，等离子体在磁约束状态下通过离子回旋振荡[3]进一步加热，等离子体产生和加热的功率达到 30 kW。基于先前的报道，实验中等离子体的密度约为 10^{13} cm^{-3}，温度约为 1 keV。

对等离子体过程的数值模拟用来预测 VX－25 装置的实验参数[15]。假设放电气体为氘，等离子体由功率高达 20 kW 的螺旋波天线产生，随后使用功率为 1.5～10 kW 的离子回旋共振频率(ion cyclotron resonance frequency, ICRF)波加热。计算结果如图 14.4 所示，与 ICRF 的等离子体负载实验比较吻合。

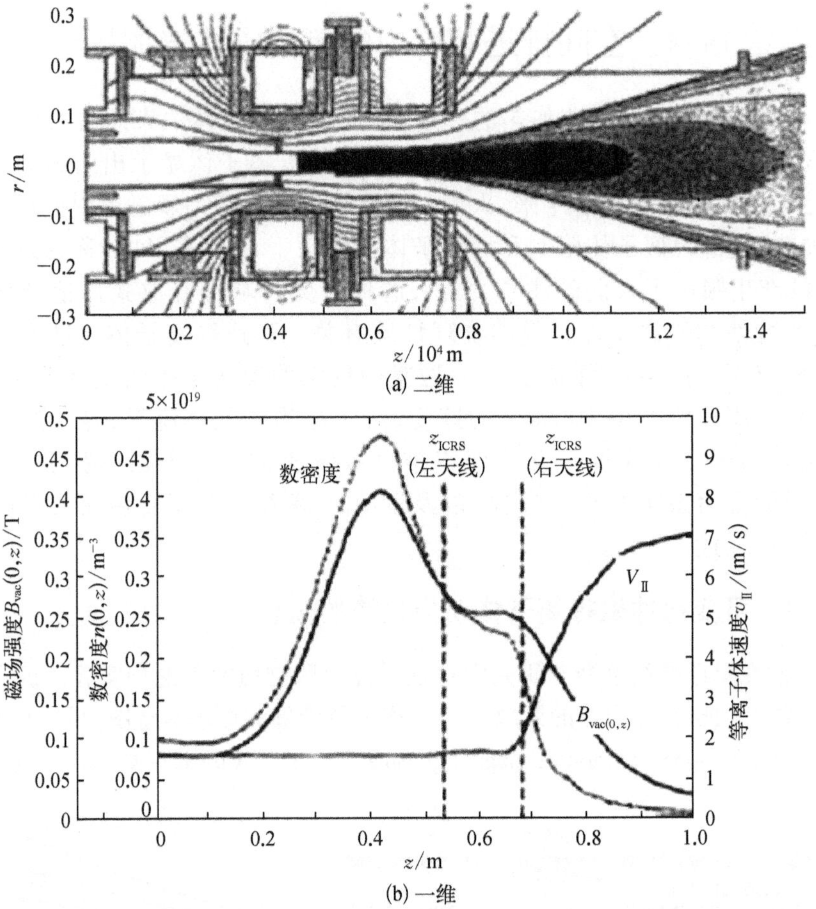

图 14.4　VX－25 装置的粒子数密度、等离子体速度和磁场强度计算值[15]

在较高总功率(50 kW)下的实验研究(VX－50 装置)中使用氘、氖和氩作为推进剂。使用 13.56 MHz 的 25 kW 射频螺旋波源[电子回旋共振频率(electron cyclotron resonance frequency,ECRF)]波和 3.6 MHz 的 25 kW ICRF 天线,在脉冲实验中,ICRF 持续了 300 ms[16]。采用氘推进剂,在 3.6 MHz 下实现了耦合效率大于 90%的 20 kW 的 ICRF 加热、100 km/s 的等离子体速度和 300 eV 的离子能量,该状态下比冲超过 10^4 s,推力约为 0.2 N。在氩气和氖气的实验中,喷气速度分别达到 30 km/s 和 40 km/s,这表明装置可以在较低的比冲(4 000 s)下有效运行,这在空间任务规划中是非常重要的。

14.4.2　无碰撞磁膨胀过程中的等离子体边界损失

前面已经讨论了等离子体在磁力线上的碰撞流动,并回顾了使用 MHD 方程的分析结果。然而,不受碰撞作用主导的低密度、高温等离子体表现出截然不同的行为,必须用适当的方法进行分析。然而对于等离子体脱离引导磁力线和等离子体从推力器控制区边界喷出等问题都属于无碰撞等离子体行为,文献[17]和[18]对这个问题进行了讨论和分析。

无碰撞流动的控制方程是 Vlasov 方程和 Maxwell 方程。为了模拟磁膨胀中的流动[7]，假设超声速流为冷电子且无旋转（无 $\boldsymbol{E}\times\boldsymbol{B}$ 漂移），则离子速度分布函数的稳态 Vlasov 方程如下：

$$m_i v_i \cdot \nabla f_i + \frac{q_i}{c}[\boldsymbol{v}_i \times \boldsymbol{B}] \cdot \nabla_i f_i = 0$$

对于冷电子，方程为

$$\frac{q_e}{c}[\boldsymbol{v}_e \times \boldsymbol{B}] \cdot \nabla_v f_e = 0$$

指定一个陀螺平均分布函数 f_i，可以确定磁场分布。该框架考虑了动量流，提供了等离子体场的描述。等离子体的外部磁场是流动的控制因素，可以从外部线圈结构中求解。

上述方法的参考解见文献[18]。针对锥形磁喷管中的超 Alfven 冷等离子体的情况已经有了解析解，计算结果与模型吻合较好，流动过程的细节也基本一致。

圆柱形磁线圈喷管等离子体流动的数值解也有公开报道。有研究人员研究了离子回旋能量从平行到垂直（沿磁力线方向）有无转换的情况下，流动从亚 Alfven 流到超 Alfven 流的转变过程，图 14.5 显示了存在回旋能量传递情况下的计算结果。

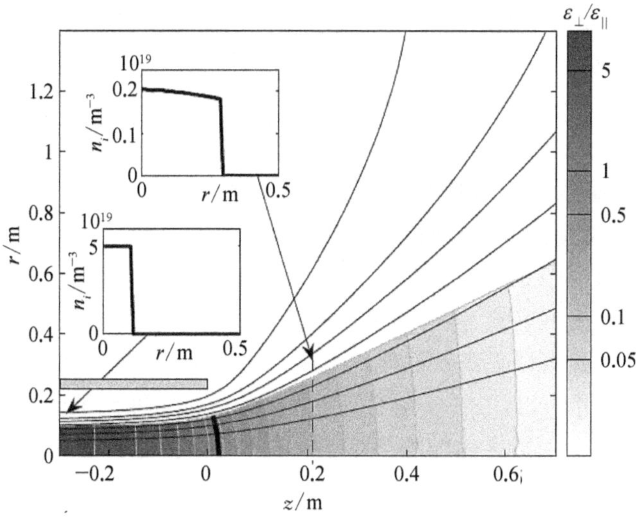

图 14.5　无碰撞磁喷管流动回旋能量传递数值预测[18]

利用这种计算方法进一步对等离子体从端部膨胀磁力线分离的实验装置内等离子体的流动结果（分离演示实验）进行模拟研究。放电气体为氩气，源等离子体数密度为 $10^{30}\ \text{m}^{-3}$，离子能量 $\varepsilon_i = 2$ eV，源区磁场强度为 0.1 T，该计算结果提供了等离子体加速、引导和分离的详细信息。图 14.6 中，细实线是无等离子体时的磁力线，插图显示了入口和 $z = 1.17$ m 处的密度径向分布，粗实线为亚 Alfven 和超 Alfven 的流速分离区域。

实验的密度数据与模拟的径向速度分布一致。数据表明，等离子体流的发散明显小于磁场线的发散，并表现出等离子体分离现象。

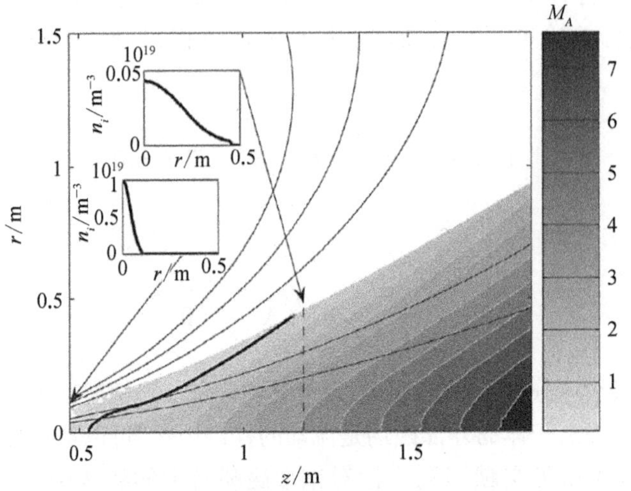

图 14.6　等离子体演示实验中等离子体羽流模拟和密度数据对比[18]

14.5　等离子体的激光加热(θ 箍缩)

实验室中,脉冲激光常用作 Thomson 散射等等离子体诊断的独特工具。高功率激光对加热气体也是有效的,激光能量在气体中的吸收发生在特征波长处,也通过电子种群的连续过程发生。随着各种功率的激光在不同波长范围开展应用,激光与等离子体的相互作用已成为一个重要的研究方向。为了理解激光加热过程中所涉及的物理原理、加热效果及加热过程时间尺度,下面对激光辅助加热约束等离子体进行讨论,该过程可能应用于线性 θ 箍缩实验,其物理特性在前面有详细的介绍。

为了在磁约束聚变中获得高温等离子体,人们研究了高功率激光加热 θ 箍缩等离子体柱。这项技术很有发展前景,因为在早期的 θ 箍缩实验中已经实现了接近聚变条件,并且采用额外的加热方式可以提高其性能。洛斯阿拉莫斯国家实验室(Los Alamos National Laboratory,LANL)采用 Scylla I-C 实验装置[19]对激光加热进行了研究,实验分析了箍缩后 CO_2 激光加热磁约束等离子体的最终结果。100 mT 时,磁压缩下激光加热氘气后的平衡等离子体的特性见表 14.2。

表 14.2　磁压缩下激光加热氘气后的平衡等离子体特性

p_0/torr	R_f/cm	n_f/cm^{-3}	$T_{ef}=T_{if}$/eV	E_f/J
0.1	0.249	3.7×10^{17}	41	143
0.5	0.316	1.1×10^{18}	13	230
1	0.351	1.8×10^{18}	8	283

注:下标 f 表示最终的稳态箍缩特性。

其中,入射激光束直径为 8 cm、脉冲能量为 80 J±20 J、时间为 60 ns、峰值功率为 2×

10^9 W、聚焦光束直径为 2 mm、功率密度为 3×10^{10} W/cm^2。

实验中等离子体的主要吸收机制是逆韧致辐射，电子通过激光场被加速，并通过碰撞加热离子。束流密度 $I\left(\frac{W}{m^2}\right)$ 沿通过等离子体路径 s 时的吸收可表示为

$$\frac{\mathrm{d}I}{\mathrm{d}s} = -KI \Rightarrow I(s) = I(0)\mathrm{e}^{-\tau(s)}$$

其中，

$$\tau(s) = -\int_0^s K \cdot \mathrm{d}s$$

式中，K 为逆韧致辐射吸收系数。

吸收系数定义了通量密度的变化率，并与吸收长度 l_{ab} 一起给出：

$$l_{ab} = \frac{1}{K} = 1.15\times10^{29}\frac{(k_B T_{ef})^{3/2}}{\lambda^2 Z n_f \ln\Lambda}\left(1-\frac{\lambda^2}{\lambda_p^2}\right)^{1/2}$$

式中，λ 为激光波长；λ_p 为等离子体频率下的辐射波长；Z 为电子电荷数；$\ln\Lambda$ 为库仑对数。

随着电子的加热，温度和吸收系数会发生变化。假设沿柱的等离子体密度均匀，沿激光束的温度变化为

$$\frac{T_e(x)}{T_{ef}} = [1+Q(0)\mathrm{e}^{-Kx}]^{2/5}$$

式中，x 是激光束在等离子体中的传播距离；$Q(0)$ 是一个吸收长度内入口通量与热能的比值，结果包含电子热化、电子-离子平衡和加热后的等离子体柱压力平衡。

激光散射不稳定性会导致反常的后向散射和吸收效应。由于低频离子波（受激 Brillouin 散射不稳定性）或电子等离子体波（受激 Raman 散射不稳定性）的后向散射，入射激光可能发生散射，这取决于功率 P 和电子速度决定的波长 λ_0：

$$v_0 = 25\lambda_0\sqrt{P}$$

式中，λ_0 的单位为 μm；P 的单位为 W/cm^2。

Brillouin 不稳定性发生在以下条件成立时：

$$\omega_0 = \omega_s + [c^2(k-k_0)^2 + \omega_{pe}^2]^{1/2}$$

其中，

$$\omega_s = k_B\left(\frac{T_e}{m_i}\right)^{1/2}$$

式中，ω_s 为离子波频率；k 为离子波的波数；k_0 为频率为 ω_0 入射光的波数；ω_{pe} 为等离子体频率。

当 $T_e \approx T_i$ 时，不稳定增长率(单位为 s^{-1})为

$$\gamma_0 = \frac{k}{4} \frac{v_0 \omega_p}{(\omega_s \omega_0)^{1/2}}$$

对于 Raman 散射，不稳定性增长与阻尼的平衡发生在以下条件成立时：

$$\omega_0 = [\omega_{pe}^2 + 3k^2 v_e^2]^{1/2} + [c^2(k - k_0)^2 + \omega_{pe}^2]^{1/2}$$

于是

$$k = 2k_0 - k_0\left(\frac{\omega_{pe}}{\omega_0}\right)$$

式中，k 与等离子体电子波有关，单位为 cm^{-1}。

这种不稳定性的增长率(单位为 s^{-1})为

$$\gamma_0 = \frac{kv_e}{4} \frac{\omega_{pe}}{[\omega_k(\omega_0 - \omega_k)]^{1/2}}$$

其中，

$$\omega_k^2 = \omega_{pe}^2 + 3k^2 v_e^2$$

因此，可以确定不稳定性的阈值功率。

当激光束沿着等离子体柱和径向密度正梯度方向照射时，光束将向低密度和高折射率区域衍射[20]，这将导致激光束的沟道效应和自聚焦效应。实验中已经观察到这种“钻孔”激光产生的密度梯度的证据。对于 Scylla I-C 实验，由 100 mT 下箍缩等离子体特性导致的激光吸收参数预测如下。

吸收长度：

$$l_{ab} = 31 \text{ cm}$$

Brillouin 不稳定性：

$$P = 6.1 \times 10^9 \text{ W/cm}^2$$

Raman 不稳定性：

$$P = 2.1 \times 10^{10} \text{ W/cm}^2$$

激光诱导梯度：

$$\frac{dn_e}{dr} = 9.6 \times 10^{17} \text{ cm}^{-4}$$

因此，对于这个实验，不稳定阈值无法达到。激光脉冲时间内的加热效果预计为 $T_e(x=0) = 221$ eV、$T_e(x = 1 \text{ m}) = 178$ eV；时间 $\Delta t = 100$ ns 时达到径向力和热力学平衡后：$T_{e,i} = 56$ eV、$R_{f+\Delta t} = 0.274$ cm。

参 考 文 献

[1] Cairns R A. Radiofrequency Heating of Plasmas. New York: IOP Publishing Ltd, 1991.

[2] Koch R. The coupling of electromagnetic power to plasmas. Fusion Science and Technology an International Journal of the American Nuclear Societ, 2006, 49: 177 – 186.

[3] Koch R. The ion cyclotron, lower hybrid, and Alfven wave heating methods. Fusion Science and Technology, 2008, 53: 194 – 201.

[4] Sagdeyev R S, Shafranov V D. Absorption of high-frequency electromagnetic energy in a high-temperature plasma. Geneva: Proceeding of 2nd International Conference, IAEA, 1958.

[5] Stix T, Palladino R W. Ion cyclotron resonance. Geneva: Proceeding of 2nd International Conference on Peaceful Uses of Atomic Energy, 1958.

[6] Landau L. On the vibration of the electronic plasma. Physics Journal, 1946, 16: 574.

[7] Mouhot C, Villani C. On landau damping. Acta Mathematica, 2011, 207: 29 – 201.

[8] Chen F F. Introduction to Plasma Physics and Controlled Fusion. 2nd ed. New York: Plenum, 1983.

[9] Hooke W M, Rothman M A. A survey of experiments on ion cyclotron resonance in plasmas. Nuclear Fusion, 1964, 4(1): 33.

[10] Simonen T C. Experimental progress in magnetic-mirror fusion research. Proceedings of the IEEE, 1981, 69(8): 935 – 957.

[11] Simonen T C. The Axisymmetric tandem mirror: a magnetic mirror game changer. Lawrence Livermore Nationnal Laboratory, TR-408176, 2008.

[12] Chang-Diaz F, Squire J, ShebalinJ. Plasma production and heating in VASIMIRA plasma engine for space exploration. London: EPS Conference on Plasma Physics, ECA, 2004.

[13] Chang-Diaz F R. A tandem mirror hybrid plume plasma propulsion facility. Proceedings of International Electric Propulsion Conference, IEPC-88-126, 1988.

[14] Erckmann V, Gasparino U. Electron cyclotron resonance heating and current drive in toroidal fusion plasmas. Plasma Physics and Controlled Fusion, 1994, 36(12): 1869 – 1962.

[15] Ilin A V. Plasma heating simulation in the VASIMIR system. AIAA-2005-0949, 2005.

[16] Squire J P. High power VASIMIR experiments using deuterium, neon and argon. 30th International Electric Propulsion Conference, IEPC 2007 – 181, 2007.

[17] Arefiev A V, Breizman B N. Magnetohydrodynamic scenario of plasma detachment in a magnetic nozzle. Physics of Plasmas, 2005, 12: 043504.

[18] Breizman B N, Tushentsov M R, Arefiev A V. Magnetic nozzle and plasma detachment model for a steady-state flow. Physics of Plasmas, 2008(5): 057103.

[19] York T M, McKenna K F. Laser-plasma interactions in the scylla I-c experiment preliminary analysis. Los Alamos National Laboratory, Report LA-5957-MS, 1975.

[20] Steinhauer L C, Ahlstrom G. Propagation of coherent radiation in a cylindrical plasma column. Physics of Fluids, 1971, 14: 1109.

第 15 章 磁约束聚变等离子体

15.1 引　　言

技术进步与能源的获取和控制密切相关。人类现在使用的能源主要来自化石燃料,其来源是太阳辐射能的沉积。但太阳能的本质是聚变能,现在,人类希望绕过太阳的辐射能而直接获得聚变能。利用现有技术正在开发的一种新能源是核聚变能源,直接利用这种能源是受控聚变研究的目标[1]。当两个氢原子融合在一起形成氦原子时,由于氦的结合能明显大于氢的结合能,能量增量会被释放到周围环境中。由于能量释放过于迅速,虽然当前对粒子的能量转换速率的控制可以初步实现,但聚变释放的能量输出仍然少于维持这种可控聚变所需要的能量输入,即不获得能量的净增益。目前,物理上的研究主要通过两种方式来控制核聚变过程: 惯性约束核聚变(inertial confinement fusion,ICF)和磁约束核聚变,两者的混合装置称为磁化靶聚变(magnetized target fusion,MTF)。可控核聚变最容易实现的途径是氢的同位素氘(D)氚(T)聚变,Lawson 于 1957 年首次提出点火条件,称为 Lawson 准则[2],该条件指出,达到点火时等离子体必须释放足够高密度的能量来维持温度,并补偿能量损失。等离子体点火条件由等离子体数密度 n_e、温度 T 和约束时间 τ_E 决定,其中约束时间可以表示为

$$\tau_E = \frac{E}{P_{\text{loss}}}$$

式中,E 表示等离子体能量;P_{loss} 表示能量损失率。

能量释放与体积有关,能量损失与表面积有关: 在温度为 25 keV 下,D – T 点火条件的下限为 $n_e\tau_E > 1.5 \times 10^{20}\ \text{s/m}^3$。也就是说磁约束等离子体的参数为 $T = 25\ \text{keV}$, $n_e = 1.5 \times 10^{20}\ \text{m}^{-3}$, 等离子体持续 1 s 即可实现点火。利用磁场来约束、压缩和加热电离气体的研究始于 20 世纪 50 年代,国际上陆续建造了多个聚变原型实验国际热核能源反应堆(International Thermonuclear Energy Reactor, ITER),时至今日,此研究仍在继续[3]。

好几代聚变装置经历了从概念到聚变物理实验的过程,有许多关于聚变等离子体主题和等离子体物理教科书的研究专著可供参考[4-6]。出于介绍性目的,希望读者通过本书内容加强聚变反应实验和设备所涉及的物理过程的理解,可以通过对这些实验和设备改进配置来实现受控磁约束聚变。这些聚变装置都具有各自的磁拓扑结构,因此本章将尝试介绍装置的几何构型、电流及磁场结构与前述相关理论的联系。

15.2　Z 箍缩——等离子体参数及装置发展

电流在导电介质中产生的磁场会导致径向压缩,即“箍缩”效应,其概念由来已久。等离子体物理箍缩的公式化是基于 19 世纪 30 年代提出的 Bennett 关系建立的[7],Z 箍缩实验是在 40 年代后期设计的。物理上,在柱坐标系(z, r, θ)中,z 方向的电流引起的 θ 角向磁场与半径 r 内的电流有关,这会产生径向向内的 $\boldsymbol{J}\times\boldsymbol{B}$, 放电气体中的电流导致气体电离、等离子体压缩和加热过程。

电压和沿 z 方向的感应电流的启动可以导致一系列的动态过程：在最小电感(最大半径)下电流片形成、动态的内爆带动其他粒子(扫雪机模型),以及轴向压缩和圆柱箍缩动力学(由于不稳定性)。图 15.1 中显示了动态坍塌和轴对称几何上的箍缩平衡。

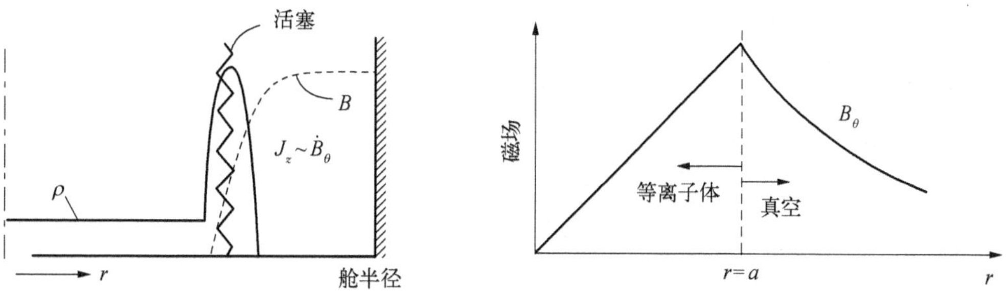

(a) 箍缩坍塌动力学　　(b) 平衡等离子体柱磁场

图 15.1　箍缩坍塌动力学和平衡等离子体柱磁场

箍缩平衡：带电粒子流与平衡态的物理关系由 Bennett[7]首次导出。根据径向等离子体平衡,半径 r 内的密度、温度和电流的关系为

$$8\pi N k_B(ZT_e + T_i) = \mu_0 I^2(r)$$

式中,N 为单位长度的粒子数密度;Z 为离子电荷数。

箍缩平衡如图 15.1(b)所示,此概念构成了箍缩装置中磁压缩的基础。

电极的热损失：最初的箍缩装置实验较为简单,只考虑两端电极之间的轴向(z)电流 I。实验利用了几种阳极和阴极之间热传导的模型,等效输入功率和能量损耗的函数表达式为[8]

$$I = \frac{\pi r^2}{Z_0}\frac{5}{2}\frac{k_B}{e}\alpha T^{5/2}$$

式中, Z_0 为轴长; α 为电导率常数, $\sigma \sim \alpha T^{5/2}$; r 为柱半径。

磁聚变条件：假设等离子体稳定,能量损失与外加功率平衡,则能量约束时间可以表示为

$$\tau_E = \frac{\frac{3}{2}Nk_B(T_e + T_i)Z_0}{IV}$$

式中，IV 为等离子体的输入功率。

为了达到聚变条件，等离子体应满足：

$$n\tau_E = 1.71 \times 10^{-11}NT^{3/2}$$

这种平衡的典型数量级是：$V = 6.5 \times 10^4$ V、$I = 10^6$ A、$Z_0 = 1.0$ cm、$n = 10^{20}$ cm^{-3}、$N = 5.6 \times 10^{18}$ m^{-1}、$n\tau_E = 10^{20}$ s · m^{-3}、$T = 10^8$ K(10 keV)。

环形 Z 箍缩结构：为了避免能量和粒子从直线构型的末端损失，人们提出了环形箍缩构型，早期概念的主要目的即减少粒子损失对约束的影响。英国提交的一项实现受控聚变的环形 Z 箍缩概念的专利提案[9]显示，该装置的几何结构为 R/r = 1.3 m/0.3 m，电流 I_p = 0.5 MA，约束时间 τ_E = 65 s，T_i = 500 keV，使用 D－D 作为聚变燃料。这一概念的实验首先在 ZETA Z 箍缩装置上进行，Z 箍缩装置示意图如图 15.2 所示。

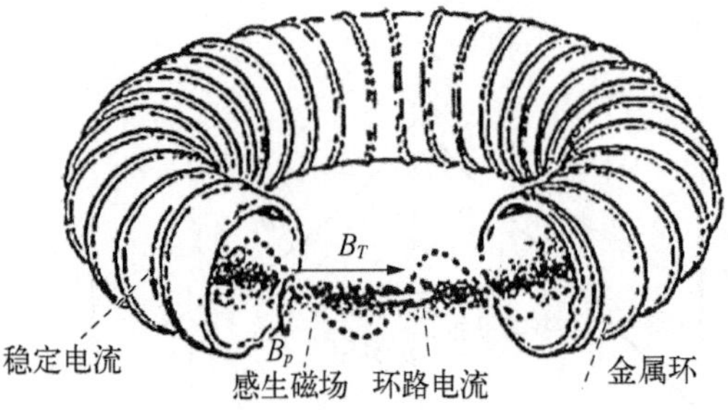

图 15.2　ZETA 装置原理图及实验参数[10]

由于 MHD 不稳定性，ZETA 实验并没有实现箍缩等离子体的约束。在随后的实验中发现，施加一定的环形磁场可以提高稳定度和约束时间。约束后，等离子体的数密度和温度都有所提高，但这种提高并不能足以满足实现聚变条件的目标。在“第一届联合国和平利用原子能会议”上，针对这些结果作了报告，主要结论如下。

(1) 稳定性。早期的线性箍缩实验证明存在 MHD 破裂 (m = 0, sausage 不稳定性; m = 1, kink 不稳定性)[8]。后来，Kadomtsev[11] 对磁场和平衡力进行了分析，试图找到一个稳定构型，该构型基于磁通量分布原理，假设一个在边界波动中磁能守恒的边界稳定性准则，因此也满足绝热条件定律：pV^γ = 常数，这就导致：

$$-\frac{r}{p}\frac{\mathrm{d}p}{\mathrm{d}r} = \frac{2\gamma}{1 + (1/2)\gamma\beta}$$

其中，

$$\beta = \frac{2\mu_0 p}{B_0^2}$$

结合压力平衡相，得出以下方程：

$$1 - Z^{\gamma-1} = x^2 Z, \quad x = \frac{r}{r_0}$$

式中，r_0 是基于 p_0 和 γ 的长度标度，因此稳定的压强-场分布可以求解为

$$p = p_0 Z^{\gamma}$$

其中,

$$Z(r) = \frac{B_\theta(r)}{r}\left(\frac{r}{B_\theta}\right)_{r=0}$$

然而,这种独特的结构并没有在实验中实现。

(2) 稳定轴向电流。通过在等离子体外施加轴向(或环形)磁场可以实现一定程度的稳定性。为了实现这一点,等离子体数密度必须限制在较低的范围内[8]。此外,稳定性可以通过有限 Larmor 半径效应、剪切轴向流和有限电阻率[12]来增强。在最后一种情况下,稳定性由等离子体的阻抗 S 确定:

$$S = \frac{8.2 \times 10^{24} I^4 r}{Z(Z + T_i + T_e)^{\frac{1}{2}} A^{\frac{1}{2}} n_i^2 \ln \Lambda} < 100$$

式中,Z(原子电荷) = 1;A 为常数。

关于 Z 箍缩等离子体柱稳定性的实验和理论结果如图 15.3 所示。离子 Larmor 效应在很大程度上与密度有关,而碰撞效应则与 Hall 效应、电阻率和黏性相关区域有关,其边

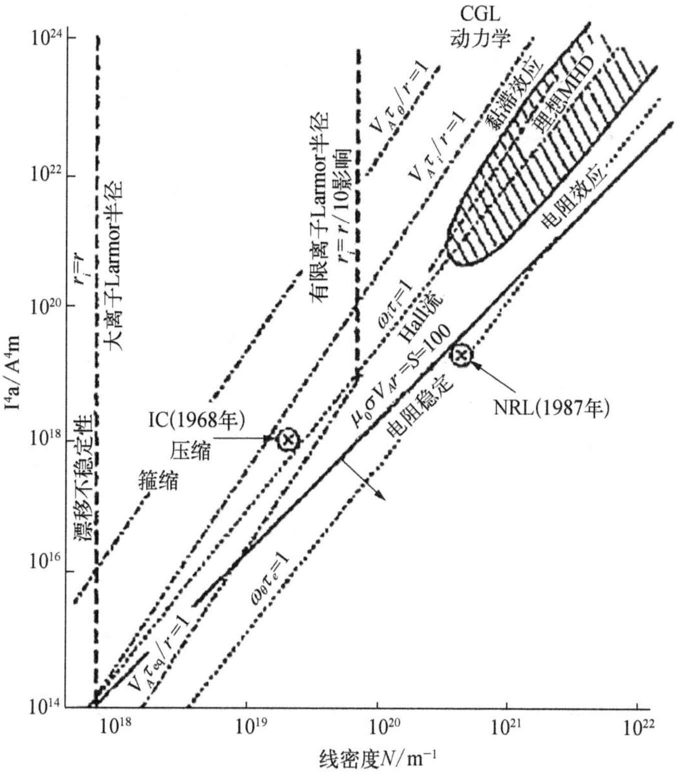

图 15.3　D-T 的 Z 箍缩稳定性范围[8]

界与电流和密度的增加呈线性关系。图 15.3 中,CGL 是动力学 MHD 模型,IC 和 NRL 是实验室结果。

(3) 近期应用:稠密(线性)Z 箍缩 X 射线源。在 Z 箍缩装置中的稠密等离子体发生的剧烈加热可以用来研究聚变反应中的中子产生,并且也可以作为独立的 X 射线源进行研究[8]。在 Marx 发生器装置中,由于提供了更高强度的放电电源,中子和 X 射线的产生被增强。有研究人员利用环绕线阵列来诱发 Z 箍缩放电,从而显著增强 X 射线的产生。在线阵列放电中,传输高电流的单根线可以产生金属等离子体,产生的等离子体沿轴线传播,而导线之间的间隙可以形成等离子体的有效沟道,可以在较小的间隙内加强内爆,从而增强 X 射线的产生[13,14]。从动力学的角度来看,等离子体有三个组成部分:前体等离子体(40%~50%)、主内爆区(10%~30%)和尾随质量(30%~40%)。径向内爆轨迹对应于等离子体的部分占比(10%)。Lebedev 等[15]的研究表明,初始点在 R_0,起爆后半径 r、时间 t 处的质量的径向分布为

$$\rho(r,\ t) = \frac{\mu_0}{8\pi^2 R_0 r V_A^2}\left[I\left(t - \frac{R_0 - r}{V_A}\right)\right]^2$$

式中,I 为时刻为 $\left(t - \dfrac{R_0 - r}{V_A}\right)$ 的电流;V_A 为 Alfven 速度。

前驱等离子体在轴上停滞,但是随后的主内爆等离子体电流到达轴上的停滞位置时,发生增强的 X 射线脉冲。这些高强度内爆的轨迹如图 15.4 所示,驱动内爆的电流和 X 射线的发射过程如图 15.5 所示。

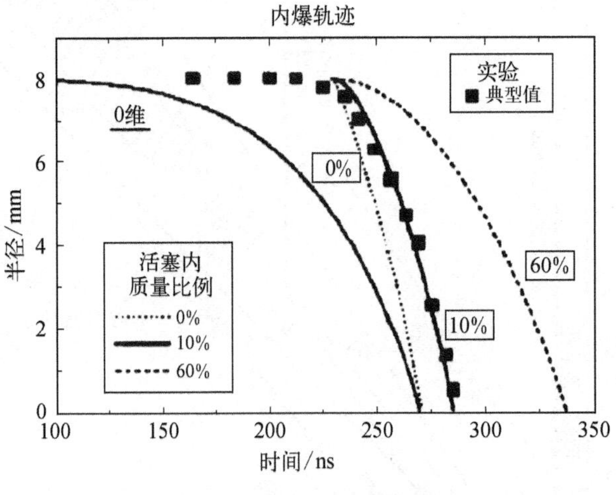

图 15.4　32 线阵的内爆轨迹[8]

在能量沉积过程中,调节时间的顺序非常重要,平衡时间 $\tau_{eq}(i-e)$ 大于黏性加热时间(Alfven 传输时间),黏性加热时间 τ_{visc} 大于离子-离子碰撞时间 τ_{ii}:

$$\tau_{eq}(i-e) = \frac{3m_i(4\pi\varepsilon_0)^2}{8(2\pi m_e)^{1/2} e^{5/2}} \cdot \frac{T_e^{1/2}}{Z^2 m_e \ln\Lambda} > \tau_{visc} = \frac{a}{V_A} \gg \tau_{ii}$$

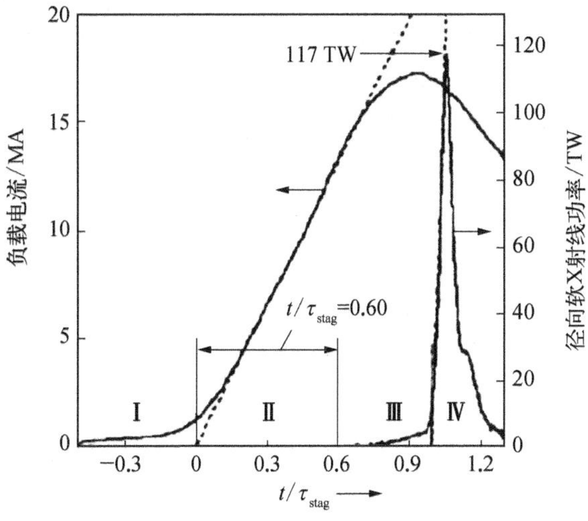

图 15.5　显示四个相位的线阵的电流和功率[8]

小结：对箍缩放电中的箍缩物理、箍缩动力学、加热和约束物理的研究是可控核聚变研究的基础。不同类别的物理贡献的顺序可以按主题进行总结，如图 15.6 所示。

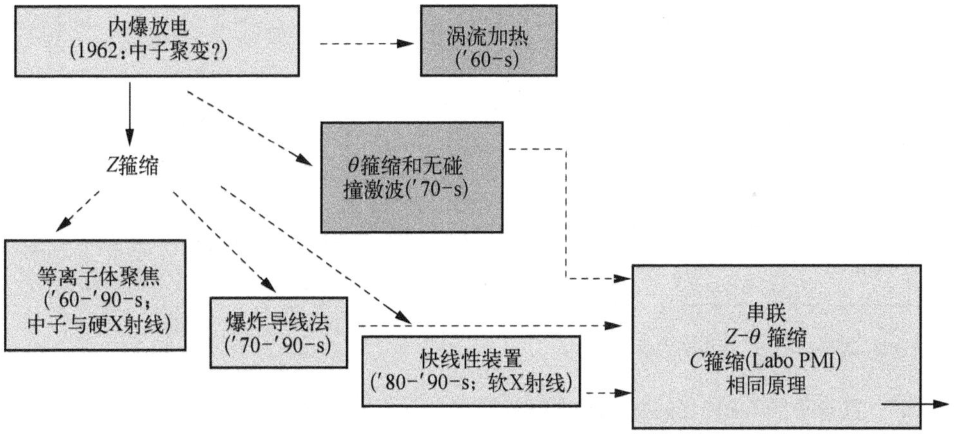

图 15.6　内爆放电研究进展概述[16]

15.3　附加环形场构型——等离子体参数和装置发展

1955 年，联合国召开"第一届和平利用原子能国际会议"之后，于 1958 年举行的"第二届和平利用原子能国际会议"上组织了一个论坛，在该论坛中，各国详细报告了发展磁约束装置的方案，最重要的是纳入了苏联的研究成果[17]。苏联的聚变研究在概念上与西方相似，但其研究成果在国际上并不为人所知。1956 年，Kurchatov（苏联）在英国原子能机构的一次演讲中及后来的一份出版物中提到，与西方的研究报告相反，他们在 Z 箍缩装置上并没有达到聚变条件——是由于中子发射，后来被定义为由于不稳定性[18]。此后，苏联可控核聚变的研究得到了关注。值得注意的是,第一次“国际原子能机构聚变能国际会议”(1961 年)上,苏联作了关于磁流体稳定的最小 B 磁约束构型的演讲,第二次“国际原子能机构聚变能国际会议”(1965 年)提出了托卡马克磁场构型(tokamak,具有轴向磁场的环形室)TM-1、TM-2、T-2、T-3 和 T-5 的研究结果。一个重要的进展是,据报道,θ 箍缩实验中达到了 keV 的等离子体温度。在第三次“国际原子能机构聚变能国际会议”(1968 年)上,突破性的研究报告称,在 T-3 上实现了更长时间(ms)的约束、千电子伏特温度 $T_e > 1$ keV 和限制时间 $\tau_E > 50\ \tau_{\text{Bohm}}$(Bohm 扩散时间),后来通过了权威的 Western(Thomson 散射)诊断试验,温度被加以证实。托卡马克利用了强得多的环形磁场来实现等离子体稳定,从而取得了这些进展,这种独特的方法也为后来的聚变物理研究创造了一个新的框架。

15.3.1 托卡马克

图 15.7 展示了托卡马克环向磁场的整体几何构型和相对于主轴的磁场函数。图 15.8 显示了托卡马克约束构型中等离子体压力的径向分布,以及约束截面上的极向和环形磁场强度。

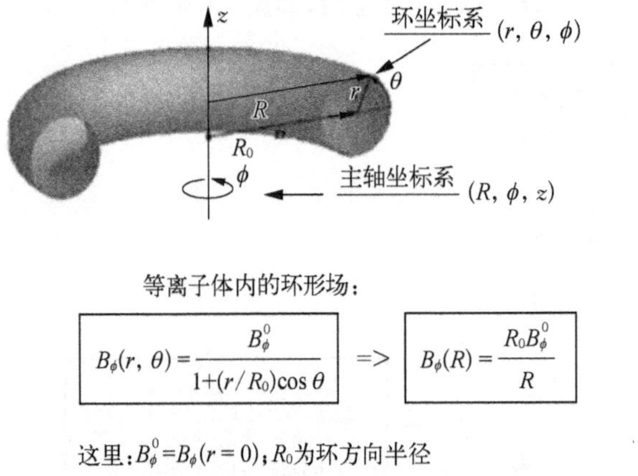

图 15.7 托卡马克环向磁场的整体几何构型[19]

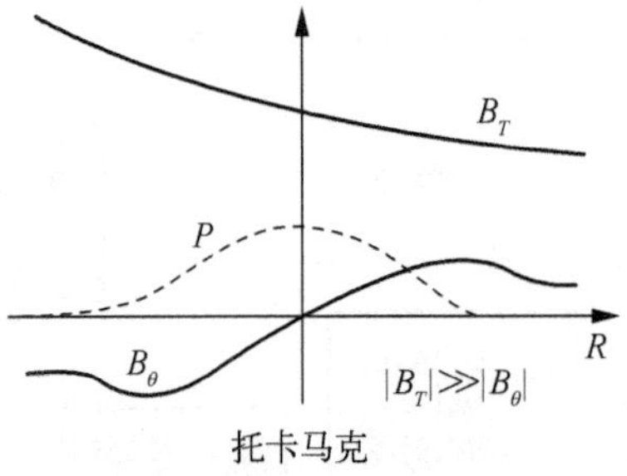

图 15.8 托卡马克磁场和等离子体压强的径向分布[10]

磁约束构型的最终目标是建立平衡,这种情况下等离子体压力和磁压力必须平衡。托卡马克磁场的几何结构的描述可参考文献[19],一根封闭的磁力线在环向上的投影长度为

$$l_t = \int \mathrm{d}l_t = \int \frac{B_t}{B_p}\mathrm{d}l_p$$

在一个极向(p)圈中可得:$l_t = 2\pi r_p(B_t/B_p)$,在一个极向圈中,将环向(t)圈的个数定义为安全因子,公式为

$$q = \frac{l_t}{2\pi R_t} = \frac{r_p B_t}{R_t B_p}$$

这是保证磁约束等离子体稳定的一个重要参数，当 q 取典型值 3 时，有

$$\left(\frac{B_p}{B_t}\right)=\frac{r}{3R}\approx 0.1$$

托卡马克环形构型中，磁场平衡要求定义特定的坐标和函数形式[20]。在柱坐标 $(r,\ \phi,\ z)$ 系中[5]，定义磁面 ψ，ψ 满足如下条件：

$$\psi = rA_{\phi}(r,\ z)$$

式中，A_{ϕ} 为磁矢势的分量，并且

$$rB_r = -\frac{\partial\psi}{\partial z}$$

以及

$$rB_z = \frac{\partial\psi}{\partial r}$$

同时有

$$p = p(\psi)$$

计算磁平衡时，一般忽略等离子体的整体运动速度及惯性力，因此得到如下方程：

$$\nabla p = \boldsymbol{J}\times\boldsymbol{B},\quad \nabla\cdot\boldsymbol{B}=0,\quad \nabla\cdot\boldsymbol{J}=0,\quad \nabla\times\boldsymbol{B}=\mu_0\boldsymbol{J}$$

于是有

$$\boldsymbol{J}\cdot\nabla p = 0,\quad \frac{\partial p}{\partial r}\cdot\frac{\partial(B_{\phi})}{\partial z}-\frac{\partial p}{\partial z}\cdot\frac{\partial(rB_{\phi})}{r\partial r}=0$$

那么环向磁场为

$$rB_{\phi} = \frac{\mu_0 I(\psi)}{2\pi}$$

式中，$I(\psi)=I_p$，为 $\psi = rA_{\phi}$ 内的极向电流，等离子体的径向场平衡方程可以表示为

$$L(\psi)+\mu_0 r^2\frac{\partial p(\psi)}{\partial\psi}+\frac{\mu_0^2}{8\pi^2}\frac{\partial[I(\psi)]^2}{\partial\psi}=0$$

其中，

$$L(\psi)=\left[r\frac{\partial}{\partial r}\left(\frac{1}{r}\frac{\partial}{\partial r}\right)+\frac{\partial^2}{\partial z^2}\right]\psi$$

上式即 Grad-Shafranov 平衡方程。取 p 和 I^2 为 ψ 的二次函数，在等离子体边界处令 $\psi_s=0$，磁轴上 ψ_0 为一个值，则可以写为

$$L(\psi)+(\alpha r^2+\bar{\beta})\psi=0$$

其中，

$$\alpha = \frac{2\mu_0(p_0 - p_s)}{\psi_0^2}$$

以及

$$\bar{\beta} = \frac{\mu_0^2}{4\pi^2}\frac{(I_0^2 - I_s^2)}{\psi_0^2}$$

在环形几何构型中取(r, ϕ, z)为主要参考系，(ρ, ω, ϕ)为等离子体和场坐标系，如图 15.9 所示。

当等离子体的截面和边界壁在$(\rho = a)$为圆形时，则在等离子体边界（R 为圆环的主轴）有

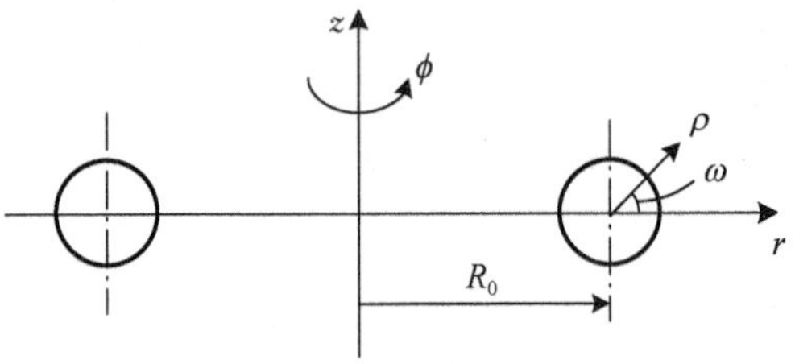

图 15.9　环形坐标和极坐标示意图

$$\psi(\rho, \omega) = \frac{\mu_0 I_p R}{2\pi}\left(\ln\frac{8R}{a} - 2\right)$$

利用这个解可以确定等离子体压强和磁场的平衡性质，这提供了基本托卡马克构型中磁约束的基本描述。de Blank[20]在随后的研究中详细讨论了托卡马克磁场中等离子体的各种力的分量。

15.3.2　反场箍缩

在早期（1968 年）的环形 Z 箍缩实验装置 ZETA 中，研究人员发现了一个相对稳定的等离子体约束结构，这种结构在靠近外壁的地方有一些反向磁场，但人们对其产生原理尚不清楚。后来，在近轴线的区域，发现半径较大位置下极向磁场反向时产生了自组织的稳定磁场结构。Taylor[21]认为这是一种“最小能量”状态，它是在一定条件下，等离子体和场发生弛豫演化而来的。随后人们开发出了试图利用这种磁场结构的约束装置，并恰当地将其命名为反场箍缩（reversed field pinch，RFP）[22]。图 15.10 显示了 RFP 中磁场和等离子体压力的径向变化，其中环向场和极向场的量级相同，安全因子 $q \sim B_z/B_\theta < 1$。

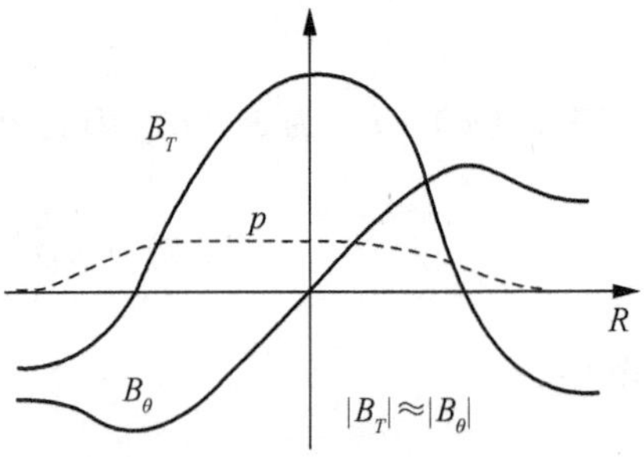

图 15.10　RFP 中磁场 B_T 和 B_θ 及等离子体压力 p 的径向变化[10]

RFP 磁场结构在反应堆结构中有许多有利于约束和加热的特性[23]，最显著的效果是对高 β 等离子体的有效约束。RFP 的独特之处在于，稳定构型从最初的不稳定箍缩构型演化而来（通过 MHD 松弛），在这里关注几个基本物理机制。

Taylor[21]提出了最小能量弛豫态的概念。在这个理论中，等离子体最初被限制在磁场中，在有限电阻率和磁力线的局部重联作用

下，磁场的几何结构自发产生变化，从而达到一个更稳定的状态。根据 Miyamoto[5] 的基本分析，磁场由磁矢势 $\boldsymbol{B} = \nabla \times \boldsymbol{A}$ 表示，磁表面包围内的磁螺旋度定义为：$K_T = \int_V \boldsymbol{A} \cdot \boldsymbol{B} \mathrm{d}V$（磁矢势 A 与磁感应强度 B 的点乘积的空间积分）。当等离子体被导电线圈环绕时，$(\boldsymbol{B} \cdot \boldsymbol{n}) = 0$，$(\boldsymbol{E} \times \boldsymbol{n}) = 0$，其中 $\boldsymbol{n}$ 垂直于表面。

可以确定磁螺旋度 K_T 的变化率为

$$\frac{\partial K_T}{\partial t} = -2\int_V \boldsymbol{E} \cdot \boldsymbol{B} \mathrm{d}V$$

应用 Ohms 定律：

$$\frac{\boldsymbol{J}}{\sigma} = \boldsymbol{E} + \boldsymbol{V} \times \boldsymbol{B}$$

于是有

$$\frac{\partial K_T}{\partial t} = -2\int_V \frac{\boldsymbol{J}}{\sigma} \cdot \boldsymbol{B} \mathrm{d}V$$

Taylor 假设整个等离子体区域的螺旋度 K_T 是恒定的，这就允许了磁场重构，因此

$$\delta K_T = 2\int_V (\boldsymbol{B}_0 \cdot \delta \boldsymbol{A}) \mathrm{d}\boldsymbol{r}$$

式中，$\mathrm{d}\boldsymbol{r}$ 为体积单元。

在无力场（$\boldsymbol{J} \times \boldsymbol{B} = \nabla p = 0$，$\boldsymbol{J} \parallel \boldsymbol{B}$）等离子体中，用待定因子法可以在数学上定义最小能量条件，凭借这个条件，可以得到柱坐标下的解为

$$B_r = 0, \quad B_\theta = B_0 J_1(\lambda_r), \quad B_z = B_0 J_0(\lambda_r)$$

式中，$J_i(i = 0, 1)$ 为 Bessel 函数。

两个用来定义 RFP 性质的参数分别为箍缩参数 $\bar{\theta}$ 和反转比 F，可以表示为

$$\bar{\theta} \equiv \frac{B_\theta(a)}{\langle B_z \rangle} = \frac{\lambda a}{2}, \quad F \equiv \frac{B_z(a)}{\langle B_z \rangle} = \bar{\theta}\frac{J_0(2\bar{\theta})}{J_1(2\bar{\theta})}$$

式中，$\langle B_z \rangle$ 为 B_z 的体积平均；在 Taylor 模型中，$\lambda = \dfrac{\mu_0 \boldsymbol{J} \cdot \boldsymbol{B}}{B^2} = \dfrac{(\nabla \times \boldsymbol{B}) \times \boldsymbol{B}}{B^2} =$ 常数。

RFP 等离子体的另一个独特性是，实验中发现，在弛豫过程中再次产生了环向流[24]，对这种行为的研究主要集中在涨落和反常输运上，以促进对磁流体发电机的理解。

15.3.3　仿星器

仿星器是一种环形构型，利用外部线圈产生磁场来使等离子体保持稳定，这一概念最早来源于早期（1951 年）尝试使用附加磁场结构控制磁流体不稳定性的方法[25]。与托卡

马克(T-3)相比,实验中仿星器的约束时间有限,等离子体温度相对较低。然而,在外部稳定的布局结构中,仿星器有一个天然的优势,那就是它可以在不存在等离子体电流不稳定性的情况下实现稳态运行。仿星器的磁场结构通常是螺旋状的,如图 15.11 所示。

这里将再一次着重于对仿星器内部的磁约束平衡进行基本分析,简要概述文献[5]中研究的约束磁场。在柱坐标系(r, θ, z)中,可以用$(r, \phi = \theta - \delta\alpha, z)$表示磁场,这里$\alpha > 0$且$\delta = \pm 1$。磁矢势$\boldsymbol{A}$满足$\boldsymbol{B} = \nabla \times \boldsymbol{A}$,磁面可定义为

$$\psi = A_z + \delta\alpha r A_\theta = \delta\alpha r A_\theta = 常数$$

该结构中的一个关键因素是螺旋线圈的旋转变换角,环形线圈和螺旋线圈的几何形状如图 15.12 所示。

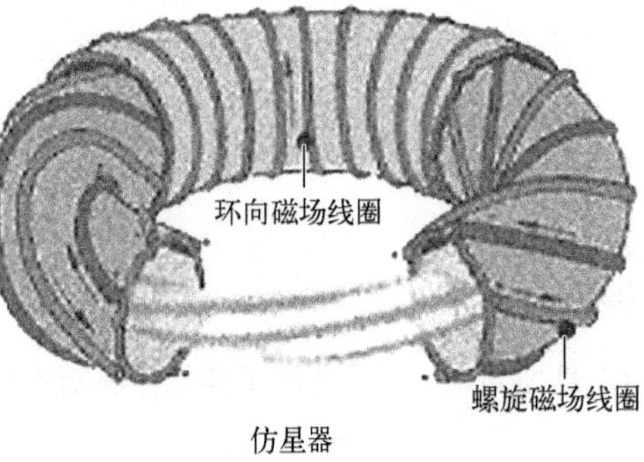

图 15.11 带外稳定线圈的仿星器磁场约束示意图[19]

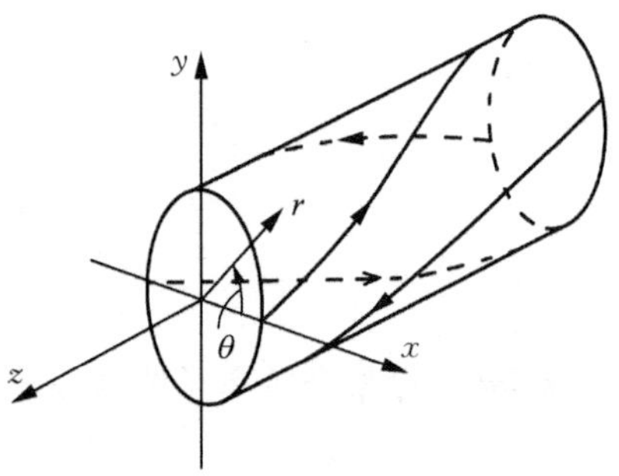

图 15.12 产生稳定场的仿星器线圈电流示意图[5]

磁力的线可以定义为

$$\frac{\mathrm{d}r}{B_r} = \frac{r\mathrm{d}\theta}{B_\theta} = \frac{\mathrm{d}z}{B_z}$$

旋转变换角(i)为

$$\frac{r \cdot (i)}{2\pi R} = \left\langle \frac{r\mathrm{d}\theta}{\mathrm{d}z} \right\rangle = \left\langle \frac{B_\theta}{B_z} \right\rangle$$

式中,$\langle \cdots \rangle$表示z轴上的平均值。

使用修正 Bessel 函数的展开式:

$$\frac{(i)}{2\pi} = \delta\left(\frac{b}{B}\right)^2\left(\frac{1}{2^l l!}\right) l^5(l-1) \propto R[(l+r)^{2(l-2)} + \cdots], \quad l \geqslant 2$$

式中,b是由于螺旋电流产生的场;l是定义螺旋场的极化数($l=2$代表标准仿星器)。

磁场沿力线的变化如图 15.13 所示。对离子在螺旋场中的行为进行了详细研究,离子轨迹表现出独特的(香蕉)运动轨道如图 15.14 所示(图中v_h为极方向漂移速度,v_V为环向漂移速度)。

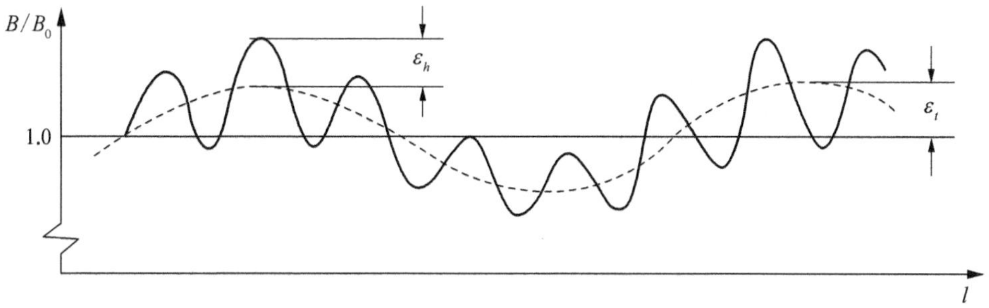

图 15.13 磁场 B 沿磁力的线 l 的变化[5]

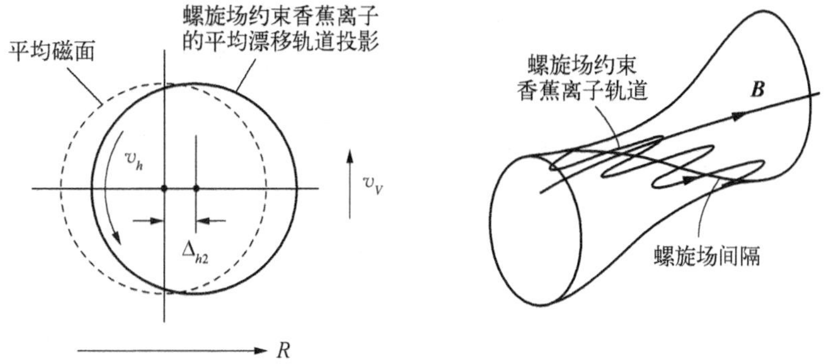

图 15.14 螺旋场中的离子轨道(香蕉轨道)

15.4 紧凑型环流器——等离子体参数及装置发展

达到聚变状态的磁约束加热等离子体技术路径需要大量的外部材料和电结构,考虑到反应堆相关的设备,这为整体装置尺寸和规模带来了困难。在物理研究和概念设想上,相关人员提出了更简单、外部结构不复杂的替代装置。追溯到 20 世纪 50 年代对等离子体脉冲加热和压缩的研究工作,相关人员就对一些独特的结果和概念开展了实验研究,其应用如今已经变得非常重要。例如,Alfven 等[26]通过实验研究了同轴等离子体枪,Wells[27]研究了锥形 θ 箍缩,并定义了磁化等离子体环,证明了环向和极向通量的自转换及环形磁场的演化。这种机制与 Taylor[28]阐述的磁通量可以弛豫到寿命更长的最小能量态有关。

紧凑环流器是指没有外部结构的、具有环形对称性的闭合磁场几何构型[29]。其中,有两类重要的构型值得关注: ① 场反位(field reversed configurations,FRC)型,从俘获场 θ 箍缩演化而来的最成功的装置;② 球马克,在装置边界上,无环向磁场、等离子体处于松弛状态的磁场约束。这些放电类型的优点是可以产生尺寸更小(紧凑型)、用磁场约束的等离子体,这样就可以发展成为一个质量较小的核反应堆。

15.4.1 场反位型

FRC 是含一种拥有忽略的环形磁场（B_θ）和由环向等离子体电流维持的闭合极向磁场（B_r, B_z）的紧凑型环流器[29]，研究人员在对具有俘获反场的 θ 箍缩放电的研究中发现了一种磁约束环的形成，Intrator 等在综述中对此进行了描述[30]。这种物理行为是很自然的结果，因为预电离状态下的 θ 箍缩放电将捕获预电离(pre-ionization, PI)反场，并在线圈轴上进行磁场重联(图 15.15，显示极向和环形磁场，以及磁尖/磁镜线圈)。

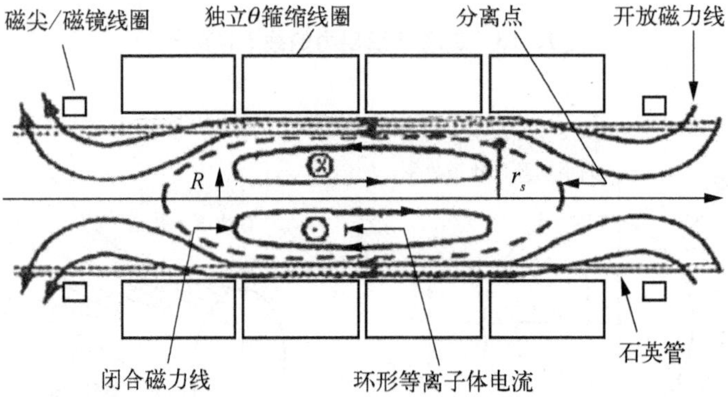

图 15.15 柱面几何示意图[30]

等离子体和场平衡的基本分析可参阅文献[31]，这里将根据上述几何结构(图 15.15)进行简要总结。场反构型的安全因子是 $q = B_p/B_t \gg 1$。可以使用相对半径和长度描述等离子体行为：r_s 定义为分离线的半径(i 和 o 分别表示等离子体的内半径和外半径)，r_w 为壁半径，l_s 为等离子体半径中部位置对应的长度。分界线外的磁通定义为 Φ_0，线内为 Φ。由于磁通守恒，闭合磁力线内的通量体积为

$$V_\Phi = \Phi\left(\oint_c \frac{\mathrm{d}l}{B}\right)$$

径向力平衡关系为

$$p(\Phi) + \frac{[B(\Phi)]^2}{2\mu_0} = \frac{B_w^2}{2\mu_0}$$

使用如下近似：

$$\oint_c \frac{\mathrm{d}l}{B} \approx \frac{l}{B}$$

于是可得

$$\frac{l}{B} = \frac{2l}{\{2[p_m - p(\Phi)]\}^{1/2}}$$

式中，p_m 是磁轴上(在 $r_s/\sqrt{2}$ 位置)的最大压力。

对于紧凑型环流器中的等离子体,可以写出一个轴向力平衡的关系式:

$$\left[\int_0^{r_s}2\pi r\left(p-\frac{B^2}{2\mu_0}\right)\mathrm{d}r+\int_{r_s}^{r_w}2\pi r\left(-\frac{B_0^2}{2\mu_0}\right)\mathrm{d}r\right]=\left[\int_0^{r_w}2\pi r\left(-\frac{B_{\mathrm{ext}}^2}{2\mu_0}\right)\mathrm{d}r\right]$$

式中, B_0 指等离子体中间面; B_{ext} 指紧凑环流器的末端。

通量守恒的表达式可以写为

$$\pi r_w^2 B_{\mathrm{ext}}=\pi(r_w^2-r_s^2)B_0$$

引入流体动压和磁压的平均比,如下:

$$\langle\beta\rangle=\left[\int_0^{r_s}2\pi rp\mathrm{d}r\right]\Big/\left[\frac{2\mu_0}{B_0^2\pi r_s^2}\right]$$

可以估算平均 β 参数为

$$\langle\beta\rangle=1-\frac{1}{2}\left(\frac{r_s}{r_w}\right)^2=1-\frac{x_s^2}{2}$$

因此,分离线半径 r_s 值越小, $\langle\beta\rangle$ 越小,这表明等离子体的参数梯度越大,能量和粒子的损失就越大。

形成稳定的 FRC 之后,需要完成等离子体的压缩和加热才能实现聚变条件。利用力平衡和内禀热力学概念,在紧凑环形线圈等离子体装置上,对特性标度关系进行了估算[31],这些关系包括定义俘获极向通量的轮廓指数 ε(典型值 ≈ 0.25)。对于绝热通量压缩,分界线半径 r_s 与该项有关,一些代表性的参数标度如下,其中 $x_s=\frac{r_s}{r_c}$。

紧凑环形线圈等离子体装置参数	参数标度
$l_s=2Z_s$	$\sim x_s^{2(4+3\varepsilon)/5}\langle\beta\rangle^{-(3+2\varepsilon)/5}r_c^{2/5}$
n_m	$\sim x_s^{-6(3+\varepsilon)/5}\langle\beta\rangle^{-2(1-\varepsilon)/5}r_c^{-12/5}$
T	$\sim x_s^{-4(3+\varepsilon)/5}\langle\beta\rangle^{2(1-\varepsilon)/5}r_c^{-8/5}$

可以看出,长度、密度和温度与分离半径 $x_s\left(x_s=\frac{r_s}{r_c}\right)$ 密切相关。

当等离子体环流转换到主要加热或能量交换应用过程时,以速度 v_z 运动的环流的总能量等于热能和转换能量之和,即

$$E=5k_BT+m_iv_z^2$$

其中,

$$T=T_e+T_i$$

绝热关系允许热运动速度与磁场能量交换[31],即

$$v_z=\left[5\frac{k_B\Delta T}{m_i}+2\frac{\Delta E_{BV}}{Nm_i}\right]^{1/2}$$

式中，$E_{BV}=[B_{z_0}^2/(2\mu_0)]\pi r_0^2 L$，$L$ 是长度；N 为离子数。

在 MTF 装置中，FRC 从形成区变为压缩室，在压缩室内加热达到聚变条件；收敛和通量守恒的完成过程见图 15.16。

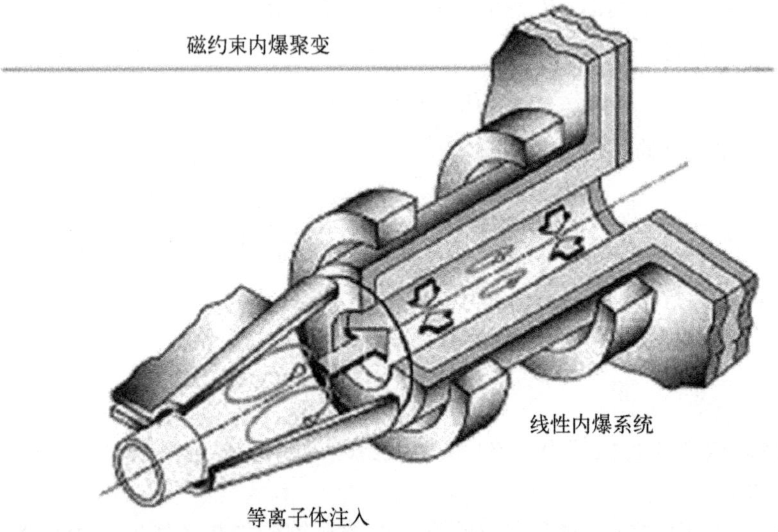

图 15.16　显示等离子体形成区域和线性内爆截面的 MTF 装置示意图[31]

当膨胀和压缩过程发生时，根据已有的物理定律，磁通量、粒子和热能都会产生固有损失。紧凑环流器的分离线半径满足[31]：

$$r_s=(z_c)^{1/2}\left[\frac{\Phi_p}{\pi r_c^2 B_l}\right]^{\frac{1}{(3+\varepsilon)}}$$

式中，Φ_p 为极向通量。通常，在转换和加热过程中，r_s 会降低约 20%。

15.4.2　球马克

球马克是一种紧凑型的等离子体环流器，其环向和极向磁场强度相当（安全因子 $q\approx 1$），磁场由等离子体中流动的电流产生，在环流器的中心没有任何材料连接[32-34]。球马克是从不同的初始状态的等离子体结构演化而来的自组织的结果，是最小能量状态演化的结果[28]。

紧凑环面实验装置[29]中球马克的结构示意图如图 15.17 所示，该装置利用等离子体枪启动放电。

考虑等离子体和场几何位形等基本过程[33]。想要形成球马克，长度反转参数必须超过阈值 $\lambda_{\text{th}}=\dfrac{\mu_0 I_{\text{gun}}}{B_{\text{gun}}\pi r^2_{\text{inner}}}$。球马克中的环形磁场在边界处消失，平衡方程为

$$\nabla p=\boldsymbol{J}\times\boldsymbol{B}$$

假设无力状态，即 $\boldsymbol{J}\times\boldsymbol{B}=0$，则可以得出：

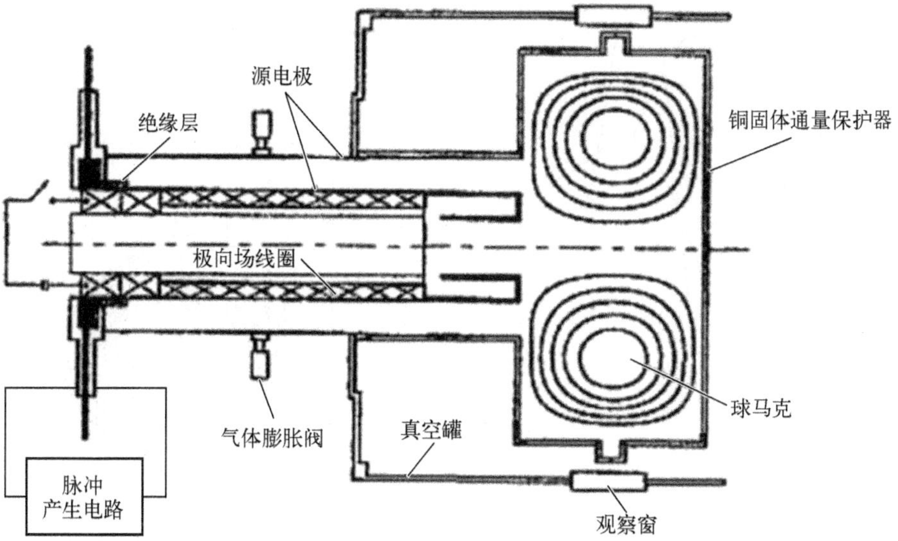

图 15.17　带有同轴等离子体枪和通量保护器的紧凑环面实验示意图[29]

$$\nabla \times \boldsymbol{B} = \lambda \boldsymbol{B} = \mu_0 \boldsymbol{J}$$

式中，λ 为描述平衡状态的反转长度参数(常数 λ 对应最小能量状态)。

对于闭合的完全导电的右旋圆柱解析解已推导出[33]，其中极向通量的空间变化表达式如下：

$$\Phi = B_0 \frac{r}{k_r} J_1(k_r r) \sin(k_z z)$$

式中，B_0 为常数；J_1 为贝塞尔函数。

通过形式上的 $\Phi = \int \boldsymbol{B} \cdot \mathrm{d}\boldsymbol{A}$，可以直接确定分量 B 的值。场的结构是几何和极向通量的函数，其中

$$\lambda = [k_r^2 + k_z^2]^{1/2}, \quad k_z = \frac{\pi}{L}, \quad k_r = \frac{3.8}{R}$$

式中，R 为半径；L 为容器长度。

对于更复杂的几何结构和特定的实验，使用计算结果可以更直观地理解场和等离子体[35]。坐标系和计算区域如图 15.18 所示。

对于缓慢形成实验的最优匹配，图 15.19 显示了极向场、环向场和极向通量径向变化的计算结果。图 15.20 给出了针对磁通表面的解的一般拓扑形状，特别是靠近等离子体轴的磁通表面几乎是圆形的。

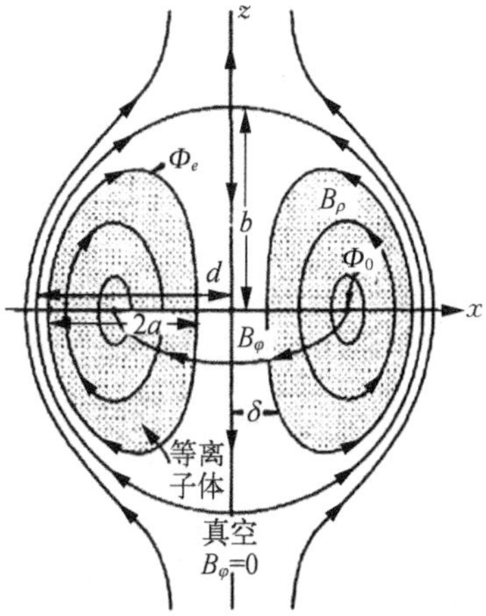

图 15.18　球马克的几何结构和坐标系[35]

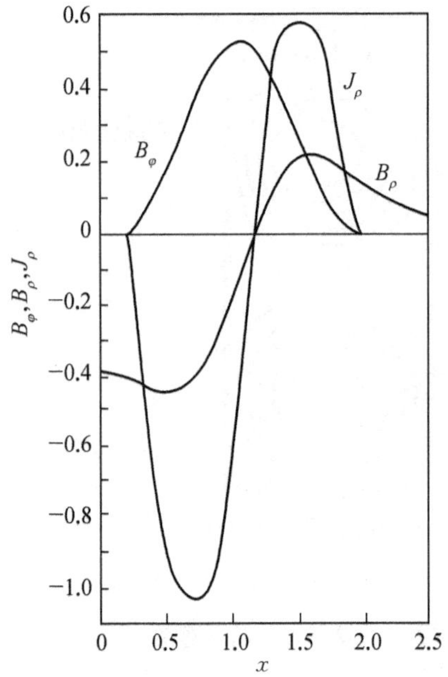

图 15.19　中面上磁场的径向变化和电流密度

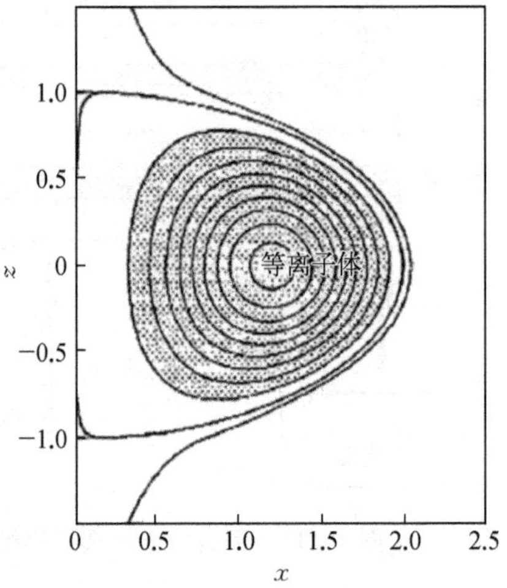

图 15.20　中面上的磁通量分布

15.5　反应堆概念描述

受控磁约束聚变装置的目标是从聚变过程中释放出可转化为核反应堆装置可用的能量,最容易实现的核反应是氘氚反应,即

$$^2_1\mathrm{D} + ^3_1\mathrm{T} \rightarrow ^4_2\mathrm{He}(3.25\ \mathrm{MeV}) + ^1_0 n(14.08\ \mathrm{MeV})$$

氦核 (α) 粒子的动能可以转换成有用的(热)形式。如前所述,通常用于描述有用能量释放的参数是 Q,聚变功率 P_α 与损耗功率 P_{Loss} 的比值,即

$$\frac{P_\alpha}{P_{\mathrm{Loss}}} = \frac{1}{1 + \frac{5}{Q}}$$

当 $P_\alpha = P_{\mathrm{loss}}$ 时,系统才能达到可以自持的点火条件。

ITER 计划[36]是一项跨国(欧盟、中国、韩国、印度、日本、俄罗斯、美国)工程研究项目,该项目协议于 2006 年获得批准,预计将持续 30 年,该设施位于法国卡达拉什(Caderache),组装工作于 2020 年开始,现在仍在进行中。

ITER 项目中有许多程序化的子项目,并且都是独一无二和具有挑战性的:物理、工程、设计、施工和管理,文献[37]中对这些方面进行了一些常识性的讨论。

ITER 实验的设计目的是产生超过运行所需的能量,它将消耗反应物(燃烧)并产生在 $Q \geqslant 10$ 下运行的等离子体,即产生的能量是达到聚变条件所需能量的 10 倍。环形反应器腔室的体积约为 840 m^3，它将产生 500 MW 的功率；预期运行时间为 1 000 s。

关于 ITER 计划，有许多重要的等离子体物理问题亟待研究[3]。环形电流的约束和加热试验上将有两种不同的操作模式：① 感应驱动电流持续 400 s 模式；② 无感应电流驱动（中性束和射频加热）的稳态燃烧模式。这些新的模式将有助于更好地理解与高能粒子和自持加热有关的物理学。ITER 实验的一项关键技术是将偏滤器并入反应堆，这样将更好地去除杂质和更方便的补充燃料。ITER 装置的基本工作参数和等离子体参数见表 15.1。

表 15.1　ITER 装置的基本工作参数和等离子体参数

小半径	2.0 m
大半径	6.2 m
环形磁场强度（中心轴 R_0 处）B_r	5.3 T
等离子体电流 I_p	15 MA
初始等离子体加热功率	73 MW
电子数密度	1.1×10^{20} m^{-3}
电子温度	8.9 keV
离子温度	8.1 keV
聚变能量	500 MW
脉冲持续时间（感应模式）	400 s

参 考 文 献

[1] Glasstone S. Fusion Energy. Washington D C: Department of Energy, 1980.

[2] Lawson J D. Some criteria for a power producing thermonuclear reactor. Proceedings of the Physical Society, 1957, 70: 6-10.

[3] Green B J, ITER team. ITER: burning plasma physics experiment. Plasma Physic Controlled Fusion, 2003, 45: 687-706.

[4] Freidberg J. Plasma physics and fusion energy. Cambridge: Cambridge University Press, 2007.

[5] Miyamoto, K. Fundamentals of plasma physics and controlled fusion. Cambridge: MIT, 1989.

[6] Chen F F. Introduction to Plasma Physics and Controlled Fusion. 2nd ed. New York: Plenum, 1984.

[7] Bennett W H. Magnetically self-focussing streams. Physical Review, 1934, 45(12): 890-897.

[8] Haines M G. A review of the dense Z-Pinch. Plasma Physics and Controlled Fusion, 2011, 53: 1.

[9] Thomson G P, Blackman M. Improvements in or relating to gas discharge apparatus for producing thermonuclear reactions. UKAEA. Patent application, 1947.

[10] Sykes A. The development of the spherical tokamak. Roma: 4th IAEA Technical Meeting on Spherical Tori, 2008.

[11] Kodamstev B B. Hydromagnetic stability of a plasma. New York: Consultants Bureau, 1966.

[12] Haines M G, Coppins M. A study of the stability of the Z-pinch. Physical Review Letter, 1995, 5: 3285.

[13] Beg F N, Lebedev S V, Bland S N, et al. The effect of current prepulse on wire array Z-pinch implosions. Physics of Plasmas, 2002, 9(1): 375 - 377.

[14] Cuneo M E, Waisman E M, Lebedev S V, et al. Characteristics and scaling of tungsten-wire-array Z-pinch implosion dynamics at 20 MA. Physical Review E Statistical Nonlinear and Soft Matter Physics, 2005, 71: 100 - 119.

[15] Lebedev S V, Beg F N, Bland S N, et al. Effect of discrete wires on the implosion dynamics of wire array Z-pinches. Physics of Plasmas, 2001, 8(8): 3734 - 3747.

[16] Larour J. Approach to fusion with Z-Pinches: history and recent developments. Palaiseau: Laboratoire de Physique Plasmas.

[17] U N. Proceedings of the 2nd UN Conference on Peaceful Uses of Atomic Energy (Geneva). New York, 1958.

[18] Kurchatov I V. On the possibility of producing thermonuclear reactions in a gas discharge. Journal of Nuclear Energy, 1957, 4(2): 193 - 202.

[19] McMillan B F. Lecture slides for PX438 physics of fusion power. Coventry: Warwick University, 2012.

[20] de Blank H. Plasma equilibrium in tokamaks. Fusion Science and Technology, 2012, 61 (2): 89 - 95.

[21] Taylor J B. Relaxation of toroidal plasma and generation of reversed magnetic. Physical Review Letter, 1974, 33: 1139.

[22] Bodin H A B. The reversed field pinch. Nuclear Fusion, 1990, 30(9): 1717.

[23] Bodin H A B, Krakowski R A, Ortolani S. The reversed field pinch: from experiment to reactor. Fusion Technology, 1986, 10: 307 - 353.

[24] de Baker D A, 1982. Performance of the ZT-40 RFP with an Inconel Liner. Baltimore: Proceedings of the Plasma Physics and Nuclear Fusion Research Conference, IAEA-CN-4/H-2-1: 587 - 597.

[25] Spitzer L A. The stellarator concept. Physics of Fluids, 1958, 1: 253.

[26] Alfven H, Lindberg L, Mitlid P. Experiments with plasma rings. Physics of Plasma, 1960, 1: 116.

[27] Wells D R. Axially symmetric force-free plasmoids. Physics of Fluids, 1964, 7: 826.

[28] Taylor J B. Relaxation and magnetic reconnection in plasmas. Reviews of Modern Physics, 1986, 58 (3): 741.

[29] Wright B L. Field reversed configurations and spheromaks. Nuclear Fusion, 1990, 30(9): 1739.

[30] Intrator T P, Park J Y, Degnan J H, et al. A high-density field reversed configuration plasma for magnetized target fusion. IEEE Transactions on Plasma Science, 2004, 32(1): 152 - 160.

[31] Intrator T P, Siemon R E, Sieck P E. Applications of predictions for FRC translation to MTF. Physics of Plasmas, 2008, 15: 042505.

[32] Bellan P M. Spheromaks: a practical application of magnetohydrodynamic dynamos and plasma self organization. London: Imperial College, 2000.

[33] Geddes C G R, Komack T W, Brown M R. Scaling studies of spheromak formation and equilibrium. Physics of Plasmas, 1998, 5: 1027.

[34] Bussac, Rosenbluth M N, Furth H P. Low-aspect-ratio limit of the toroidal reactor: the spheromak. Plasma physics and controlled nuclear fusion research, 1978.

[35] Nuclear Fusion Research. Innsbruck: Princeton University. PPPL Report, 1472.

[36] Okabayoshi M, Todd A M M. A numerical study of MHD equilibrium and stability of the spheromak. Nuclear Fusion, 1980, 20: 571.
[37] Holtkamp N. An overview of the ITER project. Fusion Engineering and Design, 2007, 82(5 - 14): 427 - 434.

第 16 章 空间等离子体环境与等离子体动力学

16.1 引　　言

地球的可观测环境包括大气层、太阳、行星和恒星。太阳是光和能量的主要来源，而且太阳、行星和恒星发出的可见光模式已经为宇宙的复杂构成提供了初步线索。值得注意的是，高纬度地区提供了地球极光的证据，这表明地球表面之外存在着动态物理学。在18世纪中期，人们观察到了剧烈的太阳活动、地磁活动和极光之间的联系[1]。20世纪初，由于电磁波从地球上方的电离层反射，无线电波可以在各大洲之间进行传输。Parker[2]提出了一个连续的等离子体粒子流从太阳外层入射到地球上的猜想，但直到20世纪50年代（Luna 1和Mariner-2）[3]才由实验数据证实。

自从太阳风被发现以来，人们对这种现象的物理意义的认识一直在更新[4]。在物理学中，描述电磁和流体力学特性的区域及演化行为的方程已经得以应用。由于太阳风是从太阳发出的连续带电粒子流，这样的流动将与行星相互作用，并且这种相互作用将因为行星磁场的存在而变化。地球是一个拥有磁场的行星，它在结构上本身就是偶极子。目前可以理解的地球环境和流体动力学如图16.1所示。

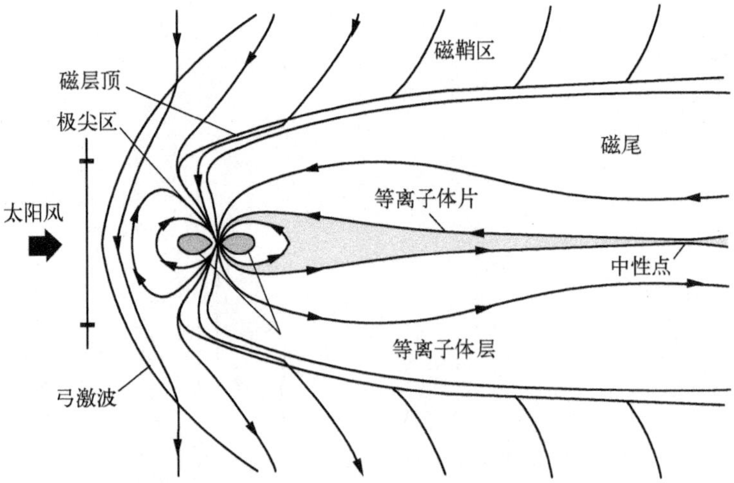

图 16.1　太阳风与地球磁场相互作用示意图[5]

图16.2显示了一个更大的视角，强调磁层结构的上游压缩和下游的尾部延伸过程。太阳

风和由此产生的近地磁层环境的相互作用如图 16.2 所示,其主要特征是围绕磁层顶部形成的流体弓击波。在磁层内,研究的重点区域是离地球表面最近的辐射带、等离子体层和电离层。

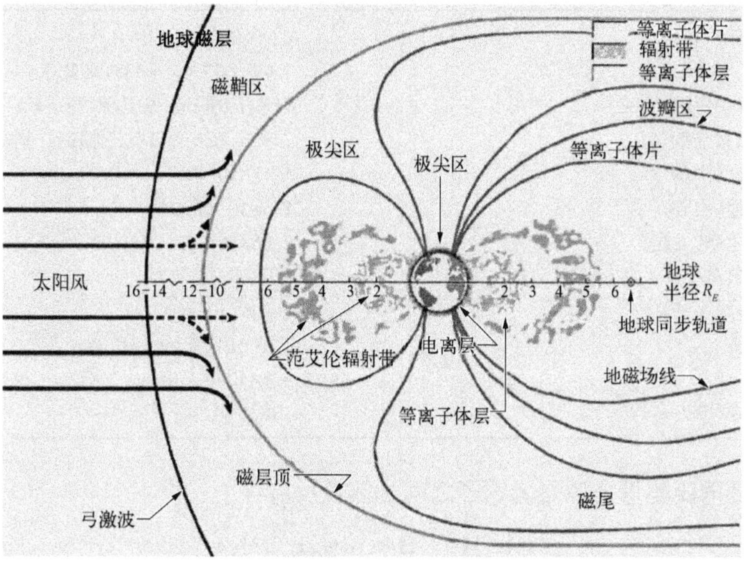

图 16.2　近地磁层环境的相互作用示意图[6]

本节介绍的主题较为宽泛,文献[4]、[7]~[10]中有详细介绍。下面将概述作为地球空间环境一部分的等离子体的基本现象和其相互关系。

16.2　太阳风与地磁等离子体流

太阳风来自太阳,太阳是一颗具有平均质量、性质稳定的恒星。被称为太阳风的粒子流是电磁辐射的来源,来自太阳日冕的流动。

如图 16.3 所示,太阳的物理组成可以通过在距核心不同的半径范围来划分;太阳的

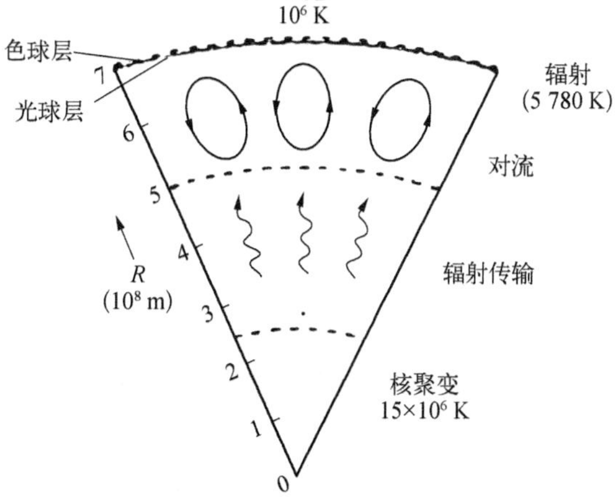

图 16.3　太阳截面显示的不同区域的主要活动[8]

物理性质如表 16.1 所示[8],其中下角标 S 表示太阳,下角标 E 表示地球。

表 16.1　太阳的主要物理性质

半径 R_S	6.96×10^8 m($\simeq 109R_E$)
质量 M_S	1.99×10^{30} kg($\simeq 333\,000M_E$)
组成(粒子比例)	91%H、8%He、1%其他物质($M>4$)
组成(质量分数)	72%H、26%He、2%其他物质($M>4$)
质量密度(平均)	1.41×10^3 kg/m^3($\simeq 0.25\rho_E$)
质量密度(中心)	1.5×10^5 kg/m^3
能量产生率(发光)	3.86×10^{26} W
有效辐射温度	5 780 K
距离地球(平均)	149.6×10^9 m = 1 AU
太阳常数	1.37×10^3 W/m^2(±0.2%)
年龄	4.6×10^9年
预期寿命(总寿命)	10×10^9年

太阳内最重要能量来源是氢原子之间的热核反应:

$$H + H \rightarrow {}^2H + e^+ + 1.2\ \text{MeV}$$

$${}^2H + H \rightarrow {}^3He + \gamma + 5.5\ \text{MeV}$$

$${}^3He + {}^3He \rightarrow {}^4He + 2H + 12.9\ \text{MeV}$$

虽然太阳的核心温度约为 10^7 K,但最容易观测的表面区域的光球层的温度约为 10^4 K,这与黑体辐射计算的结果一致。太阳大气由如图 16.4 所示的不同的层组成,供参考的光球层参数为: T = 5 770 K、n = 10^{14} cm^{-3}, 为弱电离等离子体 (n_e/n_n = 10^{-4})。

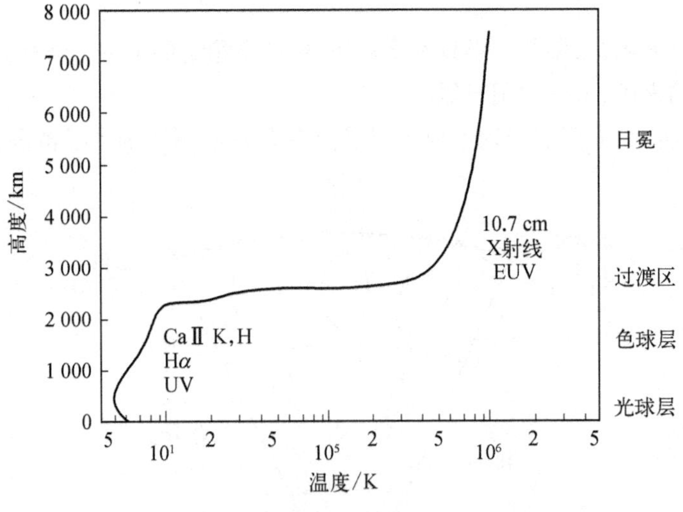

图 16.4　太阳大气的温度分布和辐射产生高度[8]

UV 表示紫外线;EUV 表示极紫外辐射

在过渡区(图 16.4),在 3×10^3 km 左右的高度,等离子体数密度从 10^{14} cm^{-3} 下降到

$10^8 cm^{-3}$，而温度从 10^4 K 上升到 10^6 K，在该区域，气体被完全电离成包含质子和电子的等离子体，等离子体在各个方向的径向膨胀和加速过程是行星际间太阳风的来源。

太阳风膨胀过程：太阳附近的等离子体环境处于静力平衡状态，向外延伸约 $3R_S$ 范围内，密度和温度随高度的变化与模型一致。然而在星际空间，超过这个半径的等离子体行为与气体静止模型不一致。最早建立太阳的相对稳定的等离子体流模型是在 20 世纪 50 年代[2,3]，表 16.2 总结了太阳风等离子体的性质，其速度量级约 500 km/s，远高于估算的约 50 km/s 的声速，因此表明太阳风以高超声速流动。

表 16.2　地球轨道太阳风的平均特性[8]

成　分	$\simeq 96\% H^+$, 4% (0~20%) He^{++}, e^-	
密度	$n_P \simeq n_e$	$\simeq 6$ (0.1~100) cm^{-3}
速度	$v_P \simeq v_e = v$	$\simeq 470$ (170~2 000) km/s
质子流	$n_P v$	$\simeq 3\times10^{12}\ m^{-2}s^{-1}$
动量流	$n_P m_H v^2$	$\simeq 2\times10^{-9}\ N/m^2$
能量流	$n_P m_H v^3/2$	$\simeq 0.5\ mW/m^2$
温度	T	$\simeq 10^5 (3\,500-5\times10^5)$ K
等离子体声速	c_{ps}	$\simeq 50$ km/s
随机速度	$\bar{v}_P$	$\simeq 46$ km/s
	$\bar{v}_e$	$\simeq 2\times10^3$ km/s
离子能量	E_P	$\simeq 1.1$ keV（束流能量）
	E_e	$\simeq 13$ eV（热速度能量）
平均自由程	$\lambda_{P,P} \simeq \lambda_{e,e}$	$\simeq 10^8$ km
库仑碰撞时间	$\tau_{P,P} \approx 30\tau_{e,P}$	>20 天

Parker[2]首先提出了日冕等离子体膨胀的理论模型，延续了 Parks[10]模型的计算。考虑质子和电子体系的等离子体，在球坐标 (r, θ, φ) 中的方程如下。

质量方程：

$$\frac{1}{r^2}\frac{d}{dr}(r^2\rho v) = 0$$

动量方程：

$$\rho v\frac{dv}{dr} + \frac{d\rho}{dr} + \rho G\frac{M_S}{r^2} = 0$$

能量方程：

$$\frac{3}{2}v\frac{\mathrm{d}p}{\mathrm{d}r}+\frac{5}{2}p\frac{1}{r^2}\frac{\mathrm{d}}{\mathrm{d}r}(r^2v^2)=0$$

式中,r 为距太阳中心的距离;ρ 为密度;v 为径向速度;p 为压力。

结合如下公式:

$$p=n_pk_BT+n_ek_BT$$

考虑径向流是由气压差驱动的,$\Delta p=p_S-p_{\text{space}}\approx p_S$,因为 $p_S\gg p_{\text{space}}$。结合能量和动量方程,得到:

$$\frac{v^2-c_s^2}{v}\frac{\mathrm{d}v}{\mathrm{d}r}=2\frac{c_s^2}{r}-g_S\frac{R_S}{r^2}$$

其中,

$$c_s^2=\frac{5}{3}\frac{\rho}{p}$$

为简单起见,假设等温膨胀,膨胀到真空流动将从静态等离子体加速至超声速,数学解可以用来说明与声速有关的奇异点。如果假设太阳引力项很小,那么:

$$\frac{1}{v}\frac{\mathrm{d}v}{\mathrm{d}r}=\frac{1}{v^2-c_s^2}\frac{2c_s^2}{r}$$

在 $v=c_s$ 处有一个奇点,当 $v>c_s$ 时,$\mathrm{d}v/\mathrm{d}r>0$。因此,对于 $r<r_c$,气流在亚声速($v<c_s$)下膨胀;对于 $r>r_c$,气流在超声速($v>c_s$)下膨胀,其中对于等温日冕流动,$r_c=\dfrac{g_SR_S}{2c_s^2}$。日冕温度 $T=2\times10^6$ K,因此有 $r_c\approx6R_S$,地球的位置为 $r_E\approx109R_S$。假设为等温等离子体流时,会得到近似的结果。考虑温度变化模型[8]假设:

$$T(r)=T(r_0)\left(\frac{r_0}{r}\right)^{\frac{2}{7}}$$

其中,

$$T(r_0)=10^6\ \text{K},\quad r_0=3R_S$$

太阳磁场中,等离子体流内的带电粒子行为对流动的相互作用有影响。更具体的精确模型区分了磁场的随机能量(温度项)及平行、垂直分量的能量组成。对于行星际介质中的流体膨胀,在 1 AU 处的质子能量 $T_{\parallel}/T_{\perp}=1.5$,而电子的能量组成成分大致相当。

16.3 地球物理磁层与弓激波

地球空间等离子体环境的最主要特征(图 16.1)是在磁层顶边界附近出现太阳风引起的弓激波。在等离子体流轴线上,磁层顶(用 mp 表示)形成的太阳风(用 sw 表示)动压等于来自地球偶极子的磁压力$\left(\rho_{sw}v_{sw}^2 \approx \dfrac{B_{mp}^2}{2\mu_0}\right)$，其发生在约 $R_{mp} \approx 10R_E$ 的后方，即太阳风与地磁场的相互作用在磁层顶形成了一个磁层空洞。

磁层顶电流(Chapman - Ferraro 电流)将地球偶极场与太阳风的相互作用分离开来，这个电流可以通过 MHD 和 Maxwell 方程[9]来确定，即

$$\nabla \cdot (\rho \boldsymbol{v}) = 0$$

$$(\rho \boldsymbol{v} \cdot \nabla)\boldsymbol{v} + \nabla p = \boldsymbol{J} \times \boldsymbol{B}$$

因此

$$\nabla(\rho v^2 + p) = \boldsymbol{J} \times \boldsymbol{B}$$

如果忽略磁层外的磁场和磁层顶内的等离子体动力学压力，则在磁层顶边界处的平衡为

$$J_{mp} = \frac{\boldsymbol{B}_{dipole}}{B_{dipole}^2} \times \nabla(\rho v^2 + p) \approx \frac{1}{B_{dipole}} \frac{\rho_{msh} v_{msh}^2}{\Delta_{mp}}$$

式中，ρ_{msh}、v_{msh} 分别为磁鞘层(弓激波与磁层顶之间的区域)中的密度和速度；B_{dipole} 为地球偶极磁场；Δ_{mp} 为磁层顶的厚度。

上式中的典型值为：$B_{dipole} \approx 3 \times 10^{-8}$ T、$\Delta_{mp} \approx 500$ km、$n_{msh} \approx 8$ cm^{-3}、$v_{msh} \approx$ 400 km/s，因此

$$J_{mp} \approx 10^{-7}\ \text{A/m}^2$$

超声速太阳风-磁层空腔相互作用形成地球物理(弓形)激波和磁鞘压缩膨胀区的典型钝体流场。实验现象如图 16.5 所示，该流场可以使用流体力学方程进行详细分析。卫

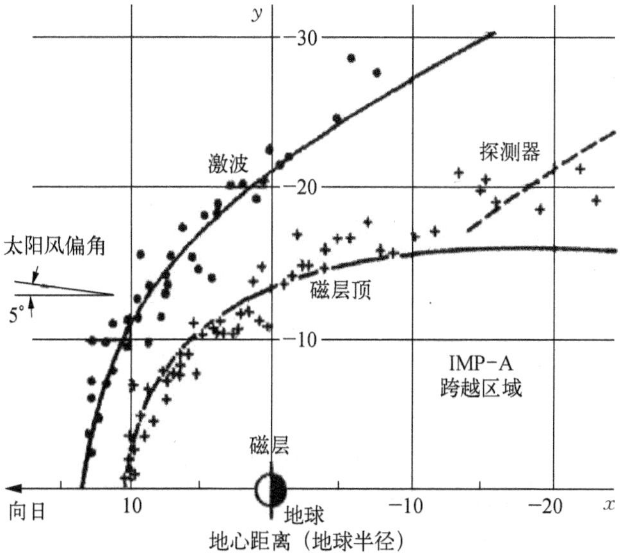

图 16.5　磁层激波数据[11]

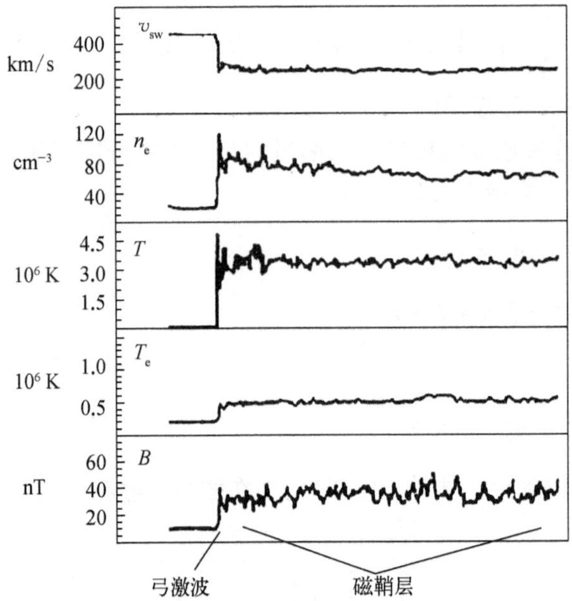

图 16.6　磁层激波的不连续变化(垂直于磁场)[8]

星通过地球行星弓激波时的具体测量结果如图 16.6 所示,给出了激波角度接近 90°时的近轴条件。

等离子体激波的定量变化可以用 MHD 方程进行计算。在这里考虑轴附近的区域,这可以用简化的激波假设来表示。横穿激波的流速和磁场可以同时具有法向 n 和切向 t 分量,流动方程可以使用符号[ ]来表示横穿激波的差分[9]。

质量方程:

$$[\rho v_n] = 0$$

动量(切向):

$$\left[\rho v_n v_t - \frac{B_n B_t}{\mu_0}\right] = 0$$

动量(法向)

$$\left[\rho v_n^2 + p + \frac{B_t^2 - B_n^2}{2\mu_0}\right] = 0$$

能量方程:

$$\left[\frac{1}{2}\rho(v^2 + v_t^2)v_n + \frac{\gamma}{\gamma - 1}\rho v_n + \frac{B_t^2}{\mu_0}v_n - \frac{B_n}{\mu_0}(B_t v_t)\right] = 0$$

式中,γ 为比热比。

Maxwell 方程可以写为

$$[v_n B_t - B_n v_t] = 0,\quad [B_n] = 0$$

于是

$$\rho_1 v_{1n} = \rho_2 v_{2n}$$

$$\rho_1 v_{1n}[v_n] + [p] + \left[\frac{B_t^2}{2\mu_0}\right] = 0$$

$$[\boldsymbol{v}_t] - \frac{B_n}{\rho_1 v_{1n}\mu_0}[B_t] = 0$$

$$\frac{1}{2}\rho_1 v_{1n}[v_n^2] + \frac{1}{2}\rho_1 v_{1n}[v_t^2] + \frac{\gamma}{\gamma - 1}[\rho v_n] + \left[\frac{B_t^2}{\mu_0}v_n\right] - \frac{B_n}{\mu_0}[B_t v_t] = 0$$

$$[v_n B_t] - B_n[v_t] = 0$$

可以看出，B_t 的大小可能在穿越激波过程中发生变化，但方向不会改变，磁场保持在与激波垂直的同一平面上：$\boldsymbol{n}\cdot(\boldsymbol{B}_1\times\boldsymbol{B}_2)$。

为了简化弓激波跃迁条件的一般分析，注意到流动速度远大于声速或 Alfven 速度 $(v\gg c_s,\ V_A)$。忽略入射太阳风的磁压力、下游的动压大于切向磁压力分量，则方程式变为如下格式[9]。

质量方程：

$$\rho_1 v_{1n}=\rho_2 v_{2n}$$

动量方程：

$$\rho_1 v_{1n}(v_{2n}-v_{1n})+p_2=0$$

$$v_{2n}B_{2t}-v_{1n}B_{1t}=0$$

$$v_{2t}-v_{1t}-\frac{B_{1n}}{(\rho_1 v_{1n})\mu_0}(B_{2t}-B_{1t})=0$$

$$\frac{1}{2}\rho_1 v_{1n}(v_{2n}^2-v_{1n}^2)+\frac{\gamma}{\gamma-1}\rho_2 v_{2n}=0$$

对于完全电离的单原子等离子体，取 $\gamma=5/3$，所以可得跃迁条件（近似值）：

$$v_{2n}=\frac{\gamma-1}{\gamma+1}v_{1n}\approx\frac{1}{4}v_{1n}$$

$$p_2=\frac{2}{\gamma+1}\rho_1 v_{1n}^2\approx\frac{3}{4}\rho_1 v_{1n}^2$$

$$\rho_2=\frac{\gamma+1}{\gamma-1}\rho_1\approx 4\rho_1$$

$$B_{2t}=\frac{\gamma+1}{\gamma-1}B_{1t}\approx 4B_{1t}$$

$$v_{2t}-v_{1t}=\frac{2}{\gamma-1}\frac{B_{1n}B_{1t}}{\mu_0\rho_1 v_1}\approx 3\frac{B_{1n}B_{1t}}{\mu_0\rho_1 v_1}$$

预期激波的流体力学效应表现为速度的降低、密度和压力（及温度）的增加，但是也可以看到切向磁场显著增加，这是因为 $B_{1n}=B_{2n}$，由于磁场强度增加，磁鞘中的磁压力增加。

Winterhalter[12] 报告了针对地球弓激波变化的详细研究，提供了大量的卫星传输数据及 MHD 激波计算细节，证实了实验结果与理论计算相符。然而，正如预测的那样，磁场和激波法向夹角的影响比较显著。这里给出了弓激波的形状，它是以地球为中心的、地球-太阳轴的方位对称的圆锥曲线，即

$$r=\frac{L}{1+\varepsilon\cos\alpha}$$

式中,r 为冲击波的径向距离;L 为正半焦距;α 为日地轴夹角;ε 为偏心率。

数据表明,$\varepsilon = 0.7$、$L = 23.5R_E$。因此,沿着太阳-地球轴($\alpha = 0$),从地球到弓激波的距离为 $r_S = 13.9R_E$。

16.4 太阳风与磁层耦合

发生在磁层内的物理和等离子体相互作用十分多样复杂,根据等离子体动量和能量在不同物理下的主导分为了多个作用区,如图 16.2 所示。为了发展预测等离子体演化的分析框架,相关研究人员提出了基于物理的磁层模型:① 一个开放模型[13],它允许地球磁场与行星际磁场相连接;② 封闭模型[14,15],基于磁层顶扩散之间的联系。通常认为开放模型是更精确的,但是封闭模型的物理特性便于我们理解局部等离子体过程。

太阳风将磁场下游扩张成一条长长的磁尾(图 16.1),从地球中心延伸到数十个地球半径的距离。地球空间环境有两层不同的区域,第一层是离地表 1 000 km 以内的最内层,称为电离层;第二层是等离子体圈,它是环绕地球的环形区域,中心轴与地球偶极子磁场的轴一致。等离子体层位于 $(2 \sim 5)R_E$ 之间,等离子体参数为 $n_e \approx 10^2\ \text{cm}^{-3}$ 和 $T_e = T_i \approx 1\ \text{eV}$。van Allen 辐射带被证明在 $r_{\text{inner}} = 2R_E$ 至 $r_{\text{outer}} = 5R_E$ 范围存在,辐射带中的等离子体被环电流加热到 MV 级。等离子体层的下层与电离层的外层(F 层)相邻。

磁层的一个重要效应是外磁层与内磁层、近地磁层、电离层等离子体通过磁场和电流相耦合,如图 16.7 所示,场耦合电流称为 Birkeland 电流。

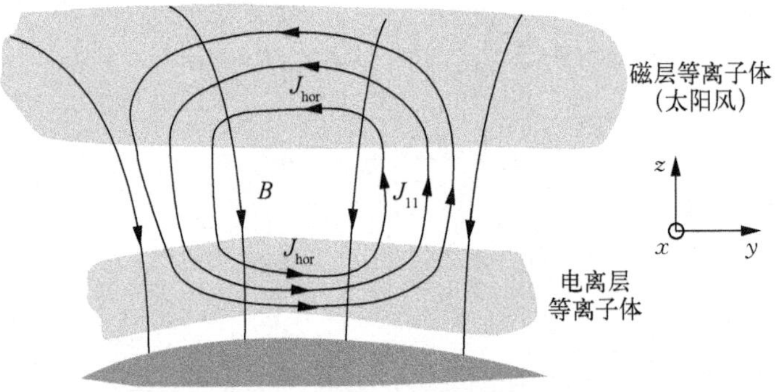

图 16.7　电离层等离子体通过电流流线与磁层连接的示意图[16]

这里考虑等离子体层和电离层相互作用物理的一个简单模型[16],其包括 $\boldsymbol{J} \times \boldsymbol{B}$ 力的应力(压力)平衡。电流环具有沿磁力线流动的水平分量 J_{hor} 和垂直分量,沿磁力线流动的电流密度定义为 $J_{\parallel}$。当电流回路存在时满足 $\nabla \cdot \boldsymbol{J} = 0$,则

$$\frac{\mathrm{d}J_{\parallel}}{\mathrm{d}s} = -\nabla \cdot \boldsymbol{J}_{\text{hor}}$$

式中,s 为沿磁力线的距离,这就导致了在水平方向 J_{hor} 驱动的电流将在垂直方向上引起回路闭合,因此可得如下公式:

上层：

$$(\boldsymbol{J}\times\boldsymbol{B})_u=-J_{yu}B_0\boldsymbol{y}$$

下层：

$$(\boldsymbol{J}\times\boldsymbol{B})_L=-J_{yL}B_0\boldsymbol{y}$$

式中，J_{yu} 在$-y$ 方向；B_0 为偶极子场（$+z$ 方向）。

动量方程为

$$\rho_u\frac{\mathrm{D}v_u}{\mathrm{D}t}+\frac{\partial p}{\partial y}=-J_{yu}B_0\text{（上层）}$$

$$\rho_L\frac{\mathrm{D}v_L}{\mathrm{D}t}=-J_{yL}B_0-\rho_L\nu v_L\text{（下层）}$$

式中，ν 为离子中性碰撞频率。

为了确定数量级，假设 $v_L\approx$ 常数，于是

$$v_L=\frac{J_{yL}B_0}{\rho_L\nu}$$

因此，产生的电流密度是流速的来源。

使用力平衡关系确定电流大小：

$$v_L=\frac{J_{yL}B_0}{\rho_L\nu}=\frac{J_{yu}B_0}{\rho_L\nu}=-\frac{1}{\rho_L\nu}\left[\rho_u\frac{\mathrm{D}v_u}{\mathrm{D}t}+\frac{\partial p}{\partial y}\right]$$

其连接了顶部和底部等离子体区域，利用 Ohm 定律可以得到：

$$v_L=\frac{\omega^2}{\nu^2+\omega^2}v_u$$

其中，

$$\omega=\frac{eB_0}{m}$$

当电流由上区 $\boldsymbol{E}\times\boldsymbol{B}$ 漂移驱动时，$v_u=E/B_0$，因此下层区的流速小于上层区的流速。如果假设顶部区域：

$$\left.\frac{\partial p}{\partial y}\right|_u=0$$

则有

$$\rho_u\frac{\partial v_u}{\partial t}=-\rho_L\nu v_L$$

利用上述上层和下层的速度关系，可以求解 $v(t)$。

在该模型中,两个区域的 $\boldsymbol{E}\times\boldsymbol{B}$ 漂移速度相同,电流与垂直力的现象在磁层和靠近地球表面的电离层区域之间建立了联系。在电离层外层(F 层)确实发现了 $\boldsymbol{E}\times\boldsymbol{B}$ 漂移的等离子体的证据,这种漂移在低海拔地区有所减弱。

16.5 地球的电离层区

电离层是由地球大气层和电磁辐射(光致电离)及来自外部的高能粒子入射产生的电离过程而形成的部分电离的区域。因此,电离层与低海拔气体,如氮气(80%)、氧气(19%)、二氧化碳、氩气和水蒸气的结构基本是一致的。从气象角度看,大气层由对流层(0~18 km)、平流层(18~50 km)、中间层(50~90 km)和热层(90 km 至近空间)构成,随着海拔的降低,气体密度有助于大气中电学特性的增强。图 16.8 显示了地球电离层的电子数密度在不同区域的变化。

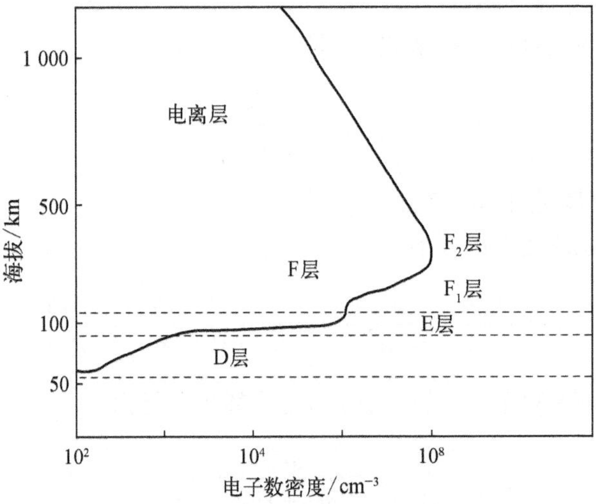

图 16.8 地球电离层的电子数密度随海拔的变化[7]

电离层不同的区域具有不同的电特性和物理特性,可以从历史发展和认识的角度来理解。1901 年,无线电波(MHz)穿越大西洋时,电磁波从自由电子层反射过来,称为 E 层,这一层出现在大约 100 km 处。1928 年,测量表明在 E 层以上的高度存在电子数密度,该区域称为 F 层,在日光下,该区域可分为 F_1 层和 F_2 层。随后,在 90 km 以下发现了一层较弱的电离层,称为 D 层。

电离层的电离:基于 Chapman 模型,可以建立一个简单的地球大气模型,延续 Hines 等[17]和 Papagiannis[18]的研究,用地球表面的距离 h' 来表示数密度的衰减:

$$n(h')=n_0\mathrm{e}^{-h'/H}$$

式中,H 为常数。

大气中电离的主要来源是太阳辐射,因此可以将辐射强度 I 的吸收表示为

$$\mathrm{d}I=-\sigma_\nu I(h')n(h')\mathrm{d}h'$$

式中，σ_ν 为光吸收系数(横截面)。

假设大气为正入射，如果把 I_∞ 作为电离层上部的入射强度，可得

$$I(h') = I_\infty \exp\left(-\sigma_\nu n_0 H e^{-h'/H}\right)$$

电离是由光致电离产生的，它表示为

$$G + h\nu \rightarrow G^+ + e^-$$

式中，G 表示气体分子 G 的物质的量；h 为普朗克常量。那么单位体积内离子-电子对的产生率为

$$\frac{dn}{dt}(h') \sim I(h') \cdot n(h')$$

因此，随着密度的增加，离顶部的距离越小，光强度越小。存在一个高度 h_m，在此处将有最大的生产率和最大的电子数密度 n_m，于是可得

$$n(h') = n_m \exp\frac{1}{2}\left[1 - \left(\frac{h' - h_m}{H}\right) - e^{-\left(\frac{h'-h_m}{H}\right)}\right]$$

该函数形式表达了电子数密度从地球表面的 0 m 指数增加到最大值，然后指数下降到一个顶部的限定值，且 $n/n_m \approx 1.5$。辐射吸收的具体情况将取决于数密度随海拔的变化，从而产生随海拔变化的电离反应。这种机制如图 16.9 所示，产生的化学组成如图 16.10 所示。

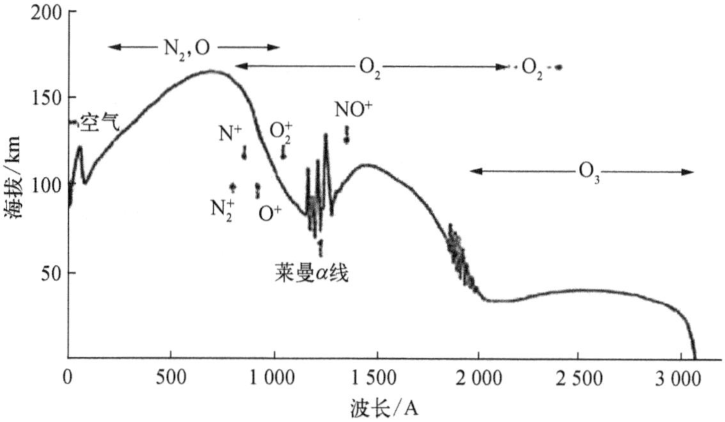

图 16.9　太阳辐射强度(作为波长的函数)下降到其入射值 e^{-1} 的高度[17]

如图 16.10 所示，如预期的那样，在低海拔地区，组分 N 和 O 占优势。然而，在海拔 1 000 km 以上，H^+ 和 He^+ 成为主要成分。这种现象与如下反应有关：

$$O^+ + H \rightleftharpoons O + H^+$$

如果假设沿磁力线的扩散在上部区域占主导地位，则可以把等离子体中 H^+ 的分布表示为

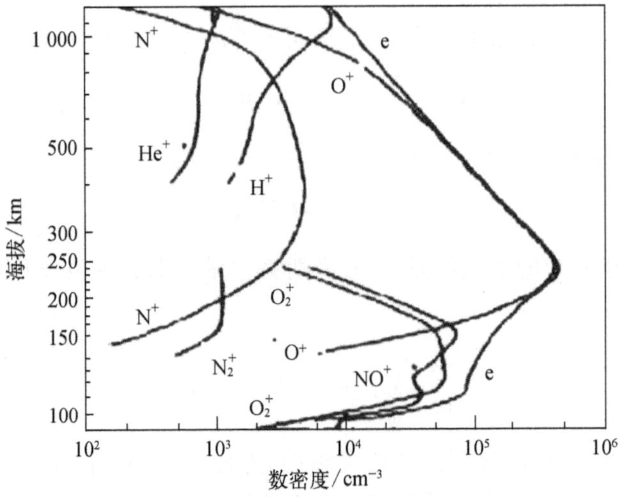

图 16.10　日照面电离层在太阳活动极小年的组成[9]

$$n(H^+) = n_0 \exp\left(-\frac{s - s_0}{H_p}\right)$$

式中,s 是沿磁力线的距离;下标 0 指较低(参考)高度; $H_p = k_B(T_e + T)/gm_H$,是等离子体特征高度。

顶层的等离子体存在于地球的偶极子磁场中,达到平衡、稳定的空间构型,形成与空间环境的过渡边界。

16.6　空间等离子体实验

为了采集数据、进行理论研究以模拟地球的磁层和行星系统,世界各地制定了多个研究计划。这些研究不仅利于更好地了解近地环境的空间结构,而且对于建立基础知识,以及在未来进行空间探索都至关重要。由于本书的工作重点是等离子体演化和等离子体动力学,有必要提供一些已经和正在进行的关于空间计划、空间任务和空间实验的概述,以了解空间等离子体的行为。本书提到的实验主要由 NASA 支持。

1. 旅行者号[19](Voyager,2014 年):星际和星际等离子

1977 年 9 月 5 日和 8 月 20 日,NASA 分别发射了旅行者 1 号探测器和旅行者 2 号探测器,主要是对木星、土星和行星上较大的卫星进行近距离研究,并将任务扩大到包括海王星和天王星及 48 颗行星卫星。虽然航天器的主要任务是收集行星信息,但也收集了行星际等离子体、磁场及等离子体波的数据。由于成功地测量了太阳系内的太阳风和磁场,这次任务一直在继续,并一直在星际介质中进行测量。航天器已经通过了“太阳鞘层”,即在星际等离子体压力下太阳风减慢的区域。太阳顶边界定义了太阳磁场和太阳风向外流动的外部界限。

采用航天器上的仪器可进行以下测量:

（1）太阳风的性质（离子温度为 6～10 keV，电子温度为 4～6 keV）；

（2）等离子体波（等离子体波的电场范围为 10 Hz～56 kHz）；

（3）磁力计（磁场强度范围为 50 000～200 000 nT 和 8 000～50 000 nT）。

两个航天器均发现边界激波距离在距太阳约 90 AU 处（2004 年和 2007 年）。旅行者 1 号探测器于 2012 年 8 月进入星际空间，截至 2013 年 9 月，它距太阳 125 AU[20,21]。

2. WIND[22]（NASA WIND，2014 年）：太阳风对近地环境的影响

该航天器是全球地球空间科学计划任务的一部分，也是太阳地球物理研究计划的一部分。这些任务的目的是了解日地系统，以便预测地球磁层和大气对太阳风变化的响应。WIND 航天器于 1994 年 11 月发射，处于围绕太阳的日地拉格朗日 L_1 点的轨道，设计寿命为 60 年。

该实验旨在完成以下任务：

（1）收集有关等离子体和磁场的完整信息，用于磁层和电离层研究；

（2）测量近地太阳风中的等离子体的波动。

该航天器携带一系列仪器，用于测量粒子、电磁波、伽马射线，以及无线电波和等离子体波，专门用于监视太阳耀斑和伽马射线暴[23]。

3. 亚风暴期间事件和宏观尺度相互作用的时间历史：磁暴效应

亚风暴期间事件和宏观尺度相互作用的时间历史（Time History of Events and Macroscale Interactions during Substorms，THEMIS）项目旨在研究地球磁层上磁暴的发生。自 2007 年发射以来，已有 5 个航天器具备监视太空天气变化的能力，从而了解瞬变和局部等离子体事件。卫星已经参与监测了 50 多次太阳风暴，并在相对近地的范艾伦（van Allen）辐射带中发现了与电磁波和扰动之间的关系。一些具体发现如下：

（1）等离子体波的发生和演化与太阳风暴有关[24]；

（2）太阳风的扰动会引起地球磁相位的冲击，并与超低频波有关[25]；

（3）太阳风的扰动引起地球弓激波的极端变化，并影响整个磁层的状况[26]。

欧洲航天局进行的一项相关研究计划涉及 4 艘航天器，目的是提供磁层的详细分布图，航天器处于穿透辐射带并确定不同能量的电子群的高度。目前，项目发现：在磁场安静期间，等离子体暂停在约 6 R_E 处；而在磁场活跃期间，等离子体暂停在约 4.5 R_E 处，并发现动态事件将引起地球的电离层参与响应[27]。

参 考 文 献

[1] Robertclauer C, Siscoe G. The great historical geomagnetic storm of 1859: a modern look. Aavanced in Space Research, 2006, 38: 117.

[2] Parker E N. Dynamics of the interplanetary gas and magnetic fields. The Astrophysical Journal, 1958, 128(1): 664.

[3] Neugebauer M, Snyder C W. Solar plasma experiment. Science, 1962, 138: 1095.

[4] Holzer T E. Physics of the Solar Wind. Cambridge: Cambridge University Press, 2003.

[5] NASA. The earth's magnetosphere downloaded from web site, 2014.

[6] Bailey G. 2012. The sun-earth environment. [2012 - 07 - 12] (2014 - 07 - 17) http: //gbailey. staff. shef. ac. uk/researchoverview. html#space.

[7] Kivelson M. Introduction to Space Physics. Cambridge: Cambridge University Press, 1995.

[8] Prolss G. Physics of the Earth's Space Environment: an Introduction. Berlin: Springer, 2004.

[9] Gombosi T I. Physics of the Space Environment. Cambridge: Cambridge University Press, 1998.

[10] Parks G. Physics of Space Plasmas: an Introduction. 2nd ed. Boulder: Westview, 2003.

[11] Ness N F. Initial results of IMP-1 magnetic field experiment. Journal of Geophysical Research, 1964, 69: 3531.

[12] Winterhalter D. Magnetic field change across the earth's bow shock: comparison between observations and theory. Journal of Geophysical Research, 1985, 90: 3925.

[13] Dungey J W. Interplanetary magnetic field and the auroral zones. Physical Review Letters, 1961, 6, 47.

[14] Chapman S, Ferraro V. A new theory of magnetic storms. Nature, 1930, 37(2): 147 - 156.

[15] Axford W I, Hines C O. A unifying theory of high latitude geophysical phenomena and geomagnetic storms. Canadian Journal of Physics, 1961, 39: 1433.

[16] Cravens T E. Physics of Solar System Plasmas. Cambridge: Cambridge University Press, 1997.

[17] Hines C O, Aarons J. Physics of the earth's upper atmosphere. Physics Today, 1965, 18(11): 63.

[18] Papagiannis M D. Space Physics and Space Astronomy. New York: Gordon and Breach, 1972.

[19] NASA-Voyager. (2014 - 06 - 15) http: //voyager. jpl. nasa. gov/mission/.

[20] Gurnett D A. In situ observations of interstellar plasmas with Voyager 1. Science, 2103, 341: 1489 - 1492.

[21] Burlaga L F. Evidence for a shock in interstellar plasma: Voyager 1. Astrophysical Journal, 2013, 778: 5.

[22] NASA-WIND. (2014 - 02 - 14) https: //heasarc. gsfc. nasa. gov/docs/heasarc/missions/wind. html.

[23] Wilson III L B. Waves in interplanetary shocks: a WIND/WAVES study. Physical Review Letters, 2007, 99: 041101.

[24] Turner D L. First observations of foreshock bubbles upstream of earth's bowshock: characteristics and comparisons to HFAs. JGR: Space Physics, 2013, 118: 1552 - 1570.

[25] Hartinger M D, Turner D L, Plaschke F, et al. The role of transient ion foreshock phenomena in driving Pc5 ULF wave activity. Journal of Geophysical Research Space Physics, 2013, 118(1): 299 - 312.

[26] Korotova G I, Sibeck D G, Kondratovich V, et al. THEMIS observations of compressional pulsations in the dawn-side magnetosphere: a case study. Annales Geophysicae, 2009, 118(10): 3725 - 3735.

[27] Darrouzet F, Pierrard V, Benck S, et al. Links between the plasmapause and the radiation belt boundaries as observed by the instruments CIS, RAPID, and WHISPER on-board cluster. JGR: Space Physics, 2013, 118: 4176 - 4188.

附录 A 单位制换算对照表

附表 1　国际单位制和高斯单位制换算对照表

物理量	符号	国际	高斯	
长度	l	1 米(m)	10^2	厘米(cm)
质量	m	1 千克(kg)	10^3	克(gm)
时间	t	1 秒(s)	1	秒(s)
力	F	1 牛顿(N)	10^5	达因(Dynes)
功	W	1 焦耳(J)	10^7	格尔(Ergs)
能量	U			
功率	P	1 瓦特(W)	10^7	格尔·秒$^{-1}$(Ergs·sec^{-1})
电荷	q	1 库仑(Coul)	3×10^9	静库仑(stat Coulomb)
电荷密度	ρ	1 库仑·米$^{-3}$(Coul·m^{-3})	3×10^3	静库仑·厘米$^{-3}$(stat Coul·cm^{-3})
电流	I	1 安培(Ampere, Coul s^{-1})	3×10^9	静安培(stat Ampere)
电流密度	J	1 安培·米$^{-2}$(Amp·m^{-2})	3×10^5	静安培·厘米$^{-2}$(stat Amp·cm^{-2})
电场	E	1 伏特·米$^{-1}$(Volt·m^{-1})	$1/3\times10^{-4}$	静伏特·厘米$^{-1}$(stat Volt·cm^{-1})
电势	φ	1 伏特(Volt)	1/300	静伏特(stat Volt)
极化强度	P	1 库仑·米$^{-2}$(Coul·m^{-2})	3×10^5	静库仑·厘米$^{-2}$(stat Coul·cm^{-2}) 静伏特·厘米$^{-1}$(stat Volt·cm^{-1})
电位移	D	1 库仑·米$^{-2}$(Coul·m^{-2})	$12\pi\times10^5$	静伏特·厘米$^{-1}$(stat Volt·cm^{-1}) 静库仑·厘米$^{-2}$(stat Coul·cm^{-2})
电导率	σ	1 欧姆·米$^{-1}$(Ohm·m^{-1})	9×10^9	秒$^{-1}$(s^{-1})
电阻	R	1 欧姆(Ohm)	$1/9\times10^{-11}$	秒·厘米$^{-1}$(s·cm^{-1})
电容	C	1 法拉第(Faraday)	9×10^{11}	厘米(cm)
磁通量	Φ	1 韦伯(Weber)	10^8	高斯·厘米^2(Gauss·cm^2)或 Maxwell

续 表

物理量	符号	国际	高斯	
磁感应	B	1 韦伯·米$^{-2}$(Weber·m^{-2})	10^4	高斯(Gauss)
磁场	H	1 安培·米$^{-1}$(Ampere·m^{-1})	$4\pi\times10^{-3}$	奥斯特(Oersted)
磁化强度	M	1 韦伯·米$^{-2}$(Weber·m^{-2})	$1/4\pi\times10^4$	高斯(Gauss)
电感	L	1 亨利(Henry)	$1/9\times10^{-11}$	

附表 2 国际单位制和高斯单位制公式对照表

物理量	国际	高斯
光速	$(\mu_0\varepsilon_0)^{-\frac{1}{2}}$	c
电场(电势、电压)	$\sqrt{4\pi\varepsilon_0}\boldsymbol{E}(\varphi, V)$	$\boldsymbol{E}(\varphi, V)$
电位移	$\sqrt{4\pi/\varepsilon_0}\boldsymbol{D}$	$\boldsymbol{D}$
电荷密度(电荷、电流密度、电流、极化强度)	$\frac{1}{\sqrt{4\pi\varepsilon_0}}\rho(q, \boldsymbol{J}, I, \boldsymbol{P})$	$\rho(q, \boldsymbol{J}, I, \boldsymbol{P})$
磁感应	$\sqrt{4\pi/\mu_0}\boldsymbol{B}$	$\boldsymbol{B}$
磁场	$\sqrt{4\pi\mu_0}\boldsymbol{H}$	$\boldsymbol{H}$
磁化强度	$\sqrt{\mu_0/4\pi}\boldsymbol{M}$	$\boldsymbol{M}$
电导率	$\frac{\sigma}{4\pi\varepsilon_0}$	σ
介电常数	$\frac{\varepsilon}{\varepsilon_0}$	ε
磁导率	$\frac{\mu}{\mu_0}$	μ
电阻(阻抗)	$4\pi\varepsilon_0 R(Z)$	$R(Z)$
电感	$4\pi\varepsilon_0 L$	L
电容	$\frac{1}{4\pi\varepsilon_0}C$	C

附录 B
高斯积分公式

与 Maxwell 分布相关的高斯函数的定积分值：在运动学理论和统计力学中，常见的一个定积分形式为

$$I_n(a) \equiv \int_0^{\infty} x^n e^{-ax^2} dx$$

式中，$a > 0$；n 是一个非负整数。

对于特定的 n，积分值为

$$I_0(a) = \frac{1}{2}\left(\frac{\pi}{a}\right)^{\frac{1}{2}}, \quad I_1(a) = \frac{1}{2a}$$

$$I_2(a) = \frac{1}{4}\left(\frac{\pi}{a^3}\right)^{\frac{1}{2}}, \quad I_3(a) = \frac{1}{2a^2}$$

$$I_4(a) = \frac{3}{8}\left(\frac{\pi}{a^5}\right)^{\frac{1}{2}}, \quad I_5(a) = \frac{1}{a^3}$$

从 I_0 和 I_1 的表达式开始，通过下式的关系，每一个积分可以由上面的公式得到：

$$I_{n+2}(a) = -\frac{dI_n}{da}$$

其明显符合定义公式。如果 n 是偶数，$-\infty \sim +\infty$ 的积分是上述值的 2 倍；如果 n 是奇数，积分是 0。

习题参考答案

第1章

1.1 略。

第2章

2.1 气球上升至海拔6.5 km高空的过程中,气球内的氦气经历等温过程,由于$pV = nkT$,温度不变时有$p_1V_1 = p_2V_2$,代入参数得,停止加热前的体积为7.39 m^3。停止加热较长一段时间后,氦气温度与外界相同,为225 K,此时有$V_2/T_1 = V_3/T_2$,代入参数得,$V =$ 5.54 m^3。

2.2 对于黏性流体,有Newton黏性定律:$\tau\left(\frac{\text{动量增量}}{\text{面积·时间}}\right) = -\mu\frac{\mathrm{d}u}{\mathrm{d}y}$,具有压差($\Delta p \Rightarrow \Delta\bar{v}$)的流体存在摩擦(黏性)——动量损失。

对于热传导(导热),有Fourier导热定律:$q\left(\frac{\text{能量增量}}{\text{面积·时间}}\right) = -K\frac{\mathrm{d}T}{\mathrm{d}y}$,具有温差($q \sim \Delta T$)的流体传导热量——能量损失;

对于扩散,有Fick扩散定律:$G\left(\frac{\text{数量增量}}{\text{面积·时间}}\right) = -D\frac{\mathrm{d}n}{\mathrm{d}z}$,具有密度差($n \sim \Delta\rho$)的流体存在扩散——质量损失。

2.3 由$p = nk_BT$计算得,该气压下的中性气体原子的数密度为$n = 2.1 \times 10^{19}\ \mathrm{m}^{-3}$;平均碰撞频率$\sigma = \sqrt{2}n\pi d^2v$,对于原子半径为$1.9\times10^{-10}$ m的氩原子,平均碰撞频率约为1.3 kHz;平均自由程为$\lambda = v/\sigma = 1/(\sqrt{2}\pi d^2n)$,平均自由程约为0.3 m。

2.4 实验室产生等离子体时,电子质量小、运动速度快,因此放电过程主要对电子进行加热,而离子质量较大,例如,被射频场加速时,很快就会由加速半周期进入减速半周期,因此离子温度通常仅为室温。其次是实验室中等离子体维持的时间不足以使电子和离子达到热平衡状态,未达到热平衡时,电子和离子对就在装置器壁等部分发生复合,故离子难以从与电子的碰撞中温度加热。而空间中,等离子体有足够的时间使电子和离子互相碰撞达到温度相当的热平衡状态,因此离子温度远高于地面实验室等离子体的离子温度。

2.5 1 eV = 1.6×10^{-19} J = k_BT,因此可得1 T≈11 600 K≈12 000℃。虽然等离子体

电子温度很高，但电子的数密度仅为 10^9cm^{-3}，远低于大气压下的空气的分子数密度，而热流密度定义为数密度×粒子温度，因此虽然电子温度较高，但热流密度较低，等离子体对灯管壁的热流贡献量远小于大气分子的热流贡献。

2.6 根据 Maxwell 速率分布曲线的物理意义，习题 2.6(a)图中对应的阴影面积为 $\int_0^{v_p} f(v)\,\mathrm{d}v$，表示在给定温度平衡状态下，速率小于 v_p 的气体分子数占总数的比例。习题 2.6(b)中对应的阴影面积为 $\int_{v_p}^{v_1} f(v)\,\mathrm{d}v$，表示速率在 $v_p \sim v_1$ 的气体分子数所占的比例。

分子动量平均值：

$$\bar{p} = \overline{mv} = \int (mv) f(v)\,\mathrm{d}v$$

分子平均动能平均值：

$$\bar{E} = \frac{1}{2}\overline{mv^2} = \int \left(\frac{1}{2}mv^2\right) f(v)\,\mathrm{d}v$$

2.7 由 $en_eE + \nabla p_e = 0$，电位 φ 满足 $E = -\nabla\varphi$，$p = n_ek_BT$，代入得

$$-en_e\nabla\varphi + k_BT\nabla n_e = 0$$

积分得

$$-e\nabla\left(\varphi - \frac{k_BT}{e}\ln n_e\right) = 0$$

于是得

$$n_e = n_e(0)\mathrm{e}^{\frac{e\varphi}{k_BT}}$$

2.8 低温等离子体中，电子可能与中性原子、离子和电子发生碰撞。与电子发生弹性碰撞时只交换动量；与中性原子和离子发生弹性碰撞时，将一部分能量传递到原子和离子中，最终导致原子和离子温度升高，同时电子能量分布以 Maxwell 分布形式收敛；发生非弹性碰撞时，多余的能量产生原子激发、电离、辐射等效应，例如，使原子电离或电子轨道跃迁称为高能量态，或转换为电磁波能量的形式(如辐射光子)。

2.9 磁化等离子体中，粒子横越磁场时发生回旋运动。因此，对于沿磁力线方向的扩散，磁场使扩散系数增大，而分子间碰撞使扩散系数减小；对于垂直于磁力线方向的扩散，磁场使扩散系数减小、分子间碰撞使扩散系数增大。

第 3 章

3.1 氢元素的两种同位素——氘、氚是发生核聚变的原料，可发生的聚变反应包含氘氚聚变反应、氘氘反应、氢核聚变、氘锂聚变等。这些原子的特点是原子核只有很小的质子数，发生聚变反应时释放大量的能量(能量以高能中子束和伽马射线的形式表现)，因此以聚变为目的的等离子体实验装置使用氢气作为放电气体，来研究氢等离子体的约

束性质。实验室基础等离子体研究中使用氩气等稀有气体为放电工质,因为稀有气体分子为单原子分子,其结构简单,电离时通常只分解为电子和一价离子对,便于研究物理性质。在高密度等离子体发生器中使用铯等金属元素,主要是因为铯的电离能很小,便于原子电离增加电离率,从而可以产生电子数密度极高的等离子体。

3.2 冷阴极的直流放电装置中——阴极和阳极之间加高压电压,气体中固有存在的初始电子在电场的作用下加速运动,并与氖原子碰撞发生电离产生更多的电子,从而产生类似雪崩式的电子增殖过程,产生等离子体。

3.3 等离子体中电子-离子对发生复合反应时,不应当为两者直接结合,否则不满足能量守恒定律,因此必须有第三者粒子参与复合反应,例如,电子-离子对发生复合反应时产生光子,以光辐射形式分配剩余的能量,或两个电子、一个离子参与复合反应,多余的能量传递给另一个电子。

3.4 方式一:光辐射,原理为等离子体原子与离子的电子跃迁;方式二:带电粒子做加速运动产生的电磁辐射,如托卡马克中电子回旋时产生的同步辐射。

3.5 光学厚度指因介质对传播路径上光的吸收和散射效应导致的光辐射的有效传输长度,若光辐射的传播路径与介质的尺度相比较短,则称介质为"光学厚",反之则称为"光学薄"。太阳内部即典型的"光学厚"区域,太阳核心辐射的光子被外层物质反复吸收与释放,单个光子通过太阳半径路径的时间长达百万年之久,因此对于太阳光学测量而言是光学厚的,即无法测量深入太阳内部的一条弦路径上的总光子辐射。

3.6 电离过程:Ar 原子电离为电子、Ar^+ 离子,H_2 和 SF_6 分子电离为电子和 H_2^+、SF_6^+ 离子,由于 SF_6 分子的复杂结构,还有可能产生 H^+离子、SF_5 离子、F 离子。

电子吸附过程:由于 SF_6 分子具有电负性,即吸引电子的性质,还会产生 SF_6^- 离子、F^- 离子。反应有:$SF_6+e^- \rightarrow SF_6^-$, $SF_6+e^- \rightarrow SF_5^-+F$ 等,产生负离子、F 原子。

第 4 章

4.1 Maxwell 方程的一般形式:

$$\nabla \times \boldsymbol{E} = -\frac{\partial \boldsymbol{B}}{\partial t}$$

$$\nabla \times \boldsymbol{H} = \boldsymbol{J} + \frac{\partial \boldsymbol{D}}{\partial t}$$

$$\nabla \cdot \boldsymbol{D} = \rho_e$$

$$\nabla \cdot \boldsymbol{B} = 0$$

位移电流项为 $\mu_0 \dfrac{\partial \boldsymbol{D}}{\partial t}$。

4.2 设想电子通过场加速,并与重原子和离子的碰撞而减速,故有

$$eE = m_i v_i \nu_{ei} = 2 m_i v_d \nu_{ei}$$

$$v_d = \frac{eE}{2m_i\nu_{ei}}$$

由于

$$\boldsymbol{J} = nq\boldsymbol{v}_d \to \boldsymbol{J} = n_e e\boldsymbol{v}_d$$

可得

$$J = n_e e\left(\frac{eE}{2m_e\nu_{ei}}\right) = \frac{n_e e^2}{2m_e\nu_{ei}}E \equiv \sigma E$$

$$\sigma = \frac{n_e e^2}{2m_e\nu_{ei}}$$

4.3 电磁波激励放电：例如，使用射频电场（MHz 的电磁波）、微波电场（GHz 电磁波）使电子来回振荡，充分与中性气体碰撞而产生等离子体；电磁波在等离子体内部的产生：例如，等离子体不稳定性激励的波动模式会辐射电磁波，如阿尔芬波，以及带电粒子做加速运动产生的电磁辐射，如电子回旋辐射。

4.4 直流放电：炬、闪电、等离子体切割机中的电弧放电，在近似大气气压环境下，阴极和阳极之间发生击穿，产生热等离子体；辉光/热阴极等离子体——低气压下，阴极和阳极之间的电压驱动电子与中性分子碰撞产生大量电子-离子对，形成辉光等离子体，其中还可使用热阴极产生大量的初始电子来减小阴阳极间电压的需求。交流放电：使用电磁场（kHz~GHz）产生等离子体，例如，射频、微波电场对电子反复加速，大大延长电子的碰撞路径，从而产生较高密度的等离子体。

4.5 由法拉第定律和安培定律得

$$-\nabla \times (\nabla \times \boldsymbol{E}_1) = \varepsilon_0\mu_0\frac{\partial^2 \boldsymbol{E}_1}{\partial t^2} + \mu_0\frac{\partial \boldsymbol{J}_1}{\partial t}$$

取 E_1、J_1 为扰动量，满足 $\sim \mathrm{e}^{\mathrm{i}(kx-\omega t)}$。

则算符 ∇ 可简化为 $\mathrm{i}k$，算符 ∂t 可简化为 $-\mathrm{i}\omega$，联合电流密度：

$$J_1 = -en_0v_{e1}$$

和动量守恒：

$$m_e\frac{\partial \boldsymbol{v}_{e1}}{\partial t} = -e\boldsymbol{E}$$

最终得

$$-k^2E_1 + \frac{\omega^2}{c^2}E_1 = -en_0\mu_0\mathrm{i}\omega\frac{eE_1}{\mathrm{i}\omega m_e}$$

$$(\omega^2 - c^2k^2 - \omega_{pe}^2)E_1 = 0, \quad \omega^2 = c^2k^2 + \omega_{pe}^2$$

电磁波色散关系表明，当入射电磁波频率大于 ω_{pe} 时才能在等离子体传播，低于等离子体频率时被等离子体反射。

4.6 飞行器与大气层的热摩擦，产生较高电子密度的等离子体套，由于等离子体频率的截止作用，低于该频率的电磁波不能穿透等离子体，造成与飞行器通信中断的黑障现象，类似的弹头雷达也无法发射穿透等离子体层的电磁波。改善方式：① 降低等离子体层的电子数密度；② 提高通信的载波频率。

4.7 由于等离子体频率对应截止密度，低于该频率的电磁波入射等离子体时会发生类似照射到金属表面的反射作用。因此，长波通信信号在电离层中发生反射，绕过地球曲率实现远距离通信。

4.8 波注入等离子体的方式：例如，离子回旋共振加热，在腔体外侧的天线注入与离子在磁场中做回旋运动频率相同的电磁波，离子在拉莫回旋周期内持续加速，从而达到离子加热的目的。根据 $\omega_i = \dfrac{eB}{m_i}$、$B = 1$ T 时的回旋频率为 601 MHz。类似的电子回旋频率 $\omega_e = eB/m_e = 1.1$ THz，下混杂频率 $\sqrt{\omega_i\omega_e} = 25$ GHz。

4.9 ω_{pe} 是等离子体的固有频率，因此外界输入的 ω_{pe} 信号会引起等离子体共振。使用微波发射天线作为探针，以频率扫描的形式发射微波信号，当发射频率等于等离子体频率时，将引起等离子体电磁波的共振，探针接收的反射信号会大大增强，因此可以找出对应的等离子体频率，从而计算等离子体电子数密度。

第 5 章

5.1 设 1 号、2 号两团等离子体的数密度分别为 n_1(较大)和 n_2(较小)，当高密度等离子体进入低密度等离子体时，低密度等离子体一定会感受到额外的粒子带来的影响(如碰撞频率大大增加)。对于高密度等离子体，等离子体密度参数满足一定关系时可能产生较小的影响。

粒子平均自由程 $\lambda = 1/(\sqrt{2}\pi d^2 n)$，其中 n 为粒子数密度。等离子体的德拜长度为 $\lambda_D = \left(\dfrac{\varepsilon_0 k_B T}{n_e e^2}\right)^{1/2}$，简化为 $\lambda_D \approx 743\sqrt{T_e/n_e}$。

因增加的离子数密度产生的等离子体碰撞：2 号等离子体进入 1 号等离子体时，增加的粒子碰撞贡献应远小于 1 号等离子体自身原有的碰撞，这样 n_2 应不大于 $10^{-1} n_1$，即要求碰撞频率小一个量级。

因带电粒子产生的库仑势相互作用：在 1 号等离子体中加入 2 号等离子体，因为每个增加的带电粒子产生的库仑势只在一个德拜球的尺寸范围内有效，所以 2 号等离子体的粒子间距应当远大于 1 号等离子体的德拜长度，即 λ(粒子间距) $\approx 1/n_2 \gg \lambda_D \approx 743\sqrt{T_e/n_e}$。假设 T_e 为 1 eV 量级，则 n_2 应约为 $10^{-2} n_1$。

5.2 等离子体振荡

质量守恒：

$$\frac{\partial n_e}{\partial t} + \nabla\cdot(n_e \boldsymbol{v}_e) = 0$$

动量守恒：

$$m_e \frac{\partial \boldsymbol{v}_e}{\partial t} = -e\boldsymbol{E}$$

式中，$\boldsymbol{v}_e$ 为电子速度。

高斯定理：

$$\nabla \cdot \boldsymbol{E} = \frac{\rho_e}{\varepsilon_0} = \frac{e}{\varepsilon_0}(n_+ - n_e)$$

对电子数密度施加一个小扰动量，$n_e = n_0 + n'(r, t)$，由于 v_e 很小，假设质量守恒：

$$\frac{\partial(n_0 + n')}{\partial t} + n_e \nabla \cdot \boldsymbol{v}_e + \boldsymbol{v}_e \cdot \nabla n_e = 0$$

于是

$$\frac{\partial n'}{\partial t} + n_0 \nabla \cdot \boldsymbol{v}_e + \boldsymbol{v}_e \cdot \nabla n_0 = 0$$

$$\frac{\partial n'}{\partial t} + n_0 \nabla \cdot \boldsymbol{v}_e = 0$$

结合 $m_e \frac{\partial \boldsymbol{v}_e}{\partial t} = -e\boldsymbol{E}$，并且 $\nabla \cdot \boldsymbol{E} = \frac{e}{\varepsilon_0}(n_+ - n_0 - n') = -\frac{e}{\varepsilon_0}n'$，综合以上得

$$\frac{\partial^2 n'}{\partial t^2} + \frac{e^2 n_0}{\varepsilon_0 m_e} n' = 0$$

取 $n' = \tilde{n}' \mathrm{e}^{\mathrm{i}\omega t}$，则有 $\frac{\partial n'}{\partial t} = \tilde{n}' \mathrm{i}\omega \mathrm{e}^{\mathrm{i}\omega t}$，于是

$$\frac{\partial^2 n'}{\partial t^2} = -\tilde{n}' \omega^2 \mathrm{e}^{\mathrm{i}\omega t} = -\omega^2 n'$$

因此得

$$\omega^2 = \frac{e^2 n_0}{\varepsilon_0 m_e} \equiv \omega_{pe}^2$$

即等于等离子体频率。

根据 $\omega^2 = \frac{e^2 n_0}{\varepsilon_0 m_e}$，代入电子数密度得等离子体振荡频率为 56 GHz。

5.3

（1）装置器壁的鞘层：装置器壁为 0 电位，鞘层宽度为几个德拜长度，预鞘层。

（2）金属电极相对于等离子体为负电位，吸引正离子排斥电子，因此形成的是离子电荷聚积的板形鞘层。

(3) 形成磁化鞘层,电子鞘层中的运动被磁场阻隔,因此形成有很大宽度的鞘层。

5.4 等离子体电位的形成:在等离子体与装置壁接触位置形成电子鞘层,在鞘层内电子的热运动速度较大,因此有相比离子数目,更多的电子流动到装置器壁上,导致等离子体中的负电荷部分丢失,使得鞘层产生电位升高,最终反映为等离子体电位。

5.5 Langmuir 探针即给探针加扫描偏压,测量其流过电流,如答案 5.5 图所示。测量方式:在探针和另外一个参考极(如装置器壁、辅助电极等)之间加幅值为几十伏的扫描电压,并测量通过的电流,由此得到探针的电压-电流曲线。

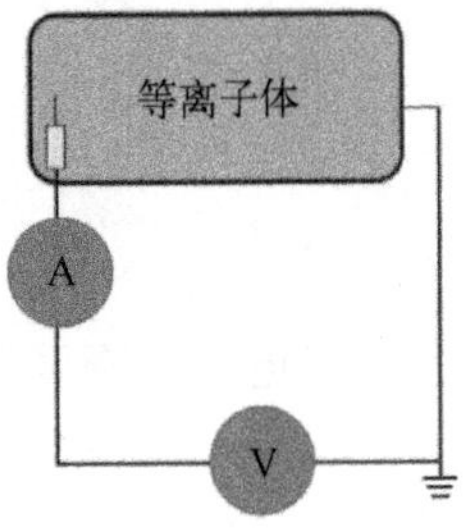

答案 5.5 图

5.6 Langmuir 探针的工作区域与原理:在给探针施加由正到负的偏压过程中,在探针电压大于等离子体电位的区域称为电子饱和流区,认为所有电子被探针电位吸引而被探针收集;在探针电压远低于等离子体电位的区域,电子基本被排斥,探针只能收集到离子电流,称为离子饱和流区;在两者之间的区域,由于等离子体电子温度呈一定状态的分布,低于探针电位的电子部分会被吸引到探针,该收集区域为过渡区。单探针可测量和诊断的等离子体参数有:等离子体电子/离子数密度、电子温度、等离子体电位;电子能量分布函数、电流和电位的扰动量。

5.7 德拜长度计算公式:假设电子在温度 T 时处于热平衡状态,与离子分离产生的电势为 φ。根据有势场中粒子的 Maxwell - Boltzmann 统计:

$$n_e(r)=\bar{n}_0\exp\left[\frac{\varphi(r)}{k_BT}\right]$$

认为分离引起的扰动电势 $e\varphi \ll k_BT$,则

$$n_e(r)\approx\bar{n}_0\left(1+\frac{e\varphi}{k_BT}\right)$$

但是电势 φ 必须满足 Possion 方程:

$$\nabla^2\varphi=-\frac{\rho_e}{\varepsilon_0}=-\frac{1}{\varepsilon_0}e(n_i-n_e)$$

及

$$\nabla^2\varphi=-\frac{1}{\varepsilon_0}e\left[\bar{n}_0-\bar{n}_0\left(1+\frac{e\varphi}{k_BT}\right)\right]=\frac{e^2\varphi\bar{n}_0}{\varepsilon_0k_BT}=\frac{\varphi}{\lambda_D^2}$$

由此定义德拜长度为 $\lambda_D=\left(\frac{\varepsilon_0k_BT}{n_ee^2}\right)^{1/2}$。在电离层等离子体中,等离子体的德拜长度约为 0.743 cm,因此鞘层厚度为 1 cm 的量级,小于探针尺寸。

5.8 在 Langmuir 单探针中,本质是电子被探针吸引,经外电路至装置器壁再流入等离子体中,当探针加负电位时排斥电子、吸引离子,因此获得离子电流。双探针的两根探针完全相同,只能工作在离子收集区域和过渡区的一部分,因此只能测量离子饱和电流,

以及由过渡区的曲线计算电子温度。

5.9 等离子体电位以 13.56 MHz 的频率振荡,意味着等离子体中电子受探针的吸引程度以该频率振荡。具体如下:在测量探针的电流-电压曲线时,当等离子体电位是某一值时,应当得到一条曲线,而由于等离子体电位发生变化,在另一等离子体电位下的电流-电压曲线相对上一条曲线在电压轴上发生平移。探针采样的周期频率远小于 13.56 MHz,也就是说探针电压扫描时,等离子体电位就迅速发生了振荡,因此造成最终采样的结果是许多条不同等离子体电位下探针电流-电压的平均曲线,这样即对探针测量产生了曲线的畸变。

第6章

6.1 利用回旋半径与角频率的公式,可以得到:

$$\omega = \frac{B|q|}{2\pi m}, \quad r_L = \frac{mv_\perp}{B|q|}$$

式中,$v_\perp$ 可用热运动速度 $v_{th} = \sqrt{\dfrac{2k_BT}{m}}$ 近似,代入 r_L 公式中可得

$$r_L = \frac{mv_\perp}{B|q|} \cong \frac{\sqrt{2mkT}}{B|q|}$$

因此可得

(1) $\omega_i = 1.9\times10^4\ \mathrm{s}^{-1}$、$\omega_e = 1.4\times10^9\ \mathrm{s}^{-1}$;$r_{Li} = 3.66\times10^{-3}$ m、$r_{Le} = 9.54\times10^{-5}$ m。

(2) $\omega_i = 4.76\times10^2\ \mathrm{s}^{-1}$、$\omega_e = 1.4\times10^7\ \mathrm{s}^{-1}$;$r_{Li} = 0.37$ m、$r_{Le} = 2.13\times10^{-3}$ m。

(3) $\omega_i = 4.76\times10^2\ \mathrm{s}^{-1}$、$\omega_e = 2.8\times10^{10}\ \mathrm{s}^{-1}$;$r_{Li} = 1.44\times10^{-2}$ m、$r_{Le} = 1.07\times10^{-4}$ m。

6.2 (1) 若粒子所在位置处 $\dfrac{r_L\nabla B}{B} > 1$,则有

$$\frac{r_L\nabla B}{B} \sim \frac{r_L}{L} > 1 \Rightarrow r_L > L$$

式中,L 表示磁场变化的空间特征长度。

从上式可以看到,磁场变化的特征长度小于粒子回旋半径,粒子在回旋一周的轨道内将会感到磁场明显的变化,因而粒子的回旋轨道不能简单地近似成圆轨道,此时引导中心近似假设不成立,单粒子轨道理论失效。

(2) 若粒子所在位置处磁场满足 $\dfrac{\partial B}{\partial t}\dfrac{T_c}{B} > 1$,可以得到:

$$\frac{\partial B}{\partial t}\frac{T_c}{B} \sim \frac{T_c}{T} > 1 \Rightarrow T_c > T$$

式中,T 表示磁场发生变化的时间特征尺度。

从上式可以看到,磁场变化的特征时间小于回旋运动的周期,这意味着粒子在回旋一

周的时间内会感受磁场强度的明显变化，因此粒子的回旋轨道同样不能再简单地近似为圆轨道，引导中心近似假设不成立，单粒子轨道理论失效。

(3) 当电场 E 足够大，使得回旋运动轨道较大地偏离圆轨道时，虽然引导中心近似条件不再成立，但是依然可以从最基本的粒子运动方程推导出粒子的电漂移速度，其结果与单粒子轨道理论中推导出的结果一致（具体推导过程见习题 6.4）。从本质上看，这是因为在粒子经过的路径中，电场和磁场在空间与时间上是均匀的，因此不会出现粒子回旋一周所感受到的场作用明显不同的情况，因此在该情况下依然可以将粒子速度分解为回旋速度与引导中心的速度，用单粒子轨道理论的方法计算的漂移速度依然是正确的。

6.3 在推导电漂移速度时，先验地假设了 $\dfrac{\mathrm{d}\boldsymbol{v}_E}{\mathrm{d}t}=0$，从而简化了矢量方程，进而可以直接通过矢量恒等式求得电漂移速度得表达式。将求得的电漂移速度 $\boldsymbol{v}_E=\dfrac{\boldsymbol{E}\times\boldsymbol{B}}{B^2}$ 回代到 $\dfrac{\mathrm{d}\boldsymbol{v}_E}{\mathrm{d}t}$ 中验证，可以证明该电漂移速度满足假设条件，因而用这种方法求得的电漂移速度满足运动方程。但这里并不能证明这个解是唯一解，同时也并不能证明该解为物理解，因而直接令 $\dfrac{\mathrm{d}\boldsymbol{v}_E}{\mathrm{d}t}=0$ 的做法是不严谨的。事实上，更为严谨的处理方法是将运动方程分解到各个方向上，求解三个方向上的微分方程，结合初始条件求解得到粒子的漂移速度，这便是习题 6.4 和习题 6.5 中将要用到的方法。

6.4 由于 $\boldsymbol{E}\perp\boldsymbol{B}$，不妨设电场 $\boldsymbol{E}$ 沿 x 方向，磁场 $\boldsymbol{B}$ 沿 z 方向（这样做并不失一般性），可以列出粒子的运动方程：

$$m\frac{\mathrm{d}\boldsymbol{v}}{\mathrm{d}t}=q(\boldsymbol{E}+\boldsymbol{v}\times\boldsymbol{B})$$

将上述矢量方程分解到三个方向上，可以得到一组标量方程：

$$\frac{\mathrm{d}v_x}{\mathrm{d}t}=\frac{q}{m}(E_x+v_yB_z) \tag{a}$$

$$\frac{\mathrm{d}v_y}{\mathrm{d}t}=-\frac{q}{m}v_xB_z \tag{b}$$

这里只有两个标量方程的原因是矢量方程在 z 方向上的分量为零。将式(a)两边同时对时间求导，并将式(b)代入可得

$$\frac{\mathrm{d}^2v_x}{\mathrm{d}t^2}=\frac{Bq}{m}\frac{\mathrm{d}v_y}{\mathrm{d}t}=-\frac{B^2q^2}{m^2}v_x=-\omega_p^2v_x$$

式中，$\omega_p=\dfrac{Bq}{m}$，为粒子回旋频率，令初始条件为 $v_x(t=0)=v_0$，将其代入上面的方程，可以得到：

$$v_x = v_0\cos(\omega_p t)$$

将 v_x 的表达式代入式(b)中,可以得到:

$$\frac{\mathrm{d}v_y}{\mathrm{d}t} + v_0\omega_p\cos(\omega_p t) = 0$$

求解该方程可得

$$v_y = -v_0\sin(\omega_p t) + C$$

将上式代入方程(a)中可求得积分常数 C 的值,最终结果为

$$v_x = v_0\cos(\omega_p t)$$

$$v_y = -v_0\sin(\omega_p t) - \frac{E}{B}$$

可以看到,粒子在 $-y$ 方向上有一个大小为 $\frac{E}{B}$ 的固定的速度,这个速度不随时间变化,就是电漂移速度 v_E。可以看到,这种方法并不用事先假定 v_E 不随时间变化,并且可以将得到的结论推广到一般的情况(即 $\boldsymbol{E}$ 不垂直于 $\boldsymbol{B}$, 见习题 6.5)。同时,利用这种方法得到的电漂移速度也验证了电漂移速度不随时间变化。

从以上公式中可以看到,粒子 x 方向与 y 方向的运动都是频率为 ω_p 的运动,粒子的合运动也是频率为 ω_p 的周期运动,因此粒子在每个周期内的平均动能相等。

6.5 若 $\boldsymbol{E}$ 不垂直于 $\boldsymbol{B}$, 则可以将 $\boldsymbol{E}$ 分解为平行于磁场方向的分量与垂直于磁场方向的分量。容易得到,平行于磁场方向上粒子的运动为匀加速运动,粒子在这个方向上只受到电场力的作用;而粒子垂直于磁场方向的运动如习题 6.4 所述。因此,粒子的运动将是平行磁场方向的匀加速运动与垂直磁场方向上的回旋运动加漂移运动的合运动。

6.6 (1) 运动轨迹从略;电子漂移运动产生的原因是电子在前后半周回旋轨道半径不同,导致电子因轨道不闭合产生漂移运动。

(2) 由回旋运动半径公式 $r_L = \frac{mv}{Bq}$ 可以看出,粒子回旋运动的半径与粒子质量成正比,因此粒子质量越大,回旋半径越大;然而,由粒子回旋频率公式 $\omega_p = \frac{Bq}{m}$ 还可以得到,粒子的回旋频率和质量成反比,因而质量比较大的粒子在单位时间内的回旋次数较少。二者的乘积可表征漂移速度的大小,这个量恰与质量无关,因而电漂移速度与质量无关。同理可得,电漂移速度与粒子所带电荷量无关。

(3) 为说明物理结果,设粒子未扰动回旋运动轨道为 r_0,将粒子的右半周轨道等效为粒子在电场力 qE 作用下经过半径 r_0 加速后的速度 v_1 对应的轨道,左半周等效为粒子电场力 qE 作用下经过半径 r_0 减速后的速度 v_2 对应的轨道,右半周轨道半径与左半周轨道半径分别为 r_1、r_2,可得

$$r_0 = \frac{mv_0}{Bq}, \quad r_1 = \frac{mv_1}{Bq}, \quad r_2 = \frac{mv_2}{Bq}$$

粒子漂移速度可以表示为

$$v_d = 2(r_1 - r_2)T_L \cong 2(r_1 - r_2)T_0 = 2(r_1 - r_2)\frac{\omega_0}{2\pi}$$

式中，T_L 为实际粒子的回旋周期；T_0 为未扰动轨道粒子回旋周期。

由假设可先求出 v_1、v_2 的表达式：

$$qEr_0 = \frac{1}{2}m(v_1^2 - v_0^2)$$

整理可得

$$v_1 = v_0\left(1 + \frac{2E}{v_0B}\right)^{\frac{1}{2}} \approx v_0\left(1 + \frac{E}{v_0B}\right)$$

这里用到了弱电场条件：$\frac{E}{v_0B} \ll 1$，同理可得

$$v_2 = v_0\left(1 - \frac{2E}{v_0B}\right)^{\frac{1}{2}} \approx v_0\left(1 - \frac{E}{v_0B}\right)$$

代入梯度漂移速度 v_d 的计算公式中，得到：

$$v_d = 2(r_1 - r_2)\frac{\omega_0}{2\pi} = \frac{2m}{Bq}\frac{2E}{B}\frac{\omega_0}{2\pi} = \frac{2}{\pi}\frac{E}{B} \sim \frac{E}{B}$$

这样，便证明了梯度漂移速度与粒子速度 v_0 无关。

6.7 （1）利用初始时刻的电子静止条件，可得 $v_c = -v_d$，其中 v_c 为粒子绕引导中心做回旋运动的速度，v_d 为引导中心漂移速度。由电场磁场方向，可以得到电子漂移速度向左，因此电子的运动可看作绕以引导中心为圆心的轮子的滚动，同时轮子中心向左以 v_d 速度运动。因而，电子的运动路径是**滚轮线**，电子做滚轮线运动，如答案6.7图所示。

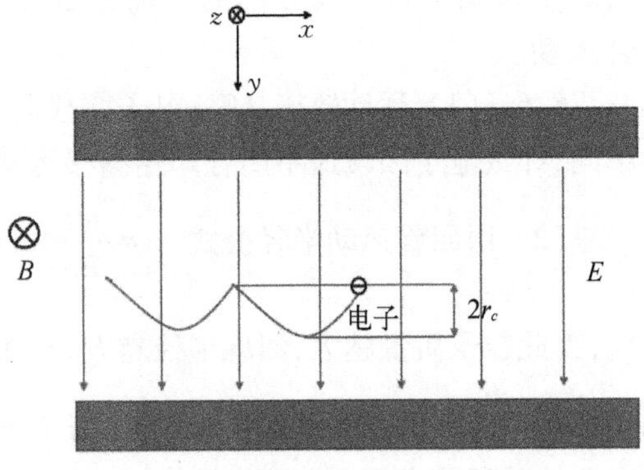

答案6.7图

（2）将静电场换成恒定力场，所得到的结果是相同的，电子同样做滚轮线运动。这是因为在恒力场中电子的漂移速度是常数，因此对电子的运动轨迹的处理方式与静电场中相同。

6.8 带电粒子在垂直于磁场方向的电场中的漂移速度为

$$v_d = \frac{\boldsymbol{E} \times \boldsymbol{B}}{B^2}$$

将上式作变换可以得到：

$$v_d = \frac{\boldsymbol{E}\times\boldsymbol{B}}{B^2} = \frac{q\boldsymbol{E}\times\boldsymbol{B}}{qB^2} = \frac{\boldsymbol{F}\times\boldsymbol{B}}{qB^2}$$

此式即为恒定力场漂移速度公式。

6.9 （1）图从略，与题目所给示例图相似。

（2）梯度漂移速度公式：

$$v_d = -\frac{1}{q}\frac{W_\perp}{B}\frac{\nabla B\times\boldsymbol{B}}{B^2}$$

漂移速度与电荷量 q 有关，因而电子与离子漂移方向不同，传导电流密度为

$$J_{\text{cond}} = n_i q_i v_i + n_e q_e v_e = n_0 e(v_i - v_e)$$

其中，

$$v_i = -\frac{W_i}{e}\frac{\nabla B}{B^2},\quad v_e = \frac{W_e}{e}\frac{\nabla B}{B^2}$$

代入 J 的表达式中：

$$J = -(W_i + W_e)n_0\frac{\nabla B}{B^2}$$

（3）梯度漂移速度与粒子回旋速度 v_c 成正相关，这是因为在磁场与粒子电荷量固定的情况下，速度越大，回旋半径越大，而回旋频率是固定的，因而此时漂移速度也越大。梯度漂移速度与 r_c/L 也成正相关，这是因为当 r_c 越大，L 越小时，粒子在回旋一周的轨道里所感受到的磁场变化就越大，因而由此产生的漂移速度也越大。这些均可通过梯度漂移的公式验证，其中对于第二个结论中，可将梯度漂移公式改写为 $v_d = \pm\frac{1}{2}v_\perp r_L\frac{\boldsymbol{B}\times\nabla B}{B^2}$ 来进行验证。

6.10 （1）由梯度漂移可知，带正电的离子在此处梯度漂移方向向西，带负电的电子在梯度漂移方向向东，因此此处会出现一个西向的环电流。

（2）由梯度漂移公式可知，离子与电子的漂移速度分别为

$$v_{di} = -\frac{W_i}{e}\frac{\nabla B}{B^2},\quad v_{de} = \frac{W_e}{e}\frac{\nabla B}{B^2}$$

传导电流密度大小：

$$J_{\text{cond}} = n_i q_i v_{di} + n_e q_e v_{de} = n_0 e(v_{di} - v_{de})$$

将漂移速度代入公式，可得

$$J_{\text{cond}} = -(W_i + W_e)n_0\frac{\nabla B}{B^2}$$

此即赤道平面处环电流的大小。

6.11 (1) 真空磁场满足 $\nabla\times\boldsymbol{B}=0$，结合柱坐标系下的散度公式，有

$$\frac{1}{r}\frac{\partial}{\partial r}(rB_\theta)=0$$

进而可得

$$B\sim\frac{1}{r}\Rightarrow\nabla B\sim\frac{1}{r^2}$$

因而得到了真空中弯曲磁场下磁场梯度的变化关系。

(2) 结合梯度漂移速度和曲率漂移速度的表达式，可以得到：

$$\boldsymbol{v}_{dg}=-\frac{1}{q}\frac{W_\perp}{B}\frac{\nabla B\times\boldsymbol{B}}{B^2},\quad \boldsymbol{v}_{dc}=\frac{2W_\parallel}{qB^2}\frac{\boldsymbol{R}_c\times\boldsymbol{B}}{R_c^2}$$

设 $\boldsymbol{R}_c$ 为磁感线曲率半径，由(1)的结果可得

$$\frac{\nabla B}{B}=-\frac{R_c}{R_c^2}$$

因此，梯度漂移速度 $\boldsymbol{v}_{dg}$ 可改写为

$$\boldsymbol{v}_{dg}=\frac{1}{q}\frac{W_\perp}{B^2}\frac{\boldsymbol{R}_c\times\boldsymbol{B}}{R_c^2}=\frac{m}{qB^2}\left(\frac{1}{2}v_\perp^2\right)\frac{\boldsymbol{R}_c\times\boldsymbol{B}}{R_c^2}$$

总梯度漂移速度 $\boldsymbol{v}_d$ 可以表示为

$$\boldsymbol{v}_d=\frac{m}{q}\left(v_\parallel^2+\frac{1}{2}v_\perp^2\right)\frac{\boldsymbol{R}_c\times\boldsymbol{B}}{R_c^2B^2}$$

此为梯度漂移和曲率漂移的总漂移速度。

6.12 (1) 由于慢变磁场下磁矩 μ 守恒，当磁场缓慢变大时，粒子动能也增加，电子和质子的能量在 t_1 时刻较初始时刻增大。洛伦兹力在整个过程中是不做功的，粒子能量增加的原因是磁场变化产生了涡旋电场。

(2) 回旋半径：

$$r_L=\frac{mv_\perp}{Bq}=\frac{\sqrt{2mW_\perp}}{Bq}$$

将电子与质子的物理参量代入公式可得 t_0 时刻的回旋半径：

$$r_{Le0}=3.37\times10^{-5}\ \mathrm{m},\quad r_{Li0}=4.57\times10^{-4}\ \mathrm{m}$$

利用 μ 不变的性质，可以求得粒子在 t_1 时刻的能量：

$$W_{e1}=2W_{e0}=2\ \mathrm{eV},\quad W_{i1}=2W_{i0}=0.2\ \mathrm{eV}$$

同样,可以得到电子与质子在 t_2 时刻的回旋半径:

$$r_{Le1} = 2.38 \times 10^{-5}\ \text{m}, \quad r_{Li1} = 3.23 \times 10^{-4}\ \text{m}$$

(3) 回旋轨道所包围的磁通量大小为

$$\Phi = \pi r_L^2 B$$

由此可得质子在 t_0 和 t_1 时刻回旋轨道包围的磁通量大小:

$$\Phi_{i0} = 6.56 \times 10^{-8}\ \text{Wb}, \quad \Phi_{i1} = 6.56 \times 10^{-8}\ \text{Wb}$$

可以看到, $\Phi_{i0} = \Phi_{i1}$, 这个结论不是偶然的,从磁通量的表达式可以得到:

$$\Phi = \pi r_L^2 B = \pi \frac{m^2 v^2}{B^2 q^2} B = \frac{2\pi m}{q^2} \mu$$

磁矩 μ 和其余物理量都不变,因而磁通量守恒。

6.13 当装置两端的磁镜 A 与 B 施加脉冲时,磁场变化导致的涡旋电场将加热等离子体(类似于题 6.12 的过程),进而使等离子体获得更高的能量。当给 A 端的磁镜施加一个更大的脉冲时,A 端磁镜的磁镜比增大,因此逃逸角减小,而在 A 端无法逃逸的那一部分速度夹角较大的粒子将会从 B 端磁镜处逃逸,从而进入下一级磁镜。

6.14 (1) 质子在两磁镜间的弹跳过程中将会被加速,当质子靠近其中的一个磁镜时,质子会被磁镜反弹,从而获得了 $-2v_0$ 的速度(假设碰撞为完全弹性碰撞),质子在此过程中将会获得能量。究其本质原因,粒子在反弹过程中的能量是通过磁镜位置处磁场变化所引起的电场获得的(磁镜在向前运动,因而在其所在位置处会感应出电场)。

(2) 当质子被加速至逃逸磁镜时,质子在两磁镜中心处的速度角为 θ, 由粒子逃逸条件可得

$$\sin^2\theta = \frac{1}{R_\text{m}}$$

因而可得

$$\sin\theta = \sqrt{\frac{1}{R_\text{m}}} = \frac{1}{2} \Rightarrow \theta = 30^\circ$$

由于磁矩守恒,以及忽略两磁镜中心处磁场强度的变化,可以得到在两磁镜中心处平行磁场方向的能量不发生变化,因而有 $W_\parallel = \frac{1}{2} W_0$, 进而得到:

$$W_\text{total} = \frac{2}{\sqrt{3}} W_\parallel = \frac{\sqrt{3}}{3} W_\parallel$$

此即质子在逃逸磁镜时所需要的能量。

第 7 章

7.1 参考热力学中的等温气体状态方程,可得

$$p = nk_BT$$

因此可以得到：

(1) $p_e = 3.2 \times 10^{-4}$ Pa, $p_i = 4.81 \times 10^{-6}$ Pa;

(2) $p_e = 1.6 \times 10^{-8}$ Pa, $p_i = 1.6 \times 10^{-8}$ Pa;

(3) $p_e = 1.6 \times 10^5$ Pa = 1.6 atm, $p_i = 1.6 \times 10^5$ Pa = 1.6 atm。

7.2 多流体方法将等离子体中每一种组分的流体方程都列出，将每一种组分的流动参量都作为未知量进行求解，因而可以求出等离子体中每一种组分的流动参量，但是多流体方法的方程组繁多，通常很难求解；单流体方法将等离子体中的不同组分求平均，整合成一种流体进行计算，因而求得的结果是等离子体各种组分的平均物理参量，单流体方程组相对来说较易求解，其可由多流体方程导出。

7.3 首先对等式左侧两项分别计算数量级，由安培定理可得

$$\nabla \cdot \boldsymbol{J} = \nabla \cdot \left(\frac{\nabla \times \boldsymbol{B}}{\mu_0}\right) = \frac{B}{\mu_0 L^2}$$

同样，结合静电场中的高斯定理可得

$$\frac{\partial \rho_e}{\partial t} = \frac{\partial}{\partial t}(\varepsilon_0 \nabla \cdot \boldsymbol{E}) = \frac{\varepsilon_0 E}{TL}$$

这样可以得到：

$$\frac{\frac{\partial \rho_e}{\partial t}}{\nabla \cdot \boldsymbol{J}} = \frac{\varepsilon_0 E}{TL}\left(\frac{B}{\mu_0 L^2}\right)^{-1} = \varepsilon_0 \mu_0 \frac{L}{T}\frac{E}{B} = \frac{U}{c^2}\frac{E}{B}$$

而由法拉第定律：

$$\nabla \times \boldsymbol{E} = -\frac{\partial \boldsymbol{B}}{\partial t} \Rightarrow \frac{E}{L} = \frac{B}{T} \Rightarrow \frac{E}{B} = \frac{L}{T} = U$$

因此，结合以上两式最终得到：

$$\frac{\frac{\partial \rho_e}{\partial t}}{\nabla \cdot \boldsymbol{J}} = \frac{U^2}{c^2} \ll 1$$

因此可以得到 $\frac{\partial \rho_e}{\partial t} \ll \nabla \cdot \boldsymbol{J}$。

7.4 由本章所学可知，广义 Ohm 定律：

$$\boldsymbol{J} = \sigma_0\left\{\boldsymbol{E}^* + \frac{\nabla p_e}{n_e e} - \frac{\boldsymbol{J} \times \boldsymbol{B}}{n_e e} - \frac{f^2 \tau_{in}}{m_e n_e}\left[\left(2 - \frac{m_i}{m_n}\right)\nabla p_i \times \boldsymbol{B} + \boldsymbol{B} \times (\boldsymbol{J} \times \boldsymbol{B})\right]\right\}$$

式中，$\sigma_0 = \frac{n_e e^2}{m_e(\nu_{en} + \nu_{ei})}$；花括号中的四项从左往右依次表示电场项、电子压力梯度项、

Hall 项和离子滑移项。

7.5 (1) 将简化后的广义 Ohm 定律: $\boldsymbol{J}=\sigma_0\boldsymbol{E}-\frac{e}{m\nu_c}\boldsymbol{J}\times\boldsymbol{B}$ 分解到三个方向上,可以得到:

$$\begin{cases} J_x=\sigma_0 E_x-\dfrac{\omega_e}{\nu_c}J_y \\ J_y=\sigma_0 E_y+\dfrac{\omega_e}{\nu_c}J_x \\ J_z=\sigma_0 E_z \end{cases}$$

式中, $\omega_e=\frac{eB}{m_e}$, 表示电子回旋频率,联立以上三式,求解 J_x、J_y、J_z 可得

$$\begin{cases} J_x=\dfrac{\nu_c^2}{\nu_c^2+\omega_e^2}\sigma_0 E_x-\dfrac{\omega_e\nu_c}{\nu_c^2+\omega_e^2}\sigma_0 E_y \\ J_y=\dfrac{\omega_e\nu_c}{\nu_c^2+\omega_e^2}\sigma_0 E_x+\dfrac{\nu_c^2}{\nu_c^2+\omega_e^2}\sigma_0 E_y \\ J_z=\sigma_0 E_z \end{cases}$$

整理上面的方程组,可得

$$J=(J_x,\ J_y,\ J_z)=\begin{bmatrix} \dfrac{\nu_c^2}{\nu_c^2+\omega_e^2}\sigma_0 & -\dfrac{\omega_e\nu_c}{\nu_c^2+\omega_e^2}\sigma_0 & 0 \\ \dfrac{\omega_e\nu_c}{\nu_c^2+\omega_e^2}\sigma_0 & \dfrac{\nu_c^2}{\nu_c^2+\omega_e^2}\sigma_0 & 0 \\ 0 & 0 & \sigma_0 \end{bmatrix}\cdot\begin{bmatrix} E_x \\ E_y \\ E_z \end{bmatrix}=\boldsymbol{\sigma E}$$

得证。

(2) 由 Pederson 电导率 σ_P 与 Hall 电导率 σ_H 的表达式可知,**$\boldsymbol{\sigma_P}$ 表示在垂直于磁场的方向上,由电场产生的平行于电场方向的电流的能力; $\boldsymbol{\sigma_H}$ 表示在垂直于磁场的方向上,由电场产生的垂直于电场方向的电流的能力**。当碰撞频率趋于无穷大时(即碰撞效应很强), σ_P 退化为 σ_0, 而 σ_H 趋于零;当回旋频率 ω_e 很大时, σ_P 和 σ_H 均趋于零;只有当回旋频率 ω_e 和碰撞频率 ν_c 近似相等时,Hall 电导率 σ_H 较大。究其根本原因,是因为 Pederson 电导率 σ_P 是由电场力引起的,而 Hall 电导率 σ_H 是碰撞导致的电子与离子电漂移的分离引起的。

7.6 容易得到磁雷诺数 R_m 与磁黏滞系数 η_m 的关系为

$$R_m=\frac{UL}{\eta_m}$$

等式右侧分子表示流体的惯性效应,分母表示磁黏性效应,类似于流体力学中的雷诺数,磁雷诺数表示的也是流动惯性项与磁黏性项的比值。在流体中,黏性项意味着耗散,而在

磁流体中，磁黏性项同样意味着耗散，因而磁雷诺数与雷诺数有着许多的相似之处。

7.7 由安培定理，可以将动量方程变为

$$\nabla p = \boldsymbol{J} \times \boldsymbol{B} = \frac{1}{\mu_0}(\nabla \times \boldsymbol{B}) \times \boldsymbol{B} = \frac{1}{\mu_0}(\boldsymbol{B} \cdot \nabla)\boldsymbol{B} - \nabla\left(\frac{B^2}{2\mu_0}\right)$$

整理上式可得

$$\nabla\left(p + \frac{B^2}{2\mu_0}\right) = \frac{1}{\mu_0}(\boldsymbol{B} \cdot \nabla)\boldsymbol{B}$$

当磁场强度沿磁感线方向的梯度为零时，可以得到 $\frac{1}{\mu_0}(\boldsymbol{B} \cdot \nabla)\boldsymbol{B} = 0$，因而得到：

$$\nabla\left(p + \frac{B^2}{2\mu_0}\right) = 0$$

即总压 $p_{\text{total}} = p + \frac{B^2}{2\mu_0}$，其处处相等，不随空间发生变化。

第 8 章

8.1 由磁流体平衡可得

$$\nabla p = \boldsymbol{J} \times \boldsymbol{B}$$

等式两边同时叉乘 $\boldsymbol{B}$ 可得

$$\boldsymbol{B} \times \nabla p = \boldsymbol{B} \times (\boldsymbol{J} \times \boldsymbol{B}) = B^2\boldsymbol{J} - (\boldsymbol{B} \cdot \boldsymbol{J})\boldsymbol{B}$$

由于抗磁电流密度 $\boldsymbol{J}$ 沿环向，有 $\boldsymbol{B} \cdot \boldsymbol{J} = 0$，可以得到：

$$\boldsymbol{J} = \frac{\boldsymbol{B} \times \nabla p}{B^2}$$

此即由压强梯度引起的抗磁电流的大小。

8.2 在等离子体中，较轻的电子有着较高的热速度，它倾向于首先离开等离子体，电子的扩散率远大于离子的扩散率，因此电子在等离子体边界处的扩散流要远大于离子的扩散流，在等离子体的边界处有负电荷的积累，而在等离子体内部区域会有正电荷的堆积。这样会形成一个电场，这个电场阻碍了电子的扩散，同时加速了离子的扩散，最终使得边界处的电子流与离子流相等，电子和离子以相同的速率扩散。当等离子体中存在磁场时，在沿磁场方向上，电子的扩散速率大于离子扩散速率（这与无磁场的情况相同），因而双极扩散产生的电场方向指向等离子体外侧；而在垂直于磁场方向上，由于离子回旋半径较大，受磁场约束较小，离子的扩散速率大于电子扩散速率，此时双极扩散产生的电场方向指向等离子体内部。

8.3 首先考虑温度为 T_1、T_2 的两团电子发生库仑碰撞到达热平衡的弛豫时间，由本章给出的弛豫时间公式：

$$t_e = \frac{3m_e^2 k_B^{\frac{3}{2}}}{8(2\pi)^{\frac{1}{2}} n_e e^4 \ln \Lambda_e}\left(\frac{T_1 + T_2}{m_e}\right)^{\frac{3}{2}} \propto \sqrt{m_e}$$

同理,温度为 T_1、T_2 的两团离子发生库仑碰撞到达热平衡的弛豫时间可以表示为

$$t_i = \frac{3m_i^2 k_B^{\frac{3}{2}}}{8(2\pi)^{\frac{1}{2}} n_e e^4 \ln \Lambda_i}\left(\frac{T_1 + T_2}{m_i}\right)^{\frac{3}{2}} \propto \sqrt{m_i}$$

在这种情况下, $\ln \Lambda_e \approx \ln \Lambda_i$, 由于 $m_e \ll m_i$, 可得 $t_e < t_i$, 即电子弛豫时间小于离子弛豫时间。

8.4 (1) 由于 $\nabla = \frac{\mathrm{d}}{\mathrm{d}r} \approx \frac{1}{L}$, $\nabla^2 = \frac{\mathrm{d}^2}{\mathrm{d}r^2} \approx \frac{1}{L^2}$, 可以得到:

$$\frac{|\nabla \times (\boldsymbol{v} \times \boldsymbol{B})|}{|\eta_m \nabla^2 \boldsymbol{B}|} \approx \frac{|\nabla \times (\boldsymbol{v} \times \boldsymbol{B})|}{|\eta_m \nabla \times (\nabla \times \boldsymbol{B})|} \approx \frac{|\boldsymbol{v} \times \boldsymbol{B}|}{|\eta_m \nabla \times \boldsymbol{B}|} \approx \frac{UB}{\eta_m B L^{-1}} = \frac{UL}{\eta_m} = UL\mu_0\sigma = R_m$$

(2) 因此,可以得到雷诺数的第三个意义是磁约束方程中对流项与磁扩散项的比值:当磁雷诺数较大时,对流项占主导作用,此时磁冻结效应占主要作用,磁场被冻结在等离子体中随等离子体一起运动;当磁雷诺数较小时,磁扩散项占主导作用,磁扩散效应占主要作用,此时会有磁场向等离子体中扩散,同时伴随着磁场能量的耗散。

8.5 相速度是指在波动中相位传播的速度,群速度则指许多单色平面波组成的波包(波的包络线)的传播速度。由于携带波信息的是波的包络线,波包的传播速度即信息的传播速度。而由狭义相对论可知,信息的传播速度不能超过光速,因而群速度不能超过光速。

8.6 将 $\omega = \frac{1}{2}\omega_{pe}$ 代入电磁波色散关系中,可以得到:

$$k = \frac{1}{c}\sqrt{\omega^2 - \omega_{pe}^2} = \pm \mathrm{i}\frac{\sqrt{2}}{2c}\omega_{pe}$$

将 k 的表达式代入平面波振幅中,可以得到:

$$A = A_0 \mathrm{e}^{\mathrm{i}(kx-\omega t)} = A_0 \mathrm{e}^{\pm\frac{\sqrt{2}}{2c}\omega_{pe}x}\mathrm{e}^{-\mathrm{i}\frac{\omega_{pe}}{2}t}$$

式中, $A_0\mathrm{e}^{\pm\frac{\sqrt{2}}{2c}\omega_{pe}x}$ 表示波动振幅; $\mathrm{e}^{-\mathrm{i}\frac{\omega_{pe}}{2}t}$ 表示波动相位。

可以看到,当波动振幅取 $A_0\mathrm{e}^{\frac{\sqrt{2}}{2c}\omega_{pe}x}$ 时,振幅沿 x 方向越来越大,这是不稳定解,在没有外界能量输入时,这种解是不符合实际物理情况的;当波动振幅取 $A_0\mathrm{e}^{-\frac{\sqrt{2}}{2c}\omega_{pe}x}$ 时, 可以看到波动沿 x 方向振幅越来越小,即波在传播过程中很快地衰减(以指数形式衰减),直至波振幅衰减为零,因此可以说此时波动不能在等离子体中传播(只能进入等离子体中很小的一段距离)。

8.7 (1) 中性气体中声波的回复力是压强梯度,局部密度的扰动导致压强的变化,

从而产生压强梯度，压强梯度作为回复力，同时也驱动扰动向外传播，当气体温度为零时，也就不存在气体分子的热运动，压强也不再存在，因而此时局部的扰动无法传播，声速为零。而离子声波的回复力不仅有压强梯度，而且还有由局部密度扰动引起的电场扰动，电场扰动所产生的作用于离子上的电场力也提供了回复力，当离子温度为零时，离子压强梯度为零，但此时还存在由于离子数密度扰动引起的电场扰动，虽然等离子体的准中性特性使得电子可以较好地屏蔽这个扰动电场，但是电子具有温度，电子的屏蔽并不完全，因而会有一部分电场漏出，继续承担着回复力的作用，这也就解释了为什么当离子温度为零时，离子声波速度依然不为零，其大小为 $c_s = \sqrt{\dfrac{k_B T_e}{m_i}}$。

(2) 当等离子体中存在磁场时，平行于磁场方向传播的离子声波与无磁场情况下的离子声波相同；而垂直于磁场方向传播的离子声波则会多受到一个洛伦兹力回复力的作用，因此其色散关系有所改变。

8.8 声波是压缩波，因此讨论声波时必须考虑流体的可压缩性；而阿尔芬波是由磁场张力引起的波动，因而只要由磁张力存在，阿尔芬波就可以传播，在讨论阿尔芬波时不必考虑流体的可压缩性。

8.9 声速 $c_s = \sqrt{\dfrac{\gamma p_0}{\rho_0}}$ 与热压相关，阿尔芬速度 $V_A = \sqrt{\dfrac{B^2}{\mu_0\rho_0}}$ 与磁压 $\dfrac{B^2}{2\mu_0}$ 相关，因而 $c_s \ll V_A$ 表示热压远远小于磁压的情况，即所考虑的等离子体为**冷等离子体**，如太阳黑子中的等离子体；$c_s \gg V_A$ 则表示热压远远大于磁压，即所考虑的等离子体为**热等离子体**，如日冕中的等离子体。

8.10 由 $\nabla \cdot \boldsymbol{B} = 0$ 可知：

$$\iint \boldsymbol{B} \cdot \mathrm{d}\boldsymbol{s} = 0$$

在激波间断面处取一微小立方体，如答案 8.10 图所示，立方体的左右两面的面积为 Δs，同时令立方体的高 $\mathrm{d}x \to 0$，因此可得

$$-B_{x1}\Delta s + B_{x2}\Delta s = 0 \Rightarrow B_{x1} = B_{x2}$$

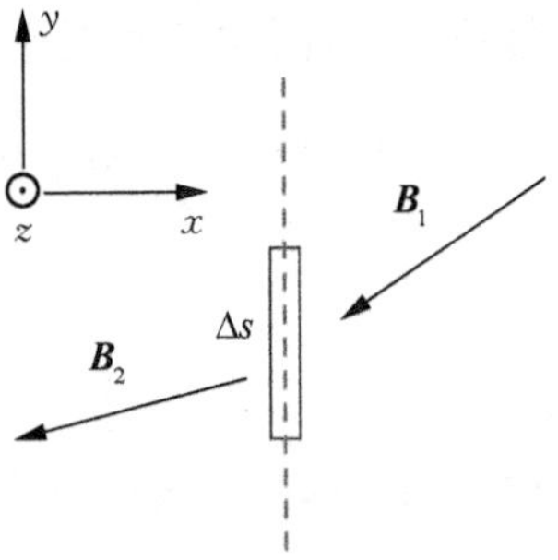

答案 8.10 图

由此可知，激波上下游处的法向磁场分量始终相等。

第 9 章

9.1 如空心阴极热发射的电子、强磁化的各项异性等离子体。

9.2 要用完整的动理学方程：要考虑碰撞的情形，如高密度等离子体放电通道；可以用 Vlasov 方程，不考虑碰撞的情形，如磁喷管羽流等离子体。

9.3 (1) 对于静电力而言，有

$$\int \frac{q\boldsymbol{E}}{m} \cdot \frac{\partial f}{\partial \boldsymbol{v}} \mathrm{d}^3\boldsymbol{v} = \frac{q}{m}\int \frac{\partial}{\partial \boldsymbol{v}} \cdot \boldsymbol{E} f \mathrm{d}^3\boldsymbol{v} = \frac{q}{m}\oint_{S_v} \boldsymbol{E} f \mathrm{d}\boldsymbol{S}_v$$

速度空间的面积按平方增大，而分布函数则按指数减小，整项的衰减量级为 $v^2\exp(-v^2/k_BT)$，故此项在速度无穷大处的积分必定为 0。

（2）对于洛伦兹力项，有

$$\int \frac{q\boldsymbol{v}\times\boldsymbol{B}}{m}\cdot\frac{\partial f}{\partial \boldsymbol{v}}\mathrm{d}^3\boldsymbol{v} = \frac{q}{m}\int\frac{\partial}{\partial \boldsymbol{v}}\cdot(\boldsymbol{v}\times\boldsymbol{B})f\mathrm{d}^3\boldsymbol{v} - \frac{q}{m}\int f\frac{\partial(\boldsymbol{v}\times\boldsymbol{B})}{\partial \boldsymbol{v}}\mathrm{d}^3\boldsymbol{v}$$

等号右边第一项中：

$$\int\frac{\partial}{\partial \boldsymbol{v}}\cdot(\boldsymbol{v}\times\boldsymbol{B})f\mathrm{d}^3\boldsymbol{v} = \left[\int\frac{\partial}{\partial \boldsymbol{v}}\cdot(f\boldsymbol{v})\mathrm{d}^3\boldsymbol{v}\right]\times\boldsymbol{B} = \left[\oint_{S_v} f\boldsymbol{v}\mathrm{d}\boldsymbol{S}_v\right]\times\boldsymbol{B}$$

显然，中括号内的衰减量级为 $v^3\exp(-v^2/k_BT)$，在速度无穷大处必为零。

等号右边第二项中：

$$\frac{\partial(\boldsymbol{v}\times\boldsymbol{B})}{\partial \boldsymbol{v}} = \sum_{x,y,z}\frac{\partial(v_yB_z - v_zB_y)}{\partial v_x} = 0$$

综上所述，整个电磁力项取零阶矩后为 0。

第 10 章

10.1 （1）一维 MHD 方程组具有如下守恒形式：

$$\frac{\partial \boldsymbol{U}}{\partial t} + \frac{\partial \boldsymbol{F}}{\partial x} = 0$$

其中，

$$\boldsymbol{U} = \begin{bmatrix}\rho\\ \rho u\\ \rho v\\ \rho w\\ B_y\\ B_z\\ \rho e_t\end{bmatrix},\quad \boldsymbol{F} = \begin{bmatrix}\rho u\\ \rho u^2 + p + \dfrac{-B_x^2 + B_y^2 + B_z^2}{2\mu_m}\\ \rho uv - \dfrac{B_xB_y}{\mu_m}\\ \rho uw - \dfrac{B_xB_z}{\mu_m}\\ uB_y - vB_x\\ uB_z - wB_x\\ \left(\rho e_t + p + \dfrac{B_x^2 + B_y^2 + B_z^2}{2\mu_m}\right)u - \dfrac{B_x}{\mu_m}(uB_x + vB_y + wB_z)\end{bmatrix}$$

及

$$e_t = \frac{p}{(\gamma - 1)\times\rho} + \frac{1}{2}(u^2 + v^2 + w^2) + \frac{B_x^2 + B_y^2 + B_z^2}{2\mu_m\rho}$$

$$p=(\gamma-1)\left[\rho e_t-\frac{1}{2}\rho(u^2+v^2+w^2)-\frac{B_x^2+B_y^2+B_z^2}{2\mu_m}\right]$$

由控制方程可以看出,确定以上变量需要确定最基本的 8 个物理量:B_x、B_y、B_z、ρ、u、v、w、p。

(2) Lax-Friedrichs 差分格式。

$$\boldsymbol{U}_j^{n+1}=\frac{\boldsymbol{U}_{j-1}^n+\boldsymbol{U}_{j+1}^n}{2}-\frac{\Delta t}{2\Delta x}(\boldsymbol{F}_{j+1}^n-\boldsymbol{F}_{j-1}^n)$$

答案 10.1 表

格式参数	一阶
稳定条件	CFL≤1
计算域	[0, 1 000]
格点数	1 001
空间步长	1
时间步长	0.2
网格数	1 000
计算边界处理	线性外插

(3) 计算流程和流程图。

① 对变量(B_x, B_y, B_z, ρ, u, v, w, p)赋初值;

② 将①中的变量初值代入变量 $\boldsymbol{F}$、$\boldsymbol{U}$ 中,得到 $\boldsymbol{F}$、$\boldsymbol{U}$ 的初值;

③ 根据①计算$(n+1)$时刻的 U_j^{n+1}, $j\in 2, 3, 4, \cdots, 1\,000$;

④ 用线性外插法计算$(n+1)$时刻的 U_0^{n+1} 和 $U_{1\,001}^{n+1}$;

⑤ 利用$(n+1)$时刻的 U_j^{n+1} 反解出$(n+1)$时刻的变量(B_x, B_y, B_z, ρ, u, v, w, p);

⑥ 求出下一时刻的 F_j^{n+1},结合上面的步骤便得到了下一时刻的 $\boldsymbol{F}$、$\boldsymbol{U}$;

⑦ 将下一时刻的 $\boldsymbol{F}$、$\boldsymbol{U}$ 作为这一时刻的变量,重复步骤③~⑥,直至达到终止时间。

计算流程图如答案 10.1 图 1 所示。

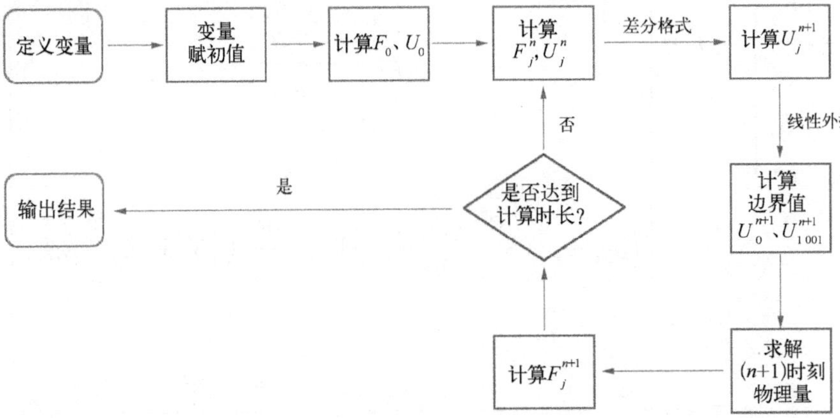

答案 10.1 图 1

（4）计算结果。

100 s 与 150 s 时刻激波管内的物理量分布如答案 10.1 图 2 所示。

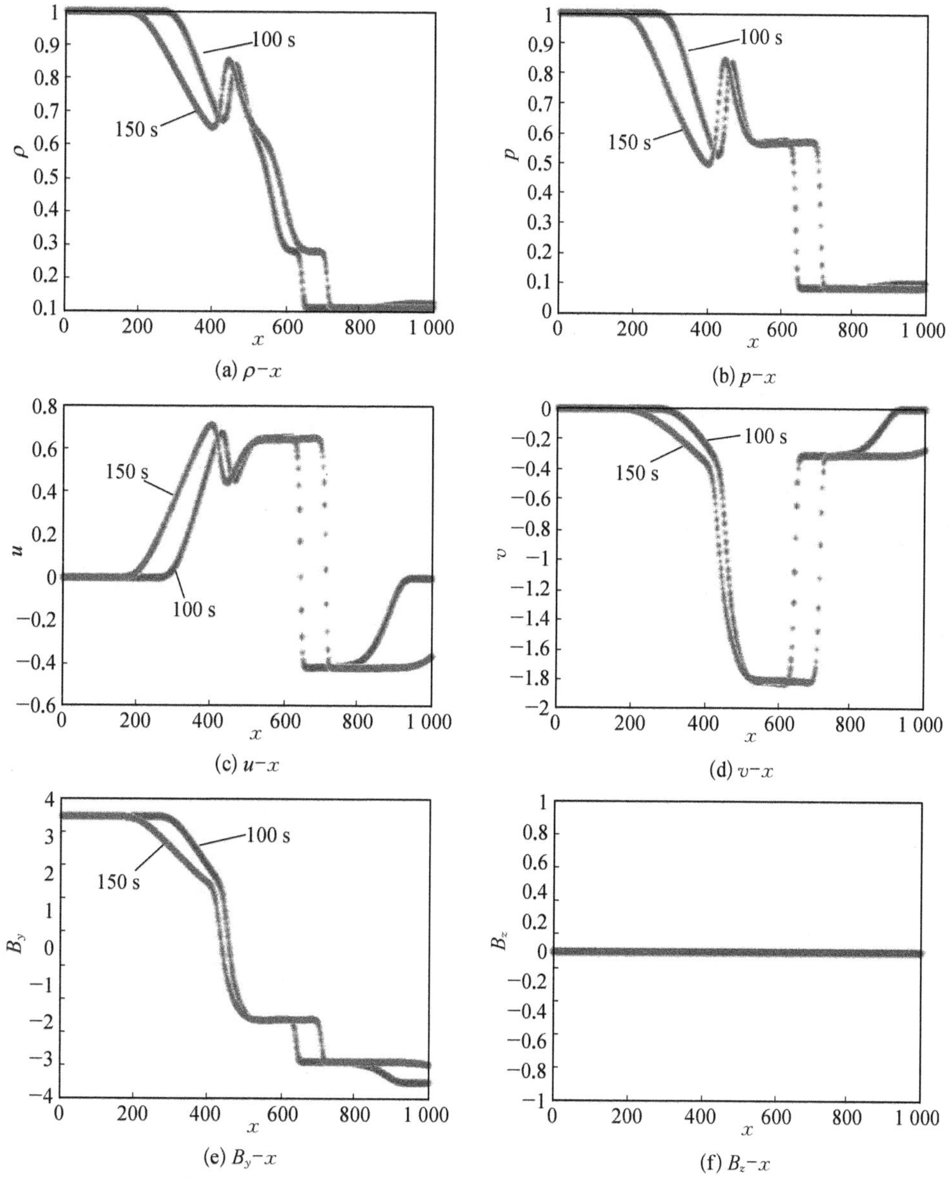

答案 10.1 图 2

从答案 10.1 图 2 中可以看到，物理量的扰动从中间位置处向两侧传播，$t=150$ s 时的扰动范围大于 $t=100$ s 时的扰动范围。对比答案 10.1 图 2(a) 中的曲线可以看出，Lax 格式对于接触间断面的分辨率并不是很高，在 $t=100$ s 时几乎看不到接触间断面；而在 $t=150$ s 时，可以在答案 10.1 图 2 中观察到接触间断面，但是被严重抹平，接触间断面非常平缓。

附：源代码(Matlab)

```
% 一维激波管问题 Lax 格式
%  CopyRight: 2020, JLPP, Beihang Uni.
clear;clc;
%% 定义计算域及初始条件
% 定义计算域
x=[0:1000];     % 空间步格点
dx=1;           % 空间步长
t=[0:0.2:50];   % 时间步格点
dt=0.2;         % 时间步长
U=zeros(7,1001);  % Euler 方程变量 U
Up=zeros(7,1001);
F=zeros(7,1001);  % Euler 方程变量 F
% 定义初始条件
Bx=0.75*sqrt(4*pi);
rho1=1;         % 左侧初始条件
u1=0;
v1=0;
w1=0;
p1=1;
By1=sqrt(4*pi);
Bz1=0;
rho2=0.125;     % 右侧初始条件
u2=0;
v2=0;
w2=0;
p2=0.1;
By2=-sqrt(4*pi);
Bz2=0;
R=5/3;          % 比热比
mu0=10;         % 真空磁导率定义为 10
% 定义变量初值
for i=1:500
    U(1,i)=rho1;
    U(2,i)=rho1*u1;
    U(3,i)=rho1*v1;
    U(4,i)=rho1*w1;
```

```
    U(5,i)=By1;
    U(6,i)=Bz1;

U(7,i)=rho1*(p1/((R-1)*rho1)+0.5*(u1^2+v1^2+w1^2)+(Bx^2+By1^2+
Bz1^2)/(2*mu0*rho1));
    F(1,i)=rho1*u1;
    F(2,i)=rho1*u1^2+p1+(-Bx^2+By1^2+Bz1^2)/(2*mu0);
    F(3,i)=rho1*u1*v1-Bx*By1/mu0;
    F(4,i)=rho1*u1*w1-Bx*Bz1/mu0;
    F(5,i)=u1*By1-v1*Bx;
    F(6,i)=u1*Bz1-w1*Bx;

F(7,i)=(U(7,i)+p1+(Bx^2+By1^2+Bz1^2)/(2*mu0))*u1-Bx/mu0*(u1*
Bx+v1*By1+w1*Bz1);
end
for i=501:1001
    U(1,i)=rho2;
    U(2,i)=rho2*u2;
    U(3,i)=rho2*v2;
    U(4,i)=rho2*w2;
    U(5,i)=By2;
    U(6,i)=Bz2;

U(7,i)=rho2*(p2/((R-1)*rho2)+0.5*(u2^2+v2^2+w2^2)+(Bx^2+By2^2+
Bz2^2)/(2*mu0*rho2));
    F(1,i)=rho2*u2;
    F(2,i)=rho2*u2^2+p2+(-Bx^2+By2^2+Bz2^2)/(2*mu0);
    F(3,i)=rho2*u2*v2-Bx*By2/mu0;
    F(4,i)=rho2*u2*w2-Bx*Bz2/mu0;
    F(5,i)=u2*By2-v2*Bx;
    F(6,i)=u2*Bz2-w2*Bx;

F(7,i)=(U(7,i)+p2+(Bx^2+By2^2+Bz2^2)/(2*mu0))*u2-Bx/mu0*(u2*
Bx+v2*By2+w2*Bz2);
end
%% 数值计算
rho=zeros(1,1001);
u=zeros(1,1001);
```

```
v=zeros(1,1001);
w=zeros(1,1001);
Bx=zeros(1,1001);
By=zeros(1,1001);
Bz=zeros(1,1001);
p=zeros(1,1001);
for t=0.2:0.2:100   % 时间步推进
   for i=1:7         % 变量U、F每一行分别求解
      for j=2:1000
         Up(i,j)=0.5*(U(i,j+1)+U(i,j-1))-dt/(2*dx)*(F(i,j+
1)-F(i,j-1));
      end
      U0=2*U(i,1)-U(i,2);             % 边界外的幽灵格点用线性外插计算
      U1002=2*U(i,1001)-U(i,1000);
      F0=2*F(i,1)-F(i,2);
      F1002=2*F(i,1001)-F(i,1000);
      Up(i,1)=0.5*(U(i,2)+U0)-dt/(2*dx)*(F(i,2)-F0);
      Up(i,1001)=0.5*(U1002+U(i,1000))-dt/(2*dx)*(F1002-F(i,
1000));
   end
   U=Up;
   % 求解新时间步内的变量
   rho=U(1,:);
   u=U(2,:)./rho;
   v=U(3,:)./rho;
   w=U(4,:)./rho;
   By=U(5,:);
   Bz=U(6,:);
   for i=1:1001
      Bx(i)=0.75*sqrt(4*pi);
   end
   p=(R-1)*(U(7,:)-0.5.*rho.*(u.^2+v.^2+w.^2)-(Bx.^2+By.^2+
Bz.^2)/(2*mu0));
   % 求解新时间步内的F
   F(1,:)=rho.*u;
   F(2,:)=rho.*u.^2+p+(-Bx.^2+By.^2+Bz.^2)/(2*mu0);
   F(3,:)=rho.*u.*v-(Bx.*By)/mu0;
   F(4,:)=rho.*u.*w-Bx.*Bz/mu0;
```

```
    F(5,: )=u.*By-v.*Bx;
    F(6,: )=u.*Bz-w.*Bx;
    F(7,: )=(U(7,: )+p+(Bx.^2+By.^2+Bz.^2)/(2*mu0)).*u-Bx/mu0.*
(u.*Bx+v.*By+w.*Bz);
end
figure(1)
plot(x,rho,'*');
hold on;
figure(2)
plot(x,p,'*');
hold on;
figure(3)
plot(x,u,'*');
hold on;
figure(4)
plot(x,v,'*');
hold on;
figure(5)
plot(x,w,'*');
hold on;
figure(6)
plot(x,Bx,'*');
hold on;
figure(7)
plot(x,By,'*');
hold on;
figure(8)
plot(x,Bz,'*');
hold off;
```

10.2 （1）给出电势 φ_{left} 的求解过程。

$$a_z = F_z/m_e$$

$$F_z = E_z e = \Delta\varphi/d = (\varphi_{\text{left}} - \varphi_{\text{right}})/d$$

$$\varphi_{\text{left}} = \frac{a_z d m_e}{e} = \frac{m_e}{e} = \frac{9.109\times10^{-31}}{1.602\times10^{-19}} = 5.686\times10^{-12}\ \text{V/m}$$

式中，m_e、e 分别表示电子质量和电子带电量。

（2）电子的回旋半径 $r_{ce} = \dfrac{m_e v}{B_x e}$，代入题设条件，可得 $B_x = 8\times\dfrac{m_e}{e} = 4.549\times10^{-11}\ \text{T}$。

(3) ① 电子在 $y-z$ 平面内做类平抛运动，轨迹是一条经过(0, 0)和(0, 0.5)的抛物线，如答案 10.2 图 1 所示。其中，z 向为匀加速运动，x 方向不动，y 方向为匀速直线运动：

$$\begin{cases} v_z = -t \\ v_x = 0 \\ v_y = 1 \end{cases}$$

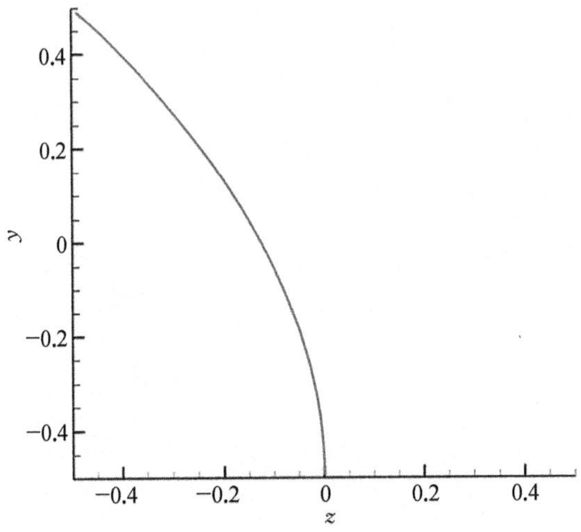

答案 10.2 图 1

② 电子在 $y-z$ 平面内做匀速圆周运动，其回旋半径 $r_{ce} = \dfrac{m_e v}{B_x e} = 1/8\ \mathrm{m}$，圆心在(0, 0.125)处(其中 m_e、e 分别代表电子质量和电子带电量)，如答案 10.2 图 2 所示。

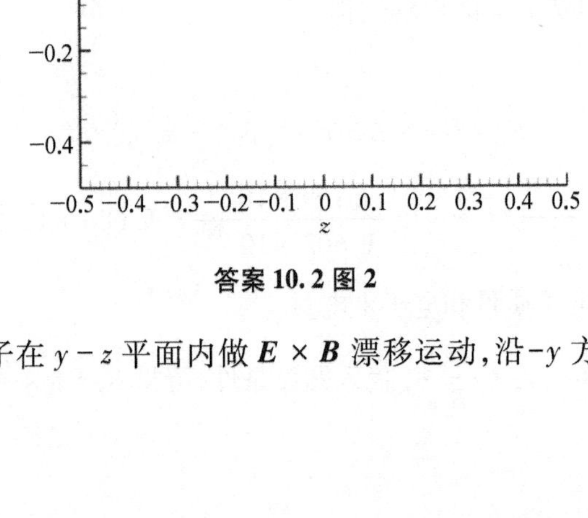

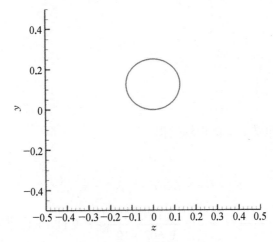

答案 10.2 图 2

③ 本算例中，电子在 $y-z$ 平面内做 $\boldsymbol{E} \times \boldsymbol{B}$ 漂移运动，沿 $-y$ 方向，如答案 10.2 图 3 所示。

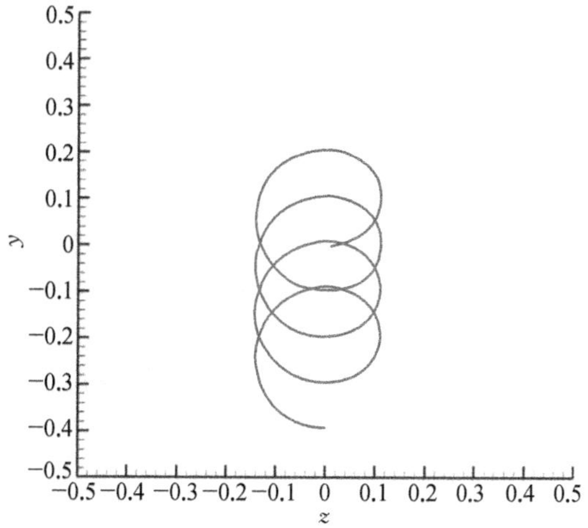

答案 10.2 图 3

漂移速度：

$$\boldsymbol{v}_d = \frac{\boldsymbol{E} \times \boldsymbol{B}}{B^2}, \quad |\boldsymbol{v}_d| = E/B = \frac{1}{8}(\mathrm{m/s})$$

漂移周期：

$$T = \frac{2\pi}{B_x e} = \frac{\pi}{4}$$

因此，四个周期运动时间为 $4T = \pi$，漂移距离 $x_d = \pi \times |\boldsymbol{v}_d| = \pi/8 = 0.392\,6$ m。

编程实现思路：

a. 给定单粒子结构体，其中包含粒子的位置和速度信息；

b. 根据题设信息向程序中输入电磁场信息；

c. 根据题设信息给定迭代时间步长和总迭代时间；

d. 使用蛙跳算法求解 Newton-Lorentz 方程，在 n 时刻所在的时间步长 Δt 内，根据上一时刻的粒子位置和速度信息，分别计算出粒子的速度信息，即 v^-、v'、v^+、$v^{n-1/2}$、$v^{n+1/2}$；

e. 根据上一时刻 n 的位置信息 $\boldsymbol{x}^n$ 和第④步计算出的速度信息更新得到新的位置信息 $\boldsymbol{x}^{n+1}$；

f. 在迭代时间没有达到预定总迭代时间时，重复 d、e 步；

g. 迭代结束，输出粒子的轨迹。

PIC 粒子推动原理：

粒子运动通过求解经典的 Newton - Lorentz 方程得到，从而实现对粒子的追踪：

$$m_i \frac{\mathrm{d}\boldsymbol{v}_i}{\mathrm{d}t} = q_i[\boldsymbol{E} + \boldsymbol{v}_i \times \boldsymbol{B}]$$

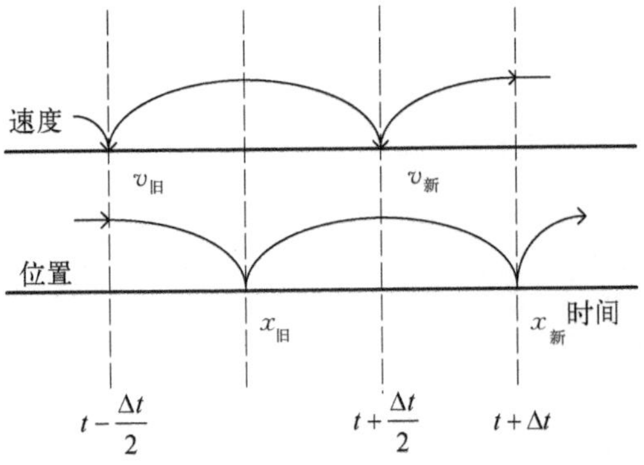

答案 10.2 图 4

式中，m_i 为粒子质量；v_i 为粒子速度；q_i 为粒子带电量；$\boldsymbol{E}$ 为电场强度；$\boldsymbol{B}$ 为磁感应强度。

带电粒子的运动求解可以采用 Boris 的蛙跳算法，该算法是求解电磁场中粒子运动方程的一种有效方式，其原理简单，具有显示格式下的二阶精度。蛙跳格式推动粒子示意图如答案 10.2 图 4 所示。

对上述 Newton - Lorentz 方程进行离散，有

$$\frac{\boldsymbol{v}_i^{n+1/2}-\boldsymbol{v}_i^{n-1/2}}{\Delta t}=\frac{q_i}{m_i}\left[E^n+\frac{\boldsymbol{v}_i^{n+1/2}+\boldsymbol{v}_i^{n-1/2}}{2}\times\boldsymbol{B}^n\right]$$

$$\boldsymbol{v}_i^{n-1/2}=\boldsymbol{v}_i^- -\frac{q_i\boldsymbol{E}^n\Delta t}{2m_i}$$

$$\boldsymbol{v}_i^{n+1/2}=\boldsymbol{v}_i^+ +\frac{q_i\boldsymbol{E}^n\Delta t}{2m_i}$$

可以得到：

$$\frac{\boldsymbol{v}_i^+-\boldsymbol{v}_i^-}{\Delta t}=\frac{q_i}{2m_i}(\boldsymbol{v}_i^+ +\boldsymbol{v}_i^-)\times\boldsymbol{B}^n$$

其中，

$$\boldsymbol{v}_i'=\boldsymbol{v}_i^- +\boldsymbol{v}_i^-\times\boldsymbol{t}_i$$

$$\boldsymbol{v}_i^+=\boldsymbol{v}_i^- +\boldsymbol{v}_i'\times\boldsymbol{s}_i$$

在上面两个式子中：

$$\boldsymbol{t}_i=\frac{q_i\boldsymbol{B}^n\Delta t}{2m_i}$$

$$\boldsymbol{s}_i=\frac{2\boldsymbol{t}_i}{1+\boldsymbol{t}_i^2}$$

进而，位置更新可表示为

$$\boldsymbol{x}_i^{n+1}=\boldsymbol{x}_i^n+\boldsymbol{v}_i^{n+1/2}\Delta t$$

附：PIC 代码(C 语言)

```
#include "stdio.h"
```

```
#include "math.h"
#include "stdlib.h"
#include "time.h"

//这里的 z r theta 分别代表题目中的 z y x
//二维计算域 Z*R=1*1 (m*m)
//基本公式: Eq=ma
//两个难度: 低配版本直接计算出 E 之后在 boris 中进行计算;高配难度用写 dadi 计算电磁场
//这个版本是低难度的版本
//CopyRight: 2020,Ruojian Pan, Haibin Tang, JLPP, Beihang Uni.

#define QE -1.602e-19          //电荷量[C]
#define ME 9.109e-31           //电子质量[kg]
#define PI 3.1415926535898     //常数 pi

//电磁场定义
#define E_Z (-1 * ME /QE) //0.0 //电场强度情况[N/C]
#define E_R 0.0               //(ME /QE)
#define E_TH 0.0

#define B_Z 0.0 //磁场的情况
#define B_R 0.0
#define B_TH (-8 * ME /QE)

#define T_E_DRIFT 1.0 //纯电场
#define T_EB_DRIFT PI //EB 漂移

#define DELTA_T 1e-5                          //时间步长
#define FINAL_STEP_E (T_E_DRIFT /DELTA_T)     //E 总时步数
#define FINAL_STEP_EB (T_EB_DRIFT /DELTA_T) //EB 总时步数

typedef struct
{
   double z; //坐标位置
   double r;
   double vz;   //轴向速度
   double vr;   //径向速度
```

```
    double vth; //周向速度
} particle;

//全局变量
long int step = 0; //时间步
FILE *fpTrace;      //文件指针

void accelerate_electron(particle *x)
{

    double b_z, b_r, b_th, e_z, e_r, e_th, cof, vz_1, vr_1, vth_1, vz_2,
vr_2, vth_2, vz_3, vr_3, vth_3, vz_4, vr_4, vth_4 = 0.0;
    //其中 cof 是 q\Delta t/(2m)

    b_z = B_Z;
    b_r = B_R;
    b_th = B_TH;

    e_r = E_R;
    e_z = E_Z;
    e_th = E_TH;

    //速度推动 Boris
    cof = QE * DELTA_T /2.0 /ME;
    if (step == 1) //第一步相当于已完成半个时间步长的电场加速
    {
        vz_1 = x->vz; //v-
        vr_1 = x->vr;
        vth_1 = x->vth;
    }
    else
    {
        vz_1 = x->vz + e_z * cof; //v-
        vr_1 = x->vr + e_r * cof;
        vth_1 = x->vth;
    }

    vz_2 = vz_1 + cof * (vr_1 * b_th - vth_1 * b_r); //v′
```

```
    vr_2 = vr_1 + cof * (vth_1 * b_z - vz_1 * b_th);
    vth_2 = vth_1 + cof * (vz_1 * b_r - vr_1 * b_z);

    vz_3 = vz_1 + vr_2 * b_th * 2.0 * cof /(1.0 + cof * cof * b_th *
b_th) - vth_2 * b_r * 2.0 * cof /(1.0 + cof * cof * b_r * b_r); //v+
    vr_3 = vr_1 + vth_2 * b_z * 2.0 * cof /(1.0 + cof * cof * b_z * b_
z) - vz_2 * b_th * 2.0 * cof /(1.0 + cof * cof * b_th * b_th);
    vth_3 = vth_1 + vz_2 * b_r * 2.0 * cof /(1.0 + cof * cof * b_r *
b_r) - vr_2 * b_z * 2.0 * cof /(1.0 + cof * cof * b_z * b_z);

    vz_4 = vz_3 + e_z * cof; //v
    vr_4 = vr_3 + e_r * cof;
    vth_4 = vth_3;

    //位置推动 Boris
    x->z = x->z + vz_4 * DELTA_T;
    x->r = x->r + vr_4 * DELTA_T;

    x->vz = vz_4;
    x->vr = vr_4;
    x->vth = vth_4;

    if (step % 1000 == 0)
    {
        fprintf(fpTrace, "%f %f\n", x->z, x->r);
        printf("%d %f %f %f %f\n", step, x->z, x->r, x->vz, x->vr);
//测试代码
    }
}

int main(void)
{
    particle x; //定义一个粒子
    x.z = 0.0;
    x.r = 0.0;
    x.vr = 0.0;
    x.vz = 1.0; //初始化粒子的速度和位置
```

```
    particle *pX;
    pX = &x; //定义一个指针变量,否则函数是不能直接改变 x 结构体中的值

    fpTrace = fopen("electronTrace.plt", "w");
    fprintf(fpTrace, "variables=z,r\n"); //文件操作

    for (step = 1; step <= FINAL_STEP_EB; step++)
    {
        accelerate_electron(pX); //加速粒子
    }
    fclose(fpTrace);

    return 0;
}
```